U0174980

扬州大学研究生精品教材

工程结构优化设计方法与应用

孙林松　编著

科学出版社

北　京

内 容 简 介

本书着重介绍工程结构优化设计的基本概念、常用优化方法以及工程应用。在较全面地阐述数学规划法和准则法的同时，也介绍了一些新兴的优化算法。主要内容包括：结构优化设计的基本概念；最优化问题的数学基础；迭代算法的概念与一维搜索；无约束优化问题的解法；线性规划与二次规划问题的解法；非线性规划问题的解法；智能优化算法；多目标优化方法；最优准则法；结构设计灵敏度分析与结构重分析；结构优化设计的工程应用。

本书可作为高等院校水利、土木、工程力学等专业研究生和高年级本科生的教材或教学参考书，也可供相关专业领域的工程技术人员参考。

图书在版编目(CIP)数据

工程结构优化设计方法与应用/孙林松编著. —北京：科学出版社，2023.3
ISBN 978-7-03-074434-0

Ⅰ. ①工… Ⅱ. ①孙… Ⅲ. ①工程结构-结构设计 Ⅳ. ①TU318

中国版本图书馆 CIP 数据核字(2022)第 251780 号

责任编辑：李涪汁 曾佳佳 王晓丽／责任校对：任苗苗
责任印制：吴兆东／封面设计：许 瑞

科学出版社 出版
北京东黄城根北街 16 号
邮政编码：100717
http://www.sciencep.com
北京厚诚则铭印刷科技有限公司印刷
科学出版社发行 各地新华书店经销
*
2023 年 3 月第 一 版 开本：787×1092 1/16
2025 年 2 月第四次印刷 印张：17 1/2
字数：412 000
定价：99.00 元
(如有印装质量问题，我社负责调换)

前　言

结构优化设计是将结构分析理论与数学最优化方法相结合，以电子计算机为工具选择结构最优设计方案的一种现代设计方法。实践表明，结构优化设计可以有效地缩短设计周期，提高设计质量。伴随着计算机软硬件技术的发展，工程结构优化设计的研究与应用得到了迅猛的发展，正逐步深入普及土木、水利、航空航天、机械等工程领域的各个方面。

本书在广泛参考国内外相关文献的基础上，结合作者的科研实践，介绍了工程结构优化设计的基本概念、常用优化方法以及工程应用。在较全面地阐述结构优化设计的两类主要方法——数学规划法和准则法的同时，也介绍了一些新兴的优化算法。全书共分 11 章：第 1 章介绍结构优化设计的数学模型、几何表示、求解途径与发展概况；第 2 章介绍结构优化设计必备的数学基础知识；第 3 章介绍数值迭代算法的一般概念与一维搜索方法；第 4 章到第 6 章分别讨论无约束优化问题的解法、线性规划与二次规划问题的解法以及非线性规划问题的解法；第 7 章介绍几种智能优化算法；第 8 章简单介绍多目标优化问题的概念及求解方法；第 9 章论述结构优化设计的最优准则法；第 10 章讨论结构设计灵敏度分析与结构重分析问题；第 11 章给出了几个结构优化设计的工程应用实例。

本书的部分内容是作者完成国家自然科学基金项目 (51279174、90410011、52079120) 的研究成果，在此对国家自然科学基金的资助表示感谢。另外，还要感谢郭兴文副教授，他对本书 11.1 节和 11.4 节的编写提供了帮助。

由于作者水平有限，书中难免有不妥和疏漏之处，敬请读者批评指正。有任何问题和建议恳请读者及时反馈 (sunls@yzu.edu.cn)。

孙林松

2022 年 2 月于扬州

目　　录

第 1 章 结构优化设计的基本概念

人们在进行工程结构设计时，总是希望设计方案尽可能好，能够得到一个比较“优”的设计。在传统的结构设计中，设计人员往往会根据经验对设计方案反复修改，从而选出相对较优的设计。结构优化设计是利用适当的最优化方法从所有可能设计方案中选择最优的设计方案，其思想方法与传统的结构设计完全不同。本章首先阐明结构优化设计与传统结构设计的区别；然后讨论结构优化设计的数学模型与求解途径；最后简单介绍结构优化设计的发展历程。

1.1 传统结构设计与结构优化设计

结构优化设计是相对于传统的结构设计而言的。下面以一个简单结构的设计说明两者的异同。

例 1.1 图 1.1 所示的对称两杆桁架，由空心圆钢管构成。顶点承受的荷载 $2P = 600\text{kN}$，支座间距 $2B = 6\text{m}$，圆管壁厚 $t = 0.005\text{m}$。钢的弹性模量 $E = 2.1 \times 10^5\text{MPa}$，容重 $\rho = 78\text{kN} / \text{m}^3$，容许压应力为 $[\sigma] = 160\text{MPa}$。设计要求选择桁架高度 H 和圆管平均直径 d，使桁架的重量最轻，并满足强度条件、稳定条件和工艺要求 $2\text{m} \leqslant H \leqslant 6\text{m}$、$0.1\text{m} \leqslant d \leqslant 0.3\text{m}$。

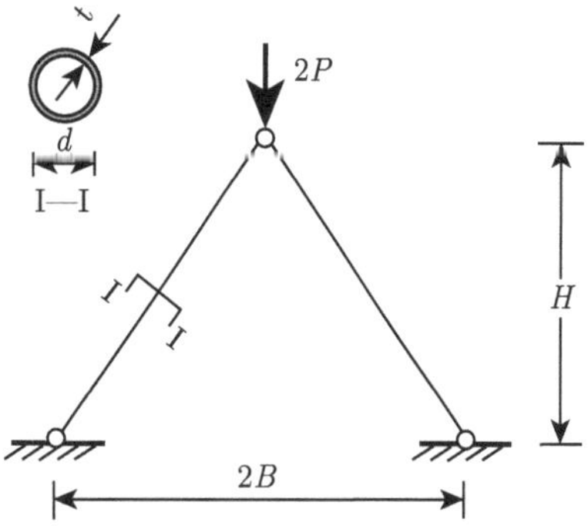

图 1.1 对称两杆桁架

这个桁架总重量的数学表达式为

$$W(H, d) = 2\rho AL = 2\rho\pi dt\sqrt{B^2 + H^2} \tag{1.1.1}$$

式中，$A \approx \pi dt$ 为圆管横截面的面积；$L = \sqrt{B^2 + H^2}$ 为杆长。

圆管的压应力 σ 为

$$\sigma = \frac{PL}{HA} = \frac{P\sqrt{B^2 + H^2}}{\pi dtH} \tag{1.1.2}$$

两端铰支压杆失稳时的欧拉临界应力 σ_{cr} 为

$$\sigma_{\text{cr}} = \frac{\pi^2 EI}{L^2 A} = \frac{\pi^2 Ed^2}{8(B^2 + H^2)} \tag{1.1.3}$$

式中，$I \approx \dfrac{\pi d^3 t}{8}$ 为圆管横截面的惯性矩。

圆管的强度条件是压应力不超过容许压应力，即

$$\frac{P\sqrt{B^2+H^2}}{\pi dtH}\leqslant[\sigma] \tag{1.1.4}$$

稳定条件是压应力不超过欧拉临界应力，即

$$\frac{P\sqrt{B^2+H^2}}{\pi dtH}\leqslant\frac{\pi^2Ed^2}{8(B^2+H^2)} \tag{1.1.5}$$

为了设计这个桁架，传统的结构设计方法是先假设桁架高度 H，然后根据强度要求利用

$$\frac{P\sqrt{B^2+H^2}}{\pi dtH}=[\sigma] \tag{1.1.6}$$

确定圆管平均直径 d，再校核是否满足压杆稳定条件式 (1.1.5)。

例如，取 $H=2\text{m}$，将各数据代入式 (1.1.6) 可得 $d=0.215\text{m}$，经检验满足稳定条件式 (1.1.5)，得到一个满足要求的设计方案，对应的桁架重量为 1.901kN。为了获得重量较轻的设计方案，往往要选择几个方案进行比较。如取 $H=4\text{m}$，可得 $d=0.149\text{m}$，也是一个满足要求的设计方案，对应的桁架重量为 1.828kN；如取 $H=6\text{m}$，由式 (1.1.6) 可得 $d=0.133\text{m}$，经检验不满足稳定条件式 (1.1.5)，需要修改设计，增大圆管直径，取 $d=0.15\text{m}$，由式 (1.1.2)、式 (1.1.3) 可得圆管压应力 $\sigma=142.35\text{MPa}$，欧拉临界应力 $\sigma_{\text{cr}}=162.00\text{MPa}$，故修改后的设计是一个满足要求的设计方案，对应的桁架重量为 2.466kN。比较三个方案可知 $H=4\text{m}$，$d=0.149\text{m}$ 对应的桁架重量最轻，是较优的设计。

从上述过程可以看出，传统的结构设计在选择设计方案和修改设计时都只是从设计需要满足的限制条件出发，而没有考虑评判设计优劣的目标。结构优化设计则不同，它在设计过程中把设计所追求的目标与应满足的限制条件有机结合起来，在满足设计条件的前提下寻求使设计目标最优的方案。在本例中，就是选择桁架高度 H 和圆管平均直径 d，使桁架的重量 $W(H,d)$ 最小，并满足强度条件式 (1.1.4)、稳定条件式 (1.1.5) 以及工艺要求。写成数学形式就是

$$\left.\begin{aligned}
&\text{find}\quad H,d\\
&\min\quad W(H,d)=2\rho\pi dt\sqrt{B^2+H^2}\\
&\text{s.t.}\quad \frac{P\sqrt{B^2+H^2}}{\pi dtH}\leqslant[\sigma]\\
&\qquad\ \ \frac{P\sqrt{B^2+H^2}}{\pi dtH}\leqslant\frac{\pi^2Ed^2}{8(B^2+H^2)}\\
&\qquad\ \ 2\text{m}\leqslant H\leqslant 6\text{m}\\
&\qquad\ \ 0.1\text{m}\leqslant d\leqslant 0.3\text{m}
\end{aligned}\right\} \tag{1.1.7}$$

式中，s.t. 是 subject to 的缩写，表示“受 …… 的约束”或“满足 …… 条件”。

可以用计算函数极值的方法求上述问题的解。假定最优化设计发生在杆件中应力达到容许应力的情形，即强度条件为等式 (1.1.6)，则

$$d = \frac{P\sqrt{B^2 + H^2}}{\pi t H[\sigma]} \tag{1.1.8}$$

将此式代入目标函数 $W(H,d)$ 的表达式 (1.1.1)，消去变量 d，使目标函数成为只有一个变量 H 的函数

$$W(H) = \frac{2\rho P(B^2 + H^2)}{[\sigma]H} \tag{1.1.9}$$

为求得使重量 W 为最小值时的 H 值，计算函数 $W(H)$ 对变量 H 的一阶导数，并使之等于零。即

$$\frac{\mathrm{d}W}{\mathrm{d}H} = \frac{2\rho P}{[\sigma]}\left[-\frac{B^2 + H^2}{H^2} + 2\right] = 0 \tag{1.1.10}$$

解得 $H = B$。

将 $H = B$ 代入式 (1.1.8) 可得 $d = \dfrac{P\sqrt{2}}{\pi t[\sigma]}$。代入具体数据得 $H = 3\text{m}$，$d = 0.169\text{m}$。不难检验，此时稳定条件式 (1.1.5) 自然满足。因此，对本桁架，$H = 3\text{m}$，$d = 0.169\text{m}$ 就是满足所有设计条件且总重量最轻的设计，桁架总重量为 1.755kN。

从本例的设计可以看出，传统的结构设计与结构优化设计既有区别也有联系。传统的结构设计要求设计者根据设计要求和实践经验去选择设计方案，然后进行结构分析计算以校核是否满足强度、刚度、稳定性等各方面的设计要求，并决定是否需要修改设计方案。因此，传统的结构设计本质上是结构分析，其过程大致是假设—分析—校核—重新设计。重新设计的目的也是要选择一个合理的方案，但它仍然只是“分析”的范畴，且只能凭设计者的经验作很少几次重复以期能通过“校核”。结构优化设计实质上是结构综合，它在设计过程中综合考虑了设计目标和设计要求，采用适当的优化方法寻找最优设计方案。这里采用了求函数极值的方法。但是，对大多数实际工程问题，一般需要采用数值方法寻找最优解，其过程大致是假设—分析—搜索—最优设计。这里的搜索过程也是修改设计的过程，但这种修改是按一定的优化方法以使设计方案达到“最佳”的修改，是一种主动的、有规划的、以达到“最优”为目标的搜索过程。

传统的结构设计的另一个特点是所有参与计算的量必须以常量出现。结构优化设计中待确定的量是以变量形式出现的，可以形成全部可能的结构设计方案集。在这个设计方案集中既有众多满足设计规范和要求的可行设计方案，也有众多不满足设计规范和要求的不可行设计方案。优化设计利用数学手段，按预定的设计目标，从设计方案集中选出一个最好的可行设计方案。由于结构优化设计与传统结构设计采用的是相同的结构分析理论、同样的计算公式，遵守的是同样的设计规范和设计要求，因而优化设计所得的设计方案，不但是传统设计中可行的设计方案，而且是众多可行方案中最优的设计方案。

1.2 结构优化设计的数学模型

根据例 1.1 的分析可以看出，结构优化设计的数学描述包含三个基本要素：设计变量、目标函数和约束条件。下面对它们作具体的讨论。

1.2.1　设计变量

一个结构的设计方案是由若干个参数来描述的，这些参数可以是构件的截面尺寸几何参数，如面积、惯性矩等，也可以是结构的形状布置几何参数，如高度、跨度等，还可以是结构材料的力学或物理特性参数。这些参数中的一部分是按照某些具体要求事先给定的，它们在优化设计过程中始终保持不变，称为预定参数；另一部分在优化设计过程中是可以变化的、需要设计人员确定的参数，称为设计变量。在式 (1.1.7) 中 P、B、t、ρ、$[\sigma]$ 是预定参数，H、d 这两个待定参数是设计变量。设计变量的个数称为最优化问题的维数，对 n 维最优化问题的设计变量 $x_1,\ x_2,\cdots,x_n$ 常用列向量表示成 $\boldsymbol{x}=[x_1,\ x_2,\cdots,x_n]^{\mathrm{T}}$。

设计变量的个数越多，结构优化问题越复杂，所需要的计算时间越长，但设计的自由度越大，可望获得的结果越好。因此设计者要精心选择那些对优化结果最有影响的参数作为设计变量，合理选择设计变量的数目。

在优化设计中，设计变量可以是允许在连续区间取值的连续变量，也可以是只能在某些离散值中取值的离散变量。例 1.1 中，圆管直径 d 允许在 $0.1\sim0.3\mathrm{m}$ 取任意值，即是连续设计变量。实际上，圆管都是从工厂中成批按一定的规格生产的，其直径也许只能在 0.10m、0.11m、0.12m 等有限个不同的尺寸中进行选择，即是离散设计变量。在很多情况下，按离散设计变量优化得到的结果更符合工程实际，但优化问题求解的难度要大得多，需要采用专门的方法。设计者为了简化计算，有时权宜地视为连续变量，而在最后决定方案时，再选取最为接近的离散值，但这往往只能得到一个接近最优解的设计方案。

1.2.2　目标函数

结构优化设计中表示设计方案优劣标准的数学表达式称为目标函数。它是所有设计变量的函数，对 n 个设计变量的优化问题，目标函数可写成 $f(\boldsymbol{x})=f(x_1,\ x_2,\cdots,x_n)$。

目标函数是用来作为选择“最优设计”的标准的，故应代表结构的某个最重要的特征或指标。结构的造价、体积、重量、刚度、承载能力、自振频率、振幅等都可以根据需要作为优化设计中的目标函数。例如，航空工业中的飞行器优化设计，一般取重量为目标函数，希望一个飞行器设计得尽可能轻，以便节省燃料，使飞行器达到更高的飞行高度和更快的飞行速度；土木、水利工程中的结构，建造成本比较重要，因而通常取造价为目标函数；机械工业中的许多零部件设计，常常以应力集中系数为目标函数，因为降低了应力集中，结构的抗疲劳和断裂能力就可提高，结构的使用寿命也就得到延长；对动力基础的设计，关键在于使机器的运转处于最佳状态，可把结构的振幅最小或机器与结构之间的相对振幅最小取作目标函数；等等。总之，目标函数随着问题的要求不同，表现的形式也是不一样的，因此，具体问题需进行具体分析。

1.2.3　约束条件

在结构优化设计中应该满足的某些限制条件，称为约束条件。它反映了有关设计规范、计算规程、施工、构造等各方面的要求，有的约束条件还反映了设计人员的意图。

结构优化时受到的约束条件可以分成两类。一类是直接加在设计变量上的尺寸约束。如例 1.1 中对 H 和 d 的取值范围的约束。这种约束往往来源于设计规范、生产工艺等对设计变量在几何尺寸上的要求，而且通常是对取值范围的限制，因此也称为几何约束或界限约束。由于这类约束是直接加在设计变量上的，所以往往是以显式出现的，比较简单、易处理。另一类是加在结构性态变量上的约束，如关于结构位移、应力、自振频率、失稳临界荷载等的约束，称为性态约束。例 1.1 中的式 (1.1.4) 和式 (1.1.5)，分别是对杆件应力和失稳临界应力的约束，就是性态约束。在这个例子中，由于结构十分简单，可以写出结构在外荷载下的应力及结构稳定临界应力的显式表示，因此约束是显式的。一般情况下，结构的性态变量要经过复杂的结构分析才能得到，与设计变量之间的关系是隐式的。因此，性态约束一般是隐式约束。

结构优化设计中约束条件绝大部分以不等式的形式出现，称为不等式约束。但是，在有些描述中也会有以等式形式出现的等式约束。

1.2.4 结构优化设计的数学表达式

综合以上分析，结构优化设计问题的一般数学表达式可写为

$$\left.\begin{array}{ll}\text{find} & \boldsymbol{x}=[x_1,\ x_2,\cdots,\ x_n]^{\mathrm{T}} \\ \min & f(\boldsymbol{x}) \\ \text{s.t.} & g_i(\boldsymbol{x})\leqslant 0,\quad i=1,2,\cdots,m \\ & h_j(\boldsymbol{x})=0,\quad j=1,2,\cdots,l\end{array}\right\}\tag{1.2.1}$$

式中，$g_i(\boldsymbol{x})(i=1,2,\cdots,m)$ 为不等式约束函数；$h_j(\boldsymbol{x})(j=1,2,\cdots,l)$ 为等式约束函数。

1.2.5 结构优化问题的分类

式 (1.2.1) 表示的数学问题称为最优化问题或数学规划问题。当 $l=m=0$ 时称为无约束最优化问题，实际上就是普通的函数极值问题；否则称为有约束最优化问题。在有约束最优化问题中，等式约束的数目 l 必须小于设计变量的数目 n。当 $l=n$ 时，问题的解是唯一的，就没有优化的意义；如果 $l>n$，则最优化问题无解。当目标函数和所有约束函数均为设计变量的线性函数时，最优化问题是线性规划问题；否则是非线性规划问题。式 (1.2.1) 中只有一个目标函数，称为单目标优化问题；在一些实际问题中，可能需要同时实现几个目标的优化，这时目标函数就不止一个，这类问题称为多目标优化问题，它的一般表达式为

$$\left.\begin{array}{ll}\text{find} & \boldsymbol{x}=[x_1,\ x_2,\cdots,\ x_n]^{\mathrm{T}} \\ \min & \boldsymbol{F}(\boldsymbol{x})=[f_1(\boldsymbol{x}),\ f_2(\boldsymbol{x}),\cdots,f_p(\boldsymbol{x})]^{\mathrm{T}} \\ \text{s.t.} & g_j(\boldsymbol{x})\leqslant 0,\quad j=1,2,\cdots,m \\ & h_k(\boldsymbol{x})=0,\quad k=1,2,\cdots,l\end{array}\right\}\tag{1.2.2}$$

式中，$\boldsymbol{F}(\boldsymbol{x})$ 是目标函数向量，其元素是 p 个标量分目标函数 $f_i(\boldsymbol{x})(i=1,2,\cdots,p)$。

考虑设计变量 $\boldsymbol{x}$ 所代表的结构几何特征，结构优化问题一般可分为尺寸优化、形状优化和拓扑优化三类。

尺寸优化中设计变量 $\boldsymbol{x}$ 代表的是结构的几何尺寸，如桁架杆件的横截面面积或者板的厚度。图 1.2(a) 所示为以桁架杆件的横截面面积为设计变量的尺寸优化问题。

形状优化中设计变量 $\boldsymbol{x}$ 代表结构的外形或部分边界轮廓。例如，将桁架中的节点位置取成设计变量，修改这些设计变量时，桁架形状发生变化，图 1.2(b) 是一个简单示例；图 1.2(c) 所示为对连续体中孔洞形状的优化问题。需要注意的是，形状优化不会产生新的边界，即不会改变结构的连接方式或拓扑形式。

拓扑优化是最一般形式的结构优化。设计变量反映的是结构的连接方式或材料的布置形式。例如，给定了一个桁架的节点布置，优化设计的任务是确定哪些节点之间应该有杆件相连以使设计目标达到最优。对桁架类离散结构，可以通过将杆件横截面面积作为设计变量并允许设计变量为零 (即可以从桁架中将杆件删除) 来实现。采用这种方法，可以改变节点之间的连接方式，也就是使桁架的拓扑发生变化，如图 1.2(d) 所示。对于连续体结构，拓扑优化是预先给定结构可能占据的几何空间，根据设计目标确定材料的最优分布。图 1.2(e) 所示为二维连续体拓扑优化问题。

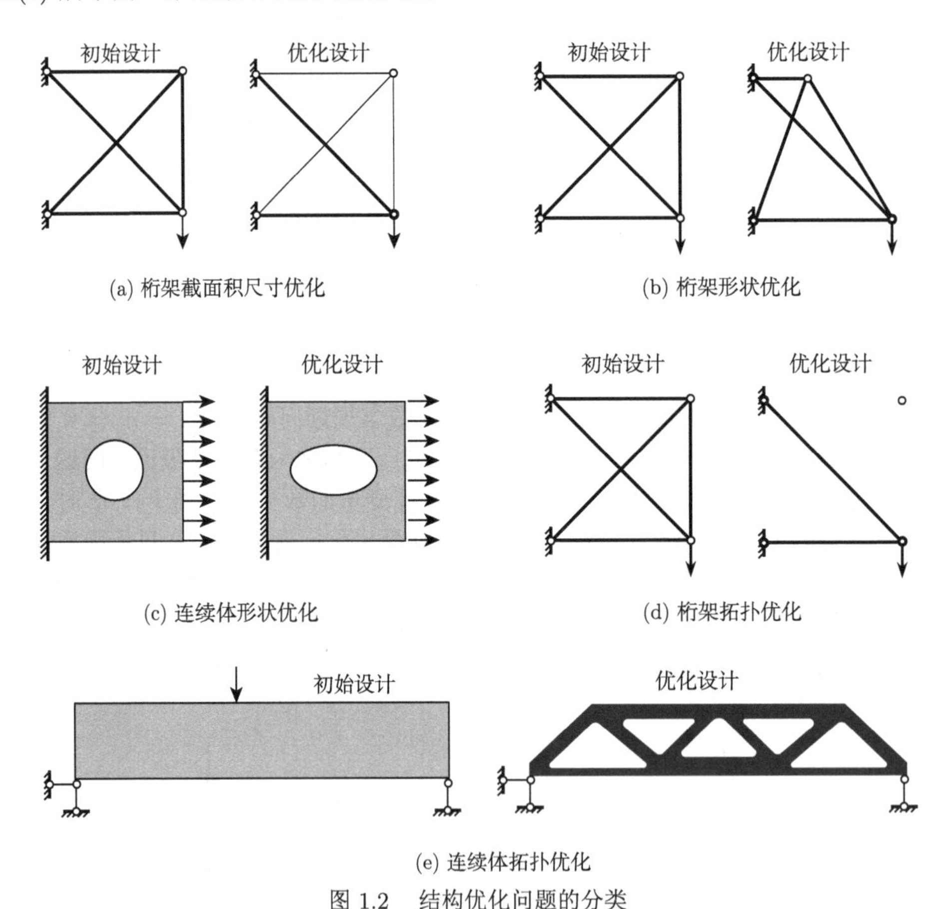

图 1.2　结构优化问题的分类

如果设计变量的个数是有限的，如对桁架等离散结构的优化，则这类问题称为离散参数优化问题，它的设计变量属于 n 维实数空间 $\mathbb{R}^n$。如果设计变量是一个连续场或者函数，如图 1.2(c) 所示的形状优化问题和图 1.2(e) 所示的拓扑优化问题，它们的设计变量分别是孔洞的形状函数和材料分布函数，这类问题称为分布参数优化问题。需要注意的是，分布参数优化问题并不适合用计算机进行数值求解。因此，要求解分布参数优化问题，首先要进行离散化，将其转化为离散参数优化问题，这个过程往往需要依靠设计人员的经验。本书讨论的是离散参数优化问题，其数学模型可表示为式 (1.2.1) 或式 (1.2.2)。

1.3 结构优化问题的几何表示

在结构优化设计中，每一个设计方案都可以用设计向量 $\boldsymbol{x}=[x_1,\ x_2,\cdots,x_n]^{\mathrm{T}}$ 表示。如果建立一个 n 维空间，这个空间中的每一个坐标轴代表了一个设计变量，则一个设计 $\boldsymbol{x}$ 可以用这个空间中的一个点来表示。这样的空间称为设计空间。例 1.1 有两个设计变量 H 和 d，设计空间就是二维平面空间；如果有三个设计变量，设计空间就是三维空间。当设计变量数目 n 大于 3 时，设计空间就是一个 n 维超空间。虽然高维空间的概念比较抽象，但建立在二维、三维空间上的很多几何概念可以很容易地推广到高维空间中。

在设计空间中，$f(\boldsymbol{x})=c$、$g_i(\boldsymbol{x})=c$ 及 $h_j(\boldsymbol{x})=c$(其中 c 为常数) 代表一些曲面 (线)。特别的，目标函数 $f(\boldsymbol{x})=c$ 表示的曲面 (线) 称为目标函数等值面 (线)，而 $g_i(\boldsymbol{x})=0$ 和 $h_j(\boldsymbol{x})=0$ 表示的曲面 (线) 称为约束曲面 (线)。在工程结构优化设计中，等式约束 $h_j(\boldsymbol{x})=0$ 一般属于结构分析的内容，用于计算内力、应力、位移等性态变量，可以独立于优化过程。因此，在常用的结构优化设计模型中一般只包含不等式约束。

设计空间中的任何一点对应着一个设计，称为设计点。如果某个设计满足所有的约束条件，则称这个设计是可行的，相应的设计点是可行点；反之，违反任意一个约束的设计都是不可行的，相应的设计点是不可行点。在设计空间中，所有可行点的集合称为可行域；所有不可行点的集合称为非可行域。可行域与非可行域构成整个设计空间，两者的分界面 (线) 称为约束界面 (线)。显然，约束界面 (线) 是由最严约束曲面 (线) 去掉重叠部分所连成的曲面 (线)。约束界面 (线) 将设计空间划分为两个区域，一个为可行域，一个为非可行域。在可行域中的点都满足所有约束条件。

图 1.3 给出了例 1.1 的几何表示。其中虚线为目标函数等值线；六个约束曲线分别为：

强度约束曲线 $$g_1(H,d)=\frac{P\sqrt{B^2+H^2}}{\pi dtH}-[\sigma]=0$$

稳定约束曲线 $$g_2(H,d)=\frac{P\sqrt{B^2+H^2}}{\pi dtH}-\frac{\pi^2Ed^2}{8(B^2+H^2)}=0$$

高度上限约束曲线 $g_3(H,d)=H-6\mathrm{m}=0$

高度下限约束曲线 $g_4(H,d)=2\mathrm{m}-H=0$

管径上限约束曲线 $g_5(H,d)=d-0.3\mathrm{m}=0$

管径下限约束曲线 $g_6(H,d)=0.1\mathrm{m}-d=0$

图中各约束曲线有阴影一侧的设计点不满足相应的约束条件。显然，约束界线由最严约束曲线段 CD-DE-EF-FG-GC 构成，其内部为可行域，外部为非可行域。

1.4 结构优化设计的求解途径

图 1.3 给出了例 1.1 的几何表示，从中可以看出，A 点是最优点，对应着 $H^*=3\mathrm{m}$，$d^*=0.169\mathrm{m}$，$W^*=1.755\mathrm{kN}$。原则上，对二维问题都可以用图解法求解。在设计空间中

作出可行域和目标函数等值线，再从图形上找出既在可行域内 (或其边界上)，又使目标函数值最小的设计点，即为最优点。一般情况下，最优点可能出现在约束曲线与目标函数等值线的切点上，也可能出现在可行域的顶点或内部。显然，图解法很直观，但由图解法得到的解往往比较粗糙，而且很难用于三个以上设计变量的问题。

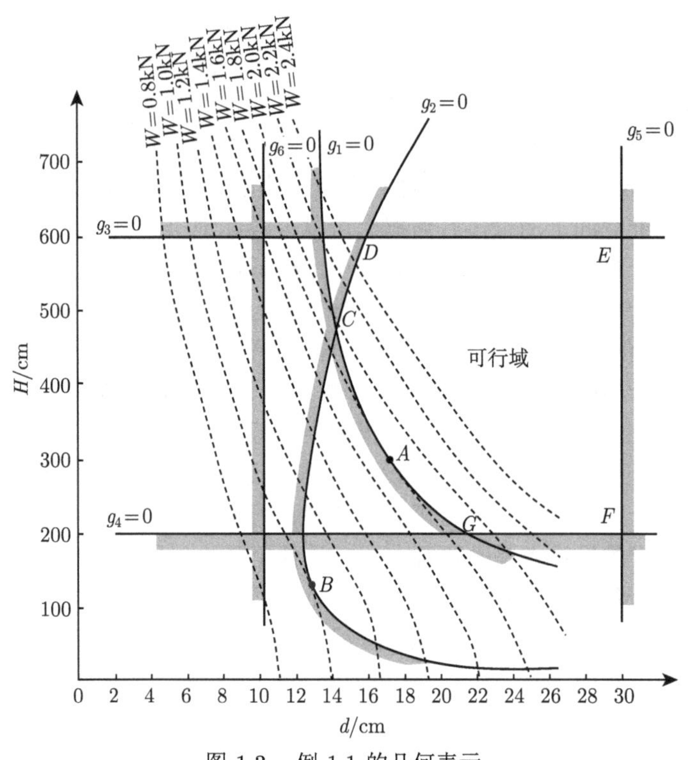

图 1.3　例 1.1 的几何表示

对于一些简单问题，也可以用解析法求解。使用这一方法，必须事先把一组约束不等式变为等式形式的约束方程式，然后利用它消去目标函数中的若干变量，再利用求函数极值的方法得到最优解。例 1.1 中，假设强度约束为等式约束，在目标函数中消去了变量 d 使之成为单变量函数 $W(H)$，计算其极值，得到了对应于图 1.3 中 A 点的最优解。但是，假设稳定约束为等式约束，得到的解是 $H=1.34\text{m}$，$d=0.125\text{m}$，对应着图 1.3 中的 B 点，不是可行解；假设强度约束和稳定约束同时为等式约束，相应的解为强度约束曲线和稳定约束曲线的交点，即图 1.3 中 C 点，此解虽然满足约束条件，但重量不是最小，也不是最优解，通过比较，得出 A 点才是问题的最优解。

由于难以事先预料最优点落在哪一条约束曲线上，而且变量较多时，求极值还需解非线性方程组，因此，对实际工程中的大部分结构优化问题，解析法并不适用，一般只能采用数值方法迭代求解。数值迭代法的基本思想是：从某一个选定的初始设计点出发，按照某种方法修改设计以获得一个更优的设计点，如此反复迭代，直至满足精度要求。根据修改设计方法的不同，数值迭代法有两个主要分支——数学规划法和准则法。

数学规划法是 20 世纪 50 年代前后发展起来的一个数学分支，主要研究形如式 (1.2.1)

的数学规划问题的求解方法及理论，于 20 世纪 60 年代初开始用于结构优化设计。这个方法一般是从一个初始设计点 $\boldsymbol{x}^{(k)}$ 出发，按照某种方法选择一个可以使目标函数减少且满足设计要求的搜索方向 $\boldsymbol{d}^{(k)}$，然后再确定沿这个方向搜索的步长 α_k，进而得到一个改进的设计 $\boldsymbol{x}^{(k+1)}$ 为

$$\boldsymbol{x}^{(k+1)} = \boldsymbol{x}^{(k)} + \alpha_k \boldsymbol{d}^{(k)} \tag{1.4.1}$$

准则法是最先发展的一种结构优化设计方法，20 世纪 50 年代开始用于工程结构设计。它的基本出发点是：预先根据已有的实践经验与力学原理或数学中的最优性条件，规定结构为最优设计所必须满足的准则，然后根据这些准则不断修改设计直至达到最优设计。准则法的迭代公式一般为

$$\boldsymbol{x}^{(k+1)} = c_k \boldsymbol{x}^{(k)} \tag{1.4.2}$$

式中，c_k 为根据最优准则确定的修正系数。

20 世纪 90 年代以来，以遗传算法为代表的各类启发式智能优化算法也越来越多地应用于结构优化设计，成为求解结构优化问题的又一途径。这类算法引入随机因素，通过模拟自然进化机制、群体行为特征或者特定的社会、物理过程，自适应地修改设计，以得到最优解。

1.5 结构优化设计的发展概况

结构优化设计的历史可以追溯到 Maxwell(1890 年) 和 Michell(1904 年) 关于桁架最优布局的研究。1950 年前后，Gerard 和 Shanley 在航空结构的构件设计中提出了“同步失效”准则，即认为一个构件的最优设计，应使它在受力后各部分都同时达到极限状态。同步失效准则设计需要根据函数极值理论用解析表达式运算，因此只能处理一些简单的问题。由同步失效准则法推广而来的满应力准则设计是早期工程结构优化设计的主要方法。

1960 年，Schmit 在 ASCE 第二届电子计算学术会议上发表论文 “Structural Design by Systematic Synthesis”，建立了多工况下弹性结构优化设计的数学模型，并采用数学规划方法求解。首次提出将有限元方法和非线性规划相结合进行系统综合的思想，宣告结构优化设计正式作为一门独立学科诞生。此后，很多学者相继开展了用各种数学规划方法进行结构优化设计的研究。但是，结构优化问题的变量多，约束也多，并且大都是复杂的隐式函数，每做一次重分析的工作量巨大，直接应用数学规划方法搜索最优解，只能解决一些规模比较小的例题，遇上稍微复杂的实际结构，要求的迭代和重分析次数就急剧增加，其计算工作量之大，是当时的电子计算机很难胜任的。到 1968 年前后，最优准则法又重新得到了重视，类似于满应力法，提出了可以处理位移、频率、临界力等约束的准则法。这些新的准则法不像满应力法那样是仅出于直觉的感性准则，而是以数学规划中的库恩–塔克 (Kuhn-Tucker) 条件为基础的理性准则。优化准则法用准则的满足代替了使目标函数取极值。它的最大优点是收敛快，要求重分析的次数一般与设计变量的数目关系不大。在 20 世纪 70 年代早期，准则法占有明显的优势。随着准则法的发展，结构优化的数学规划法同时也在发展，通过变量联结、约束消除等手段减小问题规模、提高计算效率，尤其是对偶理论的应用和近似显式模型的建立，到 20 世纪 70 年代末期，结构优化的数学规划法与准

则法的计算效率已经不相上下，而且剖析两者的思路和手段实质上也很相似，都是充分利用工程经验、力学概念和数学方法，尽可能建立对隐式结构优化问题具有较好近似精度的显式优化模型。

从 20 世纪 70 年代末 80 年代初至今，结构优化设计的研究得到了迅猛的发展。结构优化设计的层次从尺寸优化拓展到更高的形状优化、拓扑优化。目前，结构尺寸优化已比较成熟，结构形状优化和拓扑优化还处于发展阶段，但结构拓扑优化正逐渐成为研究的主流方向。这是因为结构拓扑优化可以在工程结构设计的初始阶段提供概念设计，帮助设计者对复杂结构和构件进行灵活、合理的优化设计，带来比尺寸优化和形状优化更大的经济效益。

结构优化设计的研究内容也有了很大的拓展，如从静力优化发展到动力优化或稳定优化；从弹性结构的优化发展到弹塑性结构的优化；从单目标结构优化发展到多目标结构优化；从考虑确定性设计参数的结构优化到考虑设计参数不确定性的结构模糊优化、结构可靠性优化、结构稳健优化；从结构单学科优化到考虑结构、热、流、声耦合的多学科优化；从针对设计工况的结构优化到考虑结构全寿命周期的优化；等等。

在算法方面，结构优化充分吸收数学、计算机科学等其他学科的最新研究成果，优化算法从串行算法向并行算法发展；以遗传算法为代表的智能优化算法也成为与数学规划法、准则法相并列的一类结构优化设计方法，尤其是将其与代理模型相结合进行大型复杂结构的优化设计成为近年来的研究热点。

在工程应用方面，结构优化设计也越来越受到重视，在土木、水利、航空航天、机械等领域的应用正逐步深入普及。以水利工程中的拱坝为例，我国近年来修建的几十座大中型拱坝均采用了结构优化方法进行拱坝体形设计，在减少坝体体积、降低造价和改善拱坝工作性能等方面取得了很好的效果。结合实际工程结构的优化设计，研究人员研制了很多专用结构优化设计程序。目前，许多大型 CAE 商用软件也纷纷开发了结构优化设计模块。

第 2 章　最优化问题的数学基础

最优化问题涉及许多数学理论与概念。为便于后面的学习，本章先介绍相关的数学基础知识。

2.1　向量与矩阵

2.1.1　向量的范数和内积

在 n 维欧几里得 (Euclid) 空间 $\mathbb{R}^n$ 中，由 n 个有序数 $x_1, x_2, \cdots, x_n$ 形成的数列称为向量。若记为 $\boldsymbol{x} = (x_1,\ x_2,\ \cdots,\ x_n)$ 则称为行向量；若记为 $\boldsymbol{x} = (x_1,\ x_2,\ \cdots,\ x_n)^{\mathrm{T}}$ 则称为列向量。其中 x_i 称为向量 $\boldsymbol{x}$ 的第 i 个分量。分量都是零的向量称为零向量，记为 $\mathbf{0}$。本书的向量如无特别说明均指列向量。

从几何角度考虑，向量中的每个分量都可以看成 $\mathbb{R}^n$ 空间中的一个坐标，因此，向量与空间中的点存在一一对应的关系。

定义 2.1　若实值函数 $\|\cdot\|: \mathbb{R}^n \to \mathbb{R}$ 满足下列条件：

(1) 正定性：对任何 $\boldsymbol{x} \in \mathbb{R}^n$，$\|\boldsymbol{x}\| \geqslant 0$，等号成立当且仅当 $\boldsymbol{x} = \mathbf{0}$；

(2) 齐次性：对任何 $\alpha \in \mathbb{R}$，$\boldsymbol{x} \in \mathbb{R}^n$，$\|\alpha \boldsymbol{x}\| = |\alpha|\,\|\boldsymbol{x}\|$；

(3) 三角不等式：对任何 $\boldsymbol{x}, \boldsymbol{y} \in \mathbb{R}^n$，$\|\boldsymbol{x} + \boldsymbol{y}\| \leqslant \|\boldsymbol{x}\| + \|\boldsymbol{y}\|$。

则称 $\|\cdot\|$ 为 $\mathbb{R}^n$ 空间中向量的范数。

常用的向量范数有 L_1 范数、L_2 范数和 L_∞ 范数，分别为

$$\|\boldsymbol{x}\|_1 = \sum_{j=1}^{n} |x_j| \tag{2.1.1}$$

$$\|\boldsymbol{x}\|_2 = \left(\sum_{j=1}^{n} x_j^2\right)^{\frac{1}{2}} \tag{2.1.2}$$

$$\|\boldsymbol{x}\|_\infty = \max_j |x_j| \tag{2.1.3}$$

一般地，对于 $1 \leqslant p < \infty$，L_p 范数定义为

$$\|\boldsymbol{x}\|_p = \left(\sum_{j=1}^{n} |x_j|^p\right)^{\frac{1}{p}} \tag{2.1.4}$$

在 $\mathbb{R}^n$ 空间中任意两种向量范数 $\|\cdot\|_\alpha$ 和 $\|\cdot\|_\beta$ 都是等价的，即存在正数 c_1、c_2，使得对任意 $\boldsymbol{x} \in \mathbb{R}^n$ 都有 $c_1 \|\boldsymbol{x}\|_\alpha \leqslant \|\boldsymbol{x}\|_\beta \leqslant c_2 \|\boldsymbol{x}\|_\alpha$。

如无特别说明，本书中的向量范数均指 L_2 范数，即欧几里得范数 (欧氏范数)，它对应着向量的长度，又称为向量的模。

定义 2.2　若实值函数 $\langle\cdot,\cdot\rangle:\mathbb{R}^n\times\mathbb{R}^n\to\mathbb{R}$ 满足下列条件：

(1) 正定性：对任何 $\boldsymbol{x}\in\mathbb{R}^n$，$\langle\boldsymbol{x},\boldsymbol{x}\rangle\geqslant 0$，等号成立当且仅当 $\boldsymbol{x}=\boldsymbol{0}$；

(2) 对称性：对任何 $\boldsymbol{x},\boldsymbol{y}\in\mathbb{R}^n$，$\langle\boldsymbol{x},\boldsymbol{y}\rangle=\langle\boldsymbol{y},\boldsymbol{x}\rangle$；

(3) 齐次性：对任何 $\alpha\in\mathbb{R}$，$\boldsymbol{x},\boldsymbol{y}\in\mathbb{R}^n$，$\langle\alpha\boldsymbol{x},\boldsymbol{y}\rangle=\alpha\langle\boldsymbol{x},\boldsymbol{y}\rangle$；

(4) 可加性：对任何 $\boldsymbol{x},\boldsymbol{y},\boldsymbol{z}\in\mathbb{R}^n$，$\langle\boldsymbol{x}+\boldsymbol{y},\boldsymbol{z}\rangle=\langle\boldsymbol{x},\boldsymbol{z}\rangle+\langle\boldsymbol{y},\boldsymbol{z}\rangle$。

则称 $\langle\cdot,\cdot\rangle$ 为 $\mathbb{R}^n$ 空间中两个向量的内积。

将平面或空间解析几何中的向量内积的定义推广到 $\mathbb{R}^n$ 空间，有

$$\langle\boldsymbol{x},\boldsymbol{y}\rangle=\sum_{i=1}^{n}x_iy_i=\boldsymbol{x}^{\mathrm{T}}\boldsymbol{y}\tag{2.1.5}$$

容易验证上述定义满足内积的条件，称为 $\mathbb{R}^n$ 空间的标准内积，也称为点积，记为 $\boldsymbol{x}\cdot\boldsymbol{y}$。以后如不特别说明，$\mathbb{R}^n$ 空间上向量的内积都默认是标准内积。

向量的内积与欧氏范数之间满足柯西–施瓦茨不等式：

$$|\langle\boldsymbol{x},\boldsymbol{y}\rangle|\leqslant\|\boldsymbol{x}\|\cdot\|\boldsymbol{y}\|\tag{2.1.6}$$

式中，$\boldsymbol{x}$ 与 $\boldsymbol{y}$ 为 $\mathbb{R}^n$ 空间中的任意两个向量；等号成立当且仅当 $\boldsymbol{x}$ 与 $\boldsymbol{y}$ 共线。

根据柯西–施瓦茨不等式，可定义 $\mathbb{R}^n$ 空间中的两个非零向量 $\boldsymbol{x}$ 与 $\boldsymbol{y}$ 的夹角 θ 为

$$\theta=\arccos\frac{\langle\boldsymbol{x},\boldsymbol{y}\rangle}{\|\boldsymbol{x}\|\cdot\|\boldsymbol{y}\|}\tag{2.1.7}$$

特别地，如果 $\langle\boldsymbol{x},\boldsymbol{y}\rangle=0$，则称向量 $\boldsymbol{x}$ 与 $\boldsymbol{y}$ 是相互正交的。

2.1.2　矩阵与二次型

$m\times n$ 的矩阵是由 $m\times n$ 个元素排成的 m 行 n 列的长方形数表，记为

$$\boldsymbol{A}=\begin{bmatrix}a_{11}&a_{12}&\cdots&a_{1n}\\a_{21}&a_{22}&\cdots&a_{2n}\\\vdots&\vdots&&\vdots\\a_{m1}&a_{m2}&\cdots&a_{mn}\end{bmatrix}\tag{2.1.8}$$

上式可简记为 $\boldsymbol{A}=[a_{ij}]_{m\times n}$。

如果把矩阵的每一行看成一个向量，则矩阵可以认为是由这些行向量组成的。如果把矩阵的每一列看成一个向量，则矩阵也可以认为是由这些列向量组成的。矩阵 $\boldsymbol{A}$ 的行 (或列) 极大线性无关组的向量个数称为矩阵 $\boldsymbol{A}$ 的秩，记为 $\mathrm{rank}(\boldsymbol{A})$。

对 $m\times n$ 的矩阵 $\boldsymbol{A}$，若

$$\mathrm{rank}(\boldsymbol{A})=\min\{m,n\}\tag{2.1.9}$$

则称矩阵 $\boldsymbol{A}$ 是满秩的。若 $m<n$，则称为行满秩；若 $n<m$，则称为列满秩；若 $m=n$，即 $\boldsymbol{A}$ 为 n 阶方阵，则 $\boldsymbol{A}$ 为非奇异矩阵。

关于矩阵范数，这里只考虑方阵，有如下定义。

定义 2.3 若实值函数 $\|\cdot\|:\mathbb{R}^{n\times n}\to\mathbb{R}$ 满足下列条件：

(1) 正定性：对任何 $\boldsymbol{A}\in\mathbb{R}^{n\times n}$，$\|\boldsymbol{A}\|\geqslant 0$，等号成立当且仅当 $\boldsymbol{A}=\boldsymbol{0}$；

(2) 齐次性：对任何 $\alpha\in\mathbb{R}$，$\boldsymbol{A}\in\mathbb{R}^{n\times n}$，$\|\alpha\boldsymbol{A}\|=|\alpha|\,\|\boldsymbol{A}\|$；

(3) 三角不等式：对任何 $\boldsymbol{A},\boldsymbol{B}\in\mathbb{R}^{n\times n}$，$\|\boldsymbol{A}+\boldsymbol{B}\|\leqslant\|\boldsymbol{A}\|+\|\boldsymbol{B}\|$；

(4) 相容性：对任何 $\boldsymbol{A},\boldsymbol{B}\in\mathbb{R}^{n\times n}$，$\|\boldsymbol{AB}\|\leqslant\|\boldsymbol{A}\|\,\|\boldsymbol{B}\|$。

则称 $\|\cdot\|$ 为 n 阶方阵的范数。

如果一个矩阵范数 $\|\cdot\|_\alpha$ 和某向量范数 $\|\cdot\|_\beta$ 对任何 $\boldsymbol{x}\in\mathbb{R}^n$，$\boldsymbol{A}\in\mathbb{R}^{n\times n}$ 满足下列不等式

$$\|\boldsymbol{Ax}\|_\beta\leqslant\|\boldsymbol{A}\|_\alpha\|\boldsymbol{x}\|_\beta \tag{2.1.10}$$

则称矩阵范数 $\|\cdot\|_\alpha$ 和向量范数 $\|\cdot\|_\beta$ 是相容的。

最常用的与向量范数相容的矩阵范数是算子范数，定义为

$$\|\boldsymbol{A}\|_\alpha=\max_{\|\boldsymbol{x}\|_\beta=1}\|\boldsymbol{Ax}\|_\beta \tag{2.1.11}$$

算子范数 $\|\cdot\|_\alpha$ 又称为由向量范数 $\|\cdot\|_\beta$ 诱导的矩阵范数，或从属于向量范数 $\|\cdot\|_\beta$ 的矩阵范数。这时向量范数和矩阵范数通常采用相同的符号。

从属于向量范数 $\|\boldsymbol{x}\|_\infty$、$\|\boldsymbol{x}\|_1$ 和 $\|\boldsymbol{x}\|_2$ 的矩阵范数分别为

$$\|\boldsymbol{A}\|_\infty=\max_{1\leqslant i\leqslant n}\sum_{j=1}^n|a_{ij}| \tag{2.1.12}$$

$$\|\boldsymbol{A}\|_1=\max_{1\leqslant j\leqslant n}\sum_{i=1}^n|a_{ij}| \tag{2.1.13}$$

$$\|\boldsymbol{A}\|_2=\max_{1\leqslant i\leqslant n}\left\{\sqrt{\lambda_i}\,\middle|\,\lambda_i\in\lambda(\boldsymbol{A}^{\mathrm{T}}\boldsymbol{A})\right\} \tag{2.1.14}$$

其中，$\lambda(\boldsymbol{A}^{\mathrm{T}}\boldsymbol{A})$ 是 $\boldsymbol{A}^{\mathrm{T}}\boldsymbol{A}$ 的特征值集合；$\|\boldsymbol{A}\|_\infty$、$\|\boldsymbol{A}\|_1$ 和 $\|\boldsymbol{A}\|_2$ 分别称为行和范数、列和范数、谱范数。

此外，常用的矩阵范数还有按下式定义的 F 范数：

$$\|\boldsymbol{A}\|_{\mathrm{F}}=\left(\sum_{i=1}^n\sum_{j=1}^n a_{ij}^2\right)^{\frac{1}{2}}=\sqrt{\mathrm{tr}(\boldsymbol{A}^{\mathrm{T}}\boldsymbol{A})} \tag{2.1.15}$$

定义 2.4 设 $\boldsymbol{A}\in\mathbb{R}^{n\times n}$ 是对称矩阵，$\boldsymbol{x}\in\mathbb{R}^n$，函数 $f:\mathbb{R}^n\to\mathbb{R}$ 定义为

$$f(\boldsymbol{x})=\boldsymbol{x}^{\mathrm{T}}\boldsymbol{Ax} \tag{2.1.16}$$

称 $f(\boldsymbol{x})$ 为 n 元二次型函数 (简称二次型)；$\boldsymbol{A}$ 称为该二次型的矩阵。

不难看出，二次型是二次齐次多项式。如二元二次型函数可用下式表示

$$f(\boldsymbol{x}) = a_{11}x_1^2 + 2a_{12}x_1x_2 + a_{22}x_2^2$$

定义 2.5 如果对任意非零向量 $\boldsymbol{x}$ 都有

(1) $f(\boldsymbol{x}) = \boldsymbol{x}^{\mathrm{T}}\boldsymbol{A}\boldsymbol{x} > 0$，则称该二次型为正定二次型，矩阵 $\boldsymbol{A}$ 为正定矩阵；

(2) $f(\boldsymbol{x}) = \boldsymbol{x}^{\mathrm{T}}\boldsymbol{A}\boldsymbol{x} \geqslant 0$，则称该二次型为半正定二次型，矩阵 $\boldsymbol{A}$ 为半正定矩阵；

(3) $f(\boldsymbol{x}) = \boldsymbol{x}^{\mathrm{T}}\boldsymbol{A}\boldsymbol{x} < 0$，则称该二次型为负定二次型，矩阵 $\boldsymbol{A}$ 为负定矩阵；

(4) $f(\boldsymbol{x}) = \boldsymbol{x}^{\mathrm{T}}\boldsymbol{A}\boldsymbol{x} \leqslant 0$，则称该二次型为半负定二次型，矩阵 $\boldsymbol{A}$ 为半负定矩阵。

上面定义的四种二次型，称为有定的。如果不是上述四种类型，则称该二次型为不定的，相应的矩阵为不定矩阵。

由上述定义可知，二次型与矩阵的正定性是一致的。实对称矩阵的正定性可根据矩阵的特征值或顺序主子式来判断，有下列结论：

(1) 实对称矩阵是正定的 (半正定的) 当且仅当矩阵的特征值全为正 (非负)；

(2) 实对称矩阵是负定的 (半负定的) 当且仅当矩阵的特征值全为负 (非正)；

(3) 实对称矩阵是正定的当且仅当矩阵的各阶顺序主子式全为正；

(4) 实对称矩阵是负定的当且仅当矩阵的各奇数阶顺序主子式全为负，各偶数阶顺序主子式全为正。

2.1.3 向量与矩阵序列的极限

设 $\boldsymbol{x}^{(1)}, \boldsymbol{x}^{(2)}, \cdots, \boldsymbol{x}^{(k)}, \cdots$ 为 $\mathbb{R}^n$ 中的向量序列,简记为$\{\boldsymbol{x}^{(k)}\}$,其中 $\boldsymbol{x}^{(k)} = (x_1^{(k)}, x_2^{(k)}, \cdots, x_n^{(k)})^{\mathrm{T}}$。显然，一个 n 维向量序列 $\{\boldsymbol{x}^{(k)}\}$ 中各向量的对应分量构成 n 个标量序列 $\left\{x_i^{(k)}\right\}$，$(i = 1, 2, \cdots, n;\ k = 1, 2, \cdots)$。如果 $k \to \infty$ 时，n 个标量序列 $\left\{x_i^{(k)}\right\}$ 都有极限，即

$$\lim_{k\to\infty} x_i^{(k)} = x_i^*, \quad i = 1, 2, \cdots, n \tag{2.1.17}$$

则称向量序列 $\{\boldsymbol{x}^{(k)}\}$ 有极限 $\boldsymbol{x}^* = (x_1^*, x_2^*, \cdots, x_n^*)^{\mathrm{T}}$，或称 $\{\boldsymbol{x}^{(k)}\}$ 收敛于 $\boldsymbol{x}^*$，记为

$$\lim_{k\to\infty} \boldsymbol{x}^{(k)} = \boldsymbol{x}^* \tag{2.1.18}$$

在具体分析向量序列的极限时，一般利用范数的概念来定义。

定义 2.6 设 $\{\boldsymbol{x}^{(k)}\}$ 为 n 维向量序列，$\boldsymbol{x}^*$ 为 n 维向量，$\|\cdot\|$ 为 $\mathbb{R}^n$ 上的范数，则 $\{\boldsymbol{x}^{(k)}\}$ 收敛于 $\boldsymbol{x}^*$ 当且仅当 $\lim\limits_{k\to\infty}\left\|\boldsymbol{x}^{(k)} - \boldsymbol{x}^*\right\| = 0$。

类似地，对 $n \times n$ 的矩阵序列 $\{\boldsymbol{A}^{(k)}\}$，如果其中各矩阵的对应分量构成标量序列都有极限，则矩阵序列 $\{\boldsymbol{A}^{(k)}\}$ 有极限。设 $\|\cdot\|$ 为 $\mathbb{R}^{n\times n}$ 上的范数，$\boldsymbol{A}^* \in \mathbb{R}^{n\times n}$ 是 $\{\boldsymbol{A}^{(k)}\}$ 的极限当且仅当 $\lim\limits_{k\to\infty}\left\|\boldsymbol{A}^{(k)} - \boldsymbol{A}^*\right\| = 0$。

2.2 多元函数的可微性与展开

2.2.1 方向导数与梯度

定义 2.7 如果连续函数 $f:\mathbb{R}^n\to\mathbb{R}$ 在 $\boldsymbol{x}\in\mathbb{R}^n$ 处可微，即存在偏导数 $\dfrac{\partial f(\boldsymbol{x})}{\partial x_i}(i=1,2,\cdots,n)$，则称由 n 个偏导数形成的向量为 f 在 $\boldsymbol{x}$ 处的梯度 $\nabla f(\boldsymbol{x})$，即

$$\nabla f(\boldsymbol{x})=\left[\frac{\partial f(\boldsymbol{x})}{\partial x_1},\ \frac{\partial f(\boldsymbol{x})}{\partial x_2},\ \cdots,\ \frac{\partial f(\boldsymbol{x})}{\partial x_n}\right]^{\mathrm{T}} \tag{2.2.1}$$

函数的偏导数 $\dfrac{\partial f(\boldsymbol{x})}{\partial x_i}$ 是函数 f 在 $\boldsymbol{x}$ 点处沿 x_i 轴方向的变化率。为研究 f 在 $\boldsymbol{x}$ 点处沿指定方向 $\boldsymbol{d}$ 的变化率，可定义如下方向导数

$$\frac{\partial f(\boldsymbol{x})}{\partial \boldsymbol{d}}=\lim_{\alpha\to 0}\frac{f(\boldsymbol{x}+\alpha\boldsymbol{d})-f(\boldsymbol{x})}{\alpha} \tag{2.2.2}$$

下面以二元函数 $f(x_1,x_2)$ 为例来讨论方向导数与梯度之间的关系。

如图 2.1 所示，$f(x_1,x_2)$ 在 $\boldsymbol{x}^0=\left[x_1^0,\ x_2^0\right]^{\mathrm{T}}$ 处沿方向 $\boldsymbol{d}$ 的方向导数可定义为

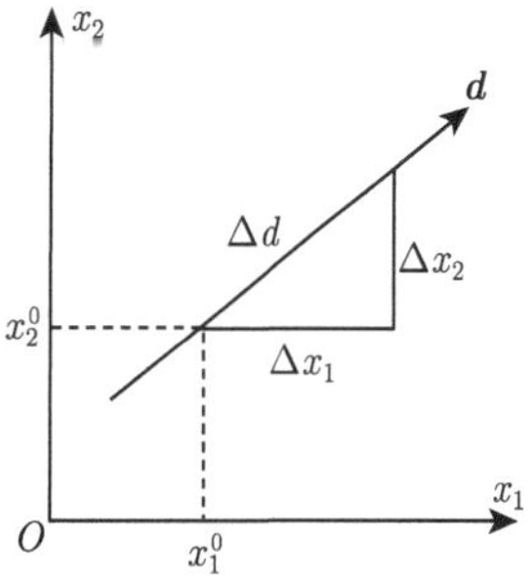

$$\begin{aligned}
\frac{\partial f(\boldsymbol{x}^0)}{\partial \boldsymbol{d}}&=\lim_{\Delta d\to 0}\frac{f(x_1^0+\Delta x_1,x_2^0+\Delta x_2)-f(x_1^0,x_2^0)}{\Delta d}\\
&=\lim_{\Delta d\to 0}\frac{f(x_1^0+\Delta x_1,x_2^0)-f(x_1^0,x_2^0)}{\Delta d}\\
&\quad+\lim_{\Delta d\to 0}\frac{f(x_1^0+\Delta x_1,x_2^0+\Delta x_2)-f(x_1^0+\Delta x_1,x_2^0)}{\Delta d}\\
&=\lim_{\Delta d\to 0}\frac{f(x_1^0+\Delta x_1,x_2^0)-f(x_1^0,x_2^0)}{\Delta x_1}\cdot\frac{\Delta x_1}{\Delta d}\\
&\quad+\lim_{\Delta d\to 0}\frac{f(x_1^0+\Delta x_1,x_2^0+\Delta x_2)-f(x_1^0+\Delta x_1,x_2^0)}{\Delta x_2}\cdot\frac{\Delta x_2}{\Delta d}\\
&=\frac{\partial f(\boldsymbol{x}^0)}{\partial x_1}\cos\langle\boldsymbol{d}\ ,\boldsymbol{e}_1\rangle+\frac{\partial f(\boldsymbol{x}^0)}{\partial x_2}\cos\langle\boldsymbol{d}\ ,\boldsymbol{e}_2\rangle
\end{aligned} \tag{2.2.3}$$

图 2.1 方向导数的计算

其中，$\cos\langle\boldsymbol{d}\ ,\boldsymbol{e}_1\rangle$ 和 $\cos\langle\boldsymbol{d}\ ,\boldsymbol{e}_2\rangle$ 分别为方向 $\boldsymbol{d}$ 与 x_1 轴和 x_2 轴的夹角余弦，即方向余弦。

不妨设 $\boldsymbol{d}$ 为以方向余弦为分量的单位向量，即

$$\boldsymbol{d}=\left[\cos\langle\boldsymbol{d}\ ,\boldsymbol{e}_1\rangle,\ \cos\langle\boldsymbol{d}\ ,\boldsymbol{e}_2\rangle\right]^{\mathrm{T}} \tag{2.2.4}$$

考虑到函数 f 在 $\boldsymbol{x}^0$ 点的梯度为

$$\nabla f(\boldsymbol{x}^0)=\left[\frac{\partial f(\boldsymbol{x}^0)}{\partial x_1},\ \frac{\partial f(\boldsymbol{x}^0)}{\partial x_2}\right]^{\mathrm{T}} \tag{2.2.5}$$

则方向导数可写为

$$\begin{aligned}\frac{\partial f(\boldsymbol{x}^0)}{\partial \boldsymbol{d}} &= \left[\frac{\partial f(\boldsymbol{x}^0)}{\partial x_1}, \frac{\partial f(\boldsymbol{x}^0)}{\partial x_2}\right]\left[\begin{array}{c}\cos\langle \boldsymbol{d}\ , \boldsymbol{e_1}\rangle \\ \cos\langle \boldsymbol{d}\ , \boldsymbol{e_2}\rangle\end{array}\right] \\ &= \nabla f(\boldsymbol{x}^0)\cdot \boldsymbol{d} \\ &= \left\|\nabla f(\boldsymbol{x}^0)\right\| \|\boldsymbol{d}\| \cos\left\langle \nabla f(\boldsymbol{x}^0)\ , \boldsymbol{d}\right\rangle \\ &= \left\|\nabla f(\boldsymbol{x}^0)\right\| \cos\left\langle \nabla f(\boldsymbol{x}^0)\ , \boldsymbol{d}\right\rangle \end{aligned} \tag{2.2.6}$$

可见，方向导数是梯度在该方向上的投影。当方向 $\boldsymbol{d}$ 与梯度 $\nabla f(\boldsymbol{x}^0)$ 的方向一致时，方向导数有最大值，即函数 f 在梯度方向的变化率最大，换句话说就是梯度方向是函数值上升最快的方向。反之，梯度的相反方向 (负梯度方向) 是函数值下降最快的方向，称为最速下降方向。

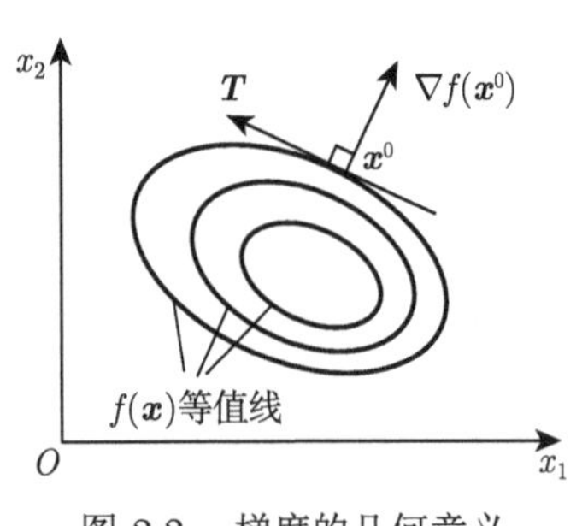

图 2.2　梯度的几何意义

下面讨论梯度的几何意义。如图 2.2 所示，设 $\boldsymbol{x}^0$ 为函数 $f(x_1, x_2)$ 等值线上的一点，$\boldsymbol{T}$ 为等值线上过 $\boldsymbol{x}^0$ 点的切线方向，函数值沿等值线切线方向的变化率为零，即方向导数 $\dfrac{\partial f(\boldsymbol{x}^0)}{\partial \boldsymbol{T}} = 0$，故

$$\frac{\partial f(\boldsymbol{x}^0)}{\partial \boldsymbol{T}} = \nabla f(\boldsymbol{x}^0)\cdot \boldsymbol{T} = 0 \tag{2.2.7}$$

由式 (2.2.7) 可知，在 $\boldsymbol{x}^0$ 点的梯度与过 $\boldsymbol{x}^0$ 点的函数等值线的切线垂直，即梯度沿着函数等值线的法线方向。

2.2.2　函数的泰勒展开与黑塞矩阵

对单变量函数的泰勒展开式是大家所熟知的。即如果 $f(x)$ 在 x_0 点二阶可微，则当 $|x-x_0|$ 很小时，有 $f(x)$ 的二阶泰勒展开

$$f(x) = f(x_0) + f'(x_0)(x-x_0) + \frac{1}{2!}f''(x_0)(x-x_0)^2 + o(|x-x_0|^2) \tag{2.2.8}$$

式中，$o(|x-x_0|^2)$ 为 $(x-x_0)^2$ 的高阶无穷小量。

将式 (2.2.8) 推广至多变量函数，并用范数代替绝对值，即可得多变量函数的泰勒展开式。以二元函数 $f(x_1, x_2)$ 为例，在 $\boldsymbol{x}^0 = \left[x_1^0, x_2^0\right]^{\mathrm{T}}$ 处的泰勒展开式为

$$\begin{aligned} f(x_1, x_2) = {} & f(x_1^0, x_2^0) + \frac{\partial f(\boldsymbol{x}^0)}{\partial x_1}(x_1 - x_1^0) + \frac{\partial f(\boldsymbol{x}^0)}{\partial x_2}(x_2 - x_2^0) \\ & + \frac{1}{2!}\left(\frac{\partial^2 f(\boldsymbol{x}^0)}{\partial x_1^2}(x_1 - x_1^0)^2 + \frac{\partial^2 f(\boldsymbol{x}^0)}{\partial x_1 \partial x_2}(x_1 - x_1^0)(x_2 - x_2^0)\right. \\ & \left. + \frac{\partial^2 f(\boldsymbol{x}^0)}{\partial x_2 \partial x_1}(x_2 - x_2^0)(x_1 - x_1^0) + \frac{\partial^2 f(\boldsymbol{x}^0)}{\partial x_2^2}(x_2 - x_2^0)^2\right) + o\left(\left\|\boldsymbol{x} - \boldsymbol{x}^0\right\|^2\right) \end{aligned}$$

$$
= f(\boldsymbol{x}^0) + \left[\frac{\partial f(\boldsymbol{x}^0)}{\partial x_1}, \frac{\partial f(\boldsymbol{x}^0)}{\partial x_2}\right]\left[\begin{array}{c} x_1 - x_1^0 \\ x_2 - x_2^0 \end{array}\right]
$$

$$
+\frac{1}{2!}\left[x_1 - x_1^0, x_2 - x_2^0\right]\left[\begin{array}{cc} \dfrac{\partial^2 f(\boldsymbol{x}^0)}{\partial x_1^2} & \dfrac{\partial^2 f(\boldsymbol{x}^0)}{\partial x_1 \partial x_2} \\ \dfrac{\partial^2 f(\boldsymbol{x}^0)}{\partial x_2 \partial x_1} & \dfrac{\partial^2 f(\boldsymbol{x}^0)}{\partial x_2^2} \end{array}\right]\left[\begin{array}{c} x_1 - x_1^0 \\ x_2 - x_2^0 \end{array}\right] + o(\|\boldsymbol{x} - \boldsymbol{x}^0\|^2)
\tag{2.2.9}
$$

式中，$\left[\begin{array}{cc} \dfrac{\partial^2 f(\boldsymbol{x}^0)}{\partial x_1^2} & \dfrac{\partial^2 f(\boldsymbol{x}^0)}{\partial x_1 \partial x_2} \\ \dfrac{\partial^2 f(\boldsymbol{x}^0)}{\partial x_2 \partial x_1} & \dfrac{\partial^2 f(\boldsymbol{x}^0)}{\partial x_2^2} \end{array}\right]$ 是由函数 f 在 $\boldsymbol{x}^0$ 点的二阶偏导数构成的矩阵，称为黑塞矩阵，记为 $\boldsymbol{H}(\boldsymbol{x}^0)$ 或 $\nabla^2 f(\boldsymbol{x}^0)$。

考虑到 $\nabla f(\boldsymbol{x}^0) = \left[\dfrac{\partial f(\boldsymbol{x}^0)}{\partial x_1}, \dfrac{\partial f(\boldsymbol{x}^0)}{\partial x_2}\right]^{\mathrm{T}}$，并记 $\Delta \boldsymbol{x} = \boldsymbol{x} - \boldsymbol{x}^0 = \left[x_1 - x_1^0, x_2 - x_2^0\right]^{\mathrm{T}}$，泰勒展开式用矩阵形式表示为

$$
f(\boldsymbol{x}) = f(\boldsymbol{x}^0) + \left[\nabla f(\boldsymbol{x}^0)\right]^{\mathrm{T}} \Delta \boldsymbol{x} + \frac{1}{2}(\Delta \boldsymbol{x})^{\mathrm{T}} \boldsymbol{H}(\boldsymbol{x}^0) \Delta \boldsymbol{x} + o(\|\Delta \boldsymbol{x}\|^2)
\tag{2.2.10}
$$

式 (2.2.10) 同样适用于 $\boldsymbol{x} \in \mathbb{R}^n$ 的情形，此时，黑塞矩阵为

$$
\boldsymbol{H}(\boldsymbol{x}^0) = \nabla^2 f(\boldsymbol{x}^0) = \left[\begin{array}{ccccc}
\dfrac{\partial^2 f(\boldsymbol{x}^0)}{\partial x_1^2} & \dfrac{\partial^2 f(\boldsymbol{x}^0)}{\partial x_1 \partial x_2} & \cdots & \dfrac{\partial^2 f(\boldsymbol{x}^0)}{\partial x_1 \partial x_j} & \cdots & \dfrac{\partial^2 f(\boldsymbol{x}^0)}{\partial x_1 \partial x_n} \\
\dfrac{\partial^2 f(\boldsymbol{x}^0)}{\partial x_2 \partial x_1} & \dfrac{\partial^2 f(\boldsymbol{x}^0)}{\partial x_2^2} & \cdots & \dfrac{\partial^2 f(\boldsymbol{x}^0)}{\partial x_2 \partial x_j} & \cdots & \dfrac{\partial^2 f(\boldsymbol{x}^0)}{\partial x_2 \partial x_n} \\
\vdots & \vdots & & \vdots & & \vdots \\
\dfrac{\partial^2 f(\boldsymbol{x}^0)}{\partial x_i \partial x_1} & \dfrac{\partial^2 f(\boldsymbol{x}^0)}{\partial x_i \partial x_2} & \cdots & \dfrac{\partial^2 f(\boldsymbol{x}^0)}{\partial x_i \partial x_j} & \cdots & \dfrac{\partial^2 f(\boldsymbol{x}^0)}{\partial x_i \partial x_n} \\
\vdots & \vdots & & \vdots & & \vdots \\
\dfrac{\partial^2 f(\boldsymbol{x}^0)}{\partial x_n \partial x_1} & \dfrac{\partial^2 f(\boldsymbol{x}^0)}{\partial x_n \partial x_2} & \cdots & \dfrac{\partial^2 f(\boldsymbol{x}^0)}{\partial x_n \partial x_j} & \cdots & \dfrac{\partial^2 f(\boldsymbol{x}^0)}{\partial x_n^2}
\end{array}\right]
\tag{2.2.11}
$$

根据微分运算法则知，$\dfrac{\partial^2 f(\boldsymbol{x}^0)}{\partial x_i \partial x_j} = \dfrac{\partial^2 f(\boldsymbol{x}^0)}{\partial x_j \partial x_i}\ (i, j = 1, 2, \cdots, n)$，故黑塞矩阵是对称矩阵。

2.2.3 向量值函数的雅可比矩阵

向量值函数 $\boldsymbol{f}: \mathbb{R}^n \to \mathbb{R}^m$ 指的是以 m 个 n 元实函数 $f_i: \mathbb{R}^n \to \mathbb{R}$ 为分量所构成的向量，即

$$
\boldsymbol{f}(\boldsymbol{x}) = \left[f_1(\boldsymbol{x}), f_2(\boldsymbol{x}), \cdots, f_m(\boldsymbol{x})\right]^{\mathrm{T}}
\tag{2.2.12}
$$

其中，$\boldsymbol{x}=[x_1, x_2,\cdots, x_n]^{\mathrm{T}}\in\mathbb{R}^n$。

如果向量值函数 $\boldsymbol{f}$ 中的每个分量 f_i 在 $\boldsymbol{x}$ 都是连续可微的，则称 $\boldsymbol{f}$ 在 $\boldsymbol{x}$ 连续可微。$\boldsymbol{f}$ 在 $\boldsymbol{x}$ 的导数 $\boldsymbol{f}'(\boldsymbol{x})\in\mathbb{R}^{m\times n}$ 称为 $\boldsymbol{f}$ 在 $\boldsymbol{x}$ 的雅可比矩阵 $\boldsymbol{J}_{\boldsymbol{f}}(\boldsymbol{x})$，即

$$\boldsymbol{f}'(\boldsymbol{x})=\boldsymbol{J}_{\boldsymbol{f}}(\boldsymbol{x})=\begin{bmatrix}\dfrac{\partial f_1(\boldsymbol{x})}{\partial x_1} & \dfrac{\partial f_1(\boldsymbol{x})}{\partial x_2} & \cdots & \dfrac{\partial f_1(\boldsymbol{x})}{\partial x_n}\\ \dfrac{\partial f_2(\boldsymbol{x})}{\partial x_1} & \dfrac{\partial f_2(\boldsymbol{x})}{\partial x_2} & \cdots & \dfrac{\partial f_2(\boldsymbol{x})}{\partial x_n}\\ \vdots & \vdots & & \vdots\\ \dfrac{\partial f_m(\boldsymbol{x})}{\partial x_1} & \dfrac{\partial f_m(\boldsymbol{x})}{\partial x_2} & \cdots & \dfrac{\partial f_m(\boldsymbol{x})}{\partial x_n}\end{bmatrix} \tag{2.2.13}$$

考虑到标量函数梯度的定义，有时把向量值函数 $\boldsymbol{f}$ 的雅可比矩阵的转置称为 $\boldsymbol{f}$ 在 $\boldsymbol{x}$ 的梯度，记为

$$\nabla\boldsymbol{f}(\boldsymbol{x})=[\boldsymbol{J}_{\boldsymbol{f}}(\boldsymbol{x})]^{\mathrm{T}}=[\nabla f_1(\boldsymbol{x}),\ \nabla f_2(\boldsymbol{x}),\ \cdots,\ \nabla f_m(\boldsymbol{x})] \tag{2.2.14}$$

2.3 凸集与凸函数

凸集与凸函数在最优化问题的理论分析与算法研究中具有重要作用。本节对凸集与凸函数的相关概念及主要结论作简单介绍。

2.3.1 凸集

定义 2.8 设集合 $\mathcal{D}\subset\mathbb{R}^n$，如果对任意的 $\boldsymbol{x}^{(1)},\boldsymbol{x}^{(2)}\in\mathcal{D}$ 及任意实数 $\alpha\in[0,1]$，都有

$$\alpha\boldsymbol{x}^{(1)}+(1-\alpha)\boldsymbol{x}^{(2)}\in\mathcal{D} \tag{2.3.1}$$

则称集合 $\mathcal{D}$ 为凸集。

从凸集的定义不难看出其几何意义：凸集 $\mathcal{D}$ 中任意两点所连线段上的所有点均属于 $\mathcal{D}$。图 2.3 给出了二维空间中的两种情形，其中 (a) 为凸集，(b) 为非凸集，因为图 2.3(b) 中的集合内存在两点 $\boldsymbol{x}^{(1)}$ 与 $\boldsymbol{x}^{(2)}$，而它们所连线段上有不在该集合内的点。

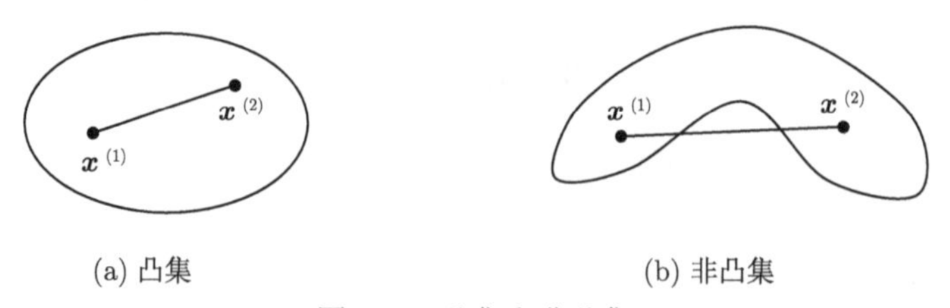

(a) 凸集　　(b) 非凸集

图 2.3 凸集和非凸集

不难证明凸集具有下列基本性质：

(1) 设 $\mathcal{D}$ 是凸集，α 是实数，则数乘 $\alpha\mathcal{D}=\{\boldsymbol{y}|\ \boldsymbol{y}=\alpha\boldsymbol{x},\boldsymbol{x}\in\mathcal{D}\}$ 是凸集；

(2) 设 $\mathcal{D}_1$、$\mathcal{D}_2$ 是凸集，则交集 $\mathcal{D}_1 \cap \mathcal{D}_2 = \{\boldsymbol{x} | \boldsymbol{x} \in \mathcal{D}_1, \boldsymbol{x} \in \mathcal{D}_2\}$ 是凸集；

(3) 设 $\mathcal{D}_1$、$\mathcal{D}_2$ 是凸集，则和集 $\mathcal{D}_1 + \mathcal{D}_2 = \{\boldsymbol{z} | \boldsymbol{z} = \boldsymbol{x} + \boldsymbol{y}, \boldsymbol{x} \in \mathcal{D}_1, \boldsymbol{y} \in \mathcal{D}_2\}$ 是凸集。

下面给出几个凸集的例子：

(1) 空集、单个点组成的集合、全空间 $\mathbb{R}^n$ 都是凸集；

(2) 超平面 $\mathcal{H} = \{\boldsymbol{x} | \boldsymbol{p}^{\mathrm{T}} \boldsymbol{x} = \alpha\}$ 是凸集，其中 $\boldsymbol{p} \in \mathbb{R}^n$ 是非零向量，称为超平面的法向量，α 是实数；

(3) 半空间 $\mathcal{H}^- = \{\boldsymbol{x} | \boldsymbol{p}^{\mathrm{T}} \boldsymbol{x} \leqslant \alpha\}$ 和 $\mathcal{H}^+ = \{\boldsymbol{x} | \boldsymbol{p}^{\mathrm{T}} \boldsymbol{x} \geqslant \alpha\}$ 均是凸集；

(4) 有限个半空间的交集 $\mathcal{S} = \{\boldsymbol{x} | \boldsymbol{p}_i^{\mathrm{T}} \boldsymbol{x} \leqslant \beta_i, i = 1, 2, \cdots, m\}$ 是凸集，其中 $\boldsymbol{p}_i$ 是非零向量，β_i 是实数。这个集合称为多面集，用矩阵表示为

$$\mathcal{S} = \{\boldsymbol{x} | \boldsymbol{A}\boldsymbol{x} \leqslant \boldsymbol{b}\} \tag{2.3.2}$$

其中，$\boldsymbol{A}$ 是 $m \times n$ 的矩阵，$\boldsymbol{b}$ 是 m 维向量。

式 (2.3.1) 中 $\alpha \boldsymbol{x}^{(1)} + (1-\alpha)\boldsymbol{x}^{(2)}$ 称为 $\boldsymbol{x}^{(1)}$ 和 $\boldsymbol{x}^{(2)}$ 的凸组合。推广至一般的情形，有以下定义。

定义 2.9　设 $\boldsymbol{x}^{(1)}, \boldsymbol{x}^{(2)}, \cdots, \boldsymbol{x}^{(m)} \in \mathbb{R}^n$，若 $\alpha_i \geqslant 0 (i = 1, 2, \cdots, m)$, $\sum\limits_{i=1}^{m} \alpha_i = 1$，称线性组合 $\alpha_1 \boldsymbol{x}^{(1)} + \alpha_2 \boldsymbol{x}^{(2)} + \cdots + \alpha_m \boldsymbol{x}^{(m)}$ 为 $\boldsymbol{x}^{(1)}, \boldsymbol{x}^{(2)}, \cdots, \boldsymbol{x}^{(m)}$ 的凸组合。

利用归纳法不难证明，$\mathcal{D}$ 是凸集的充要条件是其中的任意 $m \geqslant 2$ 个点的凸组合均在 $\mathcal{D}$ 内。

在凸集中还有一个特殊的情形称为凸锥。

定义 2.10　设集合 $\mathcal{C} \subset \mathbb{R}^n$ 且关于正的数乘封闭，即对任意 $\boldsymbol{x} \in \mathcal{C}$ 和任意实数 $\alpha > 0$，都有 $\alpha \boldsymbol{x} \in \mathcal{C}$，则称 $\mathcal{C}$ 为锥。如果锥 $\mathcal{C}$ 是凸集，则称 $\mathcal{C}$ 为凸锥。如果锥 (凸锥)$\mathcal{C}$ 中包含零元素，则称 $\mathcal{C}$ 为尖锥 (尖凸锥)。

集合 $\mathcal{C} \subset \mathbb{R}^n$ 是凸锥的充要条件是关于加法和正的数乘运算是封闭的。容易验证，在多面集表达式 (2.3.2) 中，若 $\boldsymbol{b} = \boldsymbol{0}$，则多面集 $\mathcal{S}$ 是凸锥，而且是尖凸锥，称为多面锥。

下面给出凸集的极点和极方向的概念。

定义 2.11　设 $\mathcal{D}$ 是非空凸集，$\boldsymbol{x} \in \mathcal{D}$。如果 $\boldsymbol{x}$ 不能表示成 $\mathcal{D}$ 中另外两个点的凸组合，则称 $\boldsymbol{x}$ 为 $\mathcal{D}$ 的极点。

由上述定义可知，若 $\boldsymbol{x}$ 为 $\mathcal{D}$ 的极点，且 $\boldsymbol{x} = \alpha \boldsymbol{x}^{(1)} + (1-\alpha)\boldsymbol{x}^{(2)}, \boldsymbol{x}^{(1)}, \boldsymbol{x}^{(2)} \in \mathcal{D}, \alpha \in (0, 1)$ 则必有 $\boldsymbol{x} = \boldsymbol{x}^{(1)} = \boldsymbol{x}^{(2)}$。

显然，凸多边形的顶点和圆周上的点都是极点。

定义 2.12　设 $\mathcal{D}$ 是闭凸集，$\boldsymbol{d}$ 为非零向量，如果对每个 $\boldsymbol{x} \in \mathcal{D}$ 和任意非负实数 α，都有 $\boldsymbol{x} + \alpha \boldsymbol{d} \in \mathcal{D}$。则称向量 $\boldsymbol{d}$ 为 $\mathcal{D}$ 的方向。又设 $\boldsymbol{d}^{(1)}$ 和 $\boldsymbol{d}^{(2)}$ 是 $\mathcal{D}$ 的两个方向，若对任意正数 α，有 $\boldsymbol{d}^{(1)} \neq \alpha \boldsymbol{d}^{(2)}$，则称 $\boldsymbol{d}^{(1)}$ 和 $\boldsymbol{d}^{(2)}$ 是 $\mathcal{D}$ 的两个不同方向。如果 $\mathcal{D}$ 的方向 $\boldsymbol{d}$ 不能表示成该集合的两个不同方向的正线性组合，则称 $\boldsymbol{d}$ 为 $\mathcal{D}$ 的极方向。

显然，有界集不存在方向，因而也不存在极方向。

2.3.2　凸函数

有了凸集的概念后，就可以定义凸集中的凸函数。

定义 2.13　设 $\mathcal{D} \subset \mathbb{R}^n$ 是非空凸集，函数 $f : \mathcal{D} \to \mathbb{R}$。如果对任意 $\boldsymbol{x}^{(1)}, \boldsymbol{x}^{(2)} \in \mathcal{D}$ 和任意实数 $\alpha \in (0,1)$，都有

$$f(\alpha \boldsymbol{x}^{(1)} + (1-\alpha)\boldsymbol{x}^{(2)}) \leqslant \alpha f(\boldsymbol{x}^{(1)}) + (1-\alpha) f(\boldsymbol{x}^{(2)}) \tag{2.3.3}$$

则称函数 f 是定义在 $\mathcal{D}$ 上的凸函数。如果 $\boldsymbol{x}^{(1)} \neq \boldsymbol{x}^{(2)}$ 时，式 (2.3.3) 中严格不等式成立，即

$$f(\alpha \boldsymbol{x}^{(1)} + (1-\alpha)\boldsymbol{x}^{(2)}) < \alpha f(\boldsymbol{x}^{(1)}) + (1-\alpha) f(\boldsymbol{x}^{(2)}) \tag{2.3.4}$$

则称 f 为 $\mathcal{D}$ 上的严格凸函数。如果存在常数 c，使得对任意 $\boldsymbol{x}^{(1)}, \boldsymbol{x}^{(2)} \in \mathcal{D}$ 和任意实数 $\alpha \in (0,1)$ 都有

$$f(\alpha \boldsymbol{x}^{(1)} + (1-\alpha)\boldsymbol{x}^{(2)}) + c\alpha(1-\alpha)\left\|\boldsymbol{x}^{(1)} - \boldsymbol{x}^{(2)}\right\|^2 \leqslant \alpha f(\boldsymbol{x}^{(1)}) + (1-\alpha) f(\boldsymbol{x}^{(2)}) \tag{2.3.5}$$

则称 f 是 $\mathcal{D}$ 上的一致凸函数。

如果 $-f$ 为 $\mathcal{D}$ 上的凸 (严格凸) 函数，则称 f 是 $\mathcal{D}$ 上的凹 (严格凹) 函数。

图 2.4 给出了一维情况下凸函数、凹函数和非凸非凹函数的图形。可以直观地看出凸函数和凹函数的几何性质：对凸函数来说，任意两点之间的图形总是位于这两点间的弦线段之下。而对凹函数来说正好相反。由凸函数的定义易知，线性函数 $f(\boldsymbol{x}) = \boldsymbol{a}^{\mathrm{T}}\boldsymbol{x} + \beta(\boldsymbol{a}, \boldsymbol{x} \in \mathbb{R}^n, \beta \in \mathbb{R})$，在 $\mathbb{R}^n$ 上既是凸函数，也是凹函数。

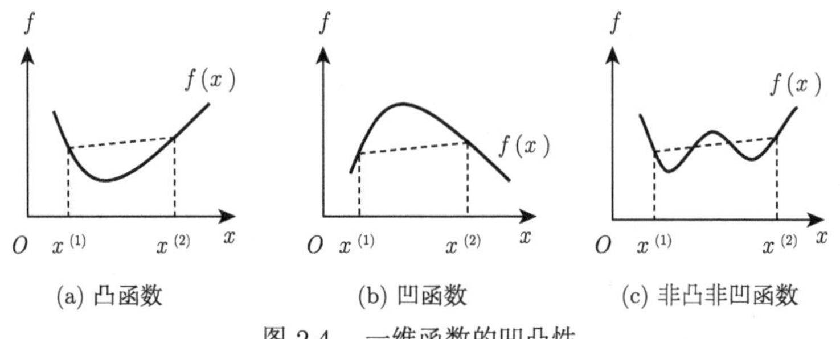

(a) 凸函数　(b) 凹函数　(c) 非凸非凹函数

图 2.4　一维函数的凹凸性

可以证明凸函数具有下列基本性质。

(1) 设 f_1，f_2 是定义在凸集 $\mathcal{D}$ 上的凸函数，α_1，α_2 是两个非负实数，则线性组合 $\alpha_1 f_1 + \alpha_2 f_2$ 也是定义在 $\mathcal{D}$ 上的凸函数。

(2) 设 f 是定义在凸集 $\mathcal{D}$ 上的凸函数，φ 是定义在 $\mathbb{R}$ 上的非减凸函数，则 $\varphi(f(\boldsymbol{x}))$ 是定义在 $\mathcal{D}$ 上的凸函数。

一般来说，直接利用凸函数的定义来判断一个函数是否具有凸性并非一件简单的事。如果函数是一阶或二阶连续可微的，这时利用函数的梯度或黑塞矩阵来判断函数的凸性要相对容易些。

定理 2.1　设 $\mathcal{D} \subset \mathbb{R}^n$ 为非空开凸集，$f(\boldsymbol{x})$ 在 $\mathcal{D}$ 上一阶连续可微，则 $f(\boldsymbol{x})$ 是 $\mathcal{D}$ 上凸函数的充分必要条件是对任意 $\boldsymbol{x}^{(1)}, \boldsymbol{x}^{(2)} \in \mathcal{D}$，恒有

$$f(\boldsymbol{x}^{(2)}) \geqslant f(\boldsymbol{x}^{(1)}) + \left[\nabla f(\boldsymbol{x}^{(1)})\right]^{\mathrm{T}} (\boldsymbol{x}^{(2)} - \boldsymbol{x}^{(1)}) \tag{2.3.6}$$

$f(\boldsymbol{x})$ 是严格凸函数的充分必要条件是对任意 $\boldsymbol{x}^{(1)}, \boldsymbol{x}^{(2)} \in \mathcal{D}$，当 $\boldsymbol{x}^{(1)} \neq \boldsymbol{x}^{(2)}$ 时，恒有

$$f(\boldsymbol{x}^{(2)}) > f(\boldsymbol{x}^{(1)}) + \left[\nabla f(\boldsymbol{x}^{(1)})\right]^{\mathrm{T}} (\boldsymbol{x}^{(2)} - \boldsymbol{x}^{(1)}) \tag{2.3.7}$$

一维情况如图 2.5 所示，不难看出其几何意义即凸函数的图形位于图形上任意一点切线的上方。

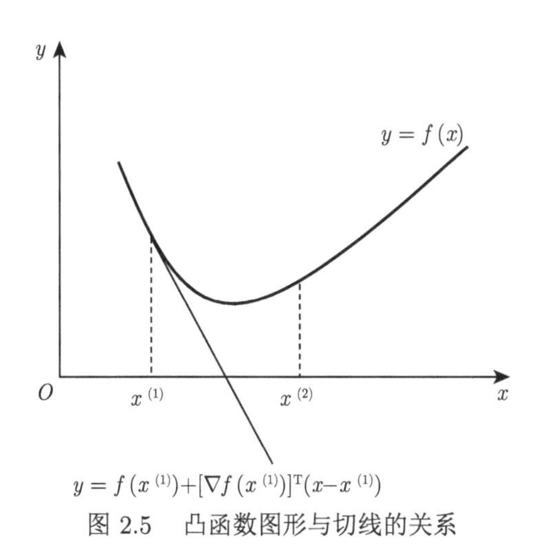

图 2.5 凸函数图形与切线的关系

定理 2.2 设 $\mathcal{D} \subset \mathbb{R}^n$ 为非空开凸集，$f(\boldsymbol{x})$ 在 $\mathcal{D}$ 上二阶连续可微，则 f 是 $\mathcal{D}$ 上凸函数的充分必要条件是在 $\mathcal{D}$ 的每一点处其黑塞矩阵是半正定的。如果黑塞矩阵在每个点处都是正定的，则 $f(\boldsymbol{x})$ 在 $\mathcal{D}$ 上是严格凸函数。

2.3.3 凸规划

凸规划是最优化问题中的一类重要的特殊情形。

定义 2.14 若可行域 $\mathcal{D} \subset \mathbb{R}^n$ 是凸集，目标函数 $f(\boldsymbol{x})$ 是 $\mathcal{D}$ 上的凸函数，则问题 $\min\limits_{\boldsymbol{x} \in \mathcal{D}} f(\boldsymbol{x})$ 为凸规划。特别的，对问题

$$\left.\begin{aligned} \min \quad & f(\boldsymbol{x}) \\ \text{s.t.} \quad & g_i(\boldsymbol{x}) \leqslant 0, i \in I = \{1, 2, \cdots, m\} \\ & h_j(\boldsymbol{x}) = 0, j \in E = \{1, 2, \cdots, l\} \end{aligned}\right\} \tag{2.3.8}$$

当 $f(\boldsymbol{x})$ 是凸函数，$g_i(\boldsymbol{x})$ $(i \in I)$ 是凸函数，$h_j(\boldsymbol{x})$ $(j \in E)$ 是线性函数时，它是一个凸规划问题。

2.4 最优性条件

2.4.1 局部最优解和全局最优解

最优性条件指最优化问题的最优解所满足的必要条件和充分条件。本节考虑求目标函数最小值的优化问题，首先给出最优解的分类，然后讨论各类最优化问题的最优性条件。

考虑最优化问题

$$\min_{\boldsymbol{x}\in\mathcal{D}} f(\boldsymbol{x}) \tag{2.4.1}$$

其中，$\mathcal{D}\subset\mathbb{R}^n$ 是问题的可行域，$f(\boldsymbol{x})$ 为目标函数。它的极小点可分为全局极小点和局部极小点，一维情况如图 2.6 所示。下面给出它们的一般定义。

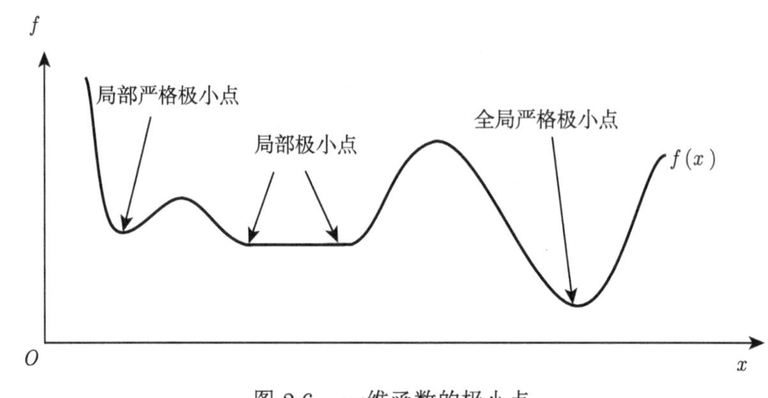

图 2.6 一维函数的极小点

定义 2.15 设 $\boldsymbol{x}^*\in\mathcal{D}$，如果对任意 $\boldsymbol{x}\in\mathcal{D}$，都有

$$f(\boldsymbol{x}^*)\leqslant f(\boldsymbol{x}) \tag{2.4.2}$$

则称 $\boldsymbol{x}^*$ 为问题 (2.4.1) 的全局极小点或全局最优解。若当 $\boldsymbol{x}\neq\boldsymbol{x}^*$ 时，上式中严格不等式成立，则称 $\boldsymbol{x}^*$ 是全局严格极小点。

定义 2.16 设 $\boldsymbol{x}^*\in\mathcal{D}$，如果存在某个实常数 $\delta>0$，对任意 $\boldsymbol{x}\in\mathcal{D}\cap B(\boldsymbol{x}^*,\delta)$，都有

$$f(\boldsymbol{x}^*)\leqslant f(\boldsymbol{x}) \tag{2.4.3}$$

则称 $\boldsymbol{x}^*$ 是问题 (2.4.1) 的局部极小点或局部最优解。这里 $B(\boldsymbol{x}^*,\delta)$ 是以 $\boldsymbol{x}^*$ 为中心以 δ 为半径的广义球，即 $B(\boldsymbol{x}^*,\delta)=\{\boldsymbol{x}|\,\|\boldsymbol{x}-\boldsymbol{x}^*\|\leqslant\delta\}$。如果 $\boldsymbol{x}\neq\boldsymbol{x}^*$ 时，式 (2.4.3) 中严格不等式成立，则称 $\boldsymbol{x}^*$ 为局部严格极小点。

全局极小点也常称为整体极小点。很显然，全局极小点也是局部极小点，反之不然。一般来说，求全局极小点是相当困难的，通常只是求局部极小点，而且在许多实际应用中，求局部极小点已经满足了问题的要求。因此，本书所指的求极小点，通常是指求局部极小点，仅当问题具有某种凸性时，局部极小点才是全局极小点。

2.4.2 无约束优化问题的最优性条件

无约束优化问题

$$\min f(\boldsymbol{x}),\boldsymbol{x}\in\mathbb{R}^n \tag{2.4.4}$$

就是求目标函数 $f(\boldsymbol{x})$ 在整个实数空间 $\mathbb{R}^n$ 上的极值。这是一个古典的极值问题，在微积分学中已经有所研究，关于一元函数 $f(\boldsymbol{x})$ 的极值条件是我们所熟知的。类似地，可以给出多元函数 $f(\boldsymbol{x})$ 的极值条件。

定理 2.3　设 $f(\boldsymbol{x})$ 在 $\boldsymbol{x}^*$ 处可微，则 $\boldsymbol{x}^*$ 是 $f(\boldsymbol{x})$ 的局部极小点的一阶必要条件是梯度 $\nabla f(\boldsymbol{x}^*)=0$。

上述条件很容易用反证法证明，因为若 $\nabla f(\boldsymbol{x}^*)\neq 0$，必存在 $\delta>0$，使得沿 $\boldsymbol{d}=-\nabla f(\boldsymbol{x}^*)$ 方向，当 $\alpha\in(0,\delta)$ 时，总有 $f(\boldsymbol{x}^*+\alpha\boldsymbol{d})<f(\boldsymbol{x}^*)$，这与 $\boldsymbol{x}^*$ 是局部极小点矛盾。

满足 $\nabla f(\boldsymbol{x}^*)=0$ 的点 $\boldsymbol{x}^*$ 称为函数 $f(\boldsymbol{x})$ 的平稳点或驻点。函数的平稳点可能是极小点，也可能是极大点，也可能不是极值点。既不是极小点也不是极大点的平稳点称为函数的鞍点。

利用黑塞矩阵可以给出极小点的二阶必要条件。

定理 2.4　设 $f(\boldsymbol{x})$ 在 $\boldsymbol{x}^*$ 处二阶可微，则 $\boldsymbol{x}^*$ 是 $f(\boldsymbol{x})$ 的局部极小点的二阶必要条件是梯度 $\nabla f(\boldsymbol{x}^*)=0$ 且黑塞矩阵 $\nabla^2 f(\boldsymbol{x}^*)$ 是半正定的。

$\nabla f(\boldsymbol{x}^*)=0$ 根据一阶必要条件可得，$\nabla^2 f(\boldsymbol{x}^*)$ 半正定可利用二阶泰勒公式证明。由于 $f(\boldsymbol{x})$ 在 $\boldsymbol{x}^*$ 处二阶可微，且 $\nabla f(\boldsymbol{x}^*)=0$，对于任意非零向量 $\boldsymbol{d}$ 和充分小的 $\alpha>0$，根据二阶泰勒公式，有

$$f(\boldsymbol{x}^*+\alpha\boldsymbol{d})=f(\boldsymbol{x}^*)+\frac{1}{2}\alpha^2\boldsymbol{d}^{\mathrm{T}}\nabla^2 f(\boldsymbol{x}^*)\boldsymbol{d}+o(\|\alpha\boldsymbol{d}\|^2)$$

移项整理得

$$\frac{1}{2}\boldsymbol{d}^{\mathrm{T}}\nabla^2 f(\boldsymbol{x}^*)\boldsymbol{d}+\frac{o(\|\alpha\boldsymbol{d}\|^2)}{\alpha^2}=\frac{f(\boldsymbol{x}^*+\alpha\boldsymbol{d})-f(\boldsymbol{x}^*)}{\alpha^2}$$

由于 $\boldsymbol{x}^*$ 是局部极小点，当 α 充分小时有 $f(\boldsymbol{x}^*+\alpha\boldsymbol{d})\geqslant f(\boldsymbol{x}^*)$，故

$$\boldsymbol{d}^{\mathrm{T}}\nabla^2 f(\boldsymbol{x}^*)\boldsymbol{d}\geqslant 0$$

而 $\boldsymbol{d}$ 是任意非零向量，因而 $\nabla^2 f(\boldsymbol{x}^*)$ 是半正定的。

对二阶必要条件稍作加强，可得局部极小点的二阶充分条件。

定理 2.5　设 $f(\boldsymbol{x})$ 在 $\boldsymbol{x}^*$ 处二阶可微，若梯度 $\nabla f(\boldsymbol{x}^*)=0$，且黑塞矩阵 $\nabla^2 f(\boldsymbol{x}^*)$ 正定，则 $\boldsymbol{x}^*$ 是严格局部极小点。

$\boldsymbol{x}^*$ 是否是 $f(\boldsymbol{x})$ 的局部极小点，取决于是否有 $\boldsymbol{x}^*$ 的某个邻域，当其中的 $\boldsymbol{x}\neq\boldsymbol{x}^*$ 时有 $f(\boldsymbol{x})-f(\boldsymbol{x}^*)>0$。不妨设 $\boldsymbol{d}$ 为任意单位向量，$\boldsymbol{x}=\boldsymbol{x}^*+\alpha\boldsymbol{d}$，则 $\boldsymbol{x}^*$ 是否为 $f(\boldsymbol{x})$ 的局部最优解，取决于是否存在 $\delta>0$，使得当 $0<\alpha<\delta$ 时有 $f(\boldsymbol{x}^*+\alpha\boldsymbol{d})>f(\boldsymbol{x}^*)$。事实上，利用二阶泰勒展开式，并考虑到梯度 $\nabla f(\boldsymbol{x}^*)=0$，$\|\boldsymbol{d}\|=1$ 可得

$$f(\boldsymbol{x}^*+\alpha\boldsymbol{d})-f(\boldsymbol{x}^*)=\frac{1}{2}\alpha^2\boldsymbol{d}^{\mathrm{T}}\nabla^2 f(\boldsymbol{x}^*)\boldsymbol{d}+o(\alpha^2)$$

由于 $\nabla^2 f(\boldsymbol{x}^*)$ 是正定矩阵，$\boldsymbol{d}$ 是单位向量，故 $\boldsymbol{d}^{\mathrm{T}}\nabla^2 f(\boldsymbol{x}^*)\boldsymbol{d}\geqslant\lambda_1>0$，这里 λ_1 是 $\nabla^2 f(\boldsymbol{x}^*)$ 的最小特征值。又当 $\alpha\to 0$ 时，$\dfrac{o(\alpha^2)}{\alpha^2}\to 0$。由极限的定义可知存在 $\delta>0$，当 $0<\alpha<\delta$ 时，有 $\dfrac{1}{2}\boldsymbol{d}^{\mathrm{T}}\nabla^2 f(\boldsymbol{x}^*)\boldsymbol{d}+\dfrac{o(\alpha^2)}{\alpha^2}>0$。故

$$f(\boldsymbol{x}^*+\alpha\boldsymbol{d})-f(\boldsymbol{x}^*)=\alpha^2\left(\frac{1}{2}\boldsymbol{d}^{\mathrm{T}}\nabla^2 f(\boldsymbol{x}^*)\boldsymbol{d}+\frac{o(\alpha^2)}{\alpha^2}\right)>0$$

即 $\boldsymbol{x}^*$ 为 $f(\boldsymbol{x})$ 的严格局部极小点。

当 $f(\boldsymbol{x})$ 是凸函数时，还可以给出关于全局极小点的充要条件。

定理 2.6　设 $f(\boldsymbol{x})$ 是 $\mathbb{R}^n$ 上的 (严格) 凸函数，并且具有一阶连续偏导数，则 $\boldsymbol{x}^*$ 是 $f(\boldsymbol{x})$ 的全局 (严格) 极小点的充要条件是梯度 $\nabla f(\boldsymbol{x}^*)=0$。

上述条件的必要性是显然的。至于充分性，由于 $f(\boldsymbol{x})$ 是凸函数，对任意 $\boldsymbol{x}\in\mathbb{R}^n$ 有

$$f(\boldsymbol{x})\geqslant f(\boldsymbol{x}^*)+\nabla f(\boldsymbol{x}^*)(\boldsymbol{x}-\boldsymbol{x}^*)$$

而梯度 $\nabla f(\boldsymbol{x}^*)=0$，故 $f(\boldsymbol{x})\geqslant f(\boldsymbol{x}^*)$。这表明 $\boldsymbol{x}^*$ 是全局极小点。

例 2.1　求 $\min f(\boldsymbol{x})=\dfrac{1}{3}x_1^3+\dfrac{1}{3}x_2^3-x_2^2-x_1$。

解：首先计算函数的梯度和黑塞矩阵

$$\nabla f(\boldsymbol{x})=\begin{bmatrix} x_1^2-1 \\ x_2^2-2x_2 \end{bmatrix} \tag{a}$$

$$\nabla^2 f(\boldsymbol{x})=\begin{bmatrix} 2x_1 & 0 \\ 0 & 2x_1-2 \end{bmatrix} \tag{b}$$

令 $\nabla f(\boldsymbol{x})=0$，有

$$\begin{cases} x_1^2-1=0 \\ x_2^2-2x_2=0 \end{cases} \tag{c}$$

解上述方程组，得

$$\boldsymbol{x}_1=\begin{bmatrix} 1 \\ 0 \end{bmatrix},\quad \boldsymbol{x}_2=\begin{bmatrix} 1 \\ 2 \end{bmatrix},\quad \boldsymbol{x}_3=\begin{bmatrix} -1 \\ 0 \end{bmatrix},\quad \boldsymbol{x}_4=\begin{bmatrix} -1 \\ 2 \end{bmatrix} \tag{d}$$

将上述各解分别代入式 (b)，有

$$\nabla^2 f(\boldsymbol{x}_1)=\begin{bmatrix} 2 & 0 \\ 0 & -2 \end{bmatrix},\quad \nabla^2 f(\boldsymbol{x}_2)=\begin{bmatrix} 2 & 0 \\ 0 & 2 \end{bmatrix},$$

$$\nabla^2 f(\boldsymbol{x}_3)=\begin{bmatrix} -2 & 0 \\ 0 & -2 \end{bmatrix},\quad \nabla^2 f(\boldsymbol{x}_4)=\begin{bmatrix} -2 & 0 \\ 0 & 2 \end{bmatrix}$$

不难判断，$\nabla^2 f(\boldsymbol{x}_1)$ 和 $\nabla^2 f(\boldsymbol{x}_4)$ 为不定矩阵，$\nabla^2 f(\boldsymbol{x}_3)$ 为负定矩阵，$\nabla^2 f(\boldsymbol{x}_2)$ 为正定矩阵。所以 $\boldsymbol{x}_2$ 为严格极小点，即 $\boldsymbol{x}^*=\boldsymbol{x}_2=\begin{bmatrix} 1 \\ 2 \end{bmatrix}$，$f_{\min}=f(\boldsymbol{x}^*)=-2$。

2.4.3 等式约束优化问题的最优性条件

考虑等式约束优化问题

$$\left.\begin{aligned} &\min f(\boldsymbol{x}) \\ &\text{s.t. } h_i(\boldsymbol{x}) = 0, \quad i = 1, 2, \cdots, l \end{aligned}\right\} \tag{2.4.5}$$

式 (2.4.5) 就是高等数学中的条件极值问题，下面的拉格朗日定理给出了其取极值的一阶必要条件。

定理 2.7 设 $\boldsymbol{x}^*$ 是问题 (2.4.5) 的局部极小点，$f(\boldsymbol{x})$ 和 $h_i(\boldsymbol{x})$ $(i = 1, 2, \cdots, l)$ 在 $\boldsymbol{x}^*$ 的某邻域内连续可微，若向量组 $\nabla h_i(\boldsymbol{x})$ $(i = 1, 2, \cdots, l)$ 线性无关，则存在乘子向量 $\boldsymbol{\lambda}^* = [\lambda_1^*, \lambda_2^*, \cdots, \lambda_l^*]^{\mathrm{T}}$，使得

$$\nabla f(\boldsymbol{x}^*) + \sum_{i=1}^{l} \lambda_i^* \nabla h_i(\boldsymbol{x}^*) = 0 \tag{2.4.6}$$

定义问题 (2.4.5) 的拉格朗日函数

$$L(\boldsymbol{x}, \boldsymbol{\lambda}) = f(\boldsymbol{x}) + \boldsymbol{\lambda}^{\mathrm{T}} \boldsymbol{h}(\boldsymbol{x}) \tag{2.4.7}$$

其中，$\boldsymbol{\lambda} = [\lambda_1, \lambda_2, \cdots, \lambda_l]^{\mathrm{T}}$ 称为乘子向量，$\boldsymbol{h}(\boldsymbol{x}) = [h_1(\boldsymbol{x}), h_2(\boldsymbol{x}), \cdots, h_l(\boldsymbol{x})]^{\mathrm{T}}$。

拉格朗日函数 (2.4.7) 的梯度为

$$\nabla L(\boldsymbol{x}, \boldsymbol{\lambda}) = \begin{bmatrix} \nabla_{\boldsymbol{x}} L \\ \nabla_{\boldsymbol{\lambda}} L \end{bmatrix} \tag{2.4.8}$$

其中，$\nabla_{\boldsymbol{x}} L = \nabla f(\boldsymbol{x}) + \sum\limits_{i=1}^{l} \lambda_i \nabla h_i(\boldsymbol{x})$, $\nabla_{\boldsymbol{\lambda}} L = \boldsymbol{h}(\boldsymbol{x}) = [h_1(\boldsymbol{x}), h_2(\boldsymbol{x}), \cdots, h_l(\boldsymbol{x})]^{\mathrm{T}}$。

考虑无约束优化问题

$$\min L(\boldsymbol{x}, \boldsymbol{\lambda}) \tag{2.4.9}$$

设其最优解为 $\begin{bmatrix} \boldsymbol{x}^* \\ \boldsymbol{\lambda}^* \end{bmatrix}$，则由一阶必要条件 $\nabla L(\boldsymbol{x}^*, \boldsymbol{\lambda}^*) = 0$ 得

$$\nabla f(\boldsymbol{x}^*) + \sum_{i=1}^{l} \lambda_i^* \nabla h_i(\boldsymbol{x}^*) = 0 \tag{2.4.10}$$

$$h_i(\boldsymbol{x}^*) = 0, \quad i = 1, 2, \cdots, l \tag{2.4.11}$$

式 (2.4.10) 即等式约束优化问题 (2.4.5) 的最优条件式 (2.4.6)，式 (2.4.11) 表明最优点 $\boldsymbol{x}^*$ 必须满足问题 (2.4.5) 的约束条件。因此问题 (2.4.5) 取极值的一阶必要条件可由无约束优化问题 (2.4.9) 的最优性条件 $\nabla L(\boldsymbol{x}, \boldsymbol{\lambda}) = 0$ 给出。这就是拉格朗日乘子法。

利用拉格朗日函数式 (2.4.7) 的如下关于 $\boldsymbol{x}$ 的黑塞矩阵：

$$\nabla_{\boldsymbol{xx}} L(\boldsymbol{x}, \boldsymbol{\lambda}) = \nabla^2 f(\boldsymbol{x}) + \sum_{i=1}^{l} \lambda_i \nabla^2 h_i(\boldsymbol{x}) \tag{2.4.12}$$

可以给出等式约束优化问题 (2.4.5) 的二阶必要条件。

定理 2.8　设 $\boldsymbol{x}^*$ 是问题 (2.4.5) 的局部极小点,并存在满足式 (2.4.10) 的拉格朗日乘子 $\boldsymbol{\lambda}^*$。则对任意满足 $\nabla h_i(\boldsymbol{x}^*)^{\mathrm{T}} \boldsymbol{d} = 0 (i = 1, 2, \cdots, l)$ 的非零向量 $\boldsymbol{d}$，均有 $\boldsymbol{d}^{\mathrm{T}} \nabla^2_{\boldsymbol{xx}} L(\boldsymbol{x}^*, \boldsymbol{\lambda}^*) \boldsymbol{d} \geqslant 0$。

对上述二阶必要条件作适当加强可得二阶充分条件。

定理 2.9　对等式约束优化问题 (2.4.5), 设 $f(\boldsymbol{x})$ 和 $h_i(\boldsymbol{x}) (i = 1, 2, \cdots, l)$ 都是二阶连续可微，若存在 $\boldsymbol{x}^*$ 和 $\boldsymbol{\lambda}^*$，满足式 (2.4.10)、式 (2.4.11)，且对任意满足 $\nabla h_i(\boldsymbol{x}^*)^{\mathrm{T}} \boldsymbol{d} = 0 (i = 1, 2, \cdots, l)$ 的非零向量 $\boldsymbol{d}$，均有 $\boldsymbol{d}^{\mathrm{T}} \nabla^2_{\boldsymbol{xx}} L(\boldsymbol{x}^*, \boldsymbol{\lambda}^*) \boldsymbol{d} > 0$，则 $\boldsymbol{x}^*$ 是问题 (2.4.5) 的严格局部极小点。

例 2.2　求下列问题的最优解。

$$\left.\begin{array}{l} \min f(\boldsymbol{x}) = (x_1 - 1.5)^2 + (x_2 - 1.5)^2 \\ \text{s.t.}\ \ h(\boldsymbol{x}) = x_1 + x_2 - 2 = 0 \end{array}\right\}$$

解：构造拉格朗日函数

$$L(\boldsymbol{x}, \lambda) = (x_1 - 1.5)^2 + (x_2 - 1.5)^2 + \lambda (x_1 + x_2 - 2)$$

计算拉格朗日函数的梯度

$$\nabla L(\boldsymbol{x}, \lambda) = \begin{bmatrix} \nabla_{\boldsymbol{x}} L \\ \nabla_{\lambda} L \end{bmatrix} = \begin{bmatrix} 2(x_1 - 1.5) + \lambda \\ 2(x_2 - 1.5) + \lambda \\ x_1 + x_2 - 2 \end{bmatrix}$$

由 $\nabla L(\boldsymbol{x}, \lambda) = 0$ 得

$$\lambda^* = 1, \boldsymbol{x}^* = \begin{bmatrix} 1 \\ 1 \end{bmatrix}$$

设 $\boldsymbol{z} = [z_1, z_2]^{\mathrm{T}}$ 为任意非零向量，由于 $\nabla h = [1, 1]^{\mathrm{T}}$，故由 $(\nabla h)^{\mathrm{T}} \boldsymbol{z} = 0$ 可得 $z_1 = -z_2 \neq 0$。而 $\nabla^2_{\boldsymbol{xx}} L = \begin{bmatrix} 2 & 0 \\ 0 & 2 \end{bmatrix}$，故

$$\boldsymbol{z}^{\mathrm{T}} \nabla^2_{\boldsymbol{xx}} \boldsymbol{L} \boldsymbol{z} = \begin{bmatrix} z_1 & -z_1 \end{bmatrix} \begin{bmatrix} 2 & 0 \\ 0 & 2 \end{bmatrix} \begin{bmatrix} z_1 \\ -z_1 \end{bmatrix} = 4 z_1^2 > 0$$

所以 $\boldsymbol{x}^* = \begin{bmatrix} 1 \\ 1 \end{bmatrix}$ 是严格极小点，$f_{\min} = f(\boldsymbol{x}^*) = 0.5$。

2.4.4 不等式约束优化问题的最优性条件

考虑不等式约束优化问题

$$\left.\begin{aligned} &\min f(\boldsymbol{x}) \\ &\text{s.t. } g_i(\boldsymbol{x}) \leqslant 0, \quad j=1,2,\cdots,m \end{aligned}\right\} \tag{2.4.13}$$

对它的某一个可行点 $\overline{\boldsymbol{x}}$，约束函数可能存在两种情形，即有些约束函数 $g_i(\boldsymbol{x})$ 满足 $g_i(\overline{\boldsymbol{x}})=0$，而另一些约束函数满足 $g_i(\overline{\boldsymbol{x}})<0$。把与前者相应的约束条件 $g_i(\boldsymbol{x})\leqslant 0$ 称为 $\overline{\boldsymbol{x}}$ 处的起作用约束 (或积极约束或有效约束)，而后者相应的约束条件 $g_i(\boldsymbol{x})\leqslant 0$ 为 $\overline{\boldsymbol{x}}$ 处的不起作用约束 (或非积极约束或非有效约束)。把指标集合 $I(\overline{\boldsymbol{x}})=\{i|\, g_i(\overline{\boldsymbol{x}})=0\}$ 称为 $\overline{\boldsymbol{x}}$ 处的起作用集 (或积极集或有效集)。

引入松弛变量 γ_i，将问题 (2.4.13) 中的不等式约束转化为等式约束 $g_i(\boldsymbol{x})+\gamma_i^2=0$。显然，当 $\gamma_i=0$ 时 $g_i(\boldsymbol{x})=0$。相应的约束条件是起作用约束；当 $\gamma_i\neq 0$ 时，$g_i(\boldsymbol{x})<0$，相应的约束条件是不起作用约束。考虑等式约束优化问题

$$\left.\begin{aligned} &\min f(\boldsymbol{x}) \\ &\text{s.t. } g_i(\boldsymbol{x})+\gamma_i^2=0, \quad i=1,2,\cdots,m \end{aligned}\right\} \tag{2.4.14}$$

构造拉格朗日函数

$$L(\boldsymbol{x},\boldsymbol{\lambda},\boldsymbol{\gamma})=f(\boldsymbol{x})+\sum_{i=1}^{m}\lambda_i(g_i(\boldsymbol{x})+\gamma_i^2)$$

式中，$\boldsymbol{\lambda}=[\lambda_1,\lambda_2,\cdots,\lambda_m]^{\mathrm{T}}$ 为拉格朗日乘子向量，$\boldsymbol{\gamma}=[\gamma_1,\gamma_2,\cdots,\gamma_m]^{\mathrm{T}}$ 为松弛因子向量。

$L(\boldsymbol{x},\boldsymbol{\lambda},\boldsymbol{\gamma})$ 在点 $(\boldsymbol{x}^*,\boldsymbol{\lambda}^*,\boldsymbol{\gamma}^*)$ 取极值的一阶必要条件为

$$\frac{\partial L}{\partial x_j}=\frac{\partial f(\boldsymbol{x}^*)}{\partial x_j}+\sum_{i=1}^{m}\lambda_i\frac{\partial g_i(\boldsymbol{x}^*)}{\partial x_j}=0, \quad j=1,2,\cdots,n \tag{2.4.15}$$

$$\frac{\partial L}{\partial \lambda_i}=g_i(\boldsymbol{x}^*)+(\gamma_i^*)^2=0, \quad i=1,2,\cdots,m \tag{2.4.16}$$

$$\frac{\partial L}{\partial \gamma_i}=2\gamma_i^*\lambda_i^*=0, \quad i=1,2,\cdots,m \tag{2.4.17}$$

分析式 (2.4.16) 和式 (2.4.17) 可知，若 $\lambda_i^*\neq 0$，则 $\gamma_i^*=0$，即 $g_i(\boldsymbol{x}^*)=0$，因此有 $\lambda_i^*g_i(\boldsymbol{x}^*)=0$；若 $\gamma_i^*\neq 0$，则 $\lambda_i^*=0$，$g_i(\boldsymbol{x}^*)<0$，仍然有 $\lambda_i^*g_i(\boldsymbol{x}^*)=0$。故

$$g_i(\boldsymbol{x}^*)\leqslant 0, \quad i=1,2,\cdots,m \tag{2.4.18}$$

$$\lambda_i^*g_i(\boldsymbol{x}^*)=0, \quad i=1,2,\cdots,m \tag{2.4.19}$$

与式 (2.4.16) 和式 (2.4.17) 等价。这里，式 (2.4.18) 即约束条件；式 (2.4.19) 称为松弛互补条件。

在起作用约束的梯度线性无关的约束规格条件下，若满足式 (2.4.15)、式 (2.4.18)、式 (2.4.19) 的 $\boldsymbol{x}^*$ 是不等式约束优化问题 (2.4.13) 的极小点，即对可行域内任意 $\boldsymbol{x} \in B(\boldsymbol{x}^*, \delta)$ 都有 $f(\boldsymbol{x}) \geqslant f(\boldsymbol{x}^*)$，则必有 $\lambda_i^* \geqslant 0 (i=1,2,\cdots,m)$。

事实上，由松弛互补条件式 (2.4.19) 可知，对不起作用约束必有 $\lambda_i^*=0$，只有当 i 属于起作用集 $I(\boldsymbol{x}^*)=\{i|\, g_i(\boldsymbol{x}^*)=0, i=1,2,\cdots,m\}$ 时，才可能有 $\lambda_i^* \neq 0$，故可将式 (2.4.15) 写为

$$\frac{\partial f(\boldsymbol{x}^*)}{\partial x_j}+\sum_{i\in I(\boldsymbol{x}^*)}\lambda_i^*\frac{\partial g_i(\boldsymbol{x}^*)}{\partial x_j}=0,\quad j=1,2,\cdots,n$$

写成向量形式为

$$\nabla f(\boldsymbol{x}^*)+\sum_{i\in I(\boldsymbol{x}^*)}\lambda_i^*\nabla g_i(\boldsymbol{x}^*)=0 \tag{2.4.20}$$

由于 $\nabla g_i(\boldsymbol{x}^*)(i\in I(\boldsymbol{x}^*))$ 线性无关，对任意 $i \in I(\boldsymbol{x}^*)$，一定存在 $\boldsymbol{d}_i$，使得

$$\nabla g_j(\boldsymbol{x}^*)^{\mathrm{T}}\boldsymbol{d}_i=0,\ \forall j\in I(\boldsymbol{x}^*),\ j\neq i \tag{2.4.21}$$

$$\nabla g_i(\boldsymbol{x}^*)^{\mathrm{T}}\boldsymbol{d}_i=-1 \tag{2.4.22}$$

不妨取 $\boldsymbol{x}=\boldsymbol{x}^*+\Delta\boldsymbol{x}=\boldsymbol{x}^*+\alpha\boldsymbol{d}_i$，显然 $\boldsymbol{x}$ 是 $\boldsymbol{x}^*$ 邻域内的可行点。若 $\boldsymbol{x}^*$ 是极小点，则必有

$$f(\boldsymbol{x})-f(\boldsymbol{x}^*)=\alpha\nabla f(\boldsymbol{x}^*)^{\mathrm{T}}\boldsymbol{d}_i\geqslant 0 \tag{2.4.23}$$

利用式 (2.4.20) 并考虑到式 (2.4.21) 可得

$$-\lambda_i^*\nabla g_i(\boldsymbol{x}^*)^{\mathrm{T}}\boldsymbol{d}_i\geqslant 0 \tag{2.4.24}$$

将式 (2.4.22) 代入可得

$$\lambda_i^*\geqslant 0 \tag{2.4.25}$$

综合式 (2.4.18)、式 (2.4.19)、式 (2.4.20) 和 式 (2.4.25) 可得不等式约束优化问题式 (2.4.13) 取极值的一阶必要条件，即著名的 KKT 条件 (Karush- Kuhn-Tucker 条件)。

定理 2.10　设 $\boldsymbol{x}^*$ 是不等式约束优化问题 (2.4.13) 的局部极小点，$f(\boldsymbol{x})$ 和 $g_i(\boldsymbol{x})(i=1,2,\cdots,m)$ 在 $\boldsymbol{x}^*$ 的某邻域内连续可微，若 $\boldsymbol{x}^*$ 处的起作用约束集为 $I(\boldsymbol{x}^*)$，且向量组 $\nabla g_i(\boldsymbol{x}^*)(i\in I(\boldsymbol{x}^*))$ 线性无关，则存在向量 $\boldsymbol{\lambda}^*=[\lambda_1^*,\lambda_2^*,\cdots,\lambda_m^*]^{\mathrm{T}}$，使得

$$\begin{cases}\nabla f(\boldsymbol{x}^*)+\displaystyle\sum_{i=1}^{m}\lambda_i^*\nabla g_i(\boldsymbol{x}^*)=0\\ g_i(\boldsymbol{x}^*)\leqslant 0,\ \lambda_i^*\geqslant 0,\ \lambda_i^*g_i(\boldsymbol{x}^*)=0,\quad i=1,2,\cdots,m\end{cases} \tag{2.4.26}$$

KKT 条件的几何意义是在局部极小点 $\boldsymbol{x}^*$ 处目标函数的负梯度 $-\nabla f(\boldsymbol{x}^*)$ 一定可以表示为所有起作用约束的梯度 $\nabla g_i(\boldsymbol{x}^*)$ $(i\in I(\boldsymbol{x}^*))$ 的非负线性组合。二维情况如图 2.7 所示，其中虚线为目标函数等值线。

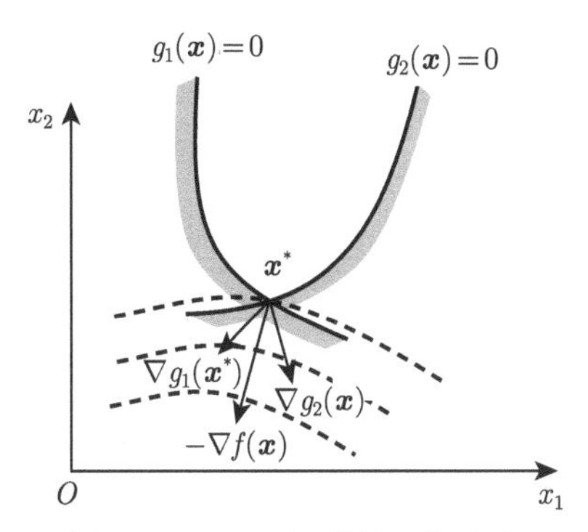

图 2.7 KKT 条件的几何意义

与等式约束问题相仿，利用拉格朗日函数 $L(\boldsymbol{x},\boldsymbol{\lambda})=f(\boldsymbol{x})+\sum\limits_{i=1}^{m}\lambda_i g_i(\boldsymbol{x})$ 关于 $\boldsymbol{x}$ 的黑塞矩阵 $\nabla^2_{\boldsymbol{xx}}L=\nabla^2_{\boldsymbol{xx}}f(\boldsymbol{x})+\sum\limits_{i=1}^{m}\lambda_i\nabla^2_{\boldsymbol{xx}}g_i(\boldsymbol{x})$ 可以给出不等式约束优化问题 (2.4.13) 的二阶极值条件。

定理 2.11 设 $\boldsymbol{x}^*$ 是不等式约束优化问题 (2.4.13) 的局部极小点，$f(\boldsymbol{x})$ 和 $g_i(\boldsymbol{x})(i=1,2,\cdots,m)$ 在 $\boldsymbol{x}^*$ 的某邻域内二阶连续可微，并存在满足式 (2.4.26) 的拉格朗日乘子 $\boldsymbol{\lambda}^*$。若 $\boldsymbol{x}^*$ 处的有效约束集为 $I(\boldsymbol{x}^*)$ 且向量组 $\nabla g_i(\boldsymbol{x}^*)(i\in I(\boldsymbol{x}^*))$ 线性无关，则对任意满足 $\nabla g_i(\boldsymbol{x}^*)^{\mathrm{T}}\boldsymbol{d}=0(i\in I(\boldsymbol{x}^*))$ 的非零向量 $\boldsymbol{d}$，均有 $\boldsymbol{d}^{\mathrm{T}}\nabla^2_{\boldsymbol{xx}}L(\boldsymbol{x}^*,\boldsymbol{\lambda}^*)\boldsymbol{d}\geqslant 0$。

对上述条件适当加强可得二阶充分条件。

定理 2.12 设 $(\boldsymbol{x}^*,\boldsymbol{\lambda}^*)$ 满足不等式约束优化问题 (2.4.13) 的 KKT 条件式 (2.4.26)，如果对任意满足 $\nabla g_i(\boldsymbol{x}^*)^{\mathrm{T}}\boldsymbol{d}=0(i\in I(\boldsymbol{x}^*))$ 的非零向量 $\boldsymbol{d}$，均有 $\boldsymbol{d}^{\mathrm{T}}\nabla^2_{\boldsymbol{xx}}L(\boldsymbol{x}^*,\boldsymbol{\lambda}^*)\boldsymbol{d}>0$，则 $\boldsymbol{x}^*$ 是问题 (2.4.13) 的一个严格局部极小点。

例 2.3 求下列问题的最优解。

$$\left.\begin{array}{l}\min f(\boldsymbol{x})=x_1^2+x_2^2-3x_1x_2\\ \text{s.t. }\ g(\boldsymbol{x})=x_1^2+x_2^2-6\leqslant 0\end{array}\right\}$$

解：构造拉格朗日函数

$$L(\boldsymbol{x},\lambda)=x_1^2+x_2^2+\lambda(x_1^2+x_2^2-6) \tag{a}$$

在点 $\boldsymbol{x}$ 处拉格朗日函数关于 $\boldsymbol{x}$ 的黑塞矩阵为

$$\nabla^2_{\boldsymbol{xx}}L(\boldsymbol{x},\lambda)=\begin{bmatrix}2+2\lambda & -3\\ -3 & 2+2\lambda\end{bmatrix} \tag{b}$$

$f(\boldsymbol{x})$ 和 $g(\boldsymbol{x})$ 的梯度分别为

$$\nabla f(\boldsymbol{x})=\begin{bmatrix}2x_1-3x_2\\ 2x_2-3x_1\end{bmatrix},\quad \nabla g(\boldsymbol{x})=\begin{bmatrix}2x_1\\ 2x_2\end{bmatrix} \tag{c}$$

根据 KKT 条件，应有

$$2x_1 - 3x_2 + 2\lambda x_1 = 0 \tag{d}$$

$$2x_2 - 3x_1 + 2\lambda x_2 = 0 \tag{e}$$

$$x_1^2 + x_2^2 - 6 \leqslant 0 \tag{f}$$

$$\lambda(x_1^2 + x_2^2 - 6) = 0 \tag{g}$$

$$\lambda \geqslant 0 \tag{h}$$

在松弛互补条件式 (g) 中，考虑以下两种情况。

(Ⅰ) 设 $\lambda = 0$，代入式 (d)、(e) 求解可得 $x_1 = x_2 = 0$，可以验证该点满足式 (f)，故 $\boldsymbol{x}^* = \begin{bmatrix} 0 \\ 0 \end{bmatrix}, \lambda^* = 0$ 满足 KKT 条件。由于在该点 $g(\boldsymbol{x}^*) < 0$，即不存在起作用约束，而 $\nabla_{\boldsymbol{xx}}^2 L(\boldsymbol{x}^*, \lambda^*) = \nabla^2 f(\boldsymbol{x}^*) = \begin{bmatrix} 2 & -3 \\ -3 & 2 \end{bmatrix}$ 为不定矩阵，故在 $\boldsymbol{x}^* = \begin{bmatrix} 0 \\ 0 \end{bmatrix}$ 处不满足二阶必要条件，该点不是局部极小点。

(Ⅱ) 设 $x_1^2 + x_2^2 - 6 = 0$，将其与式 (d)、(e) 联立求解可得如下四组解答：

$$\boldsymbol{x}_1^* = \begin{bmatrix} \sqrt{3} \\ \sqrt{3} \end{bmatrix}, \lambda_1^* = \frac{1}{2}; \qquad \boldsymbol{x}_2^* = \begin{bmatrix} -\sqrt{3} \\ -\sqrt{3} \end{bmatrix}, \lambda_2^* = \frac{1}{2};$$

$$\boldsymbol{x}_3^* = \begin{bmatrix} \sqrt{3} \\ -\sqrt{3} \end{bmatrix}, \lambda_3^* = -\frac{5}{2}; \qquad \boldsymbol{x}_4^* = \begin{bmatrix} -\sqrt{3} \\ \sqrt{3} \end{bmatrix}, \lambda_4^* = -\frac{5}{2}$$

其中只有前两组解答满足 KKT 条件。为检验二阶条件，将它们代入式 (b)、(c) 可得

$$\nabla_{\boldsymbol{xx}}^2 L(\boldsymbol{x}_1^*, \lambda_1^*) = \nabla_{\boldsymbol{xx}}^2 L(\boldsymbol{x}_2^*, \lambda_2^*) = \begin{bmatrix} 3 & -3 \\ -3 & 3 \end{bmatrix}$$

$$\nabla g(\boldsymbol{x}_1^*) = 2\sqrt{3} \begin{bmatrix} 1 \\ 1 \end{bmatrix}, \quad \nabla g(\boldsymbol{x}_2^*) = -2\sqrt{3} \begin{bmatrix} 1 \\ 1 \end{bmatrix}$$

设非零向量 $\boldsymbol{d} = \begin{bmatrix} d_1 \\ d_2 \end{bmatrix}$，令 $\nabla g(\boldsymbol{x}_1^*)^{\mathrm{T}} \boldsymbol{d} = 0$，即

$$2\sqrt{3}\,[1, 1] \begin{bmatrix} d_1 \\ d_2 \end{bmatrix} = 0$$

解得 $d_1 = -d_2 = c$，c 为任意非零实数。这时有

$$\boldsymbol{d}^{\mathrm{T}} \nabla^2 L(\boldsymbol{x}_1^*, \lambda_1^*) \boldsymbol{d} = 12c^2 > 0$$

满足二阶充分条件，因此 $\boldsymbol{x}_1^*=\begin{bmatrix}\sqrt{3}\\\sqrt{3}\end{bmatrix}$ 是局部最优解，$f(\boldsymbol{x}_1^*)=-3$。

同理 $\boldsymbol{x}_2^*=\begin{bmatrix}-\sqrt{3}\\-\sqrt{3}\end{bmatrix}$ 也是局部最优解，有 $f(\boldsymbol{x}_2^*)=-3$。

2.4.5　一般约束优化问题的最优性条件

现在考虑一般约束优化问题

$$\left.\begin{aligned}&\min f(\boldsymbol{x})\\&\text{s.t.}\ \ g_i(\boldsymbol{x})\leqslant 0,\quad i\in I=\{1,2,\cdots,m\}\\&\qquad h_j(\boldsymbol{x})=0,\quad j\in E=\{1,2,\cdots,l\}\end{aligned}\right\}\tag{2.4.27}$$

将 2.4.3 节和 2.4.4 节相关内容结合起来不难得到一般约束优化问题 (2.4.27) 的最优性条件。首先给出一阶必要条件。

定理 2.13　设 $\boldsymbol{x}^*$ 是一般约束优化问题 (2.4.27) 的局部极小点，在 $\boldsymbol{x}^*$ 处的起作用约束集为

$$S(\boldsymbol{x}^*)=E\cup I(\boldsymbol{x}^*)=E\cup\{i|\,g_i(\boldsymbol{x}^*)=0\}\tag{2.4.28}$$

并设 $f(\boldsymbol{x})$、$g_i(\boldsymbol{x})$ $(i\in I)$ 和 $h_j(\boldsymbol{x})$ $(j\in E)$ 在 $\boldsymbol{x}^*$ 处可微。若向量组 $\nabla h_j(\boldsymbol{x}^*)$ $(j\in E)$，$\nabla g_i(\boldsymbol{x}^*)$ $(i\in I(\boldsymbol{x}^*))$ 线性无关，则存在向量 $\boldsymbol{\mu}^*=[\mu_1^*,\mu_2^*,\cdots,\mu_l^*]^{\mathrm{T}}$ 和 $\boldsymbol{\lambda}^*=[\lambda_1^*,\lambda_2^*,\cdots,\lambda_m^*]^{\mathrm{T}}$，使得

$$\left.\begin{aligned}&\nabla f(\boldsymbol{x}^*)+\sum_{j=1}^{l}\mu_j^*\nabla h_j(\boldsymbol{x}^*)+\sum_{i=1}^{m}\lambda_i^*\nabla g_i(\boldsymbol{x}^*)=0\\&h_j(\boldsymbol{x}^*)=0,\ \ j\in E\\&g_i(\boldsymbol{x}^*)\leqslant 0,\lambda_i^*\geqslant 0,\lambda_i^*g_i(\boldsymbol{x}^*)=0,\ \ i\in I\end{aligned}\right\}\tag{2.4.29}$$

式 (2.4.29) 即为一般约束优化问题的 KKT 条件，满足这一条件的点 $\boldsymbol{x}^*$ 称为 KKT 点，$\boldsymbol{\mu}^*$ 和 $\boldsymbol{\lambda}^*$ 称为拉格朗日乘子。$(\boldsymbol{x}^*,\boldsymbol{\mu}^*,\boldsymbol{\lambda}^*)$ 合起来称为 KTT 对。

问题 (2.4.27) 的拉格朗日函数为

$$L(\boldsymbol{x},\boldsymbol{\mu},\boldsymbol{\lambda})=f(\boldsymbol{x})+\sum_{j=1}^{l}\mu_jh_j(\boldsymbol{x})+\sum_{i=1}^{m}\lambda_i\nabla g_i(\boldsymbol{x})\tag{2.4.30}$$

利用其关于变量 $\boldsymbol{x}$ 的黑塞矩阵 $\nabla_{\boldsymbol{xx}}^2L(\boldsymbol{x},\boldsymbol{\lambda},\boldsymbol{\mu})$ 可以给出问题 (2.4.27) 的二阶充分条件。

定理 2.14　对一般约束优化问题 (2.4.27)，设 $f(\boldsymbol{x})$, $g_i(\boldsymbol{x})$ $(i\in I)$ 和 $h_j(\boldsymbol{x})$ $(j\in E)$ 都二阶连续可微。$(\boldsymbol{x}^*,\boldsymbol{\mu}^*,\boldsymbol{\lambda}^*)$ 是问题 (2.4.27) 的 KKT 对，起作用集 $I(\boldsymbol{x}^*)=\{i|\,g_i(\boldsymbol{x}^*)=0\}$。若对任意满足 $\nabla g_i(\boldsymbol{x}^*)^{\mathrm{T}}\boldsymbol{d}=0(i\in I(x^*))$ 和 $\nabla h_j(\boldsymbol{x}^*)^{\mathrm{T}}\boldsymbol{d}=0(j\in E)$ 的非零向量 $\boldsymbol{d}$，均有 $\boldsymbol{d}^{\mathrm{T}}\nabla_{\boldsymbol{xx}}^2L(\boldsymbol{x}^*,\boldsymbol{\mu}^*,\boldsymbol{\lambda}^*)\boldsymbol{d}>0$，则 $\boldsymbol{x}^*$ 是问题 (2.4.27) 的一个严格局部极小点。

一般而言，问题 (2.4.27) 的 KKT 点不一定是局部极小点，但如果问题是凸规划问题，则 KKT 点、局部极小点和全局极小点是等价的。

例 2.4　求解下列最优化问题：

$$\left.\begin{aligned} \min f(\boldsymbol{x}) &= x_1^2 + x_2^2 - 2x_1 - 2x_2 + 2 \\ \text{s.t.}\ h(\boldsymbol{x}) &= -2x_1 - x_2 + 4 = 0 \\ g(\boldsymbol{x}) &= -x_1 - 2x_2 + 4 \leqslant 0 \end{aligned}\right\}$$

解：构造拉格朗日函数

$$L(\boldsymbol{x}, \mu, \lambda) = x_1^2 + x_2^2 - 2x_1 - 2x_2 + 2 + \mu(-2x_1 - x_2 + 4) + \lambda(x_1 - 2x_2 + 4) \tag{a}$$

根据 KKT 条件，应有

$$\frac{\partial L}{\partial x_1} = 2x_1 - 2 - 2\mu - \lambda = 0 \tag{b}$$

$$\frac{\partial L}{\partial x_2} = 2x_2 - 2 - \mu - 2\lambda = 0 \tag{c}$$

$$h(\boldsymbol{x}) = -2x_1 - x_2 + 4 = 0 \tag{d}$$

$$g(\boldsymbol{x}) = -x_1 - 2x_2 + 4 \leqslant 0 \tag{e}$$

$$\lambda g(\boldsymbol{x}) = 0 \tag{f}$$

$$\lambda \geqslant 0 \tag{g}$$

在松弛互补条件式 (f) 中，考虑以下两种情况：

(I) 设 $\lambda = 0$，代入式 (b)、(c) 并与式 (d) 联立求解可得 $x_1 = 1.4, x_2 = 1.2, \mu = 0.4$。可以验证该点不满足不等式约束式 (e)，是非可行点。

(Ⅱ) 设 $g(\boldsymbol{x}) = 0$，即 $-x_1 - 2x_2 + 4 = 0$，将其与式 (b)、(c)、(d) 联立求解可得 $x_1 = x_2 = \dfrac{4}{3}, \mu = \lambda = \dfrac{2}{9}$。可见 $\boldsymbol{x}^* = \left[\dfrac{4}{3}, \dfrac{4}{3}\right]^{\mathrm{T}}$ 是 KKT 点。

下面检验充分性。由于 $\nabla^2 f(\boldsymbol{x}) = \begin{bmatrix} 2 & 0 \\ 0 & 2 \end{bmatrix}$ 是正定矩阵，故目标函数 $f(\boldsymbol{x})$ 是凸函数；而约束函数 $h(\boldsymbol{x})$ 和 $g(\boldsymbol{x})$ 都是线性函数，则可行域是凸域。所以所求最优化问题是凸规划问题，KKT 点 $\boldsymbol{x}^* = \left[\dfrac{4}{3}, \dfrac{4}{3}\right]^{\mathrm{T}}$ 就是全局最优点，对应的目标函数为 $f(\boldsymbol{x}^*) = \dfrac{2}{9}$。

第 3 章　迭代算法的概念与一维搜索

从本章开始将进行最优化问题计算方法的讨论。首先介绍数值迭代算法的一般概念，然后再讨论几个常用的一维搜索方法。

3.1　数值迭代算法一般概念

3.1.1　迭代算法的一般步骤

前面讨论了最优性条件，理论上，对于最优化问题

$$\begin{aligned} \min \quad & f(\boldsymbol{x}) \\ \text{s.t.} \quad & \boldsymbol{x} \in \mathcal{D},\ \mathcal{D} \subset \mathbb{R}^n \end{aligned} \tag{3.1.1}$$

可以用最优性条件求它的最优解，但在实际应用中往往并不可行。由于利用最优性条件求解时，需要用到函数的导数等解析性质，并求解非线性方程组。只有在特殊的情况下，才能由非线性方程组求得解析解，一般情况下都不能，更何况在实际问题中，有时函数的导数甚至函数本身的解析式都不存在。所以，从实用的角度考虑，求解最优化问题式 (3.1.1) 一般采用数值计算的迭代算法。

迭代算法的基本思想是，首先给定目标函数 $f(\boldsymbol{x})$ 在可行域 $\mathcal{D}$ 内极小点的一个初始估计点 $\boldsymbol{x}^{(0)}$，然后按照一定的规则产生一个可行点的点列 $\{\boldsymbol{x}^{(k)}\}$，使得当点列 $\{\boldsymbol{x}^{(k)}\}$ 是有穷点列时，其最后一个点是问题的最优点；当点列 $\{\boldsymbol{x}^{(k)}\}$ 是无穷点列时，它有极限，且其极限 $\boldsymbol{x}^*$ 是问题的最优点。这里产生点列的规则通常称为算法。对问题 (3.1.1)，常用以下算法产生点列 $\{\boldsymbol{x}^{(k)}\}$。

设 $\boldsymbol{x}^{(k)}$ 为第 k 次迭代点，$\boldsymbol{x}^{(k+1)}$ 为第 $k+1$ 次迭代点，记 $\boldsymbol{x}^{(k+1)}$ 与 $\boldsymbol{x}^{(k)}$ 之间的差为向量

$$\Delta\boldsymbol{x}^{(k)} = \boldsymbol{x}^{(k+1)} - \boldsymbol{x}^{(k)} \tag{3.1.2}$$

则有

$$\boldsymbol{x}^{(k+1)} = \boldsymbol{x}^{(k)} + \Delta\boldsymbol{x}^{(k)} \tag{3.1.3}$$

由式 (3.1.2) 可知，$\Delta\boldsymbol{x}^{(k)}$ 是以 $\boldsymbol{x}^{(k)}$ 为起点，$\boldsymbol{x}^{(k+1)}$ 为终点的向量。若记 $\boldsymbol{d}^{(k)}$ 为与 $\Delta\boldsymbol{x}^{(k)}$ 同方向的向量，则必存在 $\alpha_k \geqslant 0$，使得 $\Delta\boldsymbol{x}^{(k)} = \alpha_k\boldsymbol{d}^{(k)}$，则

$$\boldsymbol{x}^{(k+1)} = \boldsymbol{x}^{(k)} + \alpha_k\boldsymbol{d}^{(k)} \tag{3.1.4}$$

式 (3.1.4) 就是求解最优化问题 (3.1.1) 的基本迭代格式，式中的 $\boldsymbol{d}^{(k)}$ 称为迭代的第 k 轮搜索方向，α_k 称为第 k 轮搜索步长。一般要求 $f(\boldsymbol{x}^{(k+1)}) < f(\boldsymbol{x}^{(k)})$，相应的算法称为下降迭代法，下面给出其一般步骤。

算法 3.1 (下降迭代法)

(1) 给定初始点 $\boldsymbol{x}^{(0)}$，精度要求 $\varepsilon>0$，置迭代次数 $k=0$；

(2) 若在点 $\boldsymbol{x}^{(k)}$ 处满足某个终止准则，则停止计算，$\boldsymbol{x}^{(k)}$ 为问题的最优解；否则依据一定规则选择 $\boldsymbol{x}^{(k)}$ 处的搜索方向 $\boldsymbol{d}^{(k)}$；

(3) 确定搜索步长 α_k，使目标函数值有某种意义的下降，即使

$$f(\boldsymbol{x}^{(k)}+\alpha_k\boldsymbol{d}^{(k)})<f(\boldsymbol{x}^{(k)}) \tag{3.1.5}$$

(4) 令 $\boldsymbol{x}^{(k+1)}=\boldsymbol{x}^{(k)}+\alpha_k\boldsymbol{d}^{(k)}$；

(5) 置 $k=k+1$，转步骤 (2)。

3.1.2 算法的收敛性

如前所述，下降算法构造出的点列 $\{\boldsymbol{x}^{(k)}\}$ 应满足 $f(\boldsymbol{x}^{(k+1)})<f(\boldsymbol{x}^{(k)})$，并具有如下的收敛性：当点列 $\{\boldsymbol{x}^{(k)}\}$ 是有穷点列时，其最后一个点是问题的最优点；当点列 $\{\boldsymbol{x}^{(k)}\}$ 是无穷点列时，它有极限点并收敛于问题的最优点。

若对于某些算法来说，只有当初始点 $\boldsymbol{x}^{(0)}$ 充分靠近极小点 $\boldsymbol{x}^*$ 时，才能保证序列 $\{\boldsymbol{x}^{(k)}\}$ 收敛到 $\boldsymbol{x}^*$，则称这类算法具有局部收敛性。反之，若对任意的初始点 $\boldsymbol{x}^{(0)}$，产生的序列 $\{\boldsymbol{x}^{(k)}\}$ 均收敛到 $\boldsymbol{x}^*$，则称这类算法为全局收敛算法。显然，全局收敛算法要优于局部收敛算法。

评价一个迭代算法，收敛速度也是一个十分重要的方面。设算法产生的点列 $\{\boldsymbol{x}^{(k)}\}$ 在某种范数意义下收敛，即

$$\lim_{k\to\infty}\left\|\boldsymbol{x}^{(k)}-\boldsymbol{x}^*\right\|=0 \tag{3.1.6}$$

若存在实数 $p>0$ 及与迭代次数无关的常数 q，使得

$$\lim_{k\to\infty}\frac{\left\|\boldsymbol{x}^{(k+1)}-\boldsymbol{x}^*\right\|}{\left\|\boldsymbol{x}^{(k)}-\boldsymbol{x}^*\right\|^p}=q \tag{3.1.7}$$

则称算法产生的迭代点列 $\{\boldsymbol{x}^{(k)}\}$ 具有 p 阶收敛速度。特别地，

(1) 当 $p=1$，$0<q<1$ 时，称迭代点列 $\{\boldsymbol{x}^{(k)}\}$ 具有线性收敛速度；

(2) 当 $1<p<2$，$q>0$ 或 $p=1$，$q=0$ 时，称迭代点列 $\{\boldsymbol{x}^{(k)}\}$ 具有超线性收敛速度；

(3) 当 $p=2$，$q>0$ 时，称迭代点列 $\{\boldsymbol{x}^{(k)}\}$ 具有二阶收敛速度。

一般认为，具有超线性收敛速度和二阶收敛速度的算法是较快的算法。另外还有一个判别算法优劣的标准：看这个算法是否具有二次终止性。“二次终止性” 是指当一个算法对于任意的正定二次函数，从任意的初始点出发，总能经过有限步迭代达到其极小点。由于一般函数在极小点附近通常与一个正定二次函数相近似，因此，具有二次终止性的算法，对于一般函数在接近极小点时也具有较好的收敛性质。

3.1.3 算法的终止准则

迭代算法是一个取极限的过程，需要无限次迭代。因此，为解决实际问题，需要规定一些实用的终止迭代过程的准则。

常用的终止准则有以下几种。

(1) 当设计变量的改变量充分小，即

$$\left\|\boldsymbol{x}^{(k+1)}-\boldsymbol{x}^{(k)}\right\|<\varepsilon \tag{3.1.8}$$

或

$$\frac{\left\|\boldsymbol{x}^{(k+1)}-\boldsymbol{x}^{(k)}\right\|}{\left\|\boldsymbol{x}^{(k)}\right\|}<\varepsilon \tag{3.1.9}$$

时，停止计算。

(2) 当目标函数值的改变量充分小，即

$$\left|f(\boldsymbol{x}^{(k+1)})-f(\boldsymbol{x}^{(k)})\right|<\varepsilon \tag{3.1.10}$$

或

$$\frac{\left|f(\boldsymbol{x}^{(k+1)})-f(\boldsymbol{x}^{(k)})\right|}{\left|f(\boldsymbol{x}^{(k)})\right|}<\varepsilon \tag{3.1.11}$$

时，停止计算。

(3) 目标函数的梯度的范数充分小，即

$$\left\|\nabla f(\boldsymbol{x}^{(k)})\right\|<\varepsilon \tag{3.1.12}$$

时，停止计算。

在以上各式中，ε 是事先给定的充分小的正数。

3.2 搜索区间与单峰函数

从前述下降迭代法的基本迭代格式 (3.1.4) 可以看出，求解最优化问题 (3.1.1) 的关键在于如何确定每一轮的搜索方向和步长因子。

对于无约束最优化问题，搜索方向通常取目标函数的下降方向。但对于约束最优化问题，迭代一般在可行域内进行，搜索方向取可行下降方向。不同确定搜索方向的方法就构成了不同的算法。

确定搜索步长的过程称为一维搜索。按对步长选取的不同原则，一维搜索分为以下两种类型。第一类是希望求得的 α_k 使目标函数沿 $\boldsymbol{d}^{(k)}$ 方向达到极小，即使得

$$f(\boldsymbol{x}^{(k)}+\alpha_k\boldsymbol{d}^{(k)})=\min_{\alpha\geqslant 0} f(\boldsymbol{x}^{(k)}+\alpha\boldsymbol{d}^{(k)}) \tag{3.2.1}$$

这样的一维搜索称为最优一维搜索，或精确一维搜索，α_k 称为最优步长。

设 $\varphi(\alpha)=f(\boldsymbol{x}^{(k)}+\alpha\boldsymbol{d}^{(k)})$，则精确一维搜索即如下单变量最优化问题：

$$\varphi(\alpha_k)=\min_{\alpha\geqslant 0}\varphi(\alpha) \tag{3.2.2}$$

第二类是选择 α_k，使得目标函数的下降量 $\Delta f = f(\boldsymbol{x}^{(k)}) - f(\boldsymbol{x}^{(k)} + \alpha_k \boldsymbol{d}^{(k)}) > 0$ 是可以接受的，这样的一维搜索称为可接受一维搜索或不精确一维搜索。

本章介绍的精确一维搜索方法主要针对下单峰 (单谷) 区间和下单峰 (单谷) 函数，下面给出相关的定义。

定义 3.1 设 $\varphi(\alpha)$ 是定义在实数域上的一维实函数，α^* 是 $\varphi(\alpha)$ 的一个极小点，若存在区间 $[a,b]$，使得 $\alpha^* \in [a,b]$，则称 $[a,b]$ 是求函数 $\varphi(\alpha)$ 的极小值的一个搜索区间。进一步，若 α^* 使得 $\varphi(\alpha)$ 在 $[a,\alpha^*]$ 上严格递减，在 $[\alpha^*,b]$ 上严格递增，则称 $[a,b]$ 是函数 $\varphi(\alpha)$ 的下单峰 (单谷) 区间，$\varphi(\alpha)$ 为 $[a,b]$ 上的下单峰 (单谷) 函数。

由上述定义可知，若 $[a,b]$ 是下单峰函数 $\varphi(\alpha)$ 的一个下单峰区间，则必存在 $\alpha \in (a,b)$ 使得函数值 $\varphi(a)$、$\varphi(\alpha)$ 和 $\varphi(b)$ 呈现“高—低—高”的规律。基于此，可以通过如下“进退法”来确定一个近似的下单峰区间。

算法 3.2 (进退法)

---

(1) 选择 α_0，$h_0 > 0$，计算 $\varphi_0 = \varphi(\alpha_0)$，置 $k = 0$；

(2) 令 $\alpha_{k+1} = \alpha_k + h_k$，计算 $\varphi_{k+1} = \varphi(\alpha_{k+1})$。若 $\varphi_{k+1} < \varphi_k$，转步骤 (3)，否则转步骤 (4)；

(3) 加大步长。令 $h_{k+1} = 2h_k$，$\alpha = \alpha_k$，$\alpha_k = \alpha_{k+1}$，$\varphi_k = \varphi_{k+1}$，$k = k+1$，转步骤 (2)；

(4) 反向搜索或输出。若 $k = 0$，令 $h_1 = -h_0$，$\alpha = \alpha_1$，$\alpha_1 = \alpha_0$，$\varphi_1 = \varphi_0$，$k = 1$，转步骤 (2)；否则，停止迭代，令

$$a = \min(\alpha, \alpha_{k+1}), \quad b = \max(\alpha, \alpha_{k+1}) \tag{3.2.3}$$

输出区间 $[a,b]$。

3.3 精确一维搜索的试探法

3.3.1 试探法的一般步骤

试探法又称区间收缩法，其基本思想是通过去一些试探点进行函数值比较，使包含极小点的区间不断减小，当区间长度缩短到一定程度时，区间上各点的函数值均接近极小值，因此任意一点都可以作为极小点的近似值。

对式 (3.2.2) 所示单变量优化问题，假设 $\varphi(\alpha)$ 是搜索区间 $[a,b]$ 上的下单峰函数，为求其极小点 α^*，在 (a,b) 上取两点 $\xi < \eta$ 将搜索区间分为三段，根据下单峰函数的性质，存在以下三种情况。

(1) $\varphi(\xi) < \varphi(\eta)$，如图 3.1(a) 所示，则 $\alpha^* \in [a,\eta]$，即应去掉右边一段 $(\eta,\ b]$ 将搜索区间缩短为 $[a,\eta]$；

(2) $\varphi(\xi) > \varphi(\eta)$，如图 3.1(b) 所示，则 $\alpha^* \in [\xi,b]$，即应去掉左边一段 $[a,\ \xi)$ 将搜索区间缩短为 $[\xi,b]$；

(3) $\varphi(\xi) = \varphi(\eta)$，如图 3.1(c) 所示，则 $\alpha^* \in [\xi,\eta]$，这时可将搜索区间缩短为 $[\xi,\eta]$，为了简化计算过程，将此情况与 (2) 合并，也取 $[\xi,b]$ 为缩短后的搜索区间。

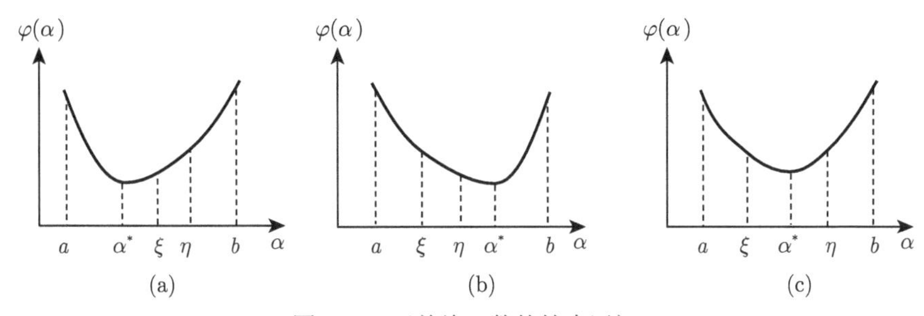

图 3.1 下单峰函数的搜索区间

由于选取 ξ、η 时不知道这两点的函数值，即事先并不知道该去掉的是左段还是右段，故应将 ξ、η 关于搜索区间 $[a,b]$ 的中点对称布置，以使左右两段的长度相等，即

$$\xi - a = b - \eta \tag{3.3.1}$$

搜索区间由 $[a,b]$ 缩小为 $[a,\eta]$ 或 $[\xi,b]$，其长度由 $b-a$ 缩短为 $\eta - a = b - \xi$，记区间缩短率为 λ，则

$$\lambda = \frac{\eta - a}{b - a} = \frac{b - \xi}{b - a} \tag{3.3.2}$$

故确定了区间缩短率 λ 后，两个试探点可用下式计算

$$\xi = b - \lambda(b - a) = a + (1 - \lambda)(b - a) \tag{3.3.3}$$

$$\eta = a + \lambda(b - a) \tag{3.3.4}$$

一种简单直接的方法，就是每次迭代都根据确定的区间缩短率 $\lambda\left(\text{如 } \lambda = \frac{2}{3}\right)$ 按式 (3.3.3) 和式 (3.3.4) 计算两个试探点，随着迭代次数的增加，区间逐渐缩短。但是这种方法显然效率不高，因为它的试探点不能重复利用，每次迭代都要计算两个新的试探点。如果能保留缩短后区间 (称为保留区间) 中原来的试探点 (称为保留点)，每次只计算一个新的试探点，这样算法效率就可大为提高，也就是说计算同样多次的函数值，可以使区间缩短更多，达到更高的精度。事实上，由式 (3.3.1) 可知

$$\xi = a + b - \eta, \quad \eta = a + b - \xi \tag{3.3.5}$$

这说明试探点 ξ、η 中只要确定了一个，再用式 (3.3.5) 计算另一个，即可保证它们关于搜索区间 $[a,b]$ 的中点对称。

试探法在每一次迭代中利用保留区间中的保留点作为一个试探点，再按式 (3.3.5) 选择一个新的试探点。下面给出试探法的一般步骤。

算法 3.3 (试探法)

(1) 给定初始搜索区间 $[a_1,b_1]$，容许误差 $\varepsilon > 0$。选择两个初始试探点 ξ_1、η_1，计算函数值 $\varphi(\xi_1)$、$\varphi(\eta_1)$。置 $k=1$。

(2) 若 $\varphi(\xi_k) < \varphi(\eta_k)$，转步骤 (3)，否则，转步骤 (4)。

(3) 若 $\eta_k - a_k \leqslant \varepsilon$，停止迭代，输出近似最优点 $\alpha^* \approx \xi_k$；否则，令

$$a_{k+1} = a_k,\quad b_{k+1} = \eta_k,\quad \eta_{k+1} = \xi_k,\quad \varphi(\eta_{k+1}) = \varphi(\xi_k),\quad \xi_{k+1} = a_{k+1} + b_{k+1} - \eta_{k+1}$$

计算函数值 $\varphi(\xi_{k+1})$，转步骤 (5)。

(4) 若 $b_k - \xi_k \leqslant \varepsilon$，停止迭代，输出近似最优点 $\alpha^* \approx \eta_k$；否则，令

$$a_{k+1} = \xi_k,\quad b_{k+1} = b_k,\quad \xi_{k+1} = \eta_k,\quad \varphi(\xi_{k+1}) = \varphi(\eta_k),\quad \eta_{k+1} = a_{k+1} + b_{k+1} - \xi_{k+1}$$

计算函数值 $\varphi(\eta_{k+1})$，转步骤 (5)。

(5) 令 $k = k+1$，转步骤 (2)。

在上述算法中，两个初始试探点的选择显著影响算法的效率，下面介绍两种常用的方法——斐波那契法和 0.618 法。

3.3.2 斐波那契法

斐波那契法的基本思想是希望选取的两个初始试探点能使在达到精度要求时的试探次数最少，或者说，在试探次数一定的情况下，计算精度最高，即最终搜索区间与最初搜索区间的长度比值最小。为此，首先给出斐波那契数列的定义。

设 $\{F_k\}$ 为斐波那契数列，即

$$F_0 = F_1 = 1 \tag{3.3.6}$$

$$F_n = F_{n-1} + F_{n-2},\quad n = 2, 3, \cdots \tag{3.3.7}$$

利用上述公式可依次算出各 F_n，见表 3.1。

表 3.1　斐波那契数列

n	0	1	2	3	4	5	6	7	8	9	10	11	12	13	$\cdots$
F_n	1	1	2	3	5	8	13	21	34	55	89	144	233	377	$\cdots$

考虑问题

$$\min_{a_1 \leqslant \alpha \leqslant b_1} \varphi(\alpha) \tag{3.3.8}$$

设规定试探次数为 n，若取初始两点为

$$\xi_1 = a_1 + \frac{F_{n-1}}{F_{n+1}}(b_1 - a_1) = b_1 - \frac{F_n}{F_{n+1}}(b_1 - a_1),\quad \eta_1 = a_1 + \frac{F_n}{F_{n+1}}(b_1 - a_1) \tag{3.3.9}$$

显然，这两点关于区间中点对称，如图 3.2(a) 所示。不失一般性，假设第一次保留的区间为 $[a_1, \eta_1] = [a_2, b_2]$，其长度为 $\dfrac{F_n}{F_{n+1}}(b_1 - a_1)$。因而第一次区间缩短率为

$$\frac{\dfrac{F_n}{F_{n+1}}(b_1 - a_1)}{b_1 - a_1} = \frac{F_n}{F_{n+1}}$$

第二次试探时，以保留点 ξ_1 为试探点 η_2，新的试探点 ξ_2 利用式 (3.3.5) 有

$$\xi_2 = a_2 + b_2 - \eta_2 = a_1 + b_2 - \xi_1 = a_1 + b_2 - \left(a_1 + \frac{F_{n-1}}{F_{n+1}}(b_1 - a_1)\right)$$
$$= b_2 - \frac{F_{n-1}}{F_{n+1}}(b_1 - a_1)$$

又有

$$\xi_2 = a_2 + b_2 - \eta_2 = a_1 + \eta_1 - \xi_1 = a_2 + \left(a_1 + \frac{F_n}{F_{n+1}}(b_1 - a_1)\right) - \left(a_1 + \frac{F_{n-1}}{F_{n+1}}(b_1 - a_1)\right)$$
$$= a_2 + \frac{F_n - F_{n-1}}{F_{n+1}}(b_1 - a_1) = a_2 + \frac{F_{n-2}}{F_{n+1}}(b_1 - a_1)$$

第二次试探的试探点如图 3.2(b) 所示，同样不失一般性，可设第二次保留区间为 $[a_2, \eta_2] = [a_3, b_3]$，其长度为 $\frac{F_{n-1}}{F_{n+1}}(b_1 - a_1)$，因而第二次区间缩短率为

$$\frac{\frac{F_{n-1}}{F_{n+1}}(b_1 - a_1)}{\frac{F_n}{F_{n+1}}(b_1 - a_1)} = \frac{F_{n-1}}{F_n}$$

以此类推可知，在 n 次试探过程中，各次的区间缩短率依次为

$$\frac{F_n}{F_{n+1}}, \quad \frac{F_{n-1}}{F_n}, \quad \frac{F_{n-2}}{F_{n-1}}, \cdots, \frac{F_2}{F_3}, \quad \frac{F_1}{F_2}\left(=\frac{1}{2}\right)$$

因而经过 n 次试探后的保留区间的总缩短率为

$$\frac{F_n}{F_{n+1}} \cdot \frac{F_{n-1}}{F_n} \cdot \frac{F_{n-2}}{F_{n-1}} \cdot \cdots \cdot \frac{F_2}{F_3} \cdot \frac{F_1}{F_2} = \frac{F_1}{F_{n+1}} = \frac{1}{F_{n+1}}$$

即最后保留区间长度为 $\frac{b_1 - a_1}{F_{n+1}}$，因而近似解与最优解之间的误差不超过 $\frac{b_1 - a_1}{F_{n+1}}$。这样，如果问题给定的允许误差为 $\varepsilon > 0$，则由

$$\frac{b_1 - a_1}{F_{n+1}} \leqslant \varepsilon$$

可得

$$F_{n+1} \geqslant \frac{b_1 - a_1}{\varepsilon} \tag{3.3.10}$$

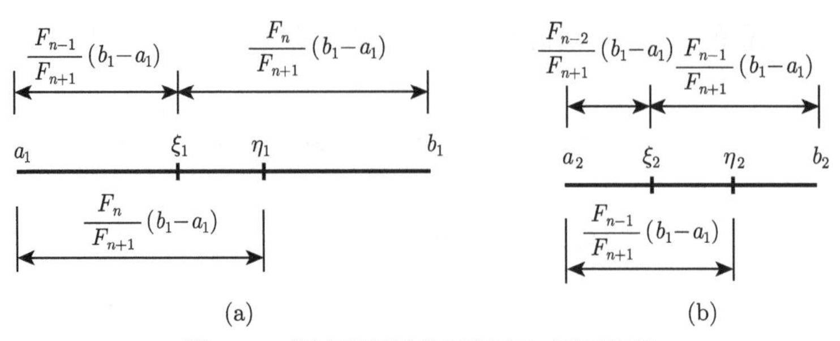

图 3.2　斐波那契法的试探点与区间收缩

斐波那契法根据给定的精度要求，利用式 (3.3.10) 并结合斐波那契数列确定试探次数 n，再利用式 (3.3.9) 计算初始试探点，便可按试探法的步骤试探 n 次后确定近似最优解。由于进行 n 次试探后的保留区间长度不大于 ε，因此把它作为停机判据与计算 n 次后停机是一样的。斐波那契法的计算流程如图 3.3 所示。

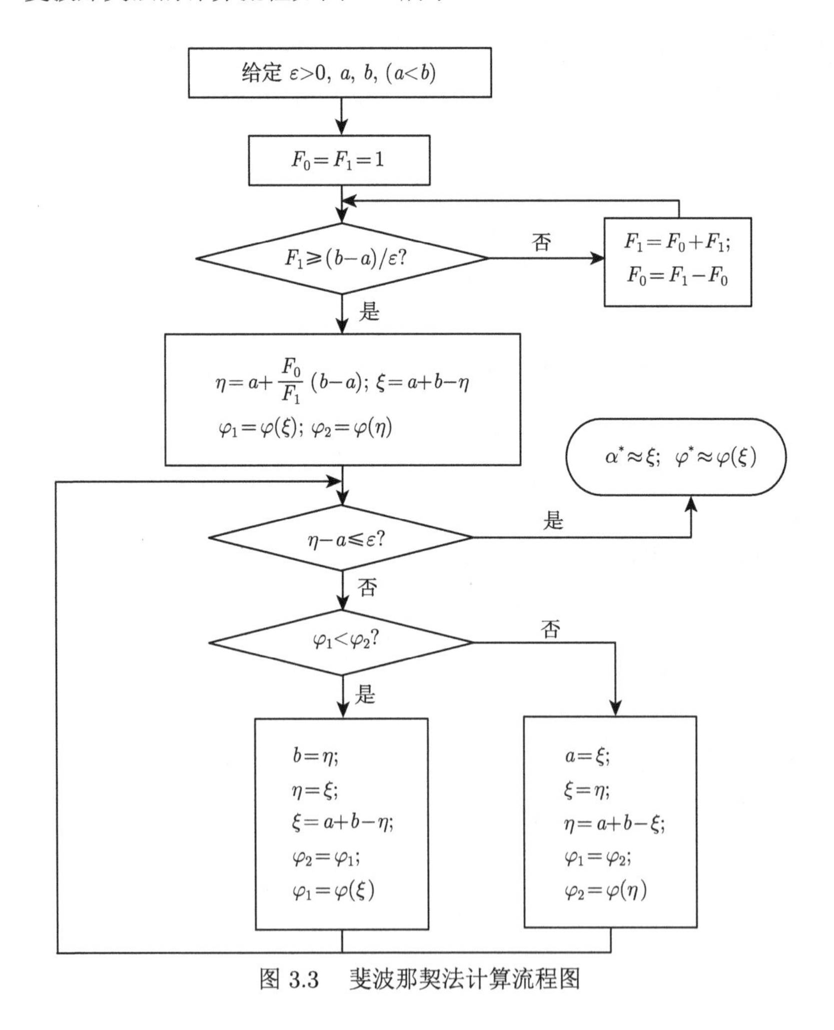

图 3.3　斐波那契法计算流程图

例 3.1　用斐波那契法求解 $\min\limits_{-3\leqslant\alpha\leqslant5}(\alpha^2+2\alpha)$，容许误差 $\varepsilon=0.2$。

解：此题中 $a=-3$，$b=5$，$\varphi(\alpha)=\alpha^2+2\alpha$。由

$$F_{n+1} > \frac{b-a}{\varepsilon} = \frac{5-(-3)}{0.2} = 40$$

及 $F_8=34$，$F_9=55$ 知，迭代次数取 $n=8$。两个初始试探点为

$$\eta_1 = a + \frac{F_8}{F_9}(b-a) = -3 + \frac{34}{55} \times 8 = 1.945454$$

$$\xi_1 = a + b - \eta_1 = -3 + 5 - 1.945454 = 0.054545$$

两个试探点的目标函数分别为 $\varphi(\xi_1)=0.112066$，$\varphi(\eta_1)=7.675702$。由于 $\varphi(\xi_1)<\varphi(\eta_1)$，保留区间为 $[a_2,b_2]=[-3.000000, 1.945454]$，保留点为 $\eta_2=\xi_1=0.054545$，而

$$\xi_2 = a_2 + b_2 - \eta_2 = -3 + 1.945454 - 0.054545 = -1.109091$$

再计算并比较 $\varphi(\xi_2)$ 与 $\varphi(\eta_2)$，决定下次迭代的保留区间与保留点。具体计算过程见表 3.2。8 次迭代后得近似最优解 $\alpha^*=-0.963636$，$\varphi(\alpha^*)=-0.998678$。

表 3.2 例 3.1 迭代过程

迭代次数 k	a_k	b_k	ξ_k	η_k	$\varphi(\xi_k)$	$\varphi(\eta_k)$
1	3.000000	5.000000	0.054545	1.945454	0.112000	7.675702
2	−3.000000	1.945454	−1.109091	0.054545	−0.988099	0.112066
3	−3.000000	0.054545	−1.836364	−1.109091	−0.300496	−0.988099
4	−1.836364	0.054545	−1.109091	−0.672727	−0.988099	−0.892893
5	−1.836364	−0.672727	−1.400000	−1.109091	−0.840000	−0.988099
6	−1.400000	−0.672727	−1.109091	−0.963636	−0.988099	−0.998678
7	−1.109091	−0.672727	−0.963636	−0.818182	−0.998678	−0.966942
8	−1.109091	−0.818182	−0.963636	−0.963636	−0.998678	−0.998678

3.3.3 0.618 法

在斐波那契法中，各次迭代的区间缩短率是不同的，如果希望每次迭代都具有相同的区间缩短率，则有 0.618 法，又称黄金分割法。

设每次迭代的区间缩短率为 λ，第 1 次迭代时，搜索区间为 $[a_1,b_1]$，区间长度为 $l_1=b_1-a_1$。利用式 (3.3.3) 和式 (3.3.4) 选取两个关于区间中点对称的试探点 $\xi_1<\eta_1$，有

$$\xi_1 = a_1 + (1-\lambda)(b_1-a_1) = a_1 + (1-\lambda)l_1 \tag{3.3.11}$$

$$\eta_1 = a_1 + \lambda(b_1-a_1) = a_1 + \lambda l_1 \tag{3.3.12}$$

如图 3.4(a) 所示，不失一般性，设 $\varphi(\eta_1)>\varphi(\xi_1)$，则新的搜索区间为

$$[a_2,b_2]=[a_1,\eta_1]$$

区间长度为

$$l_2 = b_2 - a_2 = \eta_1 - a_1 = \lambda l_1$$

区间中的试探点 ξ_1 就是第 2 次迭代时的试探点 η_2，利用式 (3.3.5) 可得另一个试探点 ξ_2 为

$$\xi_2 = a_2 + b_2 - \eta_2 = b_2 - (\eta_2 - a_2) = b_2 - (\xi_1 - a_1) = b_2 - (1-\lambda)l_1$$

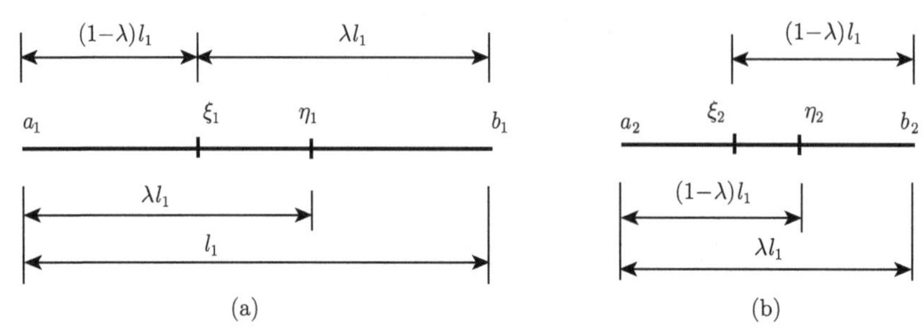

图 3.4　0.618 法的试探点与区间收缩

第 2 次迭代的搜索区间和试探点如图 3.4(b) 所示。同样设第 2 次迭代后保留区间为 $[a_2, \eta_2]$，其区间长度 $l_3 = (1-\lambda)l_1$，由于第 2 次迭代的区间缩短率也是 λ，即

$$\frac{l_3}{l_2} = \lambda$$

故

$$\frac{(1-\lambda)l_1}{\lambda l_1} = \lambda$$

则

$$\lambda^2 + \lambda - 1 = 0$$

解得

$$\lambda = \frac{\sqrt{5}-1}{2} \approx 0.618$$

将 $\lambda = 0.618$ 代入式 (3.3.11)、式 (3.3.12)，有

$$\xi_1 = a_1 + 0.382(b_1 - a_1) \tag{3.3.13}$$

$$\eta_1 = a_1 + 0.618(b_1 - a_1) \tag{3.3.14}$$

当两个初始试探点按上式计算时，即可保证试探过程中搜索区间以相同的区间缩短率 $\lambda = 0.618$ 不断缩短。因而称该方法为 0.618 法，其计算流程如图 3.5 所示。

例 3.2　用 0.618 法求解例 3.1。

解：两个初始试探点为

$$\xi_1 = a + 0.382(b-a) = -3 + 0.382 \times 8 = 0.056$$

$$\eta_1 = a + 0.618(b-a) = -3 + 0.618 \times 8 = 1.944$$

两个试探点的目标函数分别为 $\varphi(\xi_1)=0.115136$，$\varphi(\eta_1)=7.667136$。由于 $\varphi(\xi_1)<\varphi(\eta_1)$，保留区间为 $[a_2,b_2]=[-3.000,1.944]$，保留点为 $\eta_2=\xi_1=0.056$，而

$$\xi_2=a_2+b_2-\eta_2=-3+1.944-0.056=-1.112$$

再计算并比较 $\varphi(\xi_2)$ 与 $\varphi(\eta_2)$，决定下次迭代的保留区间与保留点。具体计算过程见表 3.3。表中最后一行的保留区间长度为 0.176，达到精度要求，故取近似最优解$\alpha^*=\dfrac{-1.112-0.936}{2}=-1.024$，$\varphi(\alpha^*)=-0.999424$。实际上，保留点就是一个很好的近似最优解。

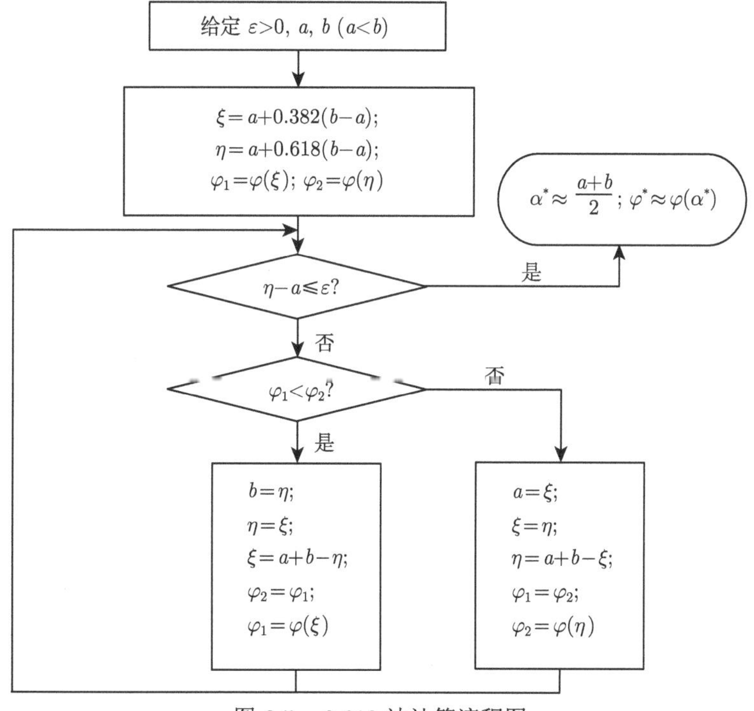

图 3.5 0.618 法计算流程图

表 3.3 例 3.2 迭代过程

迭代次数 k	a_k	b_k	ξ_k	η_k	$\varphi(\xi_k)$	$\varphi(\eta_k)$	b_k-a_k
1	−3.000	5.000	0.056	1.944	0.115136	7.667136	8.000
2	−3.000	1.944	−1.112	0.056	−0.987456	0.115136	4.944
3	−3.000	0.056	−1.832	−1.112	−0.307776	−0.987456	3.056
4	−1.832	0.056	−1.112	−0.664	−0.987456	−0.887104	1.888
5	−1.832	−0.664	−1.384	−1.112	−0.852544	−0.987456	1.168
6	−1.384	−0.664	−1.112	−0.936	−0.987456	−0.995904	0.720
7	−1.112	−0.664	−0.936	−0.840	−0.995904	−0.974400	0.448
8	−1.112	−0.840	−1.016	−0.936	−0.999744	−0.995904	0.272
9	−1.112	−0.936		−1.016		−0.999744	0.176

3.4　精确一维搜索的插值法

插值法也称函数逼近法，其基本思想是根据目标函数在某些点的信息，构造一个低次(通常不超过三次) 多项式来近似目标函数，并用多项式函数的极小点来逐步逼近目标函数的极小点。

3.4.1　二次插值法

二次插值法是用一个二次插值多项式函数 $p(\alpha)$ 来逼近目标函数 $\varphi(\alpha)$。设二次插值多项式函数为

$$p(\alpha) = a\alpha^2 + b\alpha + c \tag{3.4.1}$$

若 $\overline{\alpha}$ 为 $p(\alpha)$ 的极小点，根据极值条件有

$$p'(\overline{\alpha}) = 2a\overline{\alpha} + b = 0 \tag{3.4.2}$$

故

$$\overline{\alpha} = -\frac{b}{2a} \tag{3.4.3}$$

这就是二次插值法计算目标函数 $\varphi(\alpha)$ 近似极小点的公式。其中系数 a、b 应根据目标函数的解析性质选择适当的插值条件计算。常用的有一点二次插值法 (切线法)，二点二次插值法 (割线法) 和三点二次插值法 (抛物线法)。

1. 一点二次插值法 (切线法)

当目标函数的一阶、二阶导数均易于计算时，可利用一点 α_0 处的函数值 $\varphi(\alpha_0)$ 、一阶导数值 $\varphi'(\alpha_0)$ 和二阶导数值 $\varphi''(\alpha_0)$ 来构造式 (3.4.1) 所示二次插值函数，相应的插值条件为

$$\left.\begin{aligned} p(\alpha_0) &= a\alpha_0^2 + b\alpha_0 + c = \varphi(\alpha_0) \\ p'(\alpha_0) &= 2a\alpha_0 + b = \varphi'(\alpha_0) \\ p''(\alpha_0) &= 2a = \varphi''(\alpha_0) \end{aligned}\right\} \tag{3.4.4}$$

解得

$$a = \frac{\varphi''(\alpha_0)}{2}, \quad b = \varphi'(\alpha_0) - \varphi''(\alpha_0)\alpha_0$$

故近似极小点为

$$\overline{\alpha} = -\frac{b}{2a} = \alpha_0 - \frac{\varphi'(\alpha_0)}{\varphi''(\alpha_0)} \tag{3.4.5}$$

式 (3.4.5) 也可以通过将目标函数 $\varphi(\alpha)$ 二阶泰勒展开，并求其极小值得到。$\varphi(\alpha)$ 在 α_0 点的二阶泰勒展开式为

$$\hat{\varphi}(\alpha) = \varphi(\alpha_0) + \varphi'(\alpha_0)(\alpha - \alpha_0) + \frac{1}{2}\varphi''(\alpha_0)(\alpha - \alpha_0)^2$$

利用极值条件 $\hat{\varphi}'(\alpha)=0$ 即可得式 (3.4.5)，故一点二次插值法又称牛顿法或切线法，其本质上是对目标函数的导函数曲线 $y=\varphi'(\alpha)$ 用在 α_0 处的切线近似，如图 3.6(a) 所示。

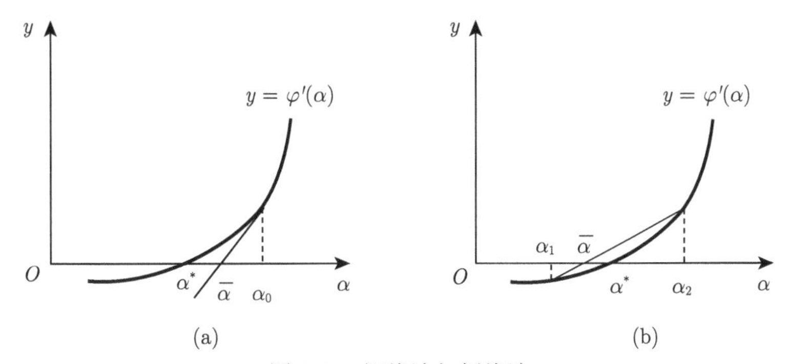

图 3.6 切线法与割线法

将式 (3.4.5) 写成迭代格式有

$$\alpha_{k+1}=\alpha_k-\frac{\varphi'(\alpha_k)}{\varphi''(\alpha_k)} \tag{3.4.6}$$

下面给出切线法的具体计算步骤。

算法 3.4 (切线法)

(1) 给出初始点 α_0，精度要求 ε，置迭代次数 $k=0$。

(2) 计算 $\varphi(\alpha_k)$、$\varphi'(\alpha_k)$、$\varphi''(\alpha_k)$。

(3) 若 $|\varphi'(\alpha_k)|<\varepsilon$，输出 $\alpha^*=\alpha_k$，$\varphi^*=\varphi(\alpha_k)$，迭代结束；否则，转步骤 (4)。

(4) 计算 $\alpha_{k+1}=\alpha_k-\dfrac{\varphi'(\alpha_k)}{\varphi''(\alpha_k)}$，令 $k=k+1$，转步骤 (2)。

例 3.3 用切线法求解下列问题

$$\min \varphi(\alpha)=\alpha^4-4\alpha^3-6\alpha^2-16\alpha+4$$

取初始点 $\alpha_0=5$，精度要求 $\varepsilon=10^{-3}$。

解：首先计算 $\varphi'(\alpha)$、$\varphi''(\alpha)$，有

$$\varphi'(\alpha)=4\alpha^3-12\alpha^2-12\alpha-16$$

$$\varphi''(\alpha)=12\alpha^2-24\alpha-12$$

利用式 (3.4.6) 迭代计算，具体过程见表 3.4。经 4 次迭代得最优解 $\alpha^*=4$，$\varphi_{\min}=\varphi(\alpha^*)=-156$。

表 3.4 例 3.3 迭代过程

迭代次数 k	α_k	$\varphi'(\alpha_k)$	$\varphi''(\alpha_k)$	$\varphi'(\alpha_k)/\varphi''(\alpha_k)$
0	5.000000	124.000000	168.000000	0.738095
1	4.261905	24.541248	103.680272	0.236701
2	4.025204	2.140028	85.822277	0.024936
3	4.000268	0.022510	84.019293	0.000268
4	4.000000	0.000003		

2. 二点二次插值法 (割线法)

二点二次插值法利用二点处的函数值和一阶导数值构造二次插值函数。利用给定两点 α_1、α_2，要求二次插值函数满足如下插值条件。

$$\left.\begin{aligned} p(\alpha_1) &= a\alpha_1^2 + b\alpha_1 + c = \varphi(\alpha_1) \\ p'(\alpha_1) &= 2a\alpha_1 + b = \varphi'(\alpha_1) \\ p'(\alpha_2) &= 2a\alpha_2 + b = \varphi'(\alpha_2) \end{aligned}\right\} \tag{3.4.7}$$

解出 a、b 后，可得

$$\overline{\alpha} = -\frac{b}{2a} = \alpha_2 - \frac{\alpha_2 - \alpha_1}{\varphi'(\alpha_2) - \varphi'(\alpha_1)}\varphi'(\alpha_2) \tag{3.4.8}$$

可写为迭代格式

$$\alpha_{k+1} = \alpha_k - \frac{\alpha_k - \alpha_{k-1}}{\varphi'(\alpha_k) - \varphi'(\alpha_{k-1})}\varphi'(\alpha_k) \tag{3.4.9}$$

上述二点二次插值法也称割线法，其本质是对目标函数的导函数曲线 $y = \varphi'(\alpha)$ 用过 $(\alpha_1, \varphi'(\alpha_1))$ 和 $(\alpha_2, \varphi'(\alpha_2))$ 两点的割线近似，如图 3.6(b) 所示。

还可以用 α_1、α_2 处的函数值 $\varphi(\alpha_1)$、$\varphi(\alpha_2)$ 和 α_1 (或 α_2) 处的一阶导数值 $\varphi'(\alpha_1)$ (或 $\varphi'(\alpha_2)$) 构造二次插值函数。此时插值条件为

$$\left.\begin{aligned} p(\alpha_1) &= a\alpha_1^2 + b\alpha_1 + c = \varphi(\alpha_1) \\ p(\alpha_2) &= a\alpha_2^2 + b\alpha_2 + c = \varphi(\alpha_2) \\ p'(\alpha_1) &= 2a\alpha_1 + b = \varphi'(\alpha_1) \end{aligned}\right\} \tag{3.4.10}$$

解方程组 (3.4.10)，得 a、b 后即可计算近似极小点 $\overline{\alpha}$。具体迭代格式读者可自行推导。

3. 三点二次插值法 (抛物线法)

当目标函数的导数不易计算时，可用三个点处的目标函数值来构造二次插值多项式。设 $\alpha_1 < \alpha_2 < \alpha_3$ 为搜索区间中的三个点，且目标函数值满足 $\varphi(\alpha_1) > \varphi(\alpha_2)$，$\varphi(\alpha_2) < \varphi(\alpha_3)$。二次插值多项式 $p(\alpha)$ 应满足如下插值条件

$$\left.\begin{aligned} p(\alpha_1) &= a\alpha_1^2 + b\alpha_1 + c = \varphi(\alpha_1) \\ p(\alpha_2) &= a\alpha_2^2 + b\alpha_2 + c = \varphi(\alpha_2) \\ p(\alpha_3) &= a\alpha_3^2 + b\alpha_3 + c = \varphi(\alpha_3) \end{aligned}\right\} \tag{3.4.11}$$

解上述方程组得

$$a = -\frac{(\alpha_2 - \alpha_3)\varphi_1 + (\alpha_3 - \alpha_1)\varphi_2 + (\alpha_1 - \alpha_2)\varphi_3}{(\alpha_1 - \alpha_2)(\alpha_2 - \alpha_3)(\alpha_3 - \alpha_1)} \tag{3.4.12}$$

$$b = \frac{(\alpha_2^2 - \alpha_3^2)\varphi_1 + (\alpha_3^2 - \alpha_1^2)\varphi_2 + (\alpha_1^2 - \alpha_2^2)\varphi_3}{(\alpha_1 - \alpha_2)(\alpha_2 - \alpha_3)(\alpha_3 - \alpha_1)} \tag{3.4.13}$$

其中，$\varphi_1 = \varphi(\alpha_1)$、$\varphi_2 = \varphi(\alpha_2)$、$\varphi_3 = \varphi(\alpha_3)$。

将 a、b 代入式 (3.4.3) 得

$$\overline{\alpha} = -\frac{b}{2a} = \frac{1}{2}\frac{(\alpha_2^2 - \alpha_3^2)\varphi_1 + (\alpha_3^2 - \alpha_1^2)\varphi_2 + (\alpha_1^2 - \alpha_2^2)\varphi_3}{(\alpha_2 - \alpha_3)\varphi_1 + (\alpha_3 - \alpha_1)\varphi_2 + (\alpha_1 - \alpha_2)\varphi_3} \tag{3.4.14}$$

上述过程实际上是用过 (α_1, φ_1)、(α_2, φ_2) 和 (α_3, φ_3) 三点的抛物线来逼近目标函数 $\varphi(\alpha)$，故称为抛物线法，求得目标函数极小点的一个近似 $\overline{\alpha}$ 后，再从 α_1、α_2、α_3 和 $\overline{\alpha}$ 中选择目标函数值最小的点及其左、右点分别作为新的 α_2 和 α_1、α_3，将它们代入式 (3.4.14) 便可求出新的近似极小点。下面给出具体迭代步骤。

算法 3.5 (抛物线法)

---

(1) 给定三点 $\alpha_1 < \alpha_2 < \alpha_3$，对应函数值 $\varphi_1 = \varphi(\alpha_1)$、$\varphi_2 = \varphi(\alpha_2)$、$\varphi_3 = \varphi(\alpha_3)$ 满足 $\varphi_1 > \varphi_2$，$\varphi_2 < \varphi_3$，设定精度要求 $\varepsilon > 0$。

(2) 计算 $A = (\alpha_2 - \alpha_3)\varphi_1 + (\alpha_3 - \alpha_1)\varphi_2 + (\alpha_1 - \alpha_2)\varphi_3$，若 $A = 0$ 转步骤 (1)，重新设定三个初始点；否则转步骤 (3)。

(3) 按式 (3.4.14) 计算插值点 $\overline{\alpha}$ 和 $\overline{\varphi} = \varphi(\overline{\alpha})$。若 $|\overline{\alpha} - \alpha_2| < \varepsilon$ 转步骤 (7)，否则转步骤 (4)。

(4) 若 $\overline{\varphi} < \varphi_2$，转步骤 (5)；否则，转步骤 (6)。

(5) 若 $\overline{\alpha} < \alpha_2$，则 $\alpha_1 = \alpha_1$，$\varphi_1 = \varphi_1$，$\alpha_3 = \alpha_2$，$\varphi_3 = \varphi_2$，$\alpha_2 = \overline{\alpha}$，$\varphi_2 = \overline{\varphi}$，转步骤 (2)；否则，$\alpha_1 = \alpha_2$，$\varphi_1 = \varphi_2$，$\alpha_2 = \overline{\alpha}$，$\varphi_2 = \overline{\varphi}$，$\alpha_3 = \alpha_3$，$\varphi_3 = \varphi_3$，转步骤 (2)。

(6) 若 $\overline{\alpha} < \alpha_2$，则 $\alpha_1 = \overline{\alpha}$，$\varphi_1 = \overline{\varphi}$，$\alpha_2 = \alpha_2$，$\varphi_2 = \varphi_2$，$\alpha_3 = \alpha_3$，$\varphi_3 = \varphi_3$，转步骤 (2)；否则，$\alpha_1 = \alpha_1$，$\varphi_1 = \varphi_1$，$\alpha_2 = \alpha_2$，$\varphi_2 = \varphi_2$，$\alpha_3 = \overline{\alpha}$，$\varphi_3 = \overline{\varphi}$，转步骤 (2)。

(7) 若 $\overline{\varphi} < \varphi_2$，输出近似最优点 $\alpha^* \approx \overline{\alpha}$，停止计算；否则输出 $\alpha^* \approx \alpha_2$，停止计算。

例 3.4 用抛物线法求解下列问题

$$\min \varphi(\alpha) = \alpha^4 - 4\alpha^3 - 6\alpha^2 - 16\alpha + 4$$

取初始区间为 $[-1, 6]$，精度要求 $\varepsilon = 0.01$。

解：取 $\alpha_1 = -1$，$\alpha_2 = \dfrac{-1+6}{2} = 2.5$，$\alpha_3 = 6$，计算对应函数值有 $\varphi_1 = \varphi(\alpha_1) = 19$，$\varphi_2 = \varphi(\alpha_2) = -96.9375$，$\varphi_3 = \varphi(\alpha_3) = 124$。利用式 (3.4.14) 计算 $\overline{\alpha}$，得 $\overline{\alpha} = 1.9545$，有 $\overline{\varphi} = \varphi(\overline{\alpha}) = -65.4673 > \varphi_2$，又由于 $\overline{\alpha} < \alpha_2$，故应舍去区间 $[\alpha_1, \overline{\alpha})$，取 $\alpha_1 = \overline{\alpha}$，$\alpha_2 = \alpha_2$，$\alpha_3 = \alpha_3$ 重新计算，如此反复迭代，直至 $|\overline{\alpha} - \alpha_2| < \varepsilon$。具体迭代过程见表 3.5。

从表 3.5 可见，经过 10 次迭代达到精度要求。由于 $\overline{\varphi} < \varphi_2$，故近似最优点 $\alpha^* \approx \overline{\alpha} = 3.9914$，$\varphi_{\min} \approx \varphi(\overline{\alpha}) = -155.9969$。

表 3.5　例 3.4 迭代过程

迭代次数	α_1	α_2	α_3	φ_1	φ_2	φ_3	$\overline{\alpha}$	$\overline{\varphi}$	$\lvert\overline{\alpha}-\alpha_2\rvert$
1	−1.0000	2.5000	6.0000	19.0000	−96.9375	124.0000	1.9545	−65.4673	0.5455
2	1.9545	2.5000	6.0000	−65.4673	−96.9375	124.0000	3.1932	−134.5387	0.6932
3	2.5000	3.1932	6.0000	−96.9375	−134.5387	124.0000	3.4952	−146.7761	0.3020
4	3.1932	3.4952	6.0000	−134.5387	−146.7761	124.0000	3.7268	−153.1045	0.2316
5	3.4952	3.7268	6.0000	−146.7761	−153.1045	124.0000	3.8403	−154.9773	0.1135
6	3.7268	3.8403	6.0000	−153.1045	−154.9773	124.0000	3.9123	−155.6850	0.0720
7	3.8403	3.9123	6.0000	−154.9773	−155.6850	124.0000	3.9501	−155.8971	0.0378
8	3.9123	3.9501	6.0000	−155.6850	−155.8971	124.0000	3.9724	−155.9682	0.0222
9	3.9501	3.9724	6.0000	−155.8971	−155.9682	124.0000	3.9845	−155.9899	0.0121
10	3.9724	3.9845	6.0000	−155.9682	−155.9899	124.0000	3.9914	−155.9969	0.0069

3.4.2 三次插值法

三次插值法是用一个三次四项式来逼近目标函数，这个四项式的四个系数要由四个条件来确定，常用的二点三次插值法是利用二点的函数值和一阶导数值来构造三次四项式。下面做具体介绍。

首先取两个初始点 $\alpha_1 < \alpha_2$，使得 $\varphi'(\alpha_1) < 0$，$\varphi'(\alpha_2) > 0$。这样在区间 (α_1, α_2) 内存在 $\varphi(\alpha)$ 的极小点，然后利用这两点的函数值和导数值构造三次四项式 $p(\alpha)$ 来逼近目标函数 $\varphi(\alpha)$。为方便起见，取三次四项式为

$$p(\alpha) = a(\alpha - \alpha_1)^3 + b(\alpha - \alpha_1)^2 + c(\alpha - \alpha_1) + d \tag{3.4.15}$$

四个插值条件为

$$\left.\begin{aligned}
&p(\alpha_1) = d = \varphi(\alpha_1)\\
&p'(\alpha_1) = c = \varphi'(\alpha_1)\\
&p(\alpha_2) = a(\alpha_2 - \alpha_1)^3 + b(\alpha_2 - \alpha_1)^2 + c(\alpha_2 - \alpha_1) + d = \varphi(\alpha_2)\\
&p'(\alpha_2) = 3a(\alpha_2 - \alpha_1)^2 + 2b(\alpha_2 - \alpha_1) + c = \varphi'(\alpha_2)
\end{aligned}\right\} \tag{3.4.16}$$

解上述方程组求出系数 a、b、c、d，便可完全确定多项式 (3.4.15)。

下面来求多项式 $p(\alpha)$ 的极小点 $\overline{\alpha}$，根据极值条件知

$$p'(\overline{\alpha}) = 3a(\overline{\alpha} - \alpha_1)^2 + 2b(\overline{\alpha} - \alpha_1) + c = 0 \tag{3.4.17}$$

$$p''(\overline{\alpha}) = 6a(\overline{\alpha} - \alpha_1) + 2b > 0 \tag{3.4.18}$$

解方程 (3.4.17) 有以下两种情形。

(1) 当 $a = 0$ 时，解得

$$\overline{\alpha} - \alpha_1 = -\frac{c}{2b} \tag{3.4.19}$$

(2) 当 $a \neq 0$ 时，解得

$$\overline{\alpha} - \alpha_1 = \frac{-b \pm \sqrt{b^2 - 3ac}}{3a} \tag{3.4.20}$$

将式 (3.4.20) 代入式 (3.4.18) 得

$$p''(\overline{\alpha}) = \pm 2\sqrt{b^2 - 3ac} > 0$$

故为满足极小点的二阶充分条件，式 (3.4.20) 的解应取为

$$\overline{\alpha} - \alpha_1 = \frac{-b + \sqrt{b^2 - 3ac}}{3a} = \frac{-c}{b + \sqrt{b^2 - 3ac}} \tag{3.4.21}$$

事实上，当 $a = 0$ 时，式 (3.4.21) 就是式 (3.4.19)，故 $p(\alpha)$ 的极小点为

$$\overline{\alpha} = \alpha_1 - \frac{c}{b + \sqrt{b^2 - 3ac}} \tag{3.4.22}$$

这样可以通过求解方程组 (3.4.16) 得系数 a、b、c，再代入式 (3.4.22) 便可求出 $p(\alpha)$ 的极小点。在实际应用中为了避免每次迭代都求解方程组 (3.4.16)，可用 $\varphi(\alpha_1)$，$\varphi(\alpha_2)$，$\varphi'(\alpha_1)$，$\varphi'(\alpha_2)$ 把 $\overline{\alpha}$ 表示出来。为此，记

$$s = \frac{3\left[\varphi(\alpha_2) - \varphi(\alpha_1)\right]}{\alpha_2 - \alpha_1}, \quad z = s - \varphi'(\alpha_1) - \varphi'(\alpha_2), \quad w^2 = z^2 - \varphi'(\alpha_1)\varphi'(\alpha_2) \tag{3.4.23}$$

利用方程组 (3.4.16) 可得

$$s = 3\left[a(\alpha_2 - \alpha_1)^2 + b(\alpha_2 - \alpha_1) + c\right]$$

$$z = b(\alpha_2 - \alpha_1) + c$$

$$w^2 = (\alpha_2 - \alpha_1)^2(b^2 - 3ac)$$

则

$$b = \frac{z - c}{\alpha_2 - \alpha_1}, \quad \sqrt{b^2 - 3ac} = \frac{w}{\alpha_2 - \alpha_1}$$

故

$$b + \sqrt{b^2 - 3ac} = \frac{z + w - c}{\alpha_2 - \alpha_1} \tag{3.4.24}$$

将式 (3.4.24) 代入式 (3.4.21) 并利用 $c = \varphi'(\alpha_1)$ 可得

$$\overline{\alpha} - \alpha_1 = \frac{-(\alpha_2 - \alpha_1)\varphi'(\alpha_1)}{z + w - \varphi'(\alpha_1)} \tag{3.4.25}$$

或者

$$\begin{aligned}\overline{\alpha} - \alpha_1 &= \frac{-(\alpha_2 - \alpha_1)\varphi'(\alpha_1)\varphi'(\alpha_2)}{\left[z + w - \varphi'(\alpha_1)\right]\varphi'(\alpha_2)} = \frac{-(\alpha_2 - \alpha_1)(z^2 - w^2)}{\varphi'(\alpha_2)(z + w) - (z^2 - w^2)} \\ &= \frac{-(\alpha_2 - \alpha_1)(z - w)}{\varphi'(\alpha_2) + w - z}\end{aligned} \tag{3.4.26}$$

将式 (3.4.25) 和式 (3.4.26) 右端分子分母分别相加，则

$$\overline{\alpha} - \alpha_1 = \frac{(\alpha_2 - \alpha_1)[w - z - \varphi'(\alpha_1)]}{\varphi'(\alpha_2) - \varphi'(\alpha_1) + 2w}$$

从而得到

$$\overline{\alpha} = \alpha_1 + \frac{(\alpha_2 - \alpha_1)[w - z - \varphi'(\alpha_1)]}{\varphi'(\alpha_2) - \varphi'(\alpha_1) + 2w} \tag{3.4.27}$$

在式 (3.4.27) 中，分母 $\varphi'(\alpha_2) - \varphi'(\alpha_1) + 2w \neq 0$。事实上，由于 $\varphi'(\alpha_1) < 0$，$\varphi'(\alpha_2) > 0$，故 $w^2 = z^2 - \varphi'(\alpha_1)\varphi'(\alpha_2) > 0$，取 w 为算术平方根，故 $w > 0$，从而有

$$\varphi'(\alpha_2) - \varphi'(\alpha_1) + 2w > 0$$

这样，利用式 (3.4.23) 计算 w 和 z，再利用式 (3.4.27) 便可求得插值多项式 $p(\alpha)$ 的极小点 $\overline{\alpha}$。若 $|\varphi'(\overline{\alpha})|$ 充分小，$\overline{\alpha}$ 便可作为 $\varphi(\alpha)$ 的近似极小点，否则可从 α_1、α_2 和 $\overline{\alpha}$ 中确定两个新的插值点，再利用上述公式计算。下面给出具体的计算步骤。

算法 3.6 (三次插值法)

(1) 给定初始点 α_1、α_2 计算 $\varphi_1 = \varphi(\alpha_1)$，$\varphi_2 = \varphi(\alpha_2)$，$\varphi_1' = \varphi_1'(\alpha_1)$，$\varphi_2' = \varphi_2'(\alpha_2)$，要求满足条件 $\alpha_1 < \alpha_2$，$\varphi_1' < 0$，$\varphi_2' > 0$。给定允许误差 $\varepsilon > 0$。

(2) 按式 (3.4.23) 和式 (3.4.27) 计算 w、z 和 $\overline{\alpha}$ 并计算 $\overline{\varphi} = \varphi(\overline{\alpha}), \overline{\varphi}' = \varphi'(\overline{\alpha})$。

(3) 若 $|\overline{\varphi}'| < \varepsilon$，则停止计算，得到近似最优解 $\alpha^* \approx \overline{\alpha}$；否则，转步骤 (4)。

(4) 若 $\overline{\varphi}' < 0$, 则令 $\alpha_1 = \overline{\alpha}$，$\varphi_1 = \overline{\varphi}$，$\varphi_1' = \overline{\varphi}'$，转步骤 (2); 否则，令 $\alpha_2 = \overline{\alpha}$，$\varphi_2 = \overline{\varphi}$，$\varphi_2' = \overline{\varphi}'$，转步骤 (2)。

例 3.5　用三次插值法求解下列问题

$$\min \varphi(\alpha) = \alpha^4 - 4\alpha^3 - 6\alpha^2 - 16\alpha + 4$$

取初始区间为 $[-1, 6]$，精度要求 $\varepsilon = 0.01$。

解：取 $\alpha_1 = -1$，$\alpha_2 = 6$，计算对应函数值和导数值，有 $\varphi_1 = \varphi(\alpha_1) = 19$，$\varphi_2 = \varphi(\alpha_2) = 124$，$\varphi_1' = \varphi'(\alpha_1) = -20$，$\varphi_2' = \varphi'(\alpha_2) = 344$。利用式 (3.4.23) 和式 (3.4.27) 可得 $\overline{\alpha} = 3.3656$，有 $\overline{\varphi}' = \varphi'(\overline{\alpha}) = -39.8211 < 0$，故取 $\alpha_1 = \overline{\alpha}$，$\alpha_2 = \alpha_2$ 重新计算，如此反复迭代，直至 $|\overline{\varphi}'| < \varepsilon$。具体迭代过程见表 3.6，可以看出，经 4 次迭代，达到精度要求，最优解为 $\alpha^* = 4.0000$，相应的 $\varphi_{\min} = \varphi(\alpha^*) = -156.0000$。

表 3.6　例 3.5 迭代过程

迭代次数	α_1	α_2	φ_1	φ_2	φ_1'	φ_2'	s	z	w	$\overline{\alpha}$	$\overline{\varphi'}$
1	−1.0000	6.0000	19.0000	124.0000	−20.0000	344.0000	45.0000	−279.0000	291.0687	3.3656	−39.8211
2	3.3656	6.0000	−141.9994	124.0000	−39.8211	344.0000	302.9175	−1.2614	117.0473	4.0398	3.3990
3	3.3656	4.0398	−141.9994	−155.9328	−39.8211	3.3990	−62.0033	−25.5812	28.1025	3.9996	−0.0302
4	3.9996	4.0398	−156.0000	−155.9328	−0.0302	3.3990	5.0240	1.6552	1.6860	4.0000	0.0000

3.5 不精确一维搜索方法

一维搜索是最优化问题算法的基本组成部分，但精确一维搜索法往往需要计算很多函数值和梯度值，工作量较大，特别当迭代点远离问题的最优点时，精确求解一维搜索问题可能反而会降低整个算法的效率。实际上，对许多优化算法，其收敛速度并不依赖于精确一维搜索过程。因此，能保证目标函数在每一次迭代都有可接受的下降量的不精确一维搜索方法越来越受到重视。下面介绍几种不精确一维搜索的方法。

3.5.1 Goldstein 准则

设 $\boldsymbol{d}^{(k)}$ 为目标函数 $f(\boldsymbol{x})$ 在迭代点 $\boldsymbol{x}^{(k)}$ 处的下降方向，使目标函数下降的步长 α_k 应满足

$$f(\boldsymbol{x}^{(k+1)}) = f(\boldsymbol{x}^{(k)} + \alpha_k \boldsymbol{d}^{(k)}) < f(\boldsymbol{x}^{(k)}) \tag{3.5.1}$$

在图 3.7 中满足上述条件的 α_k 应在区间 (0, a) 内，为了保证目标函数有充分的下降量，同时 α_k 又不至于太小，应使所选择的 α_k 不要太靠近区间的两个端点。Goldstein 在 1967 年提出了如下限制步长 α_k 的准则

$$f(\boldsymbol{x}^{(k)} + \alpha_k \boldsymbol{d}^{(k)}) \leqslant f(\boldsymbol{x}^{(k)}) + \rho\alpha_k \nabla f(\boldsymbol{x}^{(k)})^{\mathrm{T}} \boldsymbol{d}^{(k)} \tag{3.5.2}$$

$$f(\boldsymbol{x}^{(k)} + \alpha_k \boldsymbol{d}^{(k)}) \geqslant f(\boldsymbol{x}^{(k)}) + (1-\rho)\alpha_k \nabla f(\boldsymbol{x}^{(k)})^{\mathrm{T}} \boldsymbol{d}^{(k)} \tag{3.5.3}$$

其中，$\rho \in [0, 0.5]$，通常取 $\rho = 0.1$。

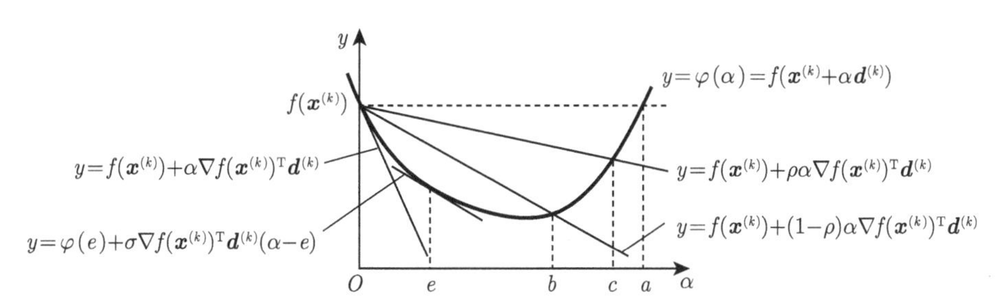

图 3.7 Goldstein 准则和 Wolfe 准则的几何意义

引入单变量函数 $\varphi(\alpha) = f(\boldsymbol{x}^{(k)} + \alpha\boldsymbol{d}^{(k)})$，则

$$\varphi'(\alpha_k) = \nabla f(\boldsymbol{x}^{(k)} + \alpha_k \boldsymbol{d}^{(k)})^{\mathrm{T}} \boldsymbol{d}^{(k)}, \quad \varphi'(0) = \nabla f(\boldsymbol{x}^{(k)})^{\mathrm{T}} \boldsymbol{d}^{(k)}$$

故式 (3.5.2)、式 (3.5.3) 亦可分别写成

$$\varphi(\alpha_k) \leqslant \varphi(0) + \rho\alpha_k \varphi'(0) \tag{3.5.2a}$$

$$\varphi(\alpha_k) \geqslant \varphi(0) + (1-\rho)\alpha_k \varphi'(0) \tag{3.5.3a}$$

式 (3.5.2) 使 α_k 不至于取得太靠近右端点，保证了目标函数值有充分的下降，又称为 Armijo 准则，式 (3.5.3) 则能保证 α_k 不会取得太小。从图 3.7 可以看出，在满足 Goldstein 准则的 α_k 所构成的区间 $[b, c]$ 内，曲线 $y = \varphi(\alpha) = f(\boldsymbol{x}^{(k)} + \alpha\boldsymbol{d}^{(k)})$ 的图像在直线 $y = f(\boldsymbol{x}^{(k)}) + \rho\alpha\nabla f(\boldsymbol{x}^{(k)})^{\mathrm{T}}\boldsymbol{d}^{(k)}$ 和 $y = f(\boldsymbol{x}^{(k)}) + (1-\rho)\alpha\nabla f(\boldsymbol{x}^{(k)})^{\mathrm{T}}\boldsymbol{d}^{(k)}$ 之间。

3.5.2 Wolfe 准则

Goldstein 准则的主要不足是有可能将极小值点排除在可接受区间之外，为了克服这一缺点，Wolfe 在 1969 年给出公式：

$$\nabla f(\boldsymbol{x}^{(k)}+\alpha_k\boldsymbol{d}^{(k)})^{\mathrm{T}}\boldsymbol{d}^{(k)} \geqslant \sigma\nabla f(\boldsymbol{x}^{(k)})^{\mathrm{T}}\boldsymbol{d}^{(k)} \tag{3.5.4}$$

其中，$\sigma\in[\rho,1]$。

利用函数 $\varphi(\alpha)=f(\boldsymbol{x}^{(k)}+\alpha\boldsymbol{d}^{(k)})$，式 (3.5.4) 亦即

$$\varphi'(\alpha_k)\geqslant\sigma\varphi'(0) \tag{3.5.4a}$$

其几何意义是在可接受点 α_k 处切线的斜率 $\varphi'(\alpha_k)$ 不小于初始点切线的斜率 $\varphi'(0)$ 的 σ 倍。式 (3.5.4) 与式 (3.5.2) 一起构成了 Wolfe 准则：

$$f(\boldsymbol{x}^{(k)}+\alpha_k\boldsymbol{d}^{(k)})\leqslant f(\boldsymbol{x}^{(k)})+\rho\alpha_k\nabla f(\boldsymbol{x}^{(k)})^{\mathrm{T}}\boldsymbol{d}^{(k)} \tag{3.5.2}$$

$$\nabla f(\boldsymbol{x}^{(k)}+\alpha_k\boldsymbol{d}^{(k)})^{\mathrm{T}}\boldsymbol{d}^{(k)} \geqslant \sigma\nabla f(\boldsymbol{x}^{(k)})^{\mathrm{T}}\boldsymbol{d}^{(k)} \tag{3.5.4}$$

其中，$0<\rho<0.5$，$\rho<\sigma<1$。

在图 3.7 中区间 $[e,c]$ 中的点满足上述准则。也可用下列更强的条件

$$\left|\nabla f(\boldsymbol{x}^{(k)}+\alpha_k\boldsymbol{d}^{(k)})^{\mathrm{T}}\boldsymbol{d}^{(k)}\right| \leqslant \sigma\left|\nabla f(\boldsymbol{x}^{(k)})^{\mathrm{T}}\boldsymbol{d}^{(k)}\right| \tag{3.5.5}$$

来代替式 (3.5.4)，这样当 $\sigma\to0$ 时就可得到精确的一维搜索。

3.5.3 Goldstein 和 Wolfe 不精确一维搜索方法

不精确一维搜索方法是通过试探的方式寻找满足 Goldstein 准则或 Wolfe 准则的可接受步长，其一般步骤如下。

算法 3.7 (Goldstein/Wolfe 方法)

---

(1) 选取初始数据。在搜索区间 $[0,+\infty)$(或 $[0,\alpha_{\max}]$) 中取定初始试探点 α_0，计算 $\varphi(0)$，$\varphi'(0)$，给出 $\rho\in\left(0,\dfrac{1}{2}\right)$，$t>1$。令 $a_0=0$，$b_0=+\infty$(或 $\alpha_{\max}$)，$k=0$。

(2) 检验准则式 (3.5.2)。若满足，转步骤 (3)；否则，令 $a_{k+1}=a_k$，$b_{k+1}=\alpha_k$，转步骤 (4)。

(3) 检测准则式 (3.5.3) 或式 (3.5.4)。若满足，停止迭代，输出 α_k；否则，令 $a_{k+1}=\alpha_k$，$b_{k+1}=b_k$。转步骤 (4)。

(4) 选取新的试探点。若 $b_{k+1}<+\infty$，取 $\alpha_{k+1}=\dfrac{a_{k+1}+b_{k+1}}{2}$，否则，取 $\alpha_{k+1}=t\alpha_k$。令 $k=k+1$，转步骤 (2)。

3.5.4 Armijo 不精确一维搜索方法

如果仅采用准则 (3.5.2) 寻找不太小的步长 α，这种不精确一维搜索方法称为 Armijo 方法，其基本思想是首先令 $\alpha=1$，如果 $\boldsymbol{x}^{(k)}+\alpha\boldsymbol{d}^{(k)}$ 不可接受，则减小 α，直到 $\boldsymbol{x}^{(k)}+\alpha\boldsymbol{d}^{(k)}$

可接受。在具体实施时，常将步长因子 α_k 改写为 $\alpha_k=\beta^{m_k}$，其中 $\beta\in(0,1)$，则 Armijo 准则式 (3.5.2) 可写成

$$f(\boldsymbol{x}^{(k)}+\beta^{m_k}\boldsymbol{d}^{(k)})\leqslant f(\boldsymbol{x}^{(k)})+\rho\beta^{m_k}\nabla f(\boldsymbol{x}^{(k)})^{\mathrm{T}}\boldsymbol{d}^{(k)} \tag{3.5.6}$$

寻找可接受步长 α_k 就转变成求满足式 (3.5.6) 的最小非负整数 m_k。下面给出具体算法步骤。

算法 3.8 (Armijo 方法)

(1) 给定 $\beta\in(0,1)$，$\rho\in(0,0.5)$。令 $m=0$。

(2) 若不等式 (3.5.6) 成立，置 $m_k=m$，$\boldsymbol{x}^{(k+1)}=\boldsymbol{x}^{(k)}+\beta^{m_k}\boldsymbol{d}^{(k)}$，停止迭代；否则，转步骤 (3)。

(3) 令 $m=m+1$，转步骤 (2)。

第 4 章　无约束优化问题的解法

一般来说，无约束优化问题的迭代求解是通过沿一系列的搜索方向按某个步长搜索新的迭代点的过程实现的。步长因子可以用第 3 章介绍的一维搜索方法确定。本章开始讨论如何确定搜索方向。这是求解无约束优化问题的核心问题，选择不同的搜索方向，就形成不同的最优化方法。

无约束优化问题的算法大致分为两类：一类在计算过程中要用到目标函数的导数等解析性质，这类方法称为解析搜索法，这里主要介绍最速下降法、共轭梯度法、牛顿法和拟牛顿法；另一类称为直接搜索法，它们仅用到目标函数值，不必计算导数，如步长加速法、方向加速法、单纯形法等。

4.1　最速下降法

考虑无约束最优化问题

$$\min f(\boldsymbol{x}), \quad \boldsymbol{x} \in \mathbb{R}^n \tag{4.1.1}$$

其中，函数 $f(\boldsymbol{x})$ 具有一阶连续偏导数。

对这类问题，当从某一点出发寻找新的迭代点时，总希望选择一个使目标函数值下降最快的方向，沿该方向进行搜索，以便尽快达到极小点。由 2.2 节知道，这个方向就是该点处的负梯度方向，即最速下降方向。

对于问题 (4.1.1)，假设第 k 次的迭代点为 $\boldsymbol{x}^{(k)}$，且 $\nabla f(\boldsymbol{x}^{(k)}) \neq \mathbf{0}$，取搜索方向

$$\boldsymbol{d}^{(k)} = -\nabla f(\boldsymbol{x}^{(k)}) \tag{4.1.2}$$

为使目标函数值在 $\boldsymbol{x}^{(k)}$ 处获得最快的下降，可沿 $\boldsymbol{d}^{(k)}$ 方向进行一维搜索，取步长 α_k 为最优步长，使得

$$f(\boldsymbol{x}^{(k)} + \alpha_k \boldsymbol{d}^{(k)}) = \min_{\alpha \geqslant 0} f(\boldsymbol{x}^{(k)} + \alpha \boldsymbol{d}^{(k)})$$

第 $k+1$ 次迭代点为

$$\boldsymbol{x}^{(k+1)} = \boldsymbol{x}^{(k)} + \alpha_k \boldsymbol{d}^{(k)} \tag{4.1.3}$$

于是得到迭代点序列 $\left\{\boldsymbol{x}^{(k)}\right\}$。如果 $\nabla f(\boldsymbol{x}^{(k)}) = \mathbf{0}$，则 $\boldsymbol{x}^{(k)}$ 是 $f(\boldsymbol{x})$ 的稳定点，这时可终止迭代。

由于这种方法的每一次迭代都是沿着最速下降方向，即负梯度方向，进行搜索，所以称为最速下降法或梯度法。下面给出具体迭代步骤。

算法 4.1 (最速下降法)

---

(1) 给定初始点 $\boldsymbol{x}^{(0)}$，允许误差 $\varepsilon > 0$，置 $k = 0$。

(2) 计算搜索方向

$$\boldsymbol{d}^{(k)} = -\nabla f(\boldsymbol{x}^{(k)})$$

(3) 若 $\|\nabla f(\boldsymbol{x}^{(k)})\| \leqslant \varepsilon$，则停止计算，输出近似极小点 $\boldsymbol{x}^* = \boldsymbol{x}^{(k)}$；否则，从 $\boldsymbol{x}^{(k)}$ 出发，沿 $\boldsymbol{d}^{(k)}$ 方向进行一维搜索，求 α_k，使得

$$f(\boldsymbol{x}^{(k)} + \alpha_k \boldsymbol{d}^{(k)}) = \min_{\alpha \geqslant 0} f(\boldsymbol{x}^{(k)} + \alpha \boldsymbol{d}^{(k)})$$

(4) 令 $\boldsymbol{x}^{(k+1)} = \boldsymbol{x}^{(k)} + \alpha_k \boldsymbol{d}^{(k)}$，置 $k = k+1$，转步骤 (2)。

例 4.1 用最速下降法解无约束优化问题

$$\min f(x_1, x_2) = x_1^2 + 2x_2^2 - 4x_1 - 2x_1 x_2$$

取初始点 $\boldsymbol{x}^{(0)} = (1, 1)^{\mathrm{T}}$，精度要求 $\varepsilon < 0.01$。

解： (1) 计算初始点 $\boldsymbol{x}^{(0)}$ 处梯度

$$\nabla f(\boldsymbol{x}^{(0)}) = \begin{pmatrix} 2x_1^{(0)} - 4 - 2x_2^{(0)} \\ 4x_2^{(0)} - 2x_1^{(0)} \end{pmatrix} = \begin{pmatrix} -4 \\ 2 \end{pmatrix}$$

(2) 取搜索方向

$$\boldsymbol{d}^{(0)} = -\nabla f(\boldsymbol{x}^{(0)}) = \begin{pmatrix} 4 \\ -2 \end{pmatrix}$$

(3) 解单变量优化问题

$$\min_{\alpha} f(\boldsymbol{x}^{(0)} + \alpha \boldsymbol{d}^{(0)}) = \min_{\alpha}(40\alpha^2 - 20\alpha - 3)$$

得最优步长 $\alpha^{(0)} = 0.25$。

(4) 计算新的设计点

$$\boldsymbol{x}^{(1)} = \boldsymbol{x}^{(0)} + \alpha_0 \boldsymbol{d}^{(0)} = \begin{pmatrix} 1 \\ 1 \end{pmatrix} + 0.25 \begin{pmatrix} 4 \\ -2 \end{pmatrix} = \begin{pmatrix} 2 \\ 0.5 \end{pmatrix}$$

(5) 计算 $\boldsymbol{x}^{(1)}$ 处梯度并检验收敛性

$$\nabla f(\boldsymbol{x}^{(1)}) = \begin{pmatrix} 2x_1^{(1)} - 4 - 2x_2^{(1)} \\ 4x_2^{(1)} - 2x_1^{(1)} \end{pmatrix} = \begin{pmatrix} -1 \\ -2 \end{pmatrix}$$

$$\|\nabla f(\boldsymbol{x}^{(1)})\| = \sqrt{5} > \varepsilon$$

不满足精度要求，开始下一轮迭代。如此反复，直至满足 $\|\nabla f(\boldsymbol{x}^{(k)})\| \leqslant \varepsilon$。迭代过程如表 4.1 所示，可见，经 17 次迭代得到满足精度要求的近似最优点 $\boldsymbol{x}^* \approx (3.992188, 1.994141)^{\mathrm{T}}$，$f_{\min} \approx -7.999962$。

表 4.1　例 4.1 迭代过程

k	$x_1^{(k)}$	$x_2^{(k)}$	$f^{(k)}$	$\left\|\nabla f(\boldsymbol{x}^{(k)})\right\|$
0	1.000000	1.000000	−3.000000	4.472136
1	2.000000	0.500000	−5.500000	2.236068
2	2.500000	1.500000	−6.750000	2.236068
3	3.000000	1.250000	−7.375000	1.118034
4	3.250000	1.750000	−7.687500	1.118034
5	3.500000	1.625000	−7.843750	0.559017
6	3.625000	1.875000	−7.921875	0.559017
7	3.750000	1.812500	−7.960938	0.279509
8	3.812500	1.937500	−7.980469	0.279509
9	3.875000	1.906250	−7.990234	0.139754
10	3.906250	1.968750	−7.995117	0.139754
11	3.937500	1.953125	−7.997559	0.069877
12	3.953125	1.984375	−7.998779	0.069877
13	3.968750	1.976562	−7.999390	0.034939
14	3.976562	1.992188	−7.999695	0.034939
15	3.984375	1.988281	−7.999847	0.017469
16	3.988281	1.996094	−7.999924	0.017469
17	3.992188	1.994141	−7.999962	0.008735

需要说明的是，虽然最速下降法总是收敛的，但并不意味着它是个有效的方法。由于最速下降方向只是目标函数在迭代点附近的局部性质，对许多问题，最速下降方向并非“最速下降”，而是下降得非常缓慢。

事实上，当步长 α_k 由精确一维搜索确定时，记 $\varphi(\alpha)=f(\boldsymbol{x}^{(k)}+\alpha\boldsymbol{d}^{(k)})$，由极值条件可知

$$\varphi'(\alpha_k)=\nabla f(\boldsymbol{x}^{(k)}+\alpha_k\boldsymbol{d}^{(k)})^{\mathrm{T}}\boldsymbol{d}_k=0$$

即

$$\nabla f(\boldsymbol{x}^{(k+1)})^{\mathrm{T}}\boldsymbol{d}^{(k)}=0 \tag{4.1.4}$$

而

$$\boldsymbol{d}^{(k+1)}=-\nabla f(\boldsymbol{x}^{(k+1)})$$

所以

$$(\boldsymbol{d}^{(k+1)})^{\mathrm{T}}\boldsymbol{d}^{(k)}=0 \tag{4.1.5}$$

这表明最速下降法相邻两次迭代的搜索方向始终是相互正交的，这就产生了锯齿形状 (图 4.1)，越接近极小点，步长越小，函数下降越慢。因此最速下降法一般适用于计算过程的前期迭代或用作中间穿插的步骤。

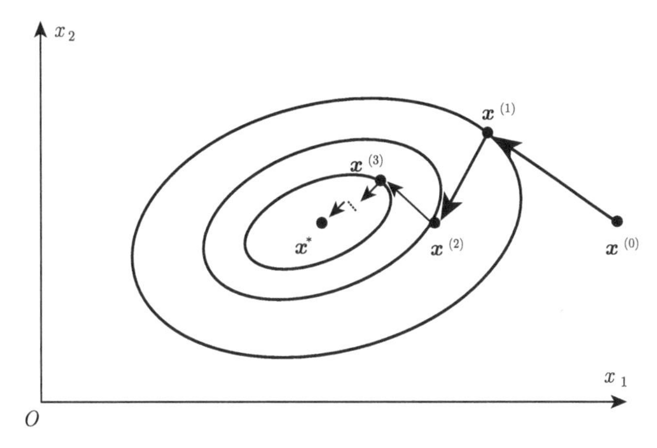

图 4.1 最速下降法搜索方向

4.2 共轭梯度法

4.1 节讨论的最速下降法在迭代过程中始终沿相互正交的方向搜索，走了很多弯路，计算效率并不高，有必要改进搜索方向。人们在研究正定二次函数极小化问题时，提出了共轭方向的概念和共轭方向法。共轭梯度法就是一种常用的共轭方向法。

4.2.1 共轭方向与共轭方向法

考虑正定二次函数

$$f(\boldsymbol{x}) = \frac{1}{2}\boldsymbol{x}^{\mathrm{T}}\boldsymbol{A}\boldsymbol{x} + \boldsymbol{B}\boldsymbol{x} + C \tag{4.2.1}$$

其中，$\boldsymbol{A}$ 为 $n \times n$ 的对称正定矩阵，$\boldsymbol{B}$ 和 $\boldsymbol{x}$ 是 n 维向量，C 为常数。

设 $\boldsymbol{x}^{(1)}$ 是由 $\boldsymbol{x}^{(0)}$ 出发，沿某个下降方向 $\boldsymbol{d}^{(0)}$ 经精确一维搜索得到的 (图 4.2)，显然有

$$\nabla f(\boldsymbol{x}^{(1)})^{\mathrm{T}}\boldsymbol{d}^{(0)} = 0 \tag{4.2.2}$$

而且向量 $\boldsymbol{d}^{(0)}$ 所在的直线必与函数的某条等值线 (椭圆) 相切于 $\boldsymbol{x}^{(1)}$ 点。如果按最速下降法取负梯度方向 $-\nabla f(\boldsymbol{x}^{(1)})$ 为搜索方向，就要发生锯齿现象。为了克服这种现象，尽快找到函数 (4.2.1) 的极小点 $\boldsymbol{x}^*$，可以假设下一次的搜索方向 $\boldsymbol{d}^{(1)}$ 由 $\boldsymbol{x}^{(1)}$ 点直指 $\boldsymbol{x}^*$，这样再进行一次精确一维搜索方法就可求出极小点 $\boldsymbol{x}^*$。

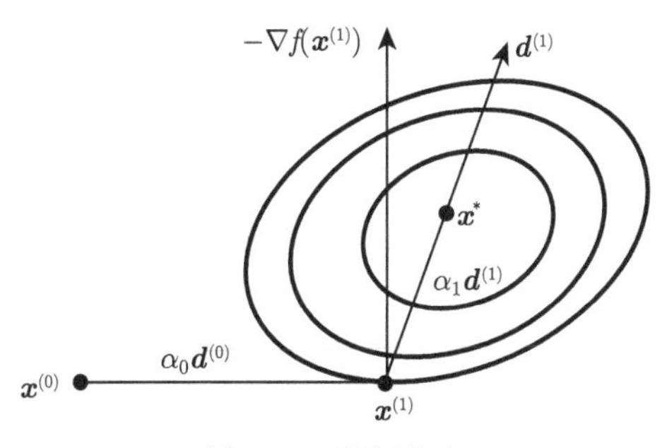

图 4.2 共轭方向

由于 $\boldsymbol{d}^{(1)}$ 是由 $\boldsymbol{x}^{(1)}$ 指向 $\boldsymbol{x}^*$ 的方向，所以必有步长 α_1，使

$$\boldsymbol{x}^* = \boldsymbol{x}^{(1)} + \alpha_1 \boldsymbol{d}^{(1)} \tag{4.2.3}$$

因为 $\boldsymbol{x}^*$ 是极小点，根据极值的一阶必要条件，有

$$\nabla f(\boldsymbol{x}^*) = \boldsymbol{A}\boldsymbol{x}^* + \boldsymbol{B} = \boldsymbol{0} \tag{4.2.4}$$

将式 (4.2.3) 代入式 (4.2.4) 得

$$\nabla f(\boldsymbol{x}^{(1)}) + \alpha_1 \boldsymbol{A}\boldsymbol{d}^{(1)} = \boldsymbol{0} \tag{4.2.5}$$

在上式两边同时左乘 $(\boldsymbol{d}^{(0)})^{\mathrm{T}}$，利用式 (4.2.2) 并考虑到步长 $\alpha_1 > 0$，得

$$(\boldsymbol{d}^{(0)})^{\mathrm{T}} \boldsymbol{A}\boldsymbol{d}^{(1)} = \boldsymbol{0} \tag{4.2.6}$$

这就是 $\boldsymbol{d}^{(1)}$ 直接指向极小点所必须满足的条件。满足式 (4.2.6) 的两个向量 $\boldsymbol{d}^{(0)}$ 和 $\boldsymbol{d}^{(1)}$ 称为是 $\boldsymbol{A}$-共轭的，称 $\boldsymbol{d}^{(0)}$ 和 $\boldsymbol{d}^{(1)}$ 的方向是 $\boldsymbol{A}$-共轭方向。推广至多个向量有如下定义。

定义 4.1 设 $\boldsymbol{d}_1, \boldsymbol{d}_2, \cdots, \boldsymbol{d}_m (m \leqslant n)$ 是 $\mathbb{R}^n$ 中任一组非零向量，若

$$\boldsymbol{d}_i^{\mathrm{T}} \boldsymbol{A} \boldsymbol{d}_j = 0, \quad i \neq j$$

则称 $\boldsymbol{d}_i (i = 1, 2, \cdots, m)$ 是一组 $\boldsymbol{A}$-共轭向量系。

在上述定义中，若 $\boldsymbol{A}$ 是单位矩阵 $\boldsymbol{I}$，则 $\boldsymbol{d}_i (i = 1, 2, \cdots, m)$ 是一组正交向量，说明共轭是正交的推广，故 $\boldsymbol{A}$-共轭又称为 $\boldsymbol{A}$-正交。

不难证明，共轭向量系具有如下性质：

(1) 共轭向量系一定是线性无关的。

(2) n 维空间中互相共轭的非零向量的个数不超过 n。

由上述性质，可以得到如下定理。

定理 4.1 设 $\boldsymbol{A}$ 为 $n \times n$ 实对称正定矩阵，n 个非零向量 $\boldsymbol{d}^{(0)}, \boldsymbol{d}^{(1)}, \cdots, \boldsymbol{d}^{(n-1)} \in \mathbb{R}^n$ 是 $\boldsymbol{A}$-共轭向量系，若向量 $\boldsymbol{p} \in \mathbb{R}^n$ 与这 n 个向量都正交，即

$$\boldsymbol{p}^{\mathrm{T}} \boldsymbol{d}^{(i)} = 0, \quad i = 0, 1, \cdots, n-1$$

则 $\boldsymbol{p} = \boldsymbol{0}$。

证明 由共轭向量系的性质 (1) 知 $\boldsymbol{d}^{(0)}, \boldsymbol{d}^{(1)}, \cdots, \boldsymbol{d}^{(n-1)}$ 线性无关，所以它们构成 $\mathbb{R}^n$ 的一个基，从而向量 $\boldsymbol{p} \in \mathbb{R}^n$ 可以表示成

$$\boldsymbol{p} = \sum_{i=0}^{n-1} c_i \boldsymbol{d}^{(i)}$$

又由于 $\boldsymbol{p}$ 与 $\boldsymbol{d}^{(i)} (i = 0, 1, \cdots, n-1)$ 都正交，即

$$\boldsymbol{p}^{\mathrm{T}} \boldsymbol{d}^{(i)} = 0, \quad i = 0, 1, \cdots, n-1$$

所以

$$\boldsymbol{p}^{\mathrm{T}}\boldsymbol{p}=\boldsymbol{p}^{\mathrm{T}}\sum_{i=0}^{n-1}c_i\boldsymbol{d}^{(i)}=\sum_{i=0}^{n-1}c_i\boldsymbol{p}^{\mathrm{T}}\boldsymbol{d}^{(i)}=0$$

由内积的性质，知 $\boldsymbol{p}=\boldsymbol{0}$。

由前面针对正定二次函数的分析知，指向极小点的方向必定与上一次一维寻优的方向 $\boldsymbol{A}$ 共轭。所以对正定二次函数有如下定理。

定理 4.2 对正定二次函数 $f(x)=\dfrac{1}{2}\boldsymbol{x}^{\mathrm{T}}\boldsymbol{A}\boldsymbol{x}+\boldsymbol{B}\boldsymbol{x}+C$，从任意初始点 $\boldsymbol{x}^{(0)}$ 出发，依次沿 n 个 $\boldsymbol{A}$-共轭方向 $\boldsymbol{d}^{(0)},\boldsymbol{d}^{(1)},\cdots,\boldsymbol{d}^{(n-1)}$ 进行一维寻优搜索，最多经过 n 次迭代，就能得到其极小点。

证明 已知迭代格式为

$$\boldsymbol{x}^{(k+1)}=\boldsymbol{x}^{(k)}+\alpha_k\boldsymbol{d}^{(k)}$$

为方便起见，记

$$\boldsymbol{g}^{(k)}=\nabla f(\boldsymbol{x}^{(k)})=\boldsymbol{A}\boldsymbol{x}^{(k)}+\boldsymbol{B}$$

于是，有

$$\begin{aligned}\boldsymbol{g}^{(k+1)}&=\boldsymbol{A}\boldsymbol{x}^{(k+1)}+\boldsymbol{B}=\boldsymbol{A}(\boldsymbol{x}^{(k)}+\alpha_k\boldsymbol{d}^{(k)})+\boldsymbol{B}\\&=\boldsymbol{g}^{(k)}+\alpha_k\boldsymbol{A}\boldsymbol{d}^{(k)}\end{aligned}$$

显然，若对某个 $i<n$，有 $\boldsymbol{g}^{(i)}=\boldsymbol{0}$，则定理成立。因此，不妨设对所有 $i\leqslant n-1$ 都有 $\boldsymbol{g}^{(i)}\neq\boldsymbol{0}$，此时

$$\begin{aligned}\boldsymbol{g}^{(n)}&=\boldsymbol{g}^{(n-1)}+\alpha_{n-1}\boldsymbol{A}\boldsymbol{d}^{(n-1)}\\&=\boldsymbol{g}^{(n-2)}+\alpha_{n-2}\boldsymbol{A}\boldsymbol{d}^{(n-2)}+\alpha_{n-1}\boldsymbol{A}\boldsymbol{d}^{(n-1)}\\&=\boldsymbol{g}^{(k)}+\alpha_k\boldsymbol{A}\boldsymbol{d}^{(k)}+\cdots+\alpha_{n-1}\boldsymbol{A}\boldsymbol{d}^{(n-1)}\end{aligned}$$

由于采用一维寻优搜索，由式 (4.1.4) 知

$$(\boldsymbol{g}^{(k)})^{\mathrm{T}}\boldsymbol{d}^{(k-1)}=0$$

再考虑到 $\boldsymbol{d}^{(0)},\boldsymbol{d}^{(1)},\cdots,\boldsymbol{d}^{(n-1)}$ 是 $\boldsymbol{A}$-共轭的，所以，对于 $k=1,2,\cdots,n-1$，有

$$(\boldsymbol{g}^{(n)})^{\mathrm{T}}\boldsymbol{d}^{(k-1)}=(\boldsymbol{g}^{(k)})^{\mathrm{T}}\boldsymbol{d}^{(k-1)}+\alpha_k(\boldsymbol{d}^{(k)})^{\mathrm{T}}\boldsymbol{A}\boldsymbol{d}^{(k-1)}+\cdots+\alpha_{n-1}(\boldsymbol{d}^{(n-1)})^{\mathrm{T}}\boldsymbol{A}\boldsymbol{d}^{(k-1)}=0$$

同样由于采用一维寻优搜索，还有

$$(\boldsymbol{g}^{(n)})^{\mathrm{T}}\boldsymbol{d}^{(n-1)}=0$$

所以，$\boldsymbol{g}^{(n)}$ 与 n 个 $\boldsymbol{A}$-共轭向量 $\boldsymbol{d}^{(0)},\boldsymbol{d}^{(1)},\cdots,\boldsymbol{d}^{(n-1)}$ 正交，由定理 4.1 知

$$\boldsymbol{g}^{(n)}=\boldsymbol{0}$$

而正定二次函数 $f(\boldsymbol{x})$ 是严格凸函数，所以

$$\boldsymbol{x}^{(n)}=\boldsymbol{x}^{(n-1)}+\alpha_{n-1}\boldsymbol{d}^{(n-1)}$$

就是 $f(\boldsymbol{x})$ 的极小点。

基于上述定理，可以给出如下计算正定二次函数极小值的共轭方向法。

算法 4.2 (共轭方向法)

(1) 选定初始点 $\boldsymbol{x}^{(0)}$，下降方向 $\boldsymbol{d}^{(0)}$ 和收敛精度 $\varepsilon>0$，置 $k=0$。

(2) 沿 $\boldsymbol{d}^{(k)}$ 方向进行精确一维搜索，得最优步长 α_k，计算 $\boldsymbol{x}^{(k+1)}=\boldsymbol{x}^{(k)}+\alpha_k\boldsymbol{d}^{(k)}$。

(3) 判断 $\left\|\nabla f(\boldsymbol{x}^{(k+1)})\right\|\leqslant\varepsilon$ 是否满足，若满足则输出 $\boldsymbol{x}^{(k+1)}$，停机。否则转步骤 (4)。

(4) 提供新的共轭方向 $\boldsymbol{d}^{(k+1)}$，并令 $k=k+1$，转步骤 (2)。

事实上，对正定二次函数式 (4.2.1)，最优步长 α_k 可以直接计算。

因为

$$\begin{aligned}\nabla f(\boldsymbol{x}^{(k+1)})&=\boldsymbol{A}\boldsymbol{x}^{(k+1)}+\boldsymbol{B}\\&=\boldsymbol{A}\boldsymbol{x}^{(k)}+\alpha_k\boldsymbol{A}\boldsymbol{d}^{(k)}+\boldsymbol{B}\\&=\nabla f(\boldsymbol{x}^{(k)})+\alpha_k\boldsymbol{A}\boldsymbol{d}^{(k)}\end{aligned}$$

代入式 (4.1.4) 得

$$\nabla f(\boldsymbol{x}^{(k)})^{\mathrm{T}}\boldsymbol{d}^{(k)}+\alpha_k(\boldsymbol{d}^{(k)})^{\mathrm{T}}\boldsymbol{A}\boldsymbol{d}^{(k)}=0$$

解得

$$\alpha_k=-\frac{\nabla f(\boldsymbol{x}^{(k)})^{\mathrm{T}}\boldsymbol{d}^{(k)}}{(\boldsymbol{d}^{(k)})^{\mathrm{T}}\boldsymbol{A}\boldsymbol{d}^{(k)}}\tag{4.2.7}$$

可以证明，在共轭方向法中，每一个 $\boldsymbol{x}^{(k+1)}$ 点的梯度 $\boldsymbol{g}^{(k+1)}=\nabla f(\boldsymbol{x}^{(k+1)})$ 满足 $(\boldsymbol{g}^{(k+1)})^{\mathrm{T}}\boldsymbol{d}^{(i)}=0\ (0\leqslant i\leqslant k)$。

事实上，对所有 $0\leqslant i\leqslant k$，有

$$\begin{aligned}(\boldsymbol{g}^{(k+1)})^{\mathrm{T}}\boldsymbol{d}^{(i)}&=(\boldsymbol{A}\boldsymbol{x}^{(k+1)}+\boldsymbol{B})^{\mathrm{T}}\boldsymbol{d}^{(i)}\\&=\left[\boldsymbol{A}(\boldsymbol{x}^{(i+1)}+\sum_{j=i+1}^{k}\alpha_j\boldsymbol{d}^{(j)})+\boldsymbol{B}\right]^{\mathrm{T}}\boldsymbol{d}^{(i)}\\&=\left[(\boldsymbol{A}\boldsymbol{x}^{(i+1)}+\boldsymbol{B})+\sum_{j=i+1}^{k}\alpha_j\boldsymbol{A}\boldsymbol{d}^{(j)}\right]^{\mathrm{T}}\boldsymbol{d}^{(i)}\\&=(\boldsymbol{g}^{(i+1)})^{\mathrm{T}}\boldsymbol{d}^{(i)}+\sum_{j=i+1}^{k}\alpha_j(\boldsymbol{d}^{(j)})^{\mathrm{T}}\boldsymbol{A}\boldsymbol{d}^{(i)}\end{aligned}$$

利用式 (4.1.4)，并考虑到 $\boldsymbol{d}^{(i)}(i=1,2,\cdots,k)$ 为 $\boldsymbol{A}$-共轭向量系，可知上式右端为 0，所以有

$$\boldsymbol{g}^{(k+1)}\cdot\boldsymbol{d}^{(i)}=0,\quad 0\leqslant i\leqslant k\tag{4.2.8}$$

4.2.2 共轭梯度法介绍

共轭梯度法的基本思想是把共轭性与最速下降法相结合，利用已知点处的梯度信息构造一组共轭方向，并沿这组方向搜索求出目标函数的极小点。

考虑式 (4.2.1) 所示正定二次函数的极小化问题。首先任意选择一个初始点 $\boldsymbol{x}^{(0)}$，计算 $f(\boldsymbol{x})$ 在该点的梯度 $\boldsymbol{g}^{(0)}=\nabla f(\boldsymbol{x}^{(0)})$，若 $\left\|\boldsymbol{g}^{(0)}\right\|=0$，则停止计算；否则，取 $\boldsymbol{x}^{(0)}$ 处的负梯度方向为搜索方向 $\boldsymbol{d}^{(0)}$，即

$$\boldsymbol{d}^{(0)}=-\nabla f(\boldsymbol{x}^{(0)})=-\boldsymbol{g}^{(0)} \tag{4.2.9}$$

沿 $\boldsymbol{d}^{(0)}$ 方向精确一维搜索得点 $\boldsymbol{x}^{(1)}$，设 $\boldsymbol{x}^{(1)}$ 点处的梯度为 $\boldsymbol{g}^{(1)}=\nabla f(\boldsymbol{x}^{(1)})\neq\boldsymbol{0}$，则构造新的搜索方向

$$\boldsymbol{d}^{(1)}=-\boldsymbol{g}^{(1)}+\beta_0\boldsymbol{d}^{(0)} \tag{4.2.10}$$

为使 $\boldsymbol{d}^{(1)}$ 与 $\boldsymbol{d}^{(0)}$ 是 $\boldsymbol{A}$-共轭的，应有

$$(\boldsymbol{d}^{(1)})^{\mathrm{T}}\boldsymbol{A}\boldsymbol{d}^{(0)}=0 \tag{4.2.11}$$

将式 (4.2.10) 代入式 (4.2.11) 得

$$-(\boldsymbol{g}^{(1)})^{\mathrm{T}}\boldsymbol{A}\boldsymbol{d}^{(0)}+\beta_0(\boldsymbol{d}^{(0)})^{\mathrm{T}}\boldsymbol{A}\boldsymbol{d}^{(0)}=0$$

解得

$$\beta_0=\frac{(\boldsymbol{g}^{(1)})^{\mathrm{T}}\boldsymbol{A}\boldsymbol{d}^{(0)}}{(\boldsymbol{d}^{(0)})^{\mathrm{T}}\boldsymbol{A}\boldsymbol{d}^{(0)}} \tag{4.2.12}$$

从 $\boldsymbol{x}^{(1)}$ 点出发沿 $\boldsymbol{d}^{(1)}$ 方向精确一维搜索得 $\boldsymbol{x}^{(2)}$。

一般地，设经过依次沿 $k+1$ 个 $\boldsymbol{A}$-共轭方向 $\boldsymbol{d}^{(0)},\boldsymbol{d}^{(1)},\cdots,\boldsymbol{d}^{(k)}$ 的精确一维搜索得到点 $\boldsymbol{x}^{(k+1)}$，若 $\boldsymbol{x}^{(k+1)}$ 点的梯度 $\boldsymbol{g}^{(k+1)}=\nabla f(\boldsymbol{x}^{(k+1)})\neq\boldsymbol{0}$，则构造从 $\boldsymbol{x}^{(k+1)}$ 点出发的新的搜索方向为

$$\boldsymbol{d}^{(k+1)}=-\boldsymbol{g}^{(k+1)}+\beta_k\boldsymbol{d}^{(k)} \tag{4.2.13}$$

可以证明，$\boldsymbol{d}^{(k+1)}$ 与 $\boldsymbol{d}^{(0)},\boldsymbol{d}^{(1)},\cdots,\boldsymbol{d}^{(k-1)}$ 是 $\boldsymbol{A}$-共轭的。

事实上，对任意 $\boldsymbol{d}^{(j)}(j\leqslant k-1)$，利用式 (4.2.13) 并考虑共轭性，有

$$\begin{aligned}(\boldsymbol{d}^{(k+1)})^{\mathrm{T}}\boldsymbol{A}\boldsymbol{d}^{(j)}&=(-\boldsymbol{g}^{(k+1)}+\beta_k\boldsymbol{d}^{(k)})^{\mathrm{T}}\boldsymbol{A}\boldsymbol{d}^{(j)}\\&=-(\boldsymbol{g}^{(k+1)})^{\mathrm{T}}\boldsymbol{A}\boldsymbol{d}^{(j)}+\beta_k(\boldsymbol{d}^{(k)})^{\mathrm{T}}\boldsymbol{A}\boldsymbol{d}^{(j)}\\&=-(\boldsymbol{g}^{(k+1)})^{\mathrm{T}}\boldsymbol{A}\boldsymbol{d}^{(j)}\end{aligned} \tag{4.2.14}$$

考虑到

$$\boldsymbol{x}^{(j+1)}=\boldsymbol{x}^{(j)}+\alpha_j\boldsymbol{d}^{(j)}$$

故

$$\boldsymbol{d}^{(j)}=\frac{1}{\alpha_j}(\boldsymbol{x}^{(j+1)}-\boldsymbol{x}^{(j)})$$

所以

$$\boldsymbol{A}\boldsymbol{d}^{(j)} = \frac{1}{\alpha_j}\boldsymbol{A}(\boldsymbol{x}^{(j+1)} - \boldsymbol{x}^{(j)}) = \frac{1}{\alpha_j}(\boldsymbol{g}^{(j+1)} - \boldsymbol{g}^{(j)})$$

代入式 (4.2.14) 得

$$(\boldsymbol{d}^{(k+1)})^{\mathrm{T}}\boldsymbol{A}\boldsymbol{d}^{(j)} = -\frac{1}{\alpha_j}(\boldsymbol{g}^{(k+1)})^{\mathrm{T}}(\boldsymbol{g}^{(j+1)} - \boldsymbol{g}^{(j)}) \tag{4.2.15}$$

由于

$$\boldsymbol{d}^{(i)} = -\boldsymbol{g}^{(i)} + \beta_{i-1}\boldsymbol{d}^{(i-1)}, \quad 0 \leqslant i \leqslant k$$

故

$$\boldsymbol{g}^{(i)} = -\boldsymbol{d}^{(i)} + \beta_{i-1}\boldsymbol{d}^{(i-1)}, \quad 0 \leqslant i \leqslant k$$

所以

$$(\boldsymbol{g}^{(k+1)})^{\mathrm{T}}\boldsymbol{g}^{(i)} = -(\boldsymbol{g}^{(k+1)})^{\mathrm{T}}\boldsymbol{d}^{(i)} + \beta_{i-1}(\boldsymbol{g}^{(k+1)})^{\mathrm{T}}\boldsymbol{d}^{(i-1)}, \quad 0 \leqslant i \leqslant k$$

利用式 (4.2.8) 可知

$$(\boldsymbol{g}^{(k+1)})^{\mathrm{T}}\boldsymbol{g}^{(i)} = 0, \quad 0 \leqslant i \leqslant k$$

所以式 (4.2.15) 的右端项为 0，因此

$$(\boldsymbol{d}^{(k+1)})^{\mathrm{T}}\boldsymbol{A}\boldsymbol{d}^{(j)} = 0$$

即 $\boldsymbol{d}^{(k+1)}$ 与 $\boldsymbol{d}^{(j)}(j \leqslant k-1)$ 是 $\boldsymbol{A}$-共轭的。

为使 $\boldsymbol{d}^{(k+1)}$ 与 $\boldsymbol{d}^{(k)}$ 是 $\boldsymbol{A}$-共轭的，应有

$$(\boldsymbol{d}^{(k+1)})^{\mathrm{T}}\boldsymbol{A}\boldsymbol{d}^{(k)} = 0 \tag{4.2.16}$$

将式 (4.2.13) 代入式 (4.2.16) 可解得

$$\beta_k = \frac{(\boldsymbol{g}^{(k+1)})^{\mathrm{T}}\boldsymbol{A}\boldsymbol{d}^{(k)}}{(\boldsymbol{d}^{(k)})^{\mathrm{T}}\boldsymbol{A}\boldsymbol{d}^{(k)}} \tag{4.2.17}$$

综合以上分析，在第一个搜索方向 $\boldsymbol{d}^{(0)}$ 取负梯度方向，并采用精确一维寻优确定步长的前提下，由式 (4.2.13) 和式 (4.2.17) 构造的一组搜索方向是 $\boldsymbol{A}$-共轭方向。沿这组方向进行迭代的共轭方向法就称为共轭梯度法，它具有二次中止性。

在实际应用中，为了便于推广至非二次函数情形，常在式 (4.2.17) 中消去矩阵 $\boldsymbol{A}$。

由前面推导过程可知

$$\boldsymbol{A}\boldsymbol{d}^{(k)} = \frac{1}{\alpha_k}(\boldsymbol{g}^{(k+1)} - \boldsymbol{g}^{(k)}) \tag{4.2.18}$$

$$\boldsymbol{g}^{(k+1)}\boldsymbol{g}^{(k)} = 0 \tag{4.2.19}$$

将式 (4.2.18) 代入式 (4.2.17) 得

$$\beta_k = \frac{(\boldsymbol{g}^{(k+1)})^{\mathrm{T}}(\boldsymbol{g}^{(k+1)} - \boldsymbol{g}^{(k)})}{(\boldsymbol{d}^{(k)})^{\mathrm{T}}(\boldsymbol{g}^{(k+1)} - \boldsymbol{g}^{(k)})} \tag{4.2.20}$$

利用式 (4.2.19) 及精确一维搜索的特性 $(\boldsymbol{g}^{(k+1)})^{\mathrm{T}}\boldsymbol{d}^{(k)}=0$，式 (4.2.20) 可写为

$$\beta_k=-\frac{(\boldsymbol{g}^{(k+1)})^{\mathrm{T}}\boldsymbol{g}^{(k+1)}}{(\boldsymbol{d}^{(k)})^{\mathrm{T}}\boldsymbol{g}^{(k)}} \tag{4.2.21}$$

又因为

$$(\boldsymbol{g}^{(k)})^{\mathrm{T}}\boldsymbol{d}^{(k)}=-(\boldsymbol{g}^{(k)})^{\mathrm{T}}\boldsymbol{g}^{(k)}+\beta_{k-1}(\boldsymbol{g}^{(k)})^{\mathrm{T}}\boldsymbol{d}^{(k-1)}=-(\boldsymbol{g}^{(k)})^{\mathrm{T}}\boldsymbol{g}^{(k)}$$

所以 β_k 可写为

$$\beta_k=\frac{(\boldsymbol{g}^{(k+1)})^{\mathrm{T}}\boldsymbol{g}^{(k+1)}}{(\boldsymbol{g}^{(k)})^{\mathrm{T}}\boldsymbol{g}^{(k)}}=\frac{\left\|\boldsymbol{g}^{(k+1)}\right\|^2}{\left\|\boldsymbol{g}^{(k)}\right\|^2} \tag{4.2.22}$$

还可写为

$$\beta_k=\frac{(\boldsymbol{g}^{(k+1)})^{\mathrm{T}}(\boldsymbol{g}^{(k+1)}-\boldsymbol{g}^{(k)})}{(\boldsymbol{g}^{(k)})^{\mathrm{T}}\boldsymbol{g}^{(k)}} \tag{4.2.23}$$

式 (4.2.21) 称为 Dixon-Myers 公式，采用这个公式的共轭梯度法称为 D-M 共轭梯度法；式 (4.2.22) 称为 Fletcher-Reeves 公式，相应方法称为 F-R 共轭梯度法；式 (4.2.23) 称为 Polak-Ribiere-Polyok 公式，相应方法称为 P-R-P 共轭梯度法。这些方法对于正定二次函数和精确一维搜索是完全等价的。最常用的是 F-R 共轭梯度法。

需要说明的是，当目标函数是一般的非二次函数时，利用上面的方法可以构造出向量组 $\boldsymbol{d}^{(0)},\boldsymbol{d}^{(1)},\cdots,\boldsymbol{d}^{(n-1)}$，但已不像正定二次函数那样具有共轭性质，因此，不再具有有限步数收敛的性质，而且收敛速度也受到影响。常用的解决办法是采用“重启动”策略，即将 n 次搜索作为一轮，每一轮之后，取一次最速下降法重新开始共轭梯度法。下面给出适用于一般非二次函数的 F-R 共轭梯度法的迭代步骤。

算法 4.3 (F-R 共轭梯度法)

(1) 选定初始点 $\boldsymbol{x}^{(0)}$，收敛精度 $\varepsilon>0$。

(2) 计算 $\boldsymbol{g}^{(0)}=\nabla f(\boldsymbol{x}^{(0)})$ 并检验是否满足 $\left\|\boldsymbol{g}^{(0)}\right\|\leqslant\varepsilon$，若满足则停止迭代，输出 $\boldsymbol{x}^{(0)}$；否则转步骤 (3)。

(3) 令 $\boldsymbol{d}^{(0)}=-\boldsymbol{g}^{(0)}$，置 $k=0$。

(4) 从 $\boldsymbol{x}^{(k)}$ 出发，沿 $\boldsymbol{d}^{(k)}$ 进行一维搜索，求最优步长 α_k，使

$$f(\boldsymbol{x}^{(k)}+\alpha_k\boldsymbol{d}^{(k)})=\min_{\alpha\geqslant 0}f(\boldsymbol{x}^{(k)}+\alpha\boldsymbol{d}^{(k)})$$

(5) 令 $\boldsymbol{x}^{(k+1)}=\boldsymbol{x}^{(k)}+\alpha_k\boldsymbol{d}^{(k)}$，计算 $\boldsymbol{g}^{(k+1)}=\nabla f(\boldsymbol{x}^{(k+1)})$。

(6) 检验是否满足 $\left\|\boldsymbol{g}^{(k+1)}\right\|\leqslant\varepsilon$，若满足则停止迭代，输出 $\boldsymbol{x}^{(k+1)}$；否则转步骤 (7)。

(7) 检验是否满足 $k+1=n$，若满足则令 $\boldsymbol{x}^{(0)}=\boldsymbol{x}^{(k+1)}$，$\boldsymbol{g}^{(0)}=\boldsymbol{g}^{(k+1)}$，转步骤 (3)；否则转步骤 (8)。

(8) 计算

$$\beta_k=\frac{\left\|\boldsymbol{g}^{(k+1)}\right\|^2}{\left\|\boldsymbol{g}^{(k)}\right\|^2},\qquad \boldsymbol{d}^{(k+1)}=-\boldsymbol{g}^{(k+1)}+\beta_k\boldsymbol{d}^{(k)}$$

令 $k=k+1$，转步骤 (4)。

例 4.2 用 F-R 共轭梯度法解无约束优化问题

$$\min f(x_1,x_2)=x_1^2+2x_2^2-4x_1-2x_1x_2$$

取初始点 $\boldsymbol{x}^{(0)}=(1,1)^{\mathrm{T}}$，精度要求 $\varepsilon<0.01$。

解：(1) 计算初始点 $\boldsymbol{x}^{(0)}$ 处的梯度，检查收敛性

$$\boldsymbol{g}^{(0)}=\nabla f(\boldsymbol{x}^{(0)})=(-4,2)^{\mathrm{T}},\quad \left\|\boldsymbol{g}^{(0)}\right\|=2\sqrt{5}>\varepsilon$$

(2) 取搜索方向 $\boldsymbol{d}^{(0)}=-\boldsymbol{g}^{(0)}=(4,-2)^{\mathrm{T}}$，一维寻优得新的设计点 $\boldsymbol{x}^{(1)}=(2,0.5)^{\mathrm{T}}$。

(3) 计算 $\boldsymbol{x}^{(1)}$ 点梯度，检查收敛性：

$$\boldsymbol{g}^{(1)}=\nabla f(\boldsymbol{x}^{(1)})=(-1,-2)^{\mathrm{T}},\quad \left\|\boldsymbol{g}^{(1)}\right\|=\sqrt{5}>\varepsilon$$

(4) 计算共轭方向：

$$\beta_0=\frac{\left\|\boldsymbol{g}^{(1)}\right\|^2}{\left\|\boldsymbol{g}^{(0)}\right\|^2}=0.25,\quad \boldsymbol{d}^{(1)}=-\boldsymbol{g}^{(1)}+\beta_0\boldsymbol{d}^{(0)}=(2,1.5)^{\mathrm{T}}$$

(5) 解一维优化问题：

$$\min_{\alpha\geqslant 0}\varphi(\alpha)=f(\boldsymbol{x}^{(1)}+\alpha\boldsymbol{d}^{(1)})=2.5\alpha^2-5\alpha-5$$

得 $\alpha_1=1$。

(6) 更新设计：

$$\boldsymbol{x}^{(2)}=\boldsymbol{x}^{(1)}+\alpha_1\boldsymbol{d}^{(1)}=(4,2)^{\mathrm{T}}$$

(7) 计算 $\boldsymbol{x}^{(2)}$ 点梯度，检查收敛性：

$$\boldsymbol{g}^{(2)}=\nabla f(\boldsymbol{x}^{(2)})=(0,0)^{\mathrm{T}},\quad \left\|\boldsymbol{g}^{(2)}\right\|=0<\varepsilon$$

所以，最优点 $\boldsymbol{x}^*=\boldsymbol{x}^{(2)}=(4,2)^{\mathrm{T}}$，相应目标函数 $f(\boldsymbol{x}^*)=-8$。

4.3 牛 顿 法

牛顿法的基本思想是，将目标函数用迭代点处的二阶泰勒展开式近似，并将其极小点作为新的迭代点，然后不断重复这一过程，直至得到满足精度要求的目标函数近似极小点。

设 $f(\boldsymbol{x})$ 是二阶连续可微函数，将其在迭代点 $\boldsymbol{x}^{(k)}$ 处泰勒展开，并取二阶近似，有

$$f(\boldsymbol{x})\approx\varphi(\boldsymbol{x})=f(\boldsymbol{x}^{(k)})+\nabla f(\boldsymbol{x}^{(k)})^{\mathrm{T}}(\boldsymbol{x}-\boldsymbol{x}^{(k)})+\frac{1}{2}(\boldsymbol{x}-\boldsymbol{x}^{(k)})^{\mathrm{T}}\nabla^2 f(\boldsymbol{x}^{(k)})(\boldsymbol{x}-\boldsymbol{x}^{(k)})$$

利用 $\varphi(\boldsymbol{x})$ 的一阶极值条件 $\nabla\varphi(\boldsymbol{x})=\mathbf{0}$，得

$$\nabla f(\boldsymbol{x}^{(k)})+\nabla^2 f(\boldsymbol{x}^{(k)})(\boldsymbol{x}-\boldsymbol{x}^{(k)})=\mathbf{0}\tag{4.3.1}$$

如果黑塞矩阵 $\nabla^2 f(\boldsymbol{x}^{(k)})$ 正定，上式的解 $\overline{\boldsymbol{x}}$ 就是 $\varphi(\boldsymbol{x})$ 的极小点，以此作为 $f(\boldsymbol{x})$ 的极小点的第 $k+1$ 次近似，记为 $\boldsymbol{x}^{(k+1)}$，得迭代公式为

$$\boldsymbol{x}^{(k+1)} = \boldsymbol{x}^{(k)} - [\nabla^2 f(\boldsymbol{x}^{(k)})]^{-1} \nabla f(\boldsymbol{x}^{(k)}) \tag{4.3.2}$$

式 (4.3.2) 称为牛顿迭代公式，其中

$$\boldsymbol{d}^{(k)} = -[\nabla^2 f(\boldsymbol{x}^{(k)})]^{-1} \nabla f(\boldsymbol{x}^{(k)}) \tag{4.3.3}$$

称为牛顿方向。

当 $\nabla^2 f(\boldsymbol{x}^{(k)})$ 正定时，$[\nabla^2 f(\boldsymbol{x}^{(k)})]^{-1}$ 也正定，从而

$$\nabla f(\boldsymbol{x}^{(k)})^{\mathrm{T}} \boldsymbol{d}^{(k)} = -\nabla f(\boldsymbol{x}^{(k)})^{\mathrm{T}} [\nabla^2 f(\boldsymbol{x}^{(k)})]^{-1} \nabla f(\boldsymbol{x}^{(k)}) < 0$$

这说明 $\boldsymbol{d}^{(k)}$ 是 $\boldsymbol{x}^{(k)}$ 处的下降方向。

如果 $f(\boldsymbol{x})$ 是正定二次函数，则用牛顿法，经过一次迭代就可达到最优点。事实上，设

$$f(\boldsymbol{x}) = \frac{1}{2}\boldsymbol{x}^{\mathrm{T}} \boldsymbol{A} \boldsymbol{x} + \boldsymbol{B} \boldsymbol{x} + C$$

则

$$\nabla f(\boldsymbol{x}) = \boldsymbol{A}\boldsymbol{x} + \boldsymbol{B}, \quad \nabla^2 f(\boldsymbol{x}) = \boldsymbol{A}$$

从任一点 $\boldsymbol{x}^{(0)}$ 出发，用牛顿迭代公式 (4.3.2)，得

$$\boldsymbol{x}^{(1)} = \boldsymbol{x}^{(0)} - [\nabla^2 f(\boldsymbol{x}^{(0)})]^{-1} \nabla f(\boldsymbol{x}^{(0)}) = \boldsymbol{x}^{(0)} - \boldsymbol{A}^{-1}(\boldsymbol{A}\boldsymbol{x}^{(0)} + \boldsymbol{B}) = -\boldsymbol{A}^{-1}\boldsymbol{B} = \boldsymbol{x}^*$$

下面给出牛顿法的迭代步骤。

算法 4.4 (牛顿法)

(1) 选定初始点 $\boldsymbol{x}^{(0)}$，收敛精度 $\varepsilon > 0$，置 $k = 0$。

(2) 计算 $\nabla f(\boldsymbol{x}^{(k)})$ 和 $\nabla^2 f(\boldsymbol{x}^{(k)})$。

(3) 检验是否满足 $\left\|\nabla f(\boldsymbol{x}^{(k)})\right\| \leqslant \varepsilon$，若满足则停止迭代，输出 $\boldsymbol{x}^{(k)}$；否则，令

$$\boldsymbol{d}^{(k)} = -[\nabla^2 f(\boldsymbol{x}^{(k)})]^{-1} \nabla f(\boldsymbol{x}^{(k)})$$

(4) 置 $\boldsymbol{x}^{(k+1)} = \boldsymbol{x}^{(k)} + \boldsymbol{d}^{(k)}$，$k = k+1$，转步骤 (2)。

例 4.3 用牛顿法解无约束优化问题

$$\min f(\boldsymbol{x}) = 4x_1^2 + x_2^2 - x_1^2 x_2$$

取初始点 $\boldsymbol{x}^{(0)} = (1, 1)^{\mathrm{T}}$，允许误差 $\varepsilon = 10^{-3}$。

解：目标函数的梯度向量为

$$\nabla f(\boldsymbol{x}) = (8x_1 - 2x_1 x_2, 2x_2 - x_1^2)^{\mathrm{T}}$$

黑塞矩阵为

$$\nabla^2 f(\boldsymbol{x}) = \begin{bmatrix} 8-2x_2 & -2x_1 \\ -2x_1 & 2 \end{bmatrix}$$

在初始点 $\boldsymbol{x}^{(0)} = (1,1)^{\mathrm{T}}$，有

$$\nabla f(\boldsymbol{x}^{(0)}) = (6,1)^{\mathrm{T}}, \quad \left\|\nabla f(\boldsymbol{x}^{(0)})\right\| = \sqrt{37} > \varepsilon$$

$$\nabla^2 f(\boldsymbol{x}^{(0)}) = \begin{bmatrix} 6 & -2 \\ -2 & 2 \end{bmatrix}, \quad [\nabla^2 f(\boldsymbol{x}^{(0)})]^{-1} = \begin{bmatrix} \dfrac{1}{4} & \dfrac{1}{4} \\ \dfrac{1}{4} & \dfrac{3}{4} \end{bmatrix}$$

$$\boldsymbol{d}^{(0)} = -[\nabla^2 f(\boldsymbol{x}^{(0)})]^{-1}\nabla f(\boldsymbol{x}^{(0)}) = (-1.75, -2.25)^{\mathrm{T}}$$

$$\boldsymbol{x}^{(1)} = \boldsymbol{x}^{(0)} + \boldsymbol{d}^{(0)} = (-0.75, -1.25)^{\mathrm{T}}$$

由于

$$\nabla f(\boldsymbol{x}^{(1)}) = (-7.8750, -3.0625)^{\mathrm{T}}, \quad \left\|\nabla f(\boldsymbol{x}^{(1)})\right\| = 8.4495 > \varepsilon$$

需进行下一步迭代。经过 4 次迭代，$\boldsymbol{x}^{(k)}$ 收敛到问题的极小点 $\boldsymbol{x}^* = (0,0)^{\mathrm{T}}$，计算过程见表 4.2。

表 4.2　例 4.3 迭代过程

k	$\boldsymbol{x}^{(k)}$	$f(\boldsymbol{x}^{(k)})$	$\nabla f(\boldsymbol{x}^{(k)})$	$\left\|\nabla f(\boldsymbol{x}^{(k)})\right\|$	$\nabla^2 f(\boldsymbol{x}^{(k)})$	$\boldsymbol{d}^{(k)}$
0	$\begin{pmatrix} 1.0000 \\ 1.0000 \end{pmatrix}$	4.0000	$\begin{pmatrix} 6.0000 \\ 1.0000 \end{pmatrix}$	6.0828	$\begin{bmatrix} 6.0000 & -2.0000 \\ -2.0000 & 2.0000 \end{bmatrix}$	$\begin{pmatrix} -1.7500 \\ -2.2500 \end{pmatrix}$
1	$\begin{pmatrix} -0.7500 \\ -1.2500 \end{pmatrix}$	4.5156	$\begin{pmatrix} -7.8750 \\ -3.0625 \end{pmatrix}$	8.4495	$\begin{bmatrix} 10.5000 & 1.5000 \\ 1.5000 & 2.0000 \end{bmatrix}$	$\begin{pmatrix} 0.5950 \\ 1.0850 \end{pmatrix}$
2	$\begin{pmatrix} -0.1550 \\ -0.1650 \end{pmatrix}$	0.1273	$\begin{pmatrix} -1.2911 \\ -0.3540 \end{pmatrix}$	1.3388	$\begin{bmatrix} 8.3300 & 0.3100 \\ 0.3100 & 2.0000 \end{bmatrix}$	$\begin{pmatrix} 0.1493 \\ 0.1539 \end{pmatrix}$
3	$\begin{pmatrix} -0.0057 \\ -0.0111 \end{pmatrix}$	0.0003	$\begin{pmatrix} -0.0459 \\ -0.0223 \end{pmatrix}$	0.0511	$\begin{bmatrix} 8.0222 & 0.0115 \\ 0.0115 & 2.0000 \end{bmatrix}$	$\begin{pmatrix} 0.0057 \\ 0.0111 \end{pmatrix}$
4	$\begin{pmatrix} -0.0000 \\ -0.0000 \end{pmatrix}$	0.0000	$\begin{pmatrix} -0.0001 \\ -0.0000 \end{pmatrix}$	0.0001		

牛顿法的一个突出优点是收敛速度快。如前所述，当目标函数是正定二次函数时，牛顿法可以一步达到极值点。对于一般非二次函数 $f(\boldsymbol{x})$，由于函数在极值点附近和二次函数很近似，因此牛顿法的收敛速度还是很快的。可以证明，在适当的条件下，如果初始点充分靠近极小点，牛顿法二阶收敛。但是，需要注意的是，在牛顿法中，$\boldsymbol{x}^{(k+1)}$ 实际上是从 $\boldsymbol{x}^{(k)}$ 出发沿牛顿方向 $\boldsymbol{d}^{(k)}$ 以步长 1 获得的，这就可能出现 $f(\boldsymbol{x}^{(k+1)}) > f(\boldsymbol{x}^{(k)})$ 的现象，有时甚至会导致迭代不收敛。基于这些原因，对古典的牛顿法要做些修改，修改的方法是由 $\boldsymbol{x}^{(k)}$ 求 $\boldsymbol{x}^{(k+1)}$ 时，不是直接利用式 (4.3.2) 进行迭代，而是沿着 $\boldsymbol{x}^{(k)}$ 处的牛顿方向 $\boldsymbol{d}^{(k)}$ 进行一维搜索，将这条直线上的最优点作为 $\boldsymbol{x}^{(k+1)}$。这种方法通常称为阻尼牛顿法。

算法 4.5 (阻尼牛顿法)

(1) 选定初始点 $\boldsymbol{x}^{(0)}$，收敛精度 $\varepsilon > 0$，置 $k = 0$。

(2) 计算 $\nabla f(\boldsymbol{x}^{(k)})$ 和 $\nabla^2 f(\boldsymbol{x}^{(k)})$。

(3) 检验是否满足 $\|\nabla f(\boldsymbol{x}^{(k)})\| \leqslant \varepsilon$，若满足则停止迭代，输出 $\boldsymbol{x}^{(k)}$；否则，令

$$\boldsymbol{d}^{(k)} = -[\nabla^2 f(\boldsymbol{x}^{(k)})]^{-1} \nabla f(\boldsymbol{x}^{(k)})$$

(4) 从 $\boldsymbol{x}^{(k)}$ 出发，沿 $\boldsymbol{d}^{(k)}$ 进行一维搜索，求最优步长 α_k，使

$$f(\boldsymbol{x}^{(k)} + \alpha_k \boldsymbol{d}^{(k)}) = \min_{\alpha \geqslant 0} f(\boldsymbol{x}^{(k)} + \alpha \boldsymbol{d}^{(k)})$$

(5) 置 $\boldsymbol{x}^{(k+1)} = \boldsymbol{x}^{(k)} + \alpha_k \boldsymbol{d}^{(k)}$，$k = k + 1$，转步骤 (2)。

例 4.4 用阻尼牛顿法解无约束优化问题

$$\min f(\boldsymbol{x}) = (1 - x_1)^2 + 2(x_2 - x_1^2)^2$$

取初始点 $\boldsymbol{x}^{(0)} = (0, 0)^{\mathrm{T}}$，允许误差 $\varepsilon = 10^{-3}$。

解：目标函数的梯度向量为

$$\nabla f(\boldsymbol{x}) = \begin{pmatrix} 8x_1^3 - 8x_1 x_2 + 2x_1 - 2 \\ 4(x_2 - x_1^2) \end{pmatrix}$$

黑塞矩阵为

$$\nabla^2 f(\boldsymbol{x}) = \begin{bmatrix} 24x_1^2 - 8x_2 + 2 & -8x_1 \\ -8x_1 & 4 \end{bmatrix}$$

在初始点 $\boldsymbol{x}^{(0)} = (0, 0)^{\mathrm{T}}$，有

$$\nabla f(\boldsymbol{x}^{(0)}) = (-2, 0)^{\mathrm{T}}, \quad \|\nabla f(\boldsymbol{x}^{(0)})\| = 2 > \varepsilon$$

$$\nabla^2 f(\boldsymbol{x}^{(0)}) = \begin{bmatrix} 2 & 0 \\ 0 & 4 \end{bmatrix}, \quad [\nabla^2 f(\boldsymbol{x}^{(0)})]^{-1} = \begin{bmatrix} \dfrac{1}{2} & 0 \\ 0 & \dfrac{1}{4} \end{bmatrix}$$

$$\boldsymbol{d}^{(0)} = -[\nabla^2 f(\boldsymbol{x}^{(0)})]^{-1} \nabla f(\boldsymbol{x}^{(0)}) = (1, 0)^{\mathrm{T}}$$

从 $\boldsymbol{x}^{(0)}$ 出发，沿 $\boldsymbol{d}^{(0)}$ 方向作一维搜索，即求解

$$\min_{\alpha \geqslant 0} f(\boldsymbol{x}^{(0)} + \alpha \boldsymbol{d}^{(0)}) = (1 - \alpha)^2 + 2\alpha^4$$

得 $\alpha_0 = \dfrac{1}{2}$，置

$$\boldsymbol{x}^{(1)} = \boldsymbol{x}^{(0)} + \alpha_0 \boldsymbol{d}^{(0)} = \left(\frac{1}{2}, 0\right)^{\mathrm{T}}$$

由于

$$\nabla f(\boldsymbol{x}^{(1)}) = (0,-1)^{\mathrm{T}}, \quad \left\|\nabla f(\boldsymbol{x}^{(0)})\right\| = 1 > \varepsilon$$

需继续迭代，$k=1$，有

$$\nabla^2 f(\boldsymbol{x}^{(1)}) = \begin{bmatrix} 8 & -4 \\ -4 & 4 \end{bmatrix}, \quad [\nabla^2 f(\boldsymbol{x}^{(1)})]^{-1} = \begin{bmatrix} \frac{1}{4} & \frac{1}{4} \\ \frac{1}{4} & \frac{1}{2} \end{bmatrix}$$

$$\boldsymbol{d}^{(1)} = -[\nabla^2 f(\boldsymbol{x}^{(1)})]^{-1}\nabla f(\boldsymbol{x}^{(1)}) = \left(\frac{1}{4},\frac{1}{2}\right)^{\mathrm{T}}$$

从 $\boldsymbol{x}^{(1)}$ 出发，沿 $\boldsymbol{d}^{(1)}$ 方向作一维搜索，即求解

$$\min_{\alpha\geqslant 0} f(\boldsymbol{x}^{(1)}+\alpha\boldsymbol{d}^{(1)}) = \frac{1}{128}[8(2-\alpha)^2+(2-\alpha)^4]$$

得 $\alpha_1=2$，置

$$\boldsymbol{x}^{(2)} = \boldsymbol{x}^{(1)} + \alpha_1\boldsymbol{d}^{(1)} = (1,1)^{\mathrm{T}}$$

由于

$$\nabla f(\boldsymbol{x}^{(2)}) = (0,0)^{\mathrm{T}}, \quad \left\|\nabla f(\boldsymbol{x}^{(0)})\right\| = 0 < \varepsilon$$

因此，最优解为 $\boldsymbol{x}^* = \boldsymbol{x}^{(2)} = (1,1)^{\mathrm{T}}$。

由于阻尼牛顿法含有一维搜索，因此每次迭代目标函数值一般有所下降 (决不会上升)。可以证明，阻尼牛顿法在适当的条件下具有全局收敛性，且为二阶收敛。但阻尼牛顿法与牛顿法具有共同的缺点。一是可能出现黑塞矩阵奇异的情形，因此无法确定牛顿方向；二是即使黑塞矩阵非奇异，也未必正定，因而牛顿方向不一定是下降方向。这些都可能导致算法失效。解决上述问题的一个简单的做法是改用负梯度方向为搜索方向，但频繁穿插使用最速下降法会降低算法整体的效率。为解决黑塞矩阵 $\nabla^2 f(\boldsymbol{x}^{(k)})$ 非正定问题，更多的是对 $\nabla^2 f(\boldsymbol{x}^{(k)})$ 进行修正，构造一个对称正定矩阵 $\boldsymbol{G}^{(k)}$ 来取代 $\nabla^2 f(\boldsymbol{x}^{(k)})$，从而得到下降方向

$$\boldsymbol{d}^{(k)} = -(\boldsymbol{G}^{(k)})^{-1}\nabla f(\boldsymbol{x}^{(k)}) \tag{4.3.4}$$

再沿此方向进行一维搜索。这类方法称为修正牛顿法。

构造 $\boldsymbol{G}^{(k)}$ 的方法之一是令

$$\boldsymbol{G}^{(k)} = \nabla^2 f(\boldsymbol{x}^{(k)}) + \varepsilon_k\boldsymbol{I} \tag{4.3.5}$$

其中，$\boldsymbol{I}$ 是 n 阶单位矩阵，ε_k 是一个适当的正数。根据 $\boldsymbol{G}^{(k)}$ 的定义，只要 ε_k 选择得合适，$\boldsymbol{G}^{(k)}$ 就是对称正定矩阵。事实上，如果 λ_k 是 $\nabla^2 f(x^{(k)})$ 的特征值，那么 $\lambda_k+\varepsilon_k$ 就是 $\boldsymbol{G}^{(k)}$ 的特征值，只要 $\varepsilon_k>0$ 取得足够大，便可使 $\boldsymbol{G}^{(k)}$ 的特征值均为正数，从而保证了 $\boldsymbol{G}^{(k)}$ 的正定性。

4.4 拟 牛 顿 法

前面介绍了牛顿法，它的突出优点是收敛很快。但是，运用牛顿法需要计算二阶偏导数，而且目标函数的黑塞矩阵可能非正定。为了克服牛顿法的缺点，人们提出了拟牛顿法(又称变尺度法)，经理论证明和实践检验，拟牛顿法已经成为一类公认的比较有效的算法。

4.4.1 拟牛顿条件

拟牛顿法的基本思想是用不包含二阶导数的矩阵去近似牛顿法中的黑塞矩阵的逆矩阵。下面分析如何构造近似矩阵 $\boldsymbol{H}^{(k)}$ 并用它取代牛顿法中的黑塞矩阵的逆 $[\nabla^2 f(\boldsymbol{x}^{(k)})]^{-1}$。

设在第 k 次迭代后得到点 $\boldsymbol{x}^{(k+1)}$，将目标函数 $f(\boldsymbol{x})$ 在点 $\boldsymbol{x}^{(k+1)}$ 用二阶泰勒展开式近似，有

$$f(\boldsymbol{x}) \approx f(\boldsymbol{x}^{(k+1)}) + \nabla f(\boldsymbol{x}^{(k+1)})^{\mathrm{T}}(\boldsymbol{x}-\boldsymbol{x}^{(k+1)}) + \frac{1}{2}(\boldsymbol{x}-\boldsymbol{x}^{(k+1)})^{\mathrm{T}}\nabla^2 f(\boldsymbol{x}^{(k+1)})(\boldsymbol{x}-\boldsymbol{x}^{(k+1)})$$

两边求导，得

$$\nabla f(\boldsymbol{x}) \approx \nabla f(\boldsymbol{x}^{(k+1)}) + \nabla^2 f(\boldsymbol{x}^{(k+1)})(\boldsymbol{x}-\boldsymbol{x}^{(k+1)}) \tag{4.4.1}$$

令 $\boldsymbol{x}=\boldsymbol{x}^{(k)}$，可得

$$\nabla f(\boldsymbol{x}^{(k+1)}) - \nabla f(\boldsymbol{x}^{(k)}) \approx \nabla^2 f(\boldsymbol{x}^{(k+1)})(\boldsymbol{x}^{(k+1)}-\boldsymbol{x}^{(k)}) \tag{4.4.2}$$

为方便起见，记

$$\boldsymbol{g}^{(k)} = \nabla f(\boldsymbol{x}^{(k)}), \quad \Delta\boldsymbol{g}^{(k)} = \boldsymbol{g}^{(k+1)} - \boldsymbol{g}^{(k)}, \quad \Delta\boldsymbol{x}^{(k)} = \boldsymbol{x}^{(k+1)} - \boldsymbol{x}^{(k)}$$

则式 (4.4.2) 可写为

$$\Delta\boldsymbol{g}^{(k)} \approx \nabla^2 f(\boldsymbol{x}^{(k+1)})\Delta\boldsymbol{x}^{(k)} \tag{4.4.3}$$

如果黑塞矩阵 $\nabla^2 f(\boldsymbol{x}^{(k+1)})$ 可逆，则

$$\Delta\boldsymbol{x}^{(k)} \approx \nabla^2 f(\boldsymbol{x}^{(k+1)})^{-1}\Delta\boldsymbol{g}^{(k)} \tag{4.4.4}$$

式 (4.4.4) 对于具有正定黑塞矩阵的目标函数均成立，对于二次函数精确成立。因为具有正定黑塞矩阵的函数在极小点附近可用二次函数很好地近似，所以如果迫使 $\boldsymbol{H}^{(k+1)}$ 满足类似于式 (4.4.4) 的关系式，即

$$\Delta\boldsymbol{x}^{(k)} = \boldsymbol{H}^{(k+1)}\Delta\boldsymbol{g}^{(k)} \tag{4.4.5}$$

那么，$\boldsymbol{H}^{(k+1)}$ 就很好地近似了 $\nabla^2 f(\boldsymbol{x}^{(k+1)})^{-1}$。

通常把关系式 (4.4.5) 称为拟牛顿条件或拟牛顿方程。满足式 (4.4.5) 的 $\boldsymbol{H}^{(k+1)}$ 可以有无穷多个，因此，拟牛顿法是一族算法。在具体构造 $\boldsymbol{H}^{(k+1)}$ 时通常要求它是对称正定矩阵，以保证搜索方向 $\boldsymbol{d}^{(k+1)} = -\boldsymbol{H}^{(k+1)}\boldsymbol{g}^{(k+1)}$ 是下降方向；同时，$\boldsymbol{H}^{(k+1)}$ 可以由 $\boldsymbol{H}^{(k)}$ 经简单修正得到，即

$$\boldsymbol{H}^{(k+1)} = \boldsymbol{H}^{(k)} + \Delta\boldsymbol{H}^{(k)} \tag{4.4.6}$$

式中，$\Delta\boldsymbol{H}^{(k)}$ 称为校正矩阵。

4.4.2　DFP 算法

DFP 算法是第一个拟牛顿算法，由 Davidon 于 1959 年首先提出，后来又经过 Fletcher 和 Powell 的改进，故称为 DFP 算法。在这种方法中，定义校正矩阵为

$$\Delta \boldsymbol{H}^{(k)} = \alpha \boldsymbol{u}\boldsymbol{u}^{\mathrm{T}} + \beta \boldsymbol{v}\boldsymbol{v}^{\mathrm{T}} \tag{4.4.7}$$

其中，$\boldsymbol{u}$、$\boldsymbol{v}$ 为 n 维待定向量，α、β 为待定实数。于是

$$\boldsymbol{H}^{(k+1)} = \boldsymbol{H}^{(k)} + \alpha \boldsymbol{u}\boldsymbol{u}^{\mathrm{T}} + \beta \boldsymbol{v}\boldsymbol{v}^{\mathrm{T}} \tag{4.4.8}$$

代入拟牛顿方程式 (4.4.5) 可得

$$\Delta \boldsymbol{x}^{(k)} = \boldsymbol{H}^{(k)}\Delta \boldsymbol{g}^{(k)} + \alpha \boldsymbol{u}\boldsymbol{u}^{\mathrm{T}}\Delta \boldsymbol{g}^{(k)} + \beta \boldsymbol{v}\boldsymbol{v}^{\mathrm{T}}\Delta \boldsymbol{g}^{(k)}$$

满足上式的 $\boldsymbol{u}$、$\boldsymbol{v}$ 和α、β 可以有无穷多种组合，一个明显的选择是取

$$\boldsymbol{u} = \Delta \boldsymbol{x}^{(k)}, \quad \boldsymbol{v} = \boldsymbol{H}^{(k)}\Delta \boldsymbol{g}^{(k)}, \quad \alpha \boldsymbol{u}^{\mathrm{T}}\Delta \boldsymbol{g}^{(k)} = 1, \quad \beta \boldsymbol{v}^{\mathrm{T}}\Delta \boldsymbol{g}^{(k)} = -1$$

于是

$$\alpha = \frac{1}{\boldsymbol{u}^{\mathrm{T}}\Delta \boldsymbol{g}^{(k)}} = \frac{1}{(\Delta \boldsymbol{x}^{(k)})^{\mathrm{T}}\Delta \boldsymbol{g}^{(k)}}, \quad \beta = -\frac{1}{\boldsymbol{v}^{\mathrm{T}}\Delta \boldsymbol{g}^{(k)}} = -\frac{1}{(\Delta \boldsymbol{g}^{(k)})^{\mathrm{T}}\boldsymbol{H}^{(k)}\Delta \boldsymbol{g}^{(k)}}$$

代入式 (4.4.8) 得

$$\boldsymbol{H}^{(k+1)} = \boldsymbol{H}^{(k)} + \frac{\Delta \boldsymbol{x}^{(k)}(\Delta \boldsymbol{x}^{(k)})^{\mathrm{T}}}{(\Delta \boldsymbol{x}^{(k)})^{\mathrm{T}}\Delta \boldsymbol{g}^{(k)}} - \frac{\boldsymbol{H}^{(k)}\Delta \boldsymbol{g}^{(k)}(\Delta \boldsymbol{g}^{(k)})^{\mathrm{T}}\boldsymbol{H}^{(k)}}{(\Delta \boldsymbol{g}^{(k)})^{\mathrm{T}}\boldsymbol{H}^{(k)}\Delta \boldsymbol{g}^{(k)}} \tag{4.4.9}$$

式 (4.4.9) 称为 DFP 公式。可以证明，只要 $\boldsymbol{H}^{(k)}$ 是正定的，由 DFP 公式构造的 $\boldsymbol{H}^{(k+1)}$ 也是正定的。下面给出 DFP 算法的迭代步骤。

算法 4.6 (DFP 算法)

---

(1) 选定初始点 $\boldsymbol{x}^{(0)}$，收敛精度 $\varepsilon > 0$。

(2) 计算 $\boldsymbol{g}^{(0)} = \nabla f(\boldsymbol{x}^{(0)})$ 并检验是否满足 $\left\|\boldsymbol{g}^{(0)}\right\| \leqslant \varepsilon$，若满足则停止迭代，输出 $\boldsymbol{x}^{(0)}$；否则转步骤 (3)。

(3) 置 $\boldsymbol{H}^{(0)} = \boldsymbol{I}$(单位矩阵)，$k = 0$。

(4) 令 $\boldsymbol{d}^{(k)} = -\boldsymbol{H}^{(k)}\boldsymbol{g}^{(k)}$，从 $\boldsymbol{x}^{(k)}$ 出发，沿 $\boldsymbol{d}^{(k)}$ 进行一维搜索，求最优步长 α_k，使

$$f(\boldsymbol{x}^{(k)} + \alpha_k \boldsymbol{d}^{(k)}) = \min_{\alpha \geqslant 0} f(\boldsymbol{x}^{(k)} + \alpha \boldsymbol{d}^{(k)})$$

(5) 置 $\boldsymbol{x}^{(k+1)} = \boldsymbol{x}^{(k)} + \alpha_k \boldsymbol{d}^{(k)}$，计算 $\boldsymbol{g}^{(k+1)} = \nabla f(\boldsymbol{x}^{(k+1)})$。

(6) 检验是否满足 $\left\|\boldsymbol{g}^{(k+1)}\right\| \leqslant \varepsilon$，若满足则停止迭代，输出 $\boldsymbol{x}^{(k+1)}$；否则，转步骤 (7)。

(7) 检验是否满足 $k+1 = n$，若满足则令 $\boldsymbol{x}^{(0)} = \boldsymbol{x}^{(k+1)}$，$\boldsymbol{g}^{(0)} = \boldsymbol{g}^{(k+1)}$，转步骤 (3)；否则转步骤 (8)。

(8) 令 $\Delta \boldsymbol{g}^{(k)}=\boldsymbol{g}^{(k+1)}-\boldsymbol{g}^{(k)}$，$\Delta \boldsymbol{x}^{(k)}=\boldsymbol{x}^{(k+1)}-\boldsymbol{x}^{(k)}$，按式 (4.4.9) 计算 $\boldsymbol{H}^{(k+1)}$。令 $k=k+1$，转步骤 (4)。

在上述 DFP 算法中，初始矩阵 $\boldsymbol{H}^{(0)}$ 是正定对称的，且一维搜索是精确的，若 $\boldsymbol{g}^{(k)}=\nabla f(\boldsymbol{x}^{(k)})\neq \mathbf{0}$，则算法产生的搜索方向 $\boldsymbol{d}^{(k)}$ 是下降方向。当目标函数是正定二次函数 $f(\boldsymbol{x})=\dfrac{1}{2}\boldsymbol{x}^{\mathrm{T}}\boldsymbol{A}\boldsymbol{x}+\boldsymbol{B}\boldsymbol{x}+C$ 时，DFP 算法产生的一系列搜索方向 $\boldsymbol{d}^{(0)},\boldsymbol{d}^{(1)},\cdots,\boldsymbol{d}^{(k)}$ 是 $\boldsymbol{A}$-共轭的，因而算法具有二次终止性。但当目标函数是一般非二次函数时，算法不再具有上述性质，故这里类似于共轭梯度法采用了 n 步重开始策略。

例 4.5 用 DFP 算法求解下列问题

$$\min\ f(\boldsymbol{x})=\frac{3}{2}x_1^2+\frac{1}{2}x_2^2-x_1x_2-2x_1$$

取初始点 $\boldsymbol{x}^{(0)}=(0,0)^{\mathrm{T}}$，$\varepsilon=10^{-3}$。

解：目标函数的梯度和黑塞矩阵为

$$\nabla f(\boldsymbol{x})=(3x_1-x_2-2,\ x_2-x_1)^{\mathrm{T}},\quad \nabla^2 f(\boldsymbol{x})=\begin{bmatrix}3 & -1\\ -1 & 1\end{bmatrix}=\boldsymbol{A}$$

在点 $\boldsymbol{x}^{(0)}-(0,0)^{\mathrm{T}}$ 有

$$\boldsymbol{g}^{(0)}=\nabla f(\boldsymbol{x}^{(0)})=(-2,0)^{\mathrm{T}},\quad \|\boldsymbol{g}^{(0)}\|=2>\varepsilon$$

第一次迭代 $(k=0)$，取 $\boldsymbol{H}^{(0)}=\boldsymbol{I}$，有

$$\boldsymbol{d}^{(0)}=-\boldsymbol{H}^{(0)}\boldsymbol{g}^{(0)}=-\boldsymbol{g}^{(0)}=(2,0)^{\mathrm{T}}$$

由于本例目标函数是正定二次函数，最优步长可按式 (4.2.7) 计算，故

$$\alpha_0=-\frac{\nabla f(\boldsymbol{x}^{(0)})^{\mathrm{T}}\boldsymbol{d}^{(0)}}{(\boldsymbol{d}^{(0)})^{\mathrm{T}}\boldsymbol{A}\boldsymbol{d}^{(0)}}=\frac{1}{3}$$

修改设计，置

$$\boldsymbol{x}^{(1)}=\boldsymbol{x}^{(0)}+\alpha_0\boldsymbol{d}^{(0)}=\left(\frac{2}{3},0\right)^{\mathrm{T}}$$

有

$$\boldsymbol{g}^{(1)}=\nabla f(\boldsymbol{x}^{(1)})=\left(0,-\frac{2}{3}\right)^{\mathrm{T}},\quad \|\boldsymbol{g}^{(1)}\|=\frac{2}{3}>\varepsilon$$

第二次迭代 $(k=1)$，

$$\Delta\boldsymbol{g}^{(0)}=\boldsymbol{g}^{(1)}-\boldsymbol{g}^{(0)}=\left(2,-\frac{2}{3}\right)^{\mathrm{T}},\quad \Delta\boldsymbol{x}^{(0)}=\boldsymbol{x}^{(1)}-\boldsymbol{x}^{(0)}=\left(\frac{2}{3},0\right)^{\mathrm{T}}$$

$$
\boldsymbol{H}^{(1)} = \boldsymbol{H}^{(0)} + \frac{\Delta \boldsymbol{x}^{(0)}(\Delta \boldsymbol{x}^{(0)})^{\mathrm{T}}}{(\Delta \boldsymbol{x}^{(0)})^{\mathrm{T}}\Delta \boldsymbol{g}^{(0)}} - \frac{\boldsymbol{H}^{(0)}\Delta \boldsymbol{g}^{(0)}(\Delta \boldsymbol{g}^{(0)})^{\mathrm{T}}\boldsymbol{H}^{(0)}}{(\Delta \boldsymbol{g}^{(0)})^{\mathrm{T}}\boldsymbol{H}^{(0)}\Delta \boldsymbol{g}^{(0)}} = \begin{bmatrix} \dfrac{13}{30} & \dfrac{3}{10} \\ \dfrac{3}{10} & \dfrac{9}{10} \end{bmatrix}
$$

$$
\boldsymbol{d}^{(1)} = -\boldsymbol{H}^{(1)}\boldsymbol{g}^{(1)} = \left(\frac{1}{5}, \frac{3}{5}\right)^{\mathrm{T}}
$$

最优步长

$$
\alpha_1 = -\frac{\nabla f(\boldsymbol{x}^{(1)})^{\mathrm{T}}\boldsymbol{d}^{(1)}}{(\boldsymbol{d}^{(1)})^{\mathrm{T}}\boldsymbol{A}\boldsymbol{d}^{(1)}} = \frac{5}{3}
$$

置

$$
\boldsymbol{x}^{(2)} = \boldsymbol{x}^{(1)} + \alpha_1 \boldsymbol{d}^{(1)} = (1,1)^{\mathrm{T}}
$$

有

$$
\boldsymbol{g}^{(2)} = \nabla f(\boldsymbol{x}^{(2)}) = (0,0)^{\mathrm{T}}, \quad \left\|\boldsymbol{g}^{(2)}\right\| = 0 < \varepsilon
$$

所以最优解为 $\boldsymbol{x}^* = \boldsymbol{x}^{(2)} = (1,1)^{\mathrm{T}}$。

4.4.3 BFGS 算法

前面的 DFP 公式是利用拟牛顿条件 (4.4.5) 导出的。实际上，还可以构造黑塞矩阵的近似 $\boldsymbol{B}^{(k)}$，由式 (4.4.3) 给出另一种形式的拟牛顿条件，即

$$
\Delta \boldsymbol{g}^{(k)} = \boldsymbol{B}^{(k+1)}\Delta \boldsymbol{x}^{(k)} \tag{4.4.10}
$$

对比式 (4.4.10) 与式 (4.4.5) 可知，只要在式 (4.4.5) 中将 $\boldsymbol{H}^{(k+1)}$ 替换为 $\boldsymbol{B}^{(k+1)}$，同时交换 $\Delta \boldsymbol{g}^{(k)}$ 与 $\Delta \boldsymbol{x}^{(k)}$ 即得式 (4.4.10)。因此，可以通过类比的方法给出 $\boldsymbol{B}^{(k+1)}$ 的计算式

$$
\boldsymbol{B}^{(k+1)} = \boldsymbol{B}^{(k)} + \frac{\Delta \boldsymbol{g}^{(k)}(\Delta \boldsymbol{g}^{(k)})^{\mathrm{T}}}{(\Delta \boldsymbol{g}^{(k)})^{\mathrm{T}}\Delta \boldsymbol{x}^{(k)}} - \frac{\boldsymbol{B}^{(k)}\Delta \boldsymbol{x}^{(k)}(\Delta \boldsymbol{x}^{(k)})^{\mathrm{T}}\boldsymbol{B}^{(k)}}{(\Delta \boldsymbol{x}^{(k)})^{\mathrm{T}}\boldsymbol{B}^{(k)}\Delta \boldsymbol{x}^{(k)}} \tag{4.4.11}
$$

式 (4.4.11) 称为 BFGS 校正公式，是 Broyden，Fletcher，Goldfarb 和 Shanno 于 1970 年提出来的，相应的算法称为 BFGS 算法。下面给出具体步骤。

算法 4.7 (BFGS 算法)

---

(1) 选定初始点 $\boldsymbol{x}^{(0)}$，收敛精度 $\varepsilon > 0$。

(2) 计算 $\boldsymbol{g}^{(0)} = \nabla f(\boldsymbol{x}^{(0)})$ 并检验是否满足 $\left\|\boldsymbol{g}^{(0)}\right\| \leqslant \varepsilon$，若满足则停止迭代，输出 $\boldsymbol{x}^{(0)}$；否则转步骤 (3)。

(3) 置 $\boldsymbol{B}^{(0)} = \boldsymbol{I}$(单位矩阵)，$k = 0$。

(4) 解下列方程组

$$
\boldsymbol{B}^{(k)}\boldsymbol{d}^{(k)} = -\boldsymbol{g}^{(k)}
$$

得搜索方向 $\boldsymbol{d}^{(k)}$。

(5) 从 $\boldsymbol{x}^{(k)}$ 出发，沿 $\boldsymbol{d}^{(k)}$ 进行一维搜索，求最优步长 α_k，使

$$
f(\boldsymbol{x}^{(k)} + \alpha_k \boldsymbol{d}^{(k)}) = \min_{\alpha \geqslant 0} f(\boldsymbol{x}^{(k)} + \alpha \boldsymbol{d}^{(k)})
$$

(6) 置 $\boldsymbol{x}^{(k+1)}=\boldsymbol{x}^{(k)}+\alpha_k\boldsymbol{d}^{(k)}$，计算 $\boldsymbol{g}^{(k+1)}=\nabla f(\boldsymbol{x}^{(k+1)})$。

(7) 检验是否满足 $\left\|\boldsymbol{g}^{(k+1)}\right\|\leqslant\varepsilon$，若满足则停止迭代，输出 $\boldsymbol{x}^{(k+1)}$；否则，转步骤 (8)。

(8) 检验是否满足 $k+1=n$，若满足则令 $\boldsymbol{x}^{(0)}=\boldsymbol{x}^{(k+1)}$，$\boldsymbol{g}^{(0)}=\boldsymbol{g}^{(k+1)}$，转步骤 (3)；否则转步骤 (9)。

(9) 令 $\Delta\boldsymbol{g}^{(k)}=\boldsymbol{g}^{(k+1)}-\boldsymbol{g}^{(k)}$，$\Delta\boldsymbol{x}^{(k)}=\boldsymbol{x}^{(k+1)}-\boldsymbol{x}^{(k)}$，计算

$$\boldsymbol{B}^{(k+1)}=\boldsymbol{B}^{(k)}+\frac{\Delta\boldsymbol{g}^{(k)}(\Delta\boldsymbol{g}^{(k)})^{\mathrm{T}}}{(\Delta\boldsymbol{g}^{(k)})^{\mathrm{T}}\Delta\boldsymbol{x}^{(k)}}-\frac{\boldsymbol{B}^{(k)}\Delta\boldsymbol{x}^{(k)}(\Delta\boldsymbol{x}^{(k)})^{\mathrm{T}}\boldsymbol{B}^{(k)}}{(\Delta\boldsymbol{x}^{(k)})^{\mathrm{T}}\boldsymbol{B}^{(k)}\Delta\boldsymbol{x}^{(k)}}$$

令 $k=k+1$，转步骤 (4)。

例 4.6 用 BFGS 算法求解例 4.5。

解: 第 1 次迭代 ($k=0$)，取 $\boldsymbol{B}^{(0)}=\boldsymbol{I}$，有

$$\boldsymbol{d}^{(0)}=-\left(\boldsymbol{B}^{(0)}\right)^{-1}\boldsymbol{g}^{(0)}=-\boldsymbol{g}^{(0)}=(2,0)^{\mathrm{T}}$$

$$\alpha_0=-\frac{\nabla f(x^{(0)})^{\mathrm{T}}\boldsymbol{d}^{(0)}}{(\boldsymbol{d}^{(0)})^{\mathrm{T}}\boldsymbol{A}\boldsymbol{d}^{(0)}}=\frac{1}{3}$$

$$\boldsymbol{x}^{(1)}=\boldsymbol{x}^{(0)}+\alpha_0\boldsymbol{d}^{(0)}=\left(\frac{2}{3},0\right)^{\mathrm{T}}$$

$$\boldsymbol{g}^{(1)}=\nabla f(\boldsymbol{x}^{(1)})=\left(0,-\frac{2}{3}\right)^{\mathrm{T}},\quad \left\|\boldsymbol{g}^{(1)}\right\|=\frac{2}{3}>\varepsilon$$

第 2 次迭代 ($k=1$)，

$$\Delta\boldsymbol{g}^{(0)}=\boldsymbol{g}^{(1)}-\boldsymbol{g}^{(0)}=\left(2,-\frac{2}{3}\right)^{\mathrm{T}},\quad \Delta\boldsymbol{x}^{(0)}=\boldsymbol{x}^{(1)}-\boldsymbol{x}^{(0)}=\left(\frac{2}{3},0\right)^{\mathrm{T}}$$

$$\boldsymbol{B}^{(1)}=\boldsymbol{B}^{(0)}+\frac{\Delta\boldsymbol{g}^{(0)}(\Delta\boldsymbol{g}^{(0)})^{\mathrm{T}}}{(\Delta\boldsymbol{g}^{(0)})^{\mathrm{T}}\Delta\boldsymbol{x}^{(0)}}-\frac{\boldsymbol{B}^{(0)}\Delta\boldsymbol{x}^{(0)}(\Delta\boldsymbol{x}^{(0)})^{\mathrm{T}}\boldsymbol{B}^{(0)}}{(\Delta\boldsymbol{x}^{(0)})^{\mathrm{T}}\boldsymbol{B}^{(0)}\Delta\boldsymbol{x}^{(0)}}=\begin{bmatrix}3 & -1\\ -1 & \frac{4}{3}\end{bmatrix}$$

解方程 $\boldsymbol{B}^{(1)}\boldsymbol{d}^{(1)}=-\boldsymbol{g}^{(1)}$，即

$$\begin{bmatrix}3 & -1\\ -1 & \frac{4}{3}\end{bmatrix}\begin{pmatrix}d_1\\ d_2\end{pmatrix}=\begin{pmatrix}0\\ \frac{2}{3}\end{pmatrix}$$

得

$$\boldsymbol{d}^{(1)}=(d_1,d_2)^{\mathrm{T}}=\left(\frac{2}{9},\frac{2}{3}\right)^{\mathrm{T}}$$

最优步长

$$\alpha_1=-\frac{\nabla f(\boldsymbol{x}^{(1)})^{\mathrm{T}}\boldsymbol{d}^{(1)}}{(\boldsymbol{d}^{(1)})^{\mathrm{T}}\boldsymbol{A}\boldsymbol{d}^{(1)}}=\frac{3}{2}$$

置

$$\boldsymbol{x}^{(2)}=\boldsymbol{x}^{(1)}+\alpha_1\boldsymbol{d}^{(1)}=(1,1)^{\mathrm{T}}$$

有

$$\boldsymbol{g}^{(2)}=\nabla f(\boldsymbol{x}^{(2)})=(0,0)^{\mathrm{T}},\quad \left\|\boldsymbol{g}^{(2)}\right\|=0<\varepsilon$$

所以最优解为 $x^*=x^{(2)}=(1,1)^{\mathrm{T}}$。

前面介绍了 DFP 算法和 BFGS 算法。对于正定二次函数，两种算法具有相同的效果。但对于一般可微函数两者效果并不相同。一般认为，BFGS 算法在收敛性质和数值计算方面均优于 DFP 算法。不过，在计算过程中，DFP 算法不必求解线性方程组，这一点又优于 BFGS 算法。为了避免在使用 BFGS 算法时求解线性方程组，需要先写出由 $(\boldsymbol{B}^{(k)})^{-1}$ 到 $(\boldsymbol{B}^{(k+1)})^{-1}$ 的校正公式。记 $\boldsymbol{H}_{\mathrm{BFGS}}^{(k)}=(\boldsymbol{B}^{(k)})^{-1}$，$\boldsymbol{H}_{\mathrm{BFGS}}^{(k+1)}=(\boldsymbol{B}^{(k+1)})^{-1}$，有

$$\boldsymbol{H}_{\mathrm{BFGS}}^{(k+1)}=\left[\boldsymbol{I}+\frac{\Delta\boldsymbol{x}^{(k)}(\Delta\boldsymbol{g}^{(k)})^{\mathrm{T}}}{(\Delta\boldsymbol{x}^{(k)})^{\mathrm{T}}\Delta\boldsymbol{g}^{(k)}}\right]\boldsymbol{H}_{\mathrm{BFGS}}^{(k)}\left[\boldsymbol{I}+\frac{\Delta\boldsymbol{g}^{(k)}(\Delta\boldsymbol{x}^{(k)})^{\mathrm{T}}}{(\Delta\boldsymbol{x}^{(k)})^{\mathrm{T}}\Delta\boldsymbol{g}^{(k)}}\right]+\frac{\Delta\boldsymbol{x}^{(k)}(\Delta\boldsymbol{x}^{(k)})^{\mathrm{T}}}{(\Delta\boldsymbol{x}^{(k)})^{\mathrm{T}}\Delta\boldsymbol{g}^{(k)}}\quad(4.4.12)$$

这样，只要在算法 4.6 的步骤 (8) 中用式 (4.4.12) 代替式 (4.4.9)，就得到更实用的 BFGS 算法，具体步骤不再列出。

拟牛顿法是无约束最优化算法中最为有效的方法之一。在采用精确一维搜索时，算法是总体收敛的，并具有超线性收敛速度。当采用 Wolfe 不精确一维搜索时，BFGS 算法仍然具有总体收敛性。

4.5　步长加速法

步长加速法也称模式搜索法，是 Hooke 和 Jeeves 于 1961 年提出的，因此又称为 Hooke-Jeeves 方法。这种方法由两类移动组成：一类是探测移动，其目的是确定有利于目标函数值下降的方向；另一类是模式移动，其目的是使函数值沿有利方向更快地减小。

为叙述方便，称探测移动的起点为参考点，用 $\boldsymbol{y}_0^{(k)}$ 表示，上标 k 表示迭代轮次。探测移动从参考点 $\boldsymbol{y}_0^{(k)}$ 出发，依次沿 n 个坐标轴方向探测目标函数下降点，最后移动到终点 $\boldsymbol{y}_n^{(k)}$，该点又称为基点，用 $\boldsymbol{x}^{(k)}$ 表示。模式移动以基点 $\boldsymbol{x}^{(k)}$ 为起点，沿相邻两个基点确定的方向 $\boldsymbol{x}^{(k)}-\boldsymbol{x}^{(k-1)}$ 加速移动，其终点是下一轮探测移动的起点 $\boldsymbol{y}_0^{(k+1)}$。

步长加速法的基本思想就是将探测移动和模式移动有机结合在一起，交替进行。下面以第 k 轮迭代为例具体说明。

设目标函数为 $f(\boldsymbol{x})$，$\boldsymbol{x}\in\mathbb{R}^n$，坐标方向为

$$\boldsymbol{e}_j=(0,\cdots,0,\underset{j}{1},0,\cdots,0)^{\mathrm{T}},\quad j=1,2,\cdots,n$$

初始步长为 α，加速因子为 γ。经前期迭代已知基点 $\boldsymbol{x}^{(k-1)}$ 和参考点 $\boldsymbol{y}_0^{(k)}$。

第 k 轮迭代从 $\boldsymbol{y}_0^{(k)}$ 出发，先在坐标方向 $\boldsymbol{e}_1$ 上作探测，如果 $f(\boldsymbol{y}_0^{(k)}+\alpha\boldsymbol{e}_1)<f(\boldsymbol{y}_0^{(k)})$，则沿 $\boldsymbol{e}_1$ 方向探测成功，置 $\boldsymbol{y}_1^{(k)}=\boldsymbol{y}_0^{(k)}+\alpha\boldsymbol{e}_1$；否则，探测失败，考虑沿相反的方向 $-\boldsymbol{e}_1$ 探测，如果 $f(\boldsymbol{y}_0^{(k)}-\alpha\boldsymbol{e}_1)<f(\boldsymbol{y}_0^{(k)})$，则沿 $-\boldsymbol{e}_1$ 方向探测成功，置 $\boldsymbol{y}_1^{(k)}=\boldsymbol{y}_0^{(k)}-\alpha\boldsymbol{e}_1$；否

则，探测失败，置 $\boldsymbol{y}_1^{(k)}=\boldsymbol{y}_0^{(k)}$。再在坐标方向 $\boldsymbol{e}_2$ 上作探测，如果 $f(\boldsymbol{y}_1^{(k)}+\alpha\boldsymbol{e}_2)<f(\boldsymbol{y}_1^{(k)})$，置 $\boldsymbol{y}_2^{(k)}=\boldsymbol{y}_1^{(k)}+\alpha\boldsymbol{e}_2$；否则，若 $f(\boldsymbol{y}_1^{(k)}-\alpha\boldsymbol{e}_2)<f(\boldsymbol{y}_1^{(k)})$，置 $\boldsymbol{y}_2^{(k)}=\boldsymbol{y}_1^{(k)}-\alpha\boldsymbol{e}_2$；否则，置 $\boldsymbol{y}_2^{(k)}=\boldsymbol{y}_1^{(k)}$。如此继续，直至沿 n 个坐标方向探测完毕，得 $\boldsymbol{y}_n^{(k)}$。

在探测移动后，如果 $f(\boldsymbol{y}_n^{(k)})<f(\boldsymbol{x}^{(k-1)})$，则作模式移动，即令

$$\boldsymbol{x}^{(k)}=\boldsymbol{y}_n^{(k)} \tag{4.5.1}$$

$$\boldsymbol{y}_0^{(k+1)}=\boldsymbol{x}^{(k)}+\gamma(\boldsymbol{x}^{(k)}-\boldsymbol{x}^{(k-1)}) \tag{4.5.2}$$

置 $k=k+1$，重复上述计算。

如果

$$f(\boldsymbol{y}_n^{(k)})\geqslant f(\boldsymbol{x}^{(k-1)}) \tag{4.5.3}$$

则分如下两种情况讨论。

(1) 若 $\boldsymbol{y}_0^{(k)}\neq\boldsymbol{x}^{(k-1)}$，则 $\boldsymbol{y}_0^{(k)}$ 是由上一轮的模式移动得到的，而式 (4.5.3) 表明该模式移动并没有使目标函数值下降，即模式移动失败，应将 $\boldsymbol{y}_0^{(k)}$ 退回到 $\boldsymbol{x}^{(k-1)}$ 处，即令 $\boldsymbol{y}_0^{(k)}=\boldsymbol{x}^{(k-1)}$，重复上述计算。

(2) 若 $\boldsymbol{y}_0^{(k)}=\boldsymbol{x}^{(k-1)}$，则说明上一轮的模式移动失败，并且在 $\boldsymbol{y}_0^{(k)}$ 周围的探测移动也全部失败，这时应减小步长，再重复上述计算。当步长 α 充分小时，就可以将 $\boldsymbol{y}_0^{(k)}=\boldsymbol{x}^{(k-1)}$ 作为近似极小点，终止计算。

根据上述算法的基本思想，可以给出步长加速法的具体计算步骤。

算法 4.8 (步长加速法)

---

(1) 给定初始点 $\boldsymbol{x}^{(0)}\in\mathbb{R}^n$，$n$ 个坐标方向 $\boldsymbol{e}_1,\boldsymbol{e}_2,\cdots,\boldsymbol{e}_n$，初始步长为 $\alpha>0$，加速因子为 $\gamma\geqslant 1$，缩小率 $\beta\in(0,1)$，允许误差 $\varepsilon>0$。置 $\boldsymbol{y}_0=\boldsymbol{x}^{(0)}$，$k=1$，$j=1$。

(2) 如果 $f(\boldsymbol{y}_{j-1}+\alpha\boldsymbol{e}_j)<f(\boldsymbol{y}_{j-1})$，则令 $\boldsymbol{y}_j=\boldsymbol{y}_{j-1}+\alpha\boldsymbol{e}_j$，转步骤 (4)；否则，转步骤 (3)。

(3) 如果 $f(\boldsymbol{y}_{j-1}-\alpha\boldsymbol{e}_j)<f(\boldsymbol{y}_{j-1})$，则令 $\boldsymbol{y}_j=\boldsymbol{y}_{j-1}-\alpha\boldsymbol{e}_j$，转步骤 (4)；否则，令 $\boldsymbol{y}_j=\boldsymbol{y}_{j-1}$，转步骤 (4)。

(4) 如果 $j<n$，则置 $j=j+1$，转步骤 (2)；否则，转步骤 (5)。

(5) 如果 $f(\boldsymbol{y}_n)<f(\boldsymbol{x}^{(k-1)})$，令 $\boldsymbol{x}^{(k)}=\boldsymbol{y}_n$，$\boldsymbol{y}_0=\boldsymbol{x}^{(k)}+\gamma(\boldsymbol{x}^{(k)}-\boldsymbol{x}^{(k-1)})$，置 $k=k+1$，$j=1$，转步骤 (2)；否则，转步骤 (6)。

(6) 如果 $\boldsymbol{y}_0\neq\boldsymbol{x}^{(k-1)}$，则令 $\boldsymbol{y}_0=\boldsymbol{x}^{(k-1)}$，$\boldsymbol{x}^{(k)}=\boldsymbol{x}^{(k-1)}$，置 $k=k+1$，$j=1$，转步骤 (2)；否则，转步骤 (7)。

(7) 如果 $\alpha<\varepsilon$，则停止迭代，得近似最优解 $\boldsymbol{x}^*=\boldsymbol{x}^{(k-1)}$；否则，令 $\alpha=\beta\alpha$，$\boldsymbol{x}^{(k)}=\boldsymbol{x}^{(k-1)}$，置 $k=k+1$，$j=1$，转步骤 (2)。

例 4.7　用步长加速法求解下列问题

$$\min f(\boldsymbol{x})=(x_1-1)^2+5(x_1^2-x_2)^2$$

取初始点 $\boldsymbol{x}^{(0)}=(2,0)^{\mathrm{T}}$，$\alpha=\dfrac{1}{2}$，$\gamma=1$，$\beta=\dfrac{1}{2}$。

解：第 1 轮迭代，首先从 $\boldsymbol{y}_0=\boldsymbol{x}^{(0)}=(2,0)^{\mathrm{T}}$ 出发，沿 $\boldsymbol{e}_1$ 进行探测移动。由于

$$f(\boldsymbol{y}_0+\alpha\boldsymbol{e}_1)=f\left(\frac{5}{2},0\right)=197\frac{9}{16}>f(\boldsymbol{y}_0)=81\quad(\text{失败})$$

$$f(\boldsymbol{y}_0-\alpha\boldsymbol{e}_1)=f\left(\frac{3}{2},0\right)=25\frac{9}{16}<f(\boldsymbol{y}_0)\quad(\text{成功})$$

因此，

$$\boldsymbol{y}_1=\boldsymbol{y}_0-\alpha\boldsymbol{e}_1=\left(\frac{3}{2},0\right)^{\mathrm{T}},\quad f(\boldsymbol{y}_1)=25\frac{9}{16}$$

从 $\boldsymbol{y}_1$ 出发，沿 $\boldsymbol{e}_2$ 进行探测移动。由于

$$f(\boldsymbol{y}_1+\alpha\boldsymbol{e}_2)=f\left(\frac{3}{2},\frac{1}{2}\right)=15\frac{9}{16}<f(\boldsymbol{y}_1)\quad(\text{成功})$$

因此，

$$\boldsymbol{y}_2=\boldsymbol{y}_1+\alpha\boldsymbol{e}_2=\left(\frac{3}{2},\frac{1}{2}\right)^{\mathrm{T}},\quad f(\boldsymbol{y}_2)=15\frac{9}{16}$$

由于 $f(\boldsymbol{y}_2)<f(\boldsymbol{x}^0)$，所以，令

$$\boldsymbol{x}^{(1)}=\boldsymbol{y}_2=\left(\frac{3}{2},\frac{1}{2}\right)^{\mathrm{T}}$$

再从 $\boldsymbol{x}^{(1)}$ 出发，沿 $\boldsymbol{x}^{(1)}-\boldsymbol{x}^{(0)}$ 方向进行模式移动，有

$$\boldsymbol{y}_0=\boldsymbol{x}^{(1)}+\gamma(\boldsymbol{x}^{(1)}-\boldsymbol{x}^{(0)})=2\boldsymbol{x}^{(1)}-\boldsymbol{x}^{(0)}=(1,1)^{\mathrm{T}}$$

第 2 轮迭代，首先从得到的 $\boldsymbol{y}_0=(1,1)^{\mathrm{T}}$ 出发，沿 $\boldsymbol{e}_1$ 进行探测移动。由于

$$f(\boldsymbol{y}_0+\alpha\boldsymbol{e}_1)=f\left(\frac{3}{2},1\right)=8\frac{1}{16}>f(\boldsymbol{y}_0)=0\quad(\text{失败})$$

$$f(\boldsymbol{y}_0-\alpha\boldsymbol{e}_1)=f\left(\frac{1}{2},1\right)=3\frac{1}{16}>f(\boldsymbol{y}_0)\quad(\text{失败})$$

即沿 $\boldsymbol{e}_1$ 正反方向的行探测移动均失败。所以，令 $\boldsymbol{y}_1=\boldsymbol{y}_0=(1,1)^{\mathrm{T}}$，沿 $\boldsymbol{e}_2$ 进行探测移动。由于

$$f(\boldsymbol{y}_1+\alpha\boldsymbol{e}_2)=f\left(1,\frac{3}{2}\right)=1\frac{1}{4}>f(\boldsymbol{y}_1)=0\quad(\text{失败})$$

$$f(\boldsymbol{y}_1-\alpha\boldsymbol{e}_2)=f\left(1,\frac{1}{2}\right)=1\frac{1}{4}>f(\boldsymbol{y}_1)\quad(\text{失败})$$

即沿 $\boldsymbol{e}_2$ 正反方向的行探测移动均失败。所以，令 $\boldsymbol{y}_2=\boldsymbol{y}_1=(1,1)^{\mathrm{T}}$，有

$$f(\boldsymbol{y}_2)=0$$

由于 $f(\boldsymbol{y}_2) < f(\boldsymbol{x}^{(1)})$，所以，令

$$\boldsymbol{x}^{(2)} = \boldsymbol{y}_2 = (1,1)^{\mathrm{T}}$$

再从 $\boldsymbol{x}^{(2)}$ 出发，沿 $\boldsymbol{x}^{(2)} - \boldsymbol{x}^{(1)}$ 方向进行模式移动，有

$$\boldsymbol{y}_0 = \boldsymbol{x}^{(2)} + \gamma(\boldsymbol{x}^{(2)} - \boldsymbol{x}^{(1)}) = 2\boldsymbol{x}^{(2)} - \boldsymbol{x}^{(1)} = \left(\frac{1}{2}, \frac{3}{2}\right)^{\mathrm{T}}$$

第 3 轮迭代，首先从得到的 $\boldsymbol{y}_0 = \left(\frac{1}{2}, \frac{3}{2}\right)^{\mathrm{T}}$ 出发，沿 $\boldsymbol{e}_1$ 进行探测移动。由于

$$f(\boldsymbol{y}_0 + \alpha\boldsymbol{e}_1) = f\left(1, \frac{3}{2}\right) = 1\frac{1}{4} < f(\boldsymbol{y}_0) = 8\frac{1}{16} \quad (\text{成功})$$

所以，

$$\boldsymbol{y}_1 = \boldsymbol{y}_0 + \alpha\boldsymbol{e}_1 = \left(1, \frac{3}{2}\right)^{\mathrm{T}}, \quad f(\boldsymbol{y}_1) = 1\frac{1}{4}$$

沿 $\boldsymbol{e}_2$ 进行探测移动。由于

$$f(\boldsymbol{y}_1 + \alpha\boldsymbol{e}_2) = f(1,2) = 5 > f(\boldsymbol{y}_1) \quad (\text{失败})$$

$$f(\boldsymbol{y}_1 - \alpha\boldsymbol{e}_2) = f(1,1) = 0 < f(\boldsymbol{y}_1) \quad (\text{成功})$$

所以，

$$\boldsymbol{y}_2 = \boldsymbol{y}_1 - \alpha\boldsymbol{e}_2 = (1,1)^{\mathrm{T}}, \quad f(\boldsymbol{y}_2) = 0$$

此时，$f(\boldsymbol{y}_2) = f(\boldsymbol{x}^{(2)})$，而 $\boldsymbol{y}_0 \neq \boldsymbol{x}^{(2)}$，说明第 2 轮迭代中的模式移动失败，需将 $\boldsymbol{y}_0$ 退回至 $\boldsymbol{x}^{(2)}$ 处，即取 $\boldsymbol{y}_0 = \boldsymbol{x}^{(2)} = (1,1)^{\mathrm{T}}$，再作探测移动发现所有探测移动均失败。因此，减小步长，令 $\alpha = \beta\alpha = \frac{1}{4}$，再次作探测移动发现仍然失败，必须继续减小步长迭代计算，最终得到 $\boldsymbol{x}^{(2)}$ 是最优解的结论。事实上，用解析方法不难验证 $\boldsymbol{x}^{(2)}$ 确实是此问题的最优解。

前面介绍的算法中，沿各坐标方向进行探测移动所采取的步长相同，实际上，不同坐标方向也可以取不同的步长。

4.6 方向加速法

方向加速法是由 Powell 于 1964 年提出的，故又称为 Powell 方法。这个方法被认为是多变量优化问题直接法中最有效的方法之一。它本质上是以二次函数为背景，以共轭方向为基础的一种方法。

对正定二次函数式 (4.2.1)，有如下性质。

定理 4.3 对于正定二次函数式 (4.2.1)，设 $\boldsymbol{d}$ 为任意给定的方向，$\boldsymbol{x}^{(0)}$，$\boldsymbol{x}^{(1)}(\boldsymbol{x}^{(1)} \neq \boldsymbol{x}^{(0)})$ 为任意两点。从 $\boldsymbol{x}^{(0)}$ 和 $\boldsymbol{x}^{(1)}$ 出发，沿方向 $\boldsymbol{d}$ 分别进行精确一维搜索，得到极小点 $\boldsymbol{x}^{(a)}$ 和 $\boldsymbol{x}^{(b)}$。如果 $f(\boldsymbol{x}^{(b)}) < f(\boldsymbol{x}^{(a)})$，则方向 $\boldsymbol{x}^{(b)} - \boldsymbol{x}^{(a)}$ 与方向 $\boldsymbol{d}$ 是 $\boldsymbol{A}$-共轭的，即

$$(\boldsymbol{x}^{(b)} - \boldsymbol{x}^{(a)})^{\mathrm{T}}\boldsymbol{A}\boldsymbol{d} = 0 \tag{4.6.1}$$

证明：由精确一维搜索的性质式 (4.1.4) 可知，

$$\nabla f(\boldsymbol{x}^{(a)})^{\mathrm{T}}\boldsymbol{d}=(\boldsymbol{A}\boldsymbol{x}^{(a)}+\boldsymbol{B})^{\mathrm{T}}\boldsymbol{d}=0$$

$$\nabla f(\boldsymbol{x}^{(b)})^{\mathrm{T}}\boldsymbol{d}=(\boldsymbol{A}\boldsymbol{x}^{(b)}+\boldsymbol{B})^{\mathrm{T}}\boldsymbol{d}=0$$

两式相减即得

$$(\boldsymbol{x}^{(b)}-\boldsymbol{x}^{(a)})^{\mathrm{T}}\boldsymbol{A}\boldsymbol{d}=0$$

上述定理可以推广到具有多个共轭方向的情况。这就是说，如果从 $\boldsymbol{x}^{(0)}$ 开始，在沿着 $k(k<n)$ 个共轭方向进行精确一维搜索之后，找到 $\boldsymbol{x}^{(a)}$，并且类似地，从 $\boldsymbol{x}^{(1)}$ 开始，在沿着相同的共轭方向进行精确一维搜索之后，找到了 $\boldsymbol{x}^{(b)}$，则向量 $\boldsymbol{x}^{(b)}-\boldsymbol{x}^{(a)}$ 与 k 个方向都是共轭的。

Powell 方法正是基于这种思想而提出来的。它由若干个循环构成，每个循环有 $n+1$ 个一维搜索，即先沿 n 个已知方向进行一维搜索后，将所得的点与此循环开始点连接起来，再沿着连线的方向进行第 $n+1$ 次一维搜索。然后用连线方向代替原来 n 个方向中的一个，再开始下一轮循环。下面给出的算法称为 Powell 基本算法。

算法 4.9 (Powell 基本算法)

---

(1) 给定初始点 $\boldsymbol{x}^{(0)}\in\mathbb{R}^n$，$n$ 个初始方向取坐标方向，即

$$\boldsymbol{d}_1=\boldsymbol{e}_1,\boldsymbol{d}_2=\boldsymbol{e}_2,\cdots,\boldsymbol{d}_n=\boldsymbol{e}_n$$

允许误差 $\varepsilon>0$。

(2) 从 $\boldsymbol{x}^{(0)}$ 出发,依次沿方向 $\boldsymbol{d}_1,\boldsymbol{d}_2,\cdots,\boldsymbol{d}_n$ 进行精确一维搜索,分别得到点$\boldsymbol{x}^{(1)},\boldsymbol{x}^{(2)},\cdots,\boldsymbol{x}^{(n)}$；再从 $\boldsymbol{x}^{(n)}$ 出发，沿着方向

$$\boldsymbol{d}_{n+1}=\boldsymbol{x}^{(n)}-\boldsymbol{x}^{(0)}$$

作精确一维搜索，得到点 $\boldsymbol{x}^{(n+1)}$。

(3) 若 $\left\|\boldsymbol{x}^{(n+1)}-\boldsymbol{x}^{(0)}\right\|<\varepsilon$，则停止迭代，$\boldsymbol{x}^{(n+1)}$ 为问题的最优解；否则，令

$$\boldsymbol{d}_j=\boldsymbol{d}_{j+1},\quad j=1,2,\cdots,n$$

置 $\boldsymbol{x}^{(0)}=\boldsymbol{x}^{(n+1)}$，返回步骤 (2)。

在上述算法中，如果每轮迭代的前 n 个搜索方向都是线性无关的，则第 n 轮迭代的后 n 个方向一定是共轭方向。因此，这时 Powell 方法具有二次终止性质。

例 4.8　用 Powell 基本算法求解下列问题

$$\min f(\boldsymbol{x})=(x_1+x_2)^2+(x_1-1)^2$$

取初始点 $\boldsymbol{x}^{(0)}=(2,1)^{\mathrm{T}}$，初始搜索方向 $\boldsymbol{d}_1=(1,0)^{\mathrm{T}}$，$\boldsymbol{d}_2=(0,1)^{\mathrm{T}}$。

解：第 1 轮迭代。首先从 $\boldsymbol{x}^{(0)}$ 出发，沿 $\boldsymbol{d}_1$ 作一维搜索，即求解单变量优化问题

$$\min\varphi(\alpha)=f(\boldsymbol{x}^{(0)}+\alpha\boldsymbol{d}_1)=(3+\alpha)^2+(1+\alpha)^2$$

得 $\alpha_1=-2$，故

$$\boldsymbol{x}^{(1)}=\boldsymbol{x}^{(0)}+\alpha_1\boldsymbol{d}_1=(0,1)^{\mathrm{T}}$$

再从 $\boldsymbol{x}^{(1)}$ 出发，沿 $\boldsymbol{d}_2$ 作一维搜索，求解

$$\min\varphi(\alpha)=f(\boldsymbol{x}^{(1)}+\alpha\boldsymbol{d}_2)=(1+\alpha)^2+1$$

得 $\alpha_2=-1$，$\boldsymbol{x}^{(2)}=\boldsymbol{x}^{(1)}+\alpha_2\boldsymbol{d}_2=(0,0)^{\mathrm{T}}$。

令方向

$$\boldsymbol{d}_3=\boldsymbol{x}^{(2)}-\boldsymbol{x}^{(0)}=(-2,-1)^{\mathrm{T}}$$

从 $\boldsymbol{x}^{(2)}$ 出发，沿 $\boldsymbol{d}_3$ 作一维搜索，求解

$$\min\varphi(\alpha)=f(\boldsymbol{x}^{(2)}+\alpha\boldsymbol{d}_3)=(-3\alpha)^2+(-2\alpha-1)^2$$

得 $\alpha_3=-\dfrac{2}{13}$，$\boldsymbol{x}^{(3)}=\boldsymbol{x}^{(2)}+\alpha_3\boldsymbol{d}_3=\left(\dfrac{4}{13},\dfrac{2}{13}\right)^{\mathrm{T}}$。

第 2 轮迭代，搜索方向为

$$\boldsymbol{d}_1=\boldsymbol{d}_2=(0,1)^{\mathrm{T}},\quad \boldsymbol{d}_2=\boldsymbol{d}_3=(-2,-1)^{\mathrm{T}}$$

初始点为

$$\boldsymbol{x}^{(0)}=\boldsymbol{x}^{(3)}=\left(\frac{4}{13},\frac{2}{13}\right)^{\mathrm{T}}$$

先从 $\boldsymbol{x}^{(0)}$ 出发，沿 $\boldsymbol{d}_1$ 作一维搜索，求解

$$\min\varphi(\alpha)=f(\boldsymbol{x}^{(0)}+\alpha\boldsymbol{d}_1)=\left(\frac{3}{16}+\alpha\right)^2+\left(-\frac{9}{16}\right)^2$$

得 $\alpha_1=-\dfrac{6}{13}$，$\boldsymbol{x}^{(1)}=\boldsymbol{x}^{(0)}+\alpha_1\boldsymbol{d}_1=\left(\dfrac{4}{13},-\dfrac{4}{13}\right)^{\mathrm{T}}$。

再从 $\boldsymbol{x}^{(1)}$ 出发，沿 $\boldsymbol{d}_2$ 作一维搜索，求解

$$\min\varphi(\alpha)=f(\boldsymbol{x}^{(1)}+\alpha\boldsymbol{d}_2)=(-3\alpha)^2+\left(-\frac{9}{13}-2\alpha\right)^2$$

得 $\alpha_2=-\dfrac{18}{169}$，$\boldsymbol{x}^{(2)}=\boldsymbol{x}^{(1)}+\alpha_2\boldsymbol{d}_2=\left(\dfrac{88}{169},-\dfrac{34}{169}\right)^{\mathrm{T}}$。

令方向

$$\boldsymbol{d}_3=\boldsymbol{x}^{(2)}-\boldsymbol{x}^{(0)}=\left(\frac{36}{169},-\frac{60}{169}\right)^{\mathrm{T}}$$

从 $\boldsymbol{x}^{(2)}$ 出发，沿 $\boldsymbol{d}_3$ 作一维搜索，求解

$$\min\varphi(\alpha)=f(\boldsymbol{x}^{(2)}+\alpha\boldsymbol{d}_3)=\left(\frac{54}{169}-\frac{24}{169}\alpha\right)^2+\left(-\frac{81}{169}+\frac{36}{169}\alpha\right)^2$$

得 $\alpha_3 = \dfrac{9}{4}$，$\boldsymbol{x}^{(3)} = \boldsymbol{x}^{(2)} + \alpha_3 \boldsymbol{d}_3 = (1, -1)^{\mathrm{T}}$。

因为 $\nabla f(\boldsymbol{x}^{(3)}) = \mathbf{0}$，所有 $\boldsymbol{x}^{(3)} = (1, -1)^{\mathrm{T}}$ 就是问题的最优解。

容易验证，例 4.8 的两轮迭代中搜索方向 $\boldsymbol{d}_1$、$\boldsymbol{d}_2$ 都是线性无关的，故经过两轮迭代就达到了极小点。需要注意的是，按算法 4.9，可能出现在某轮迭代中前 n 个搜索方向线性相关，由此将导致即使对正定的二次函数经过 n 轮迭代也达不到极小点，甚至任意迭代，永远达不到极小点。

例 4.9　用 Powell 基本算法求解下列问题

$$\min f(\boldsymbol{x}) = x_1^2 + x_2^2 - 3x_2 - x_1 x_2$$

取初始点 $\boldsymbol{x}^{(0)} = (0, 0)^{\mathrm{T}}$，初始搜索方向 $\boldsymbol{d}_1 = (1, 0)^{\mathrm{T}}$，$\boldsymbol{d}_2 = (0, 1)^{\mathrm{T}}$。

解：第 1 轮迭代。首先从 $\boldsymbol{x}^{(0)}$ 出发，沿 $\boldsymbol{d}_1$ 作一维搜索，即求解单变量优化问题

$$\min \varphi(\alpha) = f(\boldsymbol{x}^{(0)} + \alpha \boldsymbol{d}_1) = \alpha^2$$

得 $\alpha_1 = 0$，故

$$\boldsymbol{x}^{(1)} = \boldsymbol{x}^{(0)} + \alpha_1 \boldsymbol{d}_1 = (0, 0)^{\mathrm{T}}$$

再从 $\boldsymbol{x}^{(1)}$ 出发，沿 $\boldsymbol{d}_2$ 作一维搜索，求解

$$\min \varphi(\alpha) = f(\boldsymbol{x}^{(1)} + \alpha \boldsymbol{d}_2) = \alpha^2 - 3\alpha$$

得 $\alpha_2 = \dfrac{3}{2}$，$\boldsymbol{x}^{(2)} = \boldsymbol{x}^{(1)} + \alpha_2 \boldsymbol{d}_2 = \left(0, \dfrac{3}{2}\right)^{\mathrm{T}}$。

令方向

$$\boldsymbol{d}_3 = \boldsymbol{x}^{(2)} - \boldsymbol{x}^{(0)} = \left(0, \frac{3}{2}\right)^{\mathrm{T}}$$

从 $\boldsymbol{x}^{(2)}$ 出发，沿 $\boldsymbol{d}_3$ 作一维搜索，求解

$$\min \varphi(\alpha) = f(\boldsymbol{x}^{(2)} + \alpha \boldsymbol{d}_3) = \frac{9}{4}(1+\alpha)^2 - \frac{9}{2}(1+\alpha)$$

得 $\alpha_3 = 0$，$\boldsymbol{x}^{(3)} = \boldsymbol{x}^{(2)} + \alpha_3 \boldsymbol{d}_3 = \left(0, \dfrac{3}{2}\right)^{\mathrm{T}}$。

第 2 轮迭代，搜索方向为

$$\boldsymbol{d}_1 = \boldsymbol{d}_2 = (0, 1)^{\mathrm{T}}, \quad \boldsymbol{d}_2 = \boldsymbol{d}_3 = \left(0, \frac{3}{2}\right)^{\mathrm{T}}$$

注意这两个搜索方向的第一个分量都是零。因此沿这些方向进行一维搜索所得点的第一个分量恒为 0，永远达不到问题的极小点 $\boldsymbol{x}^* = (1, 2)^{\mathrm{T}}$，其原因就是搜索方向 $\boldsymbol{d}_1$、$\boldsymbol{d}_2$ 是线性相关的，不能张成整个二维空间。

由上面的例子看出，算法 4.9 中保持每次循环的 n 个搜索方向线性无关是非常重要的，但在用 $\boldsymbol{d}_{n+1}=\boldsymbol{x}^{(n)}-\boldsymbol{x}^{(0)}$ 代替 $\boldsymbol{d}_1,\boldsymbol{d}_2,\cdots,\boldsymbol{d}_n$ 中的某一向量时，可能产生线性相关的一组向量或者近乎线性相关的一组向量，特别是当变量很多时更是如此。这种情况对收敛性来说将有严重的后果。为了避免这个困难，需对 Powell 基本算法作改进，基本思路就是在用方向 $\boldsymbol{d}_{n+1}=\boldsymbol{x}^{(n)}-\boldsymbol{x}^{(0)}$ 替换其他方向时对其作一定的限制。改进方法不再具有二次收敛性，但它的效果一般还是非常满意的。下面给出具体算法步骤。

算法 4.10 (Powell 改进算法)

(1) 给定初始点 $\boldsymbol{x}^{(0)}$，$f_0=f(\boldsymbol{x}^{(0)})$，$n$ 个初始方向 $\boldsymbol{d}_1=\boldsymbol{e}_1,\boldsymbol{d}_2=\boldsymbol{e}_2,\cdots,\boldsymbol{d}_n=\boldsymbol{e}_n$，允许误差 $\varepsilon>0$。

(2) 从 $\boldsymbol{x}^{(0)}$ 出发,依次沿方向 $\boldsymbol{d}_1,\boldsymbol{d}_2,\cdots,\boldsymbol{d}_n$ 进行精确一维搜索,分别得到点$\boldsymbol{x}^{(1)},\boldsymbol{x}^{(2)},\cdots,\boldsymbol{x}^{(n)}$，相应的目标函数值记为 $f_1=f(\boldsymbol{x}^{(1)}),f_2=f(\boldsymbol{x}^{(2)}),\cdots,f_n=f(\boldsymbol{x}^{(n)})$。

(3) 若 $\left\|\boldsymbol{x}^{(n)}-\boldsymbol{x}^{(0)}\right\|<\varepsilon$，则停止迭代，$\boldsymbol{x}^{(n)}$ 为问题的最优解；否则，转步骤 (4)。

(4) 令

$$\varDelta=\max_{0\leqslant j\leqslant n-1}(f_j-f_{j+1})=f_m-f_{m+1}$$

$$\overline{f}=f(2\boldsymbol{x}^{(n)}-\boldsymbol{x}^{(0)})$$

判断是否满足 $\overline{f}\geqslant f_0$ 或 $\dfrac{1}{2}(f_0-2f_n+\overline{f})\geqslant\varDelta$。若满足，则保持搜索方向 $\boldsymbol{d}_1,\boldsymbol{d}_2,\cdots,\boldsymbol{d}_n$ 不变，令 $\boldsymbol{x}^{(0)}=\boldsymbol{x}^{(n)}$，$f_0=f_n$，转步骤 (2)；否则，转步骤 (5)。

(5) 从 $\boldsymbol{x}^{(n)}$ 出发，沿着方向

$$\boldsymbol{d}_{n+1}=\boldsymbol{x}^{(n)}-\boldsymbol{x}^{(0)}$$

作精确一维搜索，得到点 $\boldsymbol{x}^{(n+1)}$ 及 $f_{n+1}=f(\boldsymbol{x}^{(n+1)})$。令

$$\boldsymbol{d}_j=\boldsymbol{d}_j,\quad j=1,2,\cdots,m;\quad \boldsymbol{d}_j=\boldsymbol{d}_{j+1},\quad j=m+1,m+2,\cdots,n$$

置 $\boldsymbol{x}^{(0)}=\boldsymbol{x}^{(n+1)}$，$f_0=f_{n+1}$，返回步骤 (2)。

例 4.10 用 Powell 改进算法求解下列问题

$$\min f(\boldsymbol{x})=x_1^2+x_2^2-3x_2-x_1x_2$$

取初始点 $\boldsymbol{x}^{(0)}=(0,0)^{\mathrm{T}}$，初始搜索方向 $\boldsymbol{d}_1=(1,0)^{\mathrm{T}}$，$\boldsymbol{d}_2=(0,1)^{\mathrm{T}}$。

解：第 1 轮迭代。由例 4.9 知

$$\boldsymbol{x}^{(1)}=(0,0)^{\mathrm{T}},\quad f_1=f(\boldsymbol{x}^{(1)})=0$$

$$\boldsymbol{x}^{(2)}=\left(0,\frac{3}{2}\right)^{\mathrm{T}},\quad f_2=f(\boldsymbol{x}^{(2)})=-\frac{9}{4}$$

又因为 $f_0=f(\boldsymbol{x}^{(0)})=0$，所以

$$f_0-f_1=0,\quad f_1-f_2=\frac{9}{4}$$

故得 $m=1$，$\varDelta=\dfrac{9}{4}$。又

$$\overline{\boldsymbol{x}}=2\boldsymbol{x}^{(2)}-\boldsymbol{x}^{(0)}=(0,3)^{\mathrm{T}},\quad \overline{f}=f(\overline{\boldsymbol{x}})=0$$

由于 $\overline{f}=f_0$，所以保持搜索方向不变，进入下一轮迭代。

第 2 轮迭代，搜索方向为

$$\boldsymbol{d}_1=(1,0)^{\mathrm{T}},\quad \boldsymbol{d}_2=(0,1)^{\mathrm{T}}$$

初始点为

$$\boldsymbol{x}^{(0)}=\boldsymbol{x}^{(2)}=\left(0,\frac{3}{2}\right)^{\mathrm{T}},\quad f_0=f_2=-\frac{9}{4}$$

从 $\boldsymbol{x}^{(0)}$ 出发，沿 $\boldsymbol{d}_1$ 作一维搜索，求解

$$\min\varphi(\alpha)=f(\boldsymbol{x}^{(0)}+\alpha\boldsymbol{d}_1)=\alpha^2-\frac{3}{2}\alpha-\frac{9}{4}$$

得 $\alpha_1=\dfrac{3}{4}$，故

$$\boldsymbol{x}^{(1)}=\boldsymbol{x}^{(0)}+\alpha_1\boldsymbol{d}_1=\left(\frac{3}{4},\frac{3}{2}\right)^{\mathrm{T}},\quad f_1=f(\boldsymbol{x}^{(1)})=-\frac{45}{16}$$

再从 $\boldsymbol{x}^{(1)}$ 出发，沿 $\boldsymbol{d}_2$ 作一维搜索，求解

$$\min\varphi(\alpha)=f(\boldsymbol{x}^{(1)}+\alpha\boldsymbol{d}_2)=\frac{9}{16}+\left(\frac{3}{2}+\alpha\right)^2-3\left(\frac{3}{2}+\alpha\right)-\frac{3}{4}\left(\frac{3}{2}+\alpha\right)$$

得 $\alpha_2=\dfrac{3}{8}$，故

$$\boldsymbol{x}^{(2)}=\boldsymbol{x}^{(1)}+\alpha_2\boldsymbol{d}_2=\left(\frac{3}{4},\frac{15}{8}\right)^{\mathrm{T}},\quad f_2=f(\boldsymbol{x}^{(2)})=-\frac{189}{64}$$

由于

$$f_0-f_1=\frac{9}{16},\quad f_1-f_2=\frac{4}{64}$$

故得 $m=0$，$\varDelta=\dfrac{9}{16}$。又

$$\overline{\boldsymbol{x}}=2\boldsymbol{x}^{(2)}-\boldsymbol{x}^{(0)}=\left(\frac{3}{2},\frac{9}{4}\right)^{\mathrm{T}},\quad \overline{f}=f(\overline{\boldsymbol{x}})=-\frac{45}{16}$$

由于 $\overline{f}<f_0$，且

$$\frac{1}{2}(f_0-2f_2+\overline{f})=\frac{1}{2}\left[-\frac{9}{4}-2\times\left(-\frac{189}{64}\right)-\frac{45}{16}\right]=\frac{27}{64}<\varDelta$$

故令

$$\boldsymbol{d}_3 = \boldsymbol{x}^{(2)} - \boldsymbol{x}^{(0)} = \left(\frac{3}{4}, \frac{3}{8}\right)^{\mathrm{T}}$$

从 $\boldsymbol{x}^{(2)}$ 出发，沿 $\boldsymbol{d}_3$ 作一维搜索，求解

$$\min \varphi(\alpha) = f(\boldsymbol{x}^{(2)} + \alpha \boldsymbol{d}_3) = \frac{9}{16}(1+\alpha)^2 + \frac{9}{64}(5+\alpha)^2 - \frac{9}{32}(1+\alpha)(5+\alpha) - \frac{9}{8}(5+\alpha)$$

得 $\alpha_3 = \dfrac{1}{3}$，$\boldsymbol{x}^{(3)} = \boldsymbol{x}^{(2)} + \alpha_3 \boldsymbol{d}_3 = (1,2)^{\mathrm{T}}$，$f(\boldsymbol{x}^{(3)}) = -3$。

若继续迭代，则令

$$\boldsymbol{x}^{(0)} = \boldsymbol{x}^{(3)} = (1,2)^{\mathrm{T}}, \quad \boldsymbol{d}_1 = \boldsymbol{d}_2 = (0,1)^{\mathrm{T}}, \quad \boldsymbol{d}_2 = \boldsymbol{d}_3 = \left(\frac{3}{4}, \frac{3}{8}\right)^{\mathrm{T}}$$

但由于 $\boldsymbol{x}^{(0)}$ 已是极小点，再沿 $\boldsymbol{d}_1$ 和 $\boldsymbol{d}_2$ 搜索都不能改善函数值，故迭代终止。

4.7 单纯形法

单纯形是指 n 维空间 $\mathbb{R}^n$ 中由 $n+1$ 个顶点构成的凸多面体。例如，一维空间中的线段、二维空间中的三角形、三维空间中的四面体等，均为相应空间中的单纯形。若凸多面体的棱边长度均相等，则称为正规单纯形。在 n 维空间中，给定 $\boldsymbol{x}^{(0)} = (x_1^{(0)}, x_2^{(0)}, \cdots, x_n^{(0)})^{\mathrm{T}}$，可按下列方法构造棱边长为 a 的正规单纯形。

以 $\boldsymbol{x}^{(0)}$ 为单纯形的一个顶点，令

$$p = \frac{\sqrt{n+1}+n-1}{n\sqrt{2}}a, \quad q = \frac{\sqrt{n+1}-1}{n\sqrt{2}}a \tag{4.7.1}$$

其余 n 个顶点 $\boldsymbol{x}^{(k)} = (x_1^{(k)}, x_2^{(k)}, \cdots, x_n^{(k)})^{\mathrm{T}} (k=1,2,\cdots,n)$ 按下列方式构造

$$x_i^{(k)} = x_i^{(0)} + q, \ i \neq k, \quad x_k^{(k)} = x_k^{(0)} + p \tag{4.7.2}$$

即

$$\boldsymbol{x}^{(1)} = (x_1^{(0)} + p, x_2^{(0)} + q, x_3^{(0)} + q, \cdots, x_n^{(0)} + q)$$
$$\boldsymbol{x}^{(2)} = (x_1^{(0)} + q, x_2^{(0)} + p, x_3^{(0)} + q, \cdots, x_n^{(0)} + q)$$
$$\cdots$$
$$\boldsymbol{x}^{(n)} = (x_1^{(0)} + q, x_2^{(0)} + q, \cdots, x_{n-1}^{(0)} + q, x_n^{(0)} + p)$$

易证 $\boldsymbol{x}^{(0)}, \boldsymbol{x}^{(1)}, \cdots, \boldsymbol{x}^{(n)}$ 构成一个棱边长为 a 的正规单纯形。

单纯形法的基本思想是给定 $\mathbb{R}^n$ 中的一个单纯形，求出 $n+1$ 个顶点上的函数值，确定最大函数值的点 (最坏点) 和最小函数值的点 (最好点)，然后通过反射、延伸、收缩等方法求出一个较好点，用它取代最坏点，构成新的单纯形，或者通过向最好点收缩形成新的单

纯形。通过单纯形的转换逐步逼近函数的极小点。下面以极小化二元函数 $f(x_1,x_2)$ 为例，结合图 4.3 说明如何实现单纯形的转换。

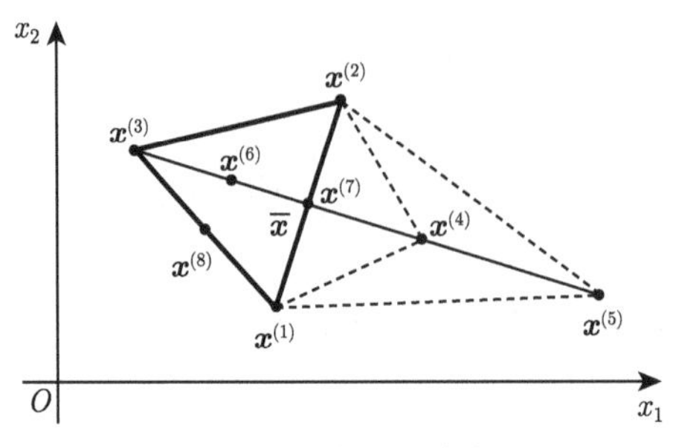

图 4.3　单纯形转换

首先，在平面上取不共线的三点 $\boldsymbol{x}^{(1)}$，$\boldsymbol{x}^{(2)}$ 和 $\boldsymbol{x}^{(3)}$ 构成初始单纯形。设最坏点为 $\boldsymbol{x}^{(3)}$，最好点为 $\boldsymbol{x}^{(1)}$，即 $f(\boldsymbol{x}^{(1)})<f(\boldsymbol{x}^{(2)})<f(\boldsymbol{x}^{(3)})$。

(1) 反射。将最坏点经过其余点的形心进行反射，期望反射点函数值有所减小。这里就是将 $\boldsymbol{x}^{(3)}$ 经过线段 $\boldsymbol{x}^{(1)}\boldsymbol{x}^{(2)}$ 的中点

$$\overline{\boldsymbol{x}}=\frac{1}{2}(\boldsymbol{x}^{(1)}+\boldsymbol{x}^{(2)}) \tag{4.7.3}$$

进行反射，得到反射点

$$\boldsymbol{x}^{(4)}=\overline{\boldsymbol{x}}+\alpha(\overline{\boldsymbol{x}}-\boldsymbol{x}^{(3)}) \tag{4.7.4}$$

式中，正数 α 称为反射系数，一般取 $\alpha=1$。

(2) 延伸。在得到反射点 $\boldsymbol{x}^{(4)}$ 后，将点 $\boldsymbol{x}^{(4)}$ 处的函数值与最好点 $\boldsymbol{x}^{(1)}$ 处的函数值作比较。

若 $f(\boldsymbol{x}^{(4)})<f(\boldsymbol{x}^{(1)})$，则反射成功，表明方向

$$\boldsymbol{d}=\boldsymbol{x}^{(4)}-\overline{\boldsymbol{x}} \tag{4.7.5}$$

是函数值减小的有利方向，于是沿此方向进行延伸。令

$$\boldsymbol{x}^{(5)}=\overline{\boldsymbol{x}}+\gamma(\boldsymbol{x}^{(4)}-\overline{\boldsymbol{x}}) \tag{4.7.6}$$

其中，$\gamma>1$ 称为扩大系数，一般取 $\gamma=2$。

若 $f(\boldsymbol{x}^{(5)})<f(\boldsymbol{x}^{(4)})$ 则扩大成功，用 $\boldsymbol{x}^{(5)}$ 取代 $\boldsymbol{x}^{(3)}$，得到以 $\boldsymbol{x}^{(1)}$，$\boldsymbol{x}^{(2)}$ 和 $\boldsymbol{x}^{(5)}$ 为顶点的新的单纯形。

若 $f(\boldsymbol{x}^{(5)})\geqslant f(\boldsymbol{x}^{(4)})$ 则扩大失败，用 $\boldsymbol{x}^{(4)}$ 取代 $\boldsymbol{x}^{(3)}$，得到以 $\boldsymbol{x}^{(1)}$，$\boldsymbol{x}^{(2)}$ 和 $\boldsymbol{x}^{(4)}$ 为顶点的新的单纯形。

(3) 压缩。如果 $f(\boldsymbol{x}^{(1)})\leqslant f(\boldsymbol{x}^{(4)})\leqslant f(\boldsymbol{x}^{(2)})$，即 $f(\boldsymbol{x}^{(4)})$ 不小于最好点处的函数值，不大于次坏点处的函数值，则用 $\boldsymbol{x}^{(4)}$ 取代 $\boldsymbol{x}^{(3)}$，得到以 $\boldsymbol{x}^{(1)}$，$\boldsymbol{x}^{(2)}$ 和 $\boldsymbol{x}^{(4)}$ 为顶点的新的单纯形。

如果 $f(\boldsymbol{x}^{(4)}) > f(\boldsymbol{x}^{(2)})$，即 $f(\boldsymbol{x}^{(4)})$ 大于次坏点处的函数值，则进行压缩。为此，在 $\boldsymbol{x}^{(4)}$ 和 $\boldsymbol{x}^{(3)}$ 中选择函数值较小的点，记为 $\boldsymbol{x}'$，有

$$f(\boldsymbol{x}') = \min\{f(\boldsymbol{x}^{(3)}), f(\boldsymbol{x}^{(4)})\} \tag{4.7.7}$$

令

$$\boldsymbol{x}^{(6)} = \overline{\boldsymbol{x}} + \beta(\boldsymbol{x}' - \overline{\boldsymbol{x}}) \tag{4.7.8}$$

其中，$\beta \in (0,1)$ 为压缩系数，一般取 $\beta = 0.5$。这样 $\boldsymbol{x}^{(6)}$ 位于 $\overline{\boldsymbol{x}}$ 与 $\boldsymbol{x}'$ 之间 (图 4.3 中假设 $\boldsymbol{x}' = \boldsymbol{x}_3$)。

若 $f(\boldsymbol{x}^{(6)}) \leqslant f(\boldsymbol{x}')$ 则用 $\boldsymbol{x}^{(6)}$ 取代 $\boldsymbol{x}^{(3)}$，得到以 $\boldsymbol{x}^{(1)}$，$\boldsymbol{x}^{(2)}$ 和 $\boldsymbol{x}^{(6)}$ 为顶点的新的单纯形。

(4) 缩边。若 $f(\boldsymbol{x}^{(6)}) > f(\boldsymbol{x}')$，则进行缩边。最好点 $\boldsymbol{x}^{(1)}$ 不动，其余两点 $\boldsymbol{x}^{(2)}$ 和 $\boldsymbol{x}^{(3)}$ 均向 $\boldsymbol{x}^{(1)}$ 移近一半距离。令

$$\boldsymbol{x}^{(7)} = \boldsymbol{x}^{(2)} + \frac{1}{2}(\boldsymbol{x}^{(1)} - \boldsymbol{x}^{(2)}) \tag{4.7.9}$$

$$\boldsymbol{x}^{(8)} = \boldsymbol{x}^{(3)} + \frac{1}{2}(\boldsymbol{x}^{(1)} - \boldsymbol{x}^{(3)}) \tag{4.7.10}$$

得到以 $\boldsymbol{x}^{(1)}$，$\boldsymbol{x}^{(7)}$ 和 $\boldsymbol{x}^{(8)}$ 为顶点的新的单纯形。

以上几种情形，不论属丁哪 种，所得到的新的单纯形必有一个顶点的函数值小于或等于原单纯形各顶点上的函数值。每得到一个新的单纯形，再重复以上步骤，直至满足收敛准则。下面给出具体算法。

算法 4.11 (单纯形法)

(1) 给定初始单纯形，其顶点为 $\boldsymbol{x}^{(1)}, \boldsymbol{x}^{(2)}, \cdots, \boldsymbol{x}^{(n+1)}$，反射系数 $\alpha > 0$，扩大系数 $\gamma > 1$，压缩系数 $\beta \in (0,1)$，允许误差 $\varepsilon > 0$。

(2) 计算函数值 $f_i = f(\boldsymbol{x}^{(i)})$，$i = 1, 2, \cdots, n+1$。令

$$f_l = f(\boldsymbol{x}^{(l)}) = \min_{1 \leqslant i \leqslant n+1} f(\boldsymbol{x}^{(i)})$$

$$f_h = f(\boldsymbol{x}^{(h)}) = \max_{1 \leqslant i \leqslant n+1} f(\boldsymbol{x}^{(i)})$$

$$f_g = f(\boldsymbol{x}^{(g)}) = \max_{1 \leqslant i \leqslant n+1, i \neq h} f(\boldsymbol{x}^{(i)})$$

其中，$\boldsymbol{x}^{(l)}$、$\boldsymbol{x}^{(h)}$ 和 $\boldsymbol{x}^{(g)}$ 分别称为单纯形的最好点、最坏点和次坏点。

计算除 $\boldsymbol{x}^{(h)}$ 外的 n 个点的形心 $\overline{\boldsymbol{x}}$，即

$$\overline{\boldsymbol{x}} = \frac{1}{n}\left(\sum_{i=1}^{n+1} \boldsymbol{x}^{(i)} - \boldsymbol{x}^{(h)}\right)$$

(3) 反射：以 $\overline{\boldsymbol{x}}$ 为中心将 $\boldsymbol{x}^{(h)}$ 反射至 $\boldsymbol{x}_{\mathrm{r}}$，有

$$\boldsymbol{x}_{\mathrm{r}} = \overline{\boldsymbol{x}} + \alpha(\overline{\boldsymbol{x}} - \boldsymbol{x}^{(h)})$$

计算 $f(\boldsymbol{x}_{\mathrm{r}})$。若 $f(\boldsymbol{x}^{(l)}) \leqslant f(\boldsymbol{x}_{\mathrm{r}}) \leqslant f(\boldsymbol{x}^{(g)})$，则置

$$\boldsymbol{x}^{(h)} = \boldsymbol{x}_{\mathrm{r}}, \quad f(\boldsymbol{x}^{(h)}) = f(\boldsymbol{x}_{\mathrm{r}})$$

转步骤 (7)；否则，若 $f(\boldsymbol{x}_{\mathrm{r}}) < f(\boldsymbol{x}^{(l)})$ 转步骤 (4)，若 $f(\boldsymbol{x}_{\mathrm{r}}) > f(\boldsymbol{x}^{(g)})$ 转步骤 (5)。

(4) 延伸：令

$$\boldsymbol{x}_{\mathrm{e}} = \overline{\boldsymbol{x}} + \gamma(\boldsymbol{x}_{\mathrm{r}} - \overline{\boldsymbol{x}})$$

计算 $f(\boldsymbol{x}_{\mathrm{e}})$。若 $f(\boldsymbol{x}_{\mathrm{e}}) < f(\boldsymbol{x}_{\mathrm{r}})$，则置

$$\boldsymbol{x}^{(h)} = \boldsymbol{x}_{\mathrm{e}}, \quad f(\boldsymbol{x}^{(h)}) = f(\boldsymbol{x}_{\mathrm{e}})$$

转步骤 (7)；否则，置

$$\boldsymbol{x}^{(h)} = \boldsymbol{x}_{\mathrm{r}}, \quad f(\boldsymbol{x}^{(h)}) = f(\boldsymbol{x}_{\mathrm{r}})$$

转步骤 (7)。

(5) 压缩：若 $f(\boldsymbol{x}_{\mathrm{r}}) > f(\boldsymbol{x}^{(h)})$，则令

$$\boldsymbol{x}_{\mathrm{c}} = \overline{\boldsymbol{x}} + \beta(\boldsymbol{x}^{(h)} - \overline{\boldsymbol{x}})$$

否则，令

$$\boldsymbol{x}_{\mathrm{c}} = \overline{\boldsymbol{x}} + \beta(\boldsymbol{x}_{\mathrm{r}} - \overline{\boldsymbol{x}})$$

计算 $f(\boldsymbol{x}_{\mathrm{c}})$。若 $f(\boldsymbol{x}_{\mathrm{c}}) \leqslant f(\boldsymbol{x}^{(h)})$，则置

$$\boldsymbol{x}^{(h)} = \boldsymbol{x}_{\mathrm{c}}, \quad f(\boldsymbol{x}^{(h)}) = f(\boldsymbol{x}_{\mathrm{c}})$$

转步骤 (7)；否则，转步骤 (6)。

(6) 缩边：令

$$\boldsymbol{x}^{(i)} = \frac{1}{2}(\boldsymbol{x}^{(i)} + \boldsymbol{x}^{(l)}), \quad i = 1, 2, \cdots, n+1$$

转步骤 (7)。

(7) 收敛判断：若

$$\left\{\frac{1}{n+1}\sum_{i=1}^{n+1}\left[f(\boldsymbol{x}^{(i)}) - f(\overline{\boldsymbol{x}})\right]^2\right\}^{\frac{1}{2}} < \varepsilon$$

则停止迭代，当前最好点可作为近似极小点。否则，返回步骤 (2)。

例 4.11　用单纯形法求解下列问题

$$\min f(\boldsymbol{x}) = (x_1 - 3)^2 + 2(x_2 + 2)^2$$

取系数 $\alpha = 1$，$\gamma = 2$，$\beta = 0.5$，允许误差 $\varepsilon = 2$，初始单纯形顶点为 $\boldsymbol{x}^{(1)} = (0,0)^{\mathrm{T}}$，$\boldsymbol{x}^{(2)} = (1,0)^{\mathrm{T}}$，$\boldsymbol{x}^{(3)} = (0,1)^{\mathrm{T}}$。

解：第 1 次迭代。各顶点处的函数值为

$$f(\boldsymbol{x}^{(1)})=17,\quad f(\boldsymbol{x}^{(2)})=12,\quad f(\boldsymbol{x}^{(3)})=27$$

显然有

$$\boldsymbol{x}^{(h)}=\boldsymbol{x}^{(3)},\quad \boldsymbol{x}^{(g)}=\boldsymbol{x}^{(1)},\quad \boldsymbol{x}^{(l)}=\boldsymbol{x}^{(2)}$$

除 $\boldsymbol{x}^{(h)}$ 外的形心点为

$$\overline{\boldsymbol{x}}=\frac{1}{2}(\boldsymbol{x}^{(1)}+\boldsymbol{x}^{(2)})=\left(\frac{1}{2},0\right)^{\mathrm{T}},\quad f(\overline{\boldsymbol{x}})=\frac{57}{4}$$

$\boldsymbol{x}^{(h)}$ 关于 $\overline{\boldsymbol{x}}$ 的反射点为

$$\boldsymbol{x}_{\mathrm{r}}=\overline{\boldsymbol{x}}+\alpha(\overline{\boldsymbol{x}}-\boldsymbol{x}^{(h)})=2\overline{\boldsymbol{x}}-\boldsymbol{x}^{(h)}=(1,-1)^{\mathrm{T}},\quad f(\boldsymbol{x}_{\mathrm{r}})=6$$

由于 $f(\boldsymbol{x}_{\mathrm{r}})<f(\boldsymbol{x}^{(l)})$，进行延伸得延伸点

$$\boldsymbol{x}_{\mathrm{e}}=\overline{\boldsymbol{x}}+\gamma(\boldsymbol{x}_{\mathrm{r}}-\overline{\boldsymbol{x}})=2\boldsymbol{x}_{\mathrm{r}}-\overline{\boldsymbol{x}}=\left(\frac{3}{2},-2\right)^{\mathrm{T}},\quad f(\boldsymbol{x}_{\mathrm{e}})=\frac{9}{4}$$

由于 $f(\boldsymbol{x}_{\mathrm{e}})<f(\boldsymbol{x}_{\mathrm{r}})$，用 $\boldsymbol{x}_{\mathrm{e}}$ 替换 $\boldsymbol{x}^{(h)}$ 得新的单纯形，各顶点为

$$\boldsymbol{x}^{(1)}=(0,0)^{\mathrm{T}},\quad \boldsymbol{x}^{(2)}=(1,0)^{\mathrm{T}},\quad \boldsymbol{x}^{(3)}=\left(\frac{3}{2},-2\right)^{\mathrm{T}}$$

由于 $\left\{\frac{1}{3}\sum_{i=1}^{3}\left[f(\boldsymbol{x}^{(i)})-f(\overline{\boldsymbol{x}})\right]^2\right\}^{\frac{1}{2}}=7.23>\varepsilon$，继续迭代。

第 2 次迭代。各顶点处的函数值为

$$f(\boldsymbol{x}^{(1)})=17,\quad f(\boldsymbol{x}^{(2)})=12,\quad f(\boldsymbol{x}^{(3)})=\frac{9}{4}$$

显然有

$$\boldsymbol{x}^{(h)}=\boldsymbol{x}^{(1)},\quad \boldsymbol{x}^{(g)}=\boldsymbol{x}^{(2)},\quad \boldsymbol{x}^{(l)}=\boldsymbol{x}^{(3)}$$

除 $\boldsymbol{x}^{(h)}$ 外的形心点为

$$\overline{\boldsymbol{x}}=\frac{1}{2}(\boldsymbol{x}^{(2)}+\boldsymbol{x}^{(3)})=\left(\frac{5}{4},-1\right)^{\mathrm{T}},\quad f(\overline{\boldsymbol{x}})=\frac{81}{16}$$

$\boldsymbol{x}^{(h)}$ 关于 $\overline{\boldsymbol{x}}$ 的反射点为

$$\boldsymbol{x}_{\mathrm{r}}=\overline{\boldsymbol{x}}+\alpha(\overline{\boldsymbol{x}}-\boldsymbol{x}^{(h)})=2\overline{\boldsymbol{x}}-\boldsymbol{x}^{(h)}=\left(\frac{5}{2},-2\right)^{\mathrm{T}},\quad f(\boldsymbol{x}_{\mathrm{r}})=\frac{1}{4}$$

由于 $f(\boldsymbol{x}_{\mathrm{r}}) < f(\boldsymbol{x}^{(l)})$，进行延伸得延伸点

$$\boldsymbol{x}_{\mathrm{e}} = \overline{\boldsymbol{x}} + \gamma(\boldsymbol{x}_{\mathrm{r}} - \overline{\boldsymbol{x}}) = 2\boldsymbol{x}_{\mathrm{r}} - \overline{\boldsymbol{x}} = \left(\frac{15}{4}, -3\right)^{\mathrm{T}}, \quad f(\boldsymbol{x}_{\mathrm{e}}) = \frac{41}{16}$$

由于 $f(\boldsymbol{x}_{\mathrm{e}}) > f(\boldsymbol{x}_{\mathrm{r}})$，用 $\boldsymbol{x}_{\mathrm{r}}$ 替换 $\boldsymbol{x}^{(h)}$ 得新的单纯形，各顶点为

$$\boldsymbol{x}^{(1)} = \left(\frac{5}{2}, -2\right)^{\mathrm{T}}, \quad \boldsymbol{x}^{(2)} = (1, 0)^{\mathrm{T}}, \quad \boldsymbol{x}^{(3)} = \left(\frac{3}{2}, -2\right)^{\mathrm{T}}$$

由于 $\left\{\frac{1}{3}\sum_{i=1}^{3}\left[f(\boldsymbol{x}^{(i)}) - f(\overline{\boldsymbol{x}})\right]^2\right\}^{\frac{1}{2}} = 5.14 > \varepsilon$，继续迭代。

第 3 次迭代。各顶点处的函数值为

$$f(\boldsymbol{x}^{(1)}) = \frac{1}{4}, \quad f(\boldsymbol{x}^{(2)}) = 12, \quad f(\boldsymbol{x}^{(3)}) = \frac{9}{4}$$

显然有

$$\boldsymbol{x}^{(h)} = \boldsymbol{x}^{(2)}, \quad \boldsymbol{x}^{(g)} = \boldsymbol{x}^{(3)}, \quad \boldsymbol{x}^{(l)} = \boldsymbol{x}^{(1)}$$

除 $\boldsymbol{x}^{(h)}$ 外的形心点为

$$\overline{\boldsymbol{x}} = \frac{1}{2}(\boldsymbol{x}^{(1)} + \boldsymbol{x}^{(3)}) = (2, -2)^{\mathrm{T}}, \quad f(\overline{\boldsymbol{x}}) = 1$$

$\boldsymbol{x}^{(h)}$ 关于 $\overline{\boldsymbol{x}}$ 的反射点为

$$\boldsymbol{x}_{\mathrm{r}} = \overline{\boldsymbol{x}} + \alpha(\overline{\boldsymbol{x}} - \boldsymbol{x}^{(h)}) = 2\overline{\boldsymbol{x}} - \boldsymbol{x}^{(h)} = (3, -4)^{\mathrm{T}}, \quad f(\boldsymbol{x}_{\mathrm{r}}) = 8$$

由于 $f(\boldsymbol{x}_{\mathrm{r}}) > f(\boldsymbol{x}^{(g)})$，需进行压缩。又因为 $f(\boldsymbol{x}_{\mathrm{r}}) < f(\boldsymbol{x}^{(h)})$，所以压缩点为

$$\boldsymbol{x}_{\mathrm{c}} = \overline{\boldsymbol{x}} + \beta(\boldsymbol{x}_{\mathrm{r}} - \overline{\boldsymbol{x}}) = \frac{1}{2}(\boldsymbol{x}_{\mathrm{r}} + \overline{\boldsymbol{x}}) = \left(\frac{5}{2}, -3\right)^{\mathrm{T}}, \quad f(\boldsymbol{x}_{\mathrm{c}}) = \frac{9}{4}$$

由于 $f(\boldsymbol{x}_{\mathrm{c}}) < f(\boldsymbol{x}^{(h)})$，用 $\boldsymbol{x}_{\mathrm{c}}$ 替换 $\boldsymbol{x}^{(h)}$ 得新的单纯形，各顶点为

$$\boldsymbol{x}^{(1)} = \left(\frac{5}{2}, -2\right)^{\mathrm{T}}, \quad \boldsymbol{x}^{(2)} = \left(\frac{5}{2}, -3\right)^{\mathrm{T}}, \quad \boldsymbol{x}^{(3)} = \left(\frac{3}{2}, -2\right)^{\mathrm{T}}$$

由于 $\left\{\frac{1}{3}\sum_{i=1}^{3}\left[f(\boldsymbol{x}^{(i)}) - f(\overline{\boldsymbol{x}})\right]^2\right\}^{\frac{1}{2}} = 1.11 < \varepsilon$，已满足精度要求，故得近似解为 $\boldsymbol{x}^{(1)} = \left(\frac{5}{2}, -2\right)^{\mathrm{T}}$。实际上，本例的极小点为 $\boldsymbol{x}^* = (3, -2)^{\mathrm{T}}$，如果进一步提高精度要求，可得更接近极小点的近似解。

经验表明，单纯形法对于不可微函数，或者对于函数值靠某种实验方法才能得到的函数，是很有用的。当变量个数较多 (如 $n > 10$) 时，单纯形法的效果一般是不好的。

第 5 章　线性规划与二次规划问题的解法

前面介绍了无约束优化问题的常用解法，从本章开始，将介绍有约束优化问题的求解。有约束优化问题可分为线性规划问题和非线性规划问题两类。当最优化问题的目标函数和约束函数都是设计变量的线性函数时，称为线性规划问题；否则，称为非线性规划问题。二次规划问题是一种特殊的非线性规划问题，其目标函数是设计变量的二次函数，约束函数是设计变量的线性函数。本章将介绍线性规划问题和二次规划问题的求解。

5.1　线性规划问题的数学模型

根据实际问题建立的线性规划模型，其约束条件可以是线性方程组，也可以是各种不同类型的线性不等式组，对目标函数则可能是求极大也可能是求极小。约束条件和目标函数这种形式上的不一致性，给讨论线性规划问题的求解增添了不少麻烦。因此，规定线性规划采用如下的标准形式

$$\left.\begin{aligned}&\min f(\boldsymbol{x})=c_1x_1+c_2x_2+\cdots+c_nx_n\\&\text{s.t.}\ \ a_{11}x_1+a_{12}x_2+\cdots+a_{1n}x_n=b_1\\&\qquad a_{21}x_1+a_{22}x_2+\cdots+a_{2n}x_n=b_2\\&\qquad\ \cdots\\&\qquad a_{m1}x_1+a_{m2}x_2+\cdots+a_{mn}x_n=b_m\\&\qquad x_1,x_2,\cdots,x_n\geqslant 0\end{aligned}\right\}\tag{5.1.1}$$

上述模型可简写为

$$\left.\begin{aligned}&\min f=\sum_{i=1}^{n}c_ix_i\\&\text{s.t.}\ \sum_{j=1}^{n}a_{ij}x_j=b_i,\quad i=1,2,\cdots,m\\&\qquad x_i\geqslant 0,\quad i=1,2,\cdots,n\end{aligned}\right\}\tag{5.1.2}$$

用向量形式表示

$$\left.\begin{aligned}&\min f(\boldsymbol{x})=\boldsymbol{c}^{\mathrm{T}}\boldsymbol{x}\\&\text{s.t.}\ \ \sum_{j=1}^{n}\boldsymbol{p}_jx_j=\boldsymbol{b}\\&\qquad \boldsymbol{x}\geqslant 0\end{aligned}\right\}\tag{5.1.3}$$

用矩阵形式表示

$$\left.\begin{aligned} \min f(\boldsymbol{x}) = \boldsymbol{c}^{\mathrm{T}}\boldsymbol{x} \\ \text{s.t.}\ \ \boldsymbol{A}\boldsymbol{x} = \boldsymbol{b} \\ \boldsymbol{x} \geqslant 0 \end{aligned}\right\} \tag{5.1.4}$$

其中，$\boldsymbol{c} = (c_1, c_2, \cdots, c_n)^{\mathrm{T}}$ 为目标函数的系数向量；$\boldsymbol{x} = (x_1, x_2, \cdots, x_n)^{\mathrm{T}}$ 为设计向量；$\boldsymbol{b} = (b_1, b_2, \cdots, b_m)^{\mathrm{T}}$ 为约束方程组的常数向量；$\boldsymbol{A} = (\boldsymbol{p}_1, \boldsymbol{p}_2, \cdots, \boldsymbol{p}_n) = (a_{ij})_{m\times n}$ 为约束方程组的系数矩阵，$\boldsymbol{p}_j = (a_{1j}, a_{2j}, \cdots, a_{mj})^{\mathrm{T}}(j = 1, 2, \cdots, n)$ 为约束方程组的系数向量。

在线性规划标准型中，目标函数为求极小值，约束条件全为等式，约束条件右端常数项和设计变量均为非负值。对于一个一般的线性规划问题，都可以通过以下方法将其化为标准型。

(1) 对目标函数求极大的问题 max $f = \boldsymbol{c}^{\mathrm{T}}\boldsymbol{x}$ 改为求 min $\overline{f} = -\boldsymbol{c}^{\mathrm{T}}\boldsymbol{x}$；

(2) 对不等式约束 $\sum\limits_{i=1}^{n} a_{ij}x_i \leqslant b_j$，引入一个松弛变量 $x_{n+1} \geqslant 0$，转化为 $\sum\limits_{i=1}^{n} a_{ij}x_i + x_{n+1} = b_j$；

(3) 对不等式约束 $\sum\limits_{i=1}^{n} a_{ij}x_i \geqslant b_j$，引入一个剩余变量 $x_{n+1} \geqslant 0$，转化为 $\sum\limits_{i=1}^{n} a_{ij}x_i - x_{n+1} = b_j$；

(4) 当设计变量 x_k 无限制 (即是自由变量) 时，引入两个非负变量之差代替原变量，令 $x_k = x_k' - x_k''$，代入目标函数和约束方程中，转化为非负约束 $x_k' \geqslant 0$，$x_k'' \geqslant 0$；

(5) 当设计变量 $x_k \leqslant 0$ 时，令 $x_k' = -x_k$，转化为非负约束 $x_k' \geqslant 0$。

例 5.1 将下列线性规划问题改写为标准型。

$$\left.\begin{aligned} \max f = 3x_1 + 2x_2 - x_3 \\ \text{s.t.}\ \ 2x_1 + 3x_2 - 4x_3 \leqslant 10 \\ 3x_1 + x_2 + 2x_3 \geqslant 8 \\ x_1 - 2x_2 + 3x_3 = 6 \\ x_1 \geqslant 0, x_3 \leqslant 0 \end{aligned}\right\}$$

解：本例为求目标函数最大值，故设

$$\overline{f} = -f \tag{a}$$

x_2 为自由变量，引入 $x_2' \geqslant 0$，$x_2'' \geqslant 0$ 并令

$$x_2 = x_2' - x_2'' \tag{b}$$

由于 $x_3 \leqslant 0$，引入 $x_3' \geqslant 0$，并令

$$x_3 = -x_3' \tag{c}$$

将式 (a)、(b)、(c) 代入原问题，并在前两个不等式约束中分别引入松弛变量 $x_4 \geqslant 0$ 和剩余变量 $x_5 \geqslant 0$，原线性规划问题即转化为如下标准型

$$\left.\begin{aligned}&\min \overline{f} = -3x_1 - 2x_2' + 2x_2'' + x_3' + 0x_4 + 0x_5\\&\text{s.t. } 2x_1 + 3x_2' - 3x_2'' + 4x_3' + x_4 = 10\\&\qquad 3x_1 + x_2' - x_2'' - 2x_3' - x_5 = 8\\&\qquad x_1 - 2x_2' + 2x_2'' - 3x_3' = 6\\&\qquad x_1 \geqslant 0, x_2' \geqslant 0, x_2'' \geqslant 0, x_3 \geqslant 0, x_4 \geqslant 0, x_5 \geqslant 0\end{aligned}\right\}$$

5.2 线性规划问题基本解的概念与性质

对线性规划问题

$$\left.\begin{aligned}&\min f(\boldsymbol{x}) = \boldsymbol{c}^{\mathrm{T}}\boldsymbol{x}\\&\text{s.t. } \boldsymbol{Ax} = \boldsymbol{b}\\&\qquad \boldsymbol{x} \geqslant \boldsymbol{0}\end{aligned}\right\} \tag{5.2.1}$$

满足约束方程组和非负条件的解都是它的可行解，所有可行解的集合就是它的可行域，该可行域一定是凸集。使目标函数最小的可行解就是它的最优解。

下面再给出线性规划问题基本解的相关概念与性质。

定义 5.1 对线性规划问题 (5.2.1)，设 $\boldsymbol{A} = (a_{ij})_{m\times n}$ $(n > m)$ 的秩 $\mathrm{Rank}(\boldsymbol{A}) = m$ ，有如下定义。

(1) $\boldsymbol{A}$ 的任一非奇异子矩阵 $\boldsymbol{B}_{m\times m} = (\boldsymbol{p}_{i_1}, \boldsymbol{p}_{i_2}, \cdots, \boldsymbol{p}_{i_m})$ 称为线性规划的基矩阵，简称基。相应的系数向量 $\boldsymbol{p}_{i_k}$ $(k = 1, 2, \cdots, m)$ 称为线性规划的基向量。与基向量对应的变量称为基变量，基变量构成的向量记为 $\boldsymbol{x}_{\mathrm{B}} = (x_{i_1}, x_{i_2}, \cdots, x_{i_m})^{\mathrm{T}}$。除基变量以外的变量称为非基变量，非基变量构成的向量用 $\boldsymbol{x}_{\mathrm{N}}$ 表示。由 $\boldsymbol{A}$ 中基向量以外的向量 (即与非基变量对应的向量) 构成的矩阵 $\boldsymbol{N}_{m\times(n-m)}$ 称为线性规划的非基矩阵。

(2) 方程组 $\boldsymbol{Bx}_{\mathrm{B}} = \boldsymbol{b}$ 有唯一解 $\boldsymbol{x}_{\mathrm{B}} = \boldsymbol{B}^{-1}\boldsymbol{b}$,若再令非基变量均为零,则 $\boldsymbol{x} = \begin{pmatrix}\boldsymbol{x}_{\mathrm{B}}\\ \boldsymbol{x}_{\mathrm{N}}\end{pmatrix} = \begin{pmatrix}\boldsymbol{B}^{-1}\boldsymbol{b}\\ \boldsymbol{0}\end{pmatrix}$ 一定是约束方程组 $\boldsymbol{Ax} = \boldsymbol{b}$ 的解，称为线性规划 (5.2.1) 与基 $\boldsymbol{B}$ 对应的基本解。显然，一个线性规划问题的基本解的个数是有限的，不会超过 $\mathrm{C}_n^m = \dfrac{n!}{(n-m)!m!}$ 个。

(3) 满足非负条件的基本解称为基本可行解。与基本可行解对应的基称为可行基。

(4) 如果基本可行解中至少有一个基本变量为零，该基本可行解称为退化基本可行解，否则称为非退化的。如果线性规划问题的所有基本可行解都是非退化基本可行解，则称该线性规划问题是非退化的。

定理 5.1 关于线性规划的解有如下性质。

(1) 约束方程组 $\boldsymbol{Ax}=\boldsymbol{b}$ 的任意一个解 $\boldsymbol{x}=(x_1,x_2,\cdots,x_n)^{\mathrm{T}}$ 为基本解的充要条件是 $\boldsymbol{x}$ 的所有非零分量对应的系数列向量组是线性无关组。

(2) 若线性规划问题有可行解，则一定有基本可行解；线性规划问题的任一个基本可行解 $\boldsymbol{x}$ 对应于可行域的一个顶点。

(3) 若线性规划问题有最优解，则一定存在一个基本可行解是最优解。

以上定理的证明参见相关文献。说明如果一个线性规划问题有最优解，可以只限于在基本可行解中挑选。因基本可行解的个数是有限的，故原则上可以采用枚举法，即找出所有的基本可行解，然后一一比较，得到最优解。

例 5.2 求下列线性规划问题的所有基本解和最优解。

$$\left.\begin{aligned}&\min f=-3x_1-5x_2\\&\text{s.t. } x_1\leqslant 4\\&\qquad x_2\leqslant 6\\&\qquad 3x_1+2x_2\leqslant 18\\&\qquad x_1\geqslant 0,x_2\geqslant 0\end{aligned}\right\}$$

解：首先将原线性规划问题化为标准型，得

$$\left.\begin{aligned}&\min f=-3x_1-5x_2+0x_3+0x_4+0x_5\\&\text{s.t. } x_1+x_3=4\\&\qquad x_2+x_4=6\\&\qquad 3x_1+2x_2+x_5=18\\&\qquad x_i\geqslant 0,\quad i=1,2,\cdots,5\end{aligned}\right\}$$

其中

$$\boldsymbol{A}=\begin{bmatrix}1&0&1&0&0\\0&1&0&1&0\\3&2&0&0&1\end{bmatrix}$$

由于

$$\det(\boldsymbol{p}_1,\boldsymbol{p}_2,\boldsymbol{p}_3)=\begin{vmatrix}1&0&1\\0&1&0\\3&2&0\end{vmatrix}=-3\neq 0$$

所以 $\boldsymbol{p}_1,\boldsymbol{p}_2,\boldsymbol{p}_3$ 线性无关，构成一个基 $\boldsymbol{B}^{(1)}=(\boldsymbol{p}_1,\boldsymbol{p}_2,\boldsymbol{p}_3)$，对应的基变量为 $\boldsymbol{x}_1,\boldsymbol{x}_2,\boldsymbol{x}_3$，非基变量为 $\boldsymbol{x}_4,\boldsymbol{x}_5$。令

$$\boldsymbol{x}_4=\boldsymbol{x}_5=0$$

解得

$$\boldsymbol{x}_1=2,\quad \boldsymbol{x}_2=6,\quad \boldsymbol{x}_3=2$$

所以 $\boldsymbol{x}^{(1)}=(2,6,2,0,0)^{\mathrm{T}}$ 为一个基本解，而且由于其所有分量非负，故还是基本可行解。

类似地，可以求出其他基本解，全部基本解见表 5.1。

表 5.1 例 5.2 全部基本解情况

基	基变量	基本解	是否基本可行解
$\boldsymbol{B}^{(1)}=(\boldsymbol{p}_1,\boldsymbol{p}_2,\boldsymbol{p}_3)$	$\boldsymbol{x}_1,\boldsymbol{x}_2,\boldsymbol{x}_3$	$\boldsymbol{x}^{(1)}=(2,6,2,0,0)^{\mathrm{T}}$	是
$\boldsymbol{B}^{(2)}=(\boldsymbol{p}_1,\boldsymbol{p}_2,\boldsymbol{p}_4)$	$\boldsymbol{x}_1,\boldsymbol{x}_2,\boldsymbol{x}_4$	$\boldsymbol{x}^{(2)}=(4,3,0,3,0)^{\mathrm{T}}$	是
$\boldsymbol{B}^{(3)}=(\boldsymbol{p}_1,\boldsymbol{p}_2,\boldsymbol{p}_5)$	$\boldsymbol{x}_1,\boldsymbol{x}_2,\boldsymbol{x}_5$	$\boldsymbol{x}^{(3)}=(4,6,0,0,-6)^{\mathrm{T}}$	否
$\boldsymbol{B}^{(4)}=(\boldsymbol{p}_1,\boldsymbol{p}_3,\boldsymbol{p}_4)$	$\boldsymbol{x}_1,\boldsymbol{x}_3,\boldsymbol{x}_4$	$\boldsymbol{x}^{(4)}=(6,0,-2,6,0)^{\mathrm{T}}$	否
$\boldsymbol{B}^{(5)}=(\boldsymbol{p}_1,\boldsymbol{p}_4,\boldsymbol{p}_5)$	$\boldsymbol{x}_1,\boldsymbol{x}_4,\boldsymbol{x}_5$	$\boldsymbol{x}^{(5)}=(4,0,0,6,6)^{\mathrm{T}}$	是
$\boldsymbol{B}^{(6)}=(\boldsymbol{p}_2,\boldsymbol{p}_3,\boldsymbol{p}_4)$	$\boldsymbol{x}_2,\boldsymbol{x}_3,\boldsymbol{x}_4$	$\boldsymbol{x}^{(6)}=(0,9,4,-3,0)^{\mathrm{T}}$	否
$\boldsymbol{B}^{(7)}=(\boldsymbol{p}_2,\boldsymbol{p}_3,\boldsymbol{p}_5)$	$\boldsymbol{x}_2,\boldsymbol{x}_3,\boldsymbol{x}_5$	$\boldsymbol{x}^{(7)}=(0,6,4,0,6)^{\mathrm{T}}$	是
$\boldsymbol{B}^{(8)}=(\boldsymbol{p}_3,\boldsymbol{p}_4,\boldsymbol{p}_5)$	$\boldsymbol{x}_3,\boldsymbol{x}_4,\boldsymbol{x}_5$	$\boldsymbol{x}^{(8)}=(0,0,4,6,18)^{\mathrm{T}}$	是

去掉各基本解中的松弛变量,得到与之相应的设计空间中的点为 $A(2,6)$,$B(4,3)$,$C(4,6)$,$D(6,0)$，$E(4,0)$，$F(0,9)$，$G(0,6)$，$O(0,0)$，如图 5.1 所示，可见与五个基本可行解相应的点 A、B、E、G、O 为可行域的顶点。容易验证在 A 处的目标函数值最小，故原线性规划问题的最优点为 $\boldsymbol{x}^*=(2,6)^{\mathrm{T}}$，目标函数的最小值为 $f_{\min}=f(\boldsymbol{x}^*)=-36$。

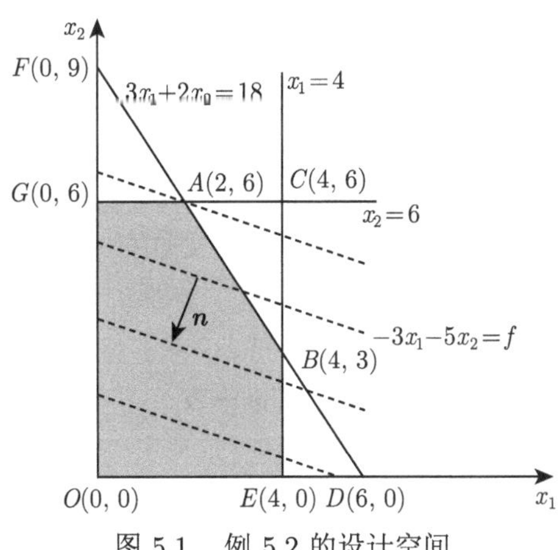

图 5.1 例 5.2 的设计空间

需要说明的是，对一般线性规划问题，要列出全部基本解绝非易事，因此枚举法并不是有效的方法。正确的方法是构造一个逐步改进的基本可行解的序列，最终达到最优解。这就是求解线性规划的一般方法 (单纯形法) 所采用的原则。对于两个变量的线性规划问题，图解法也是一个实用解法。就本例而言，图 5.1 中阴影部分所示凸多边形为可行域，考虑目标函数 $f(x_1,x_2)$ 的等值线

$$-3x_1-5x_2=f$$

当参数 f 变化时，就得到一族平行直线如图 5.1 虚线所示，这一族平行直线即可完全刻画出目标函数 $f(x_1,x_2)$ 的变化状态。当 f 值由小到大变化时，直线 $-3x_1-5x_2=f$ 就沿它的正法线方向 $\boldsymbol{n}$(即函数的梯度方向) 平行移动而遍历可行域中的每一点。让等值线沿负法线方向平行移动时，函数 $f(x_1,x_2)$ 逐步减小，这时，刚开始要离开可行域 (即过 A 点)

时，将使 f 取最小值 -36，这样得到问题的最优点 $\boldsymbol{x}^* = (2,6)^{\mathrm{T}}$，目标函数的最小值为 $f_{\min} = -36$。

5.3　线性规划问题的解法

5.3.1　单纯形解法

由 5.2 节可知，线性规划问题有可行解，则必有基本可行解；线性规划问题有最优解，则一定有某个基本可行解是最优解。基于此，线性规划问题单纯形法的基本思想就是在可行域中寻求一个基本可行解，然后检验该基本可行解是否为最优解，如果不是，则设法转换到另一个基本可行解，并且使目标函数值不断减小。如此进行下去，直到得到某一个基本可行解是最优解。

考虑标准形式的线性规划问题

$$\left.\begin{aligned} &\min f(\boldsymbol{x}) = \boldsymbol{c}^{\mathrm{T}}\boldsymbol{x} \\ &\text{s.t.}\ \ \boldsymbol{A}\boldsymbol{x} = \boldsymbol{b} \\ &\qquad \boldsymbol{x} \geqslant \boldsymbol{0} \end{aligned}\right\} \tag{5.3.1}$$

式中，$\boldsymbol{c} = (c_1, c_2, \cdots, c_n)^{\mathrm{T}}$ 为目标函数的系数向量；$\boldsymbol{x} = (x_1, x_2, \cdots, x_n)^{\mathrm{T}}$ 为设计向量；$\boldsymbol{b} = (b_1, b_2, \cdots, b_m)^{\mathrm{T}}$ 为约束方程组的常数向量；$\boldsymbol{A} = (\boldsymbol{p}_1, \boldsymbol{p}_2, \cdots, \boldsymbol{p}_n) = (a_{ij})_{m\times n}$ 为约束方程组的系数矩阵，$\boldsymbol{p}_j = (a_{1j}, a_{2j}, \cdots, a_{mj})^{\mathrm{T}}(j = 1, 2, \cdots, n)$ 为约束方程组的系数向量。

设 $\boldsymbol{x}$ 为线性规划问题的基本可行解，其中非零变量有 m 个。不失一般性，假定前 m 个变量非零，则相应的基矩阵为 $\boldsymbol{B} = (\boldsymbol{p}_1, \boldsymbol{p}_2, \cdots, \boldsymbol{p}_m)$，非基矩阵为 $\boldsymbol{N} = (\boldsymbol{p}_{m+1}, \boldsymbol{p}_{m+2}, \cdots, \boldsymbol{p}_n)$。约束方程组 $\boldsymbol{A}\boldsymbol{x} = \boldsymbol{b}$ 可写为

$$[\boldsymbol{B}, \boldsymbol{N}]\boldsymbol{x} = \boldsymbol{b} \tag{5.3.2}$$

两边左乘 $\boldsymbol{B}^{-1}$，得

$$[\boldsymbol{I}, \boldsymbol{B}^{-1}\boldsymbol{N}]\boldsymbol{x} = \boldsymbol{B}^{-1}\boldsymbol{b} \tag{5.3.3}$$

可见若线性规划问题有基本可行解，总可以将与基本可行解对应的基矩阵转化为单位阵，即线性规划问题总可以化为如下规范形式

$$\left.\begin{aligned} &\min \quad \boldsymbol{c}^{\mathrm{T}}\boldsymbol{x} = \sum_{i=1}^{n} c_i x_i \\ &\text{s.t.} \quad \begin{bmatrix} 1 & & & & a_{1,m+1}^{(0)} & \cdots & a_{1\,n}^{(0)} \\ & 1 & & & a_{2,m+1}^{(0)} & \cdots & a_{2\,n}^{(0)} \\ & & \ddots & & \vdots & & \vdots \\ & & & 1 & a_{m,m+1}^{(0)} & \cdots & a_{m\,n}^{(0)} \end{bmatrix} \begin{pmatrix} x_1 \\ x_2 \\ \vdots \\ x_m \end{pmatrix} = \begin{pmatrix} b_1^{(0)} \\ b_2^{(0)} \\ \vdots \\ b_m^{(0)} \end{pmatrix} \\ &\qquad x_i \geqslant 0, i = 1, 2, \cdots, n \end{aligned}\right\} \tag{5.3.4}$$

事实上，当线性规划的约束条件全部为“$\leqslant$”时，通过引入松弛变量化为标准型后，得到的就是规范形式。松弛变量为初始基变量，相应的基矩阵是单位阵。当线性规划的约束条件有“$=$”或“$\geqslant$”时，化为标准型后，一般约束条件的系数矩阵中不包括单位矩阵。这时为能方便地找出一个初始的基本可行解，可添加人工变量来人为地构造一个单位矩阵作为基 (称为人工基)。因此，不妨假设已经得到了线性规划问题的一个规范形式 (5.3.4)，约束方程组的增广矩阵为

$$\begin{array}{c}
\begin{array}{cccccccccccc}
\boldsymbol{p}_1 & \boldsymbol{p}_2 & \cdots & \boldsymbol{p}_l & \cdots & \boldsymbol{p}_m & \boldsymbol{p}_{m+1} & \cdots & \boldsymbol{p}_k & \cdots & \boldsymbol{p}_n & \boldsymbol{b}
\end{array} \\
\left[\begin{array}{cccccccccccc}
1 & & & & & & a_{1,m+1}^{(0)} & \cdots & a_{1\,k}^{(0)} & \cdots & a_{1\,n}^{(0)} & b_1^{(0)} \\
& 1 & & & & & a_{2,m+1}^{(0)} & \cdots & a_{2\,k}^{(0)} & \cdots & a_{2\,n}^{(0)} & b_2^{(0)} \\
& & \ddots & & & & \vdots & & \vdots & & \vdots & \vdots \\
& & & 1 & & & a_{l,m+1}^{(0)} & \cdots & a_{l\,k}^{(0)} & \cdots & a_{l\,n}^{(0)} & b_l^{(0)} \\
& & & & \ddots & & \vdots & & \vdots & & \vdots & \vdots \\
& & & & & 1 & a_{m,m+1}^{(0)} & \cdots & a_{m\,k}^{(0)} & \cdots & a_{m\,n}^{(0)} & b_m^{(0)}
\end{array}\right]
\begin{array}{c} 1 \\ 2 \\ \vdots \\ l \\ \vdots \\ m \end{array}
\end{array} \tag{5.3.5}$$

显然，线性规划问题 (5.3.4) 有初始基本可行解

$$\boldsymbol{x}^{(0)} = (x_1^{(0)}, x_2^{(0)}, \cdots, x_m^{(0)}, \overbrace{0, 0, \cdots, 0}^{(n-m)\text{个}})^{\mathrm{T}} = (b_1^{(0)}, b_2^{(0)}, \cdots, b_m^{(0)}, \overbrace{0, 0, \cdots, 0}^{(n-m)\text{个}})^{\mathrm{T}} \tag{5.3.6}$$

另外，由式 (5.3.4) 的约束条件可知，其可行解 $\boldsymbol{x} = (x_1, x_2, \cdots, x_n)^{\mathrm{T}}$ 必定满足

$$x_i \geqslant 0, \quad i = 1, 2, \cdots, n \tag{5.3.7}$$

$$x_i = b_i^{(0)} - \sum_{j=m+1}^{n} a_{ij}^{(0)} x_j, \quad i = 1, 2, \cdots, m \tag{5.3.8}$$

将式 (5.3.8) 代入线性规划问题 (5.3.4) 的目标函数，得

$$\begin{aligned}
\boldsymbol{c}^{\mathrm{T}}\boldsymbol{x} &= \sum_{i=1}^{m} c_i \left(b_i^{(0)} - \sum_{j=m+1}^{n} a_{ij}^{(0)} x_j\right) + \sum_{j=m+1}^{n} c_j x_j \\
&= \sum_{i=1}^{m} c_i b_i^{(0)} + \sum_{j=m+1}^{n} \left(c_j - \sum_{i=1}^{m} c_i a_{ij}^{(0)}\right) x_j \\
&= \boldsymbol{c}^{\mathrm{T}}\boldsymbol{x}^{(0)} + \sum_{j=m+1}^{n} \left(c_j - \sum_{i=1}^{m} c_i a_{ij}^{(0)}\right) x_j
\end{aligned} \tag{5.3.9}$$

记 $\sigma_j = c_j - \sum\limits_{i=1}^{m} c_i a_{ij}^{(0)}$，称 σ_j 为相应于 $\boldsymbol{x}^{(0)}$ 的检验数，可用来检验线性规划问题解的性质。可分以下三种情况。

(1) 若对所有 $j(=m+1,m+2,\cdots,n)$ 都有

$$\sigma_j = c_j - \sum_{i=1}^{m} c_i a_{ij}^{(0)} \geqslant 0$$

则

$$\boldsymbol{c}^{\mathrm{T}}\boldsymbol{x} \geqslant \boldsymbol{c}^{\mathrm{T}}\boldsymbol{x}^{(0)}$$

则说明 $\boldsymbol{x}^{(0)}$ 就是线性规划问题的最优解。

(2) 若存在 $k(m+1 \leqslant k \leqslant n)$，有

$$\sigma_k = c_k - \sum_{i=1}^{m} c_i a_{ik}^{(0)} < 0$$

且对所有 $i(=1,2,\cdots,m)$ 都有 $a_{ik}^{(0)} \leqslant 0$，则对任意 $\theta > 0$，令

$$x_k(\theta) = \theta$$

$$x_j(\theta) = 0, \quad j = m+1, m+2, \cdots, n;\ j \neq k$$

由式 (5.3.8) 得

$$x_i(\theta) = b_i^{(0)} - \theta a_{ik}^{(0)} > 0, \quad i = 1,2,\cdots,m$$

故 $\boldsymbol{x}(\theta) = (x_1(\theta),\ x_2(\theta),\cdots,x_m(\theta),\cdots,x_k(\theta),\cdots,x_n(\theta))^{\mathrm{T}}$ 是可行解。但当 $\theta \to +\infty$ 时，有

$$\boldsymbol{c}^{\mathrm{T}}\boldsymbol{x}(\theta) = \boldsymbol{c}^{\mathrm{T}}\boldsymbol{x}^{(0)} + \left(c_k - \sum_{i=1}^{m} c_i a_{ik}^{(0)}\right)\theta \to -\infty$$

则说明线性规划问题没有最优解。

(3) 若存在 $k(m+1 \leqslant k \leqslant n)$，有

$$\sigma_k = c_k - \sum_{i=1}^{m} c_i a_{ik}^{(0)} < 0 \tag{5.3.10}$$

且存在 $i(1 \leqslant i \leqslant m)$ 有 $a_{ik}^{(0)} > 0$，则可将 x_k 作为基变量替换 $\boldsymbol{x}^{(0)}$ 中的某个基变量 $x_l^{(0)}$ 得到一个新的基本可行解，设为

$$\boldsymbol{x}^{(1)} = (x_1^{(1)}\ \ x_2^{(1)} \cdots\ \ x_{l-1}^{(1)}\ \ 0\ \ x_{l+1}^{(1)} \cdots\ \ x_m^{(1)}\ \ 0\ \ \cdots 0\ \ x_k^{(1)}\ \ 0\ \ \cdots\ 0)^{\mathrm{T}}$$

称第 k 个变量为入基变量，第 l 个变量为出基变量。

记与 $\boldsymbol{x}^{(1)}$ 相应的规范形式的约束方程组的增广矩阵为

$$\begin{array}{c} \begin{array}{cccccccccccc} \boldsymbol{p}_1 & \boldsymbol{p}_2 & \cdots & \boldsymbol{p}_l & \cdots & \boldsymbol{p}_m & \boldsymbol{p}_{m+1} & \cdots & \boldsymbol{p}_k & \cdots & \boldsymbol{p}_n & \boldsymbol{b} \end{array} \\ \left[\begin{array}{cccccccccccc} 1 & & & a_{1\,l}^{(1)} & & & a_{1,m+1}^{(1)} & \cdots & 0 & \cdots & a_{1\,n}^{(1)} & b_1^{(1)} \\ & 1 & & a_{2\,l}^{(1)} & & & a_{2,m+1}^{(1)} & \cdots & 0 & \cdots & a_{2\,n}^{(1)} & b_2^{(1)} \\ & & \ddots & \vdots & & & \vdots & & \vdots & & \vdots & \vdots \\ & & & a_{l\,l}^{(1)} & & & a_{l,m+1}^{(1)} & \cdots & 1 & \cdots & a_{l\,n}^{(1)} & b_l^{(1)} \\ & & & \vdots & \ddots & & \vdots & & \vdots & & \vdots & \vdots \\ & & & a_{m\,l}^{(1)} & & 1 & a_{m,m+1}^{(1)} & \cdots & 0 & \cdots & a_{m\,n}^{(1)} & b_m^{(1)} \end{array}\right] \begin{array}{c} 1 \\ 2 \\ \vdots \\ l \\ \vdots \\ m \end{array} \end{array} \tag{5.3.11}$$

则

$$\begin{aligned} \boldsymbol{x}^{(1)} &= (x_1^{(1)}\ x_2^{(1)} \cdots\ x_{l-1}^{(1)}\ 0\ x_{l+1}^{(1)} \cdots\ x_m^{(1)}\ 0\ \cdots 0\ x_k^{(1)}\ 0\ \cdots 0)^{\mathrm{T}} \\ &= (b_1^{(1)}\ b_2^{(1)} \cdots\ b_{l-1}^{(1)}\ 0\ b_{l+1}^{(1)} \cdots\ b_m^{(1)}\ 0\ \cdots 0\ b_l^{(1)}\ 0\ \cdots 0)^{\mathrm{T}} \end{aligned}$$

式 (5.3.11) 中的系数不难由式 (5.3.5) 利用高斯消元法得到，有

$$a_{ll}^{(1)} = \frac{1}{a_{lk}^{(0)}}, \quad a_{lj}^{(1)} = \frac{a_{lj}^{(0)}}{a_{lk}^{(0)}}, \quad j = m+1, m+2, \cdots, n; \quad j \neq k$$

$$a_{il}^{(1)} = -\frac{a_{ik}^{(0)}}{a_{lk}^{(0)}}, \quad i = 1, 2, \cdots, m; \quad i \neq l$$

$$a_{ij}^{(1)} = a_{ij}^{(0)} - \frac{a_{ik}^{(0)}}{a_{lk}^{(0)}} a_{lj}^{(0)}, \quad \begin{array}{l} i = 1, 2, \cdots, m; \quad i \neq l, \\ j = m+1, m+2, \cdots, n; \quad j \neq k \end{array}$$

$$b_l^{(1)} = \frac{b_l^{(0)}}{a_{lk}^{(0)}}, \quad b_i^{(1)} = b_i^{(0)} - \frac{b_l^{(0)}}{a_{lk}^{(0)}} a_{ik}^{(0)}, \quad i = 1,\ 2, \cdots,\ m; \quad i \neq l$$

由于基本可行解 $\boldsymbol{x}^{(1)}$ 中非零变量都应大于零。故

$$x_k^{(1)} = b_l^{(1)} = \frac{b_l^{(0)}}{a_{lk}^{(0)}} > 0 \tag{5.3.12}$$

$$x_i^{(1)} = b_i^{(1)} = b_i^{(0)} - \frac{b_l^{(0)}}{a_{lk}^{(0)}} a_{ik}^{(0)} > 0, \quad i = 1, 2, \cdots, m; \quad i \neq l \tag{5.3.13}$$

由式 (5.3.12) 可知

$$a_{lk}^{(0)} > 0$$

在式 (5.3.13) 中，若 $a_{ik}^{(0)} \leqslant 0$，则不等式显然成立；若 $a_{ik}^{(0)} > 0$，则有

$$\frac{b_l^{(0)}}{a_{lk}^{(0)}} < \frac{b_i^{(0)}}{a_{ik}^{(0)}}, \quad i = 1, 2, \cdots, m; \quad i \neq l$$

所以，选择出基变量 x_l 时，指标 l 应使

$$\frac{b_l^{(0)}}{a_{lk}^{(0)}} = \min_{a_{ik}^{(0)} > 0} \left(\frac{b_i^{(0)}}{a_{ik}^{(0)}} \right)$$

元素 $a_{lk}^{(0)}$ 决定了从一个基本可行解到另一个基本可行解的转换去向，称 $a_{lk}^{(0)}$ 为枢轴 (转轴)。

将 $\boldsymbol{x}^{(1)}$ 代入目标函数，得

$$\boldsymbol{cx}^{(1)} = \boldsymbol{cx}^{(0)} + \left(c_k - \sum_{i=1}^{m} c_i a_{ik}^{(0)} \right) \frac{b_l^{(0)}}{a_{lk}^{(0)}}$$

考虑到式 (5.3.10)、式 (5.3.12) 可知 $\boldsymbol{cx}^{(1)} < \boldsymbol{cx}^{(0)}$，这说明新的基本可行解 $\boldsymbol{x}^{(1)}$ 使目标函数得到了改善。

为计算过程方便清楚，常将各基本可行解对应规范形式的约束方程组增广矩阵和相关计算参数列成表格 (即单纯形表)。上述基本可行解的转换过程便可采用表上作业法完成。下面给出单纯形法的具体计算步骤。

算法 5.1 (单纯形法)

(1) 确定线性规划的初始基本可行解，建立初始单纯形表 (表 5.2)。置 $s = 0$。

表 5.2　初始单纯形表

c_j			c_1	c_2	$\cdots$	c_m	c_{m+1}	$\cdots$	c_j	$\cdots$	c_n	$\theta_i = \frac{b_i^{(0)}}{a_{ik}^{(0)}}$
$\boldsymbol{x}_B$	$\boldsymbol{c}_B$	$\boldsymbol{b}$	$\boldsymbol{p}_1$	$\boldsymbol{p}_2$	$\cdots$	$\boldsymbol{p}_m$	$\boldsymbol{p}_{m+1}$	$\cdots$	$\boldsymbol{p}_j$	$\cdots$	$\boldsymbol{p}_n$	
x_1	c_1	$b_1^{(0)}$	1	0	$\cdots$	0	$a_{1,m+1}^{(0)}$	$\cdots$	$a_{1j}^{(0)}$	$\cdots$	$a_{1n}^{(0)}$	θ_1
x_2	c_2	$b_2^{(0)}$	0	1	$\cdots$	0	$a_{2,m+1}^{(0)}$	$\cdots$	$a_{2j}^{(0)}$	$\cdots$	$a_{2n}^{(0)}$	θ_2
$\vdots$	$\vdots$	$\vdots$	$\vdots$	$\vdots$		$\vdots$	$\vdots$		$\vdots$		$\vdots$	$\vdots$
x_m	c_m	$b_m^{(0)}$	0	0	$\cdots$	1	$a_{m,m+1}^{(0)}$	$\cdots$	$a_{mj}^{(0)}$	$\cdots$	$a_{mn}^{(0)}$	θ_m
$\sigma_j = c_j - \sum_{i=1}^{m} c_i a_{ij}^{(0)}$			0	0	$\cdots$	0	σ_{m+1}	$\cdots$	σ_j	$\cdots$	σ_n	

(2) 进行最优性检验：如果表 5.2 中所有检验数 $\sigma_j \geqslant 0$，则表中的基本可行解就是问题的最优解，计算到此结束；否则转下一步。

(3) 确定指标集 $K = \{j \,|\sigma_j < 0, 1 \leqslant j \leqslant n\}$，若对 $i = 1, 2 \cdots, m$，都有

$$a_{ik}^{(s)} \leqslant 0, \quad k \in K$$

则问题无解，计算终止；否则转下一步。

(4) 确定入基变量 x_k，指标 k 应使

$$\sigma_k = \min_j(\sigma_j \,|j \in K)$$

(5) 确定出基变量 x_l，指标 l 应使

$$\frac{b_l^{(s)}}{a_{lk}^{(s)}} = \min_{a_{ik}^{(s)}>0}\left(\frac{b_i^{(s)}}{a_{ik}^{(s)}}\right)$$

(6) 用入基变量 x_k 替换基变量中的出基变量 x_l，得到一个新的基本可行解，并采用高斯消元法得到一个新的单纯形表 (表 5.3)。置 $s=s+1$，转步骤 (2)。

表 5.3 新的单纯形表

c_j			c_1		c_{l-1}	c_l	c_{l+1}	$\cdots$	c_m	c_{m+1}	$\cdots$	c_{k-1}	c_k	c_{k+1}	$\cdots$	c_n	$\theta_i = \frac{b_i^{(s+1)}}{a_{i,k}^{(s+1)}}$
$\boldsymbol{x}_{\mathrm{B}}$	$\boldsymbol{c}_{\mathrm{B}}$	$\boldsymbol{b}$	$\boldsymbol{p}_1$		$\boldsymbol{p}_{l-1}$	$\boldsymbol{p}_l$	$\boldsymbol{p}_{l+1}$	$\cdots$	$\boldsymbol{p}_m$	$\boldsymbol{p}_{m+1}$	$\cdots$	$\boldsymbol{p}_{k-1}$	$\boldsymbol{p}_k$	$\boldsymbol{p}_{k+1}$	$\cdots$	$\boldsymbol{p}_n$	
x_1	c_1	$b_1^{(s+1)}$	1			$a_{1,\,l}^{(s+1)}$				$a_{1,\,m+1}^{(s+1)}$	$\cdots$	$a_{1,\,k-1}^{(s+1)}$	0	$a_{1,\,k}^{(s+1)}$	$\cdots$	$a_{1,\,n}^{(s+1)}$	θ_1
$\vdots$	$\vdots$	$\vdots$		$\ddots$		$\vdots$				$\vdots$		$\vdots$	$\vdots$	$\vdots$		$\vdots$	$\vdots$
x_{l-1}	c_2	$b_2^{(s+1)}$			1	$a_{l-1,\,l}^{(s+1)}$				$a_{l-1,\,m+1}^{(s+1)}$	$\cdots$	$a_{l-1,\,k-1}^{(s+1)}$	0	$a_{l-1,\,k+1}^{(s+1)}$	$\cdots$	$a_{l-1,\,n}^{(s+1)}$	θ_{l-1}
x_k	c_2	$b_2^{(s+1)}$				$a_{l,\,l}^{(s+1)}$				$a_{l,\,m+1}^{(s+1)}$	$\cdots$	$a_{l,\,k-1}^{(s+1)}$	1	$a_{l,\,k+1}^{(s+1)}$	$\cdots$	$a_{l,\,n}^{(s+1)}$	θ_l
x_{l+1}	c_2	$b_2^{(s+1)}$				$a_{l+1,\,l}^{(s+1)}$	1			$a_{l+1,\,m+1}^{(s+1)}$	$\cdots$	$a_{l+1,\,k-1}^{(s+1)}$	0	$a_{l+1,\,k+1}^{(s+1)}$	$\cdots$	$a_{l+1,\,n}^{(s+1)}$	θ_{l+1}
$\vdots$	$\vdots$	$\vdots$				$\vdots$		$\ddots$		$\vdots$		$\vdots$	$\vdots$	$\vdots$			$\vdots$
x_m	c_m	$b_m^{(s+1)}$				$a_{m,\,l}^{(s+1)}$			1	$a_{m,\,m+1}^{(s+1)}$	$\cdots$	$a_{m,\,k-1}^{(s+1)}$	0	$a_{m,\,k+1}^{(s+1)}$	$\cdots$	$a_{m,\,n}^{(s+1)}$	θ_m
$\sigma_j = c_j - \sum_{i=1}^{m} c_i a_{ij}^{(s+1)}$			0	$\cdots$	0	σ_l	0	$\cdots$	0	σ_{m+1}	$\cdots$	σ_{k-1}	0	σ_{k+1}	$\cdots$	σ_n	

例 5.3 用单纯形法求解下列线性规划问题

$$\left.\begin{aligned}
&\min f = -3x_1 - 5x_2\\
&\text{s.t.}\ \ x_1 \leqslant 4\\
&\qquad x_2 \leqslant 6\\
&\qquad 3x_1 + 2x_2 \leqslant 18\\
&\qquad x_1 \geqslant 0, x_2 \geqslant 0
\end{aligned}\right\}$$

解：首先将原线性规划问题化为标准型，得

$$\left.\begin{aligned}
&\min f = -3x_1 - 5x_2 + 0x_3 + 0x_4 + 0x_5\\
&\text{s.t.}\ \ x_1 + x_3 = 4\\
&\qquad x_2 + x_4 = 6\\
&\qquad 3x_1 + 2x_2 + x_5 = 18\\
&\qquad x_i \geqslant 0, \quad i = 1, 2, \cdots, 5
\end{aligned}\right\}$$

显然，问题的初始基本可行解的基变量可取 $\boldsymbol{x}_{\rm B}^{(0)}=(x_3,x_4,x_5)^{\rm T}$，相应的单纯形表 $T(0)$ 如表 5.4 所示。

表 5.4　单纯形表 $T(0)$

c_j			-3	-5	0	0	0	$\theta_i=\dfrac{b_i^{(0)}}{a_{ik}^{(0)}}$
$\boldsymbol{x}_{\rm B}$	$\boldsymbol{c}_{\rm B}$	$\boldsymbol{b}$	$\boldsymbol{p}_1$	$\boldsymbol{p}_2$	$\boldsymbol{p}_3$	$\boldsymbol{p}_4$	$\boldsymbol{p}_5$	
x_3	0	4	1	0	1	0	0	—
x_4	0	6	0	1	0	1	0	6
x_5	0	18	3	2	0	0	1	9
$\sigma_j=c_j-\sum\limits_{i=3,4,5}c_ia_{ij}^{(0)}$			-3	-5	0	0	0	

由于 $\sigma_2<\sigma_1<0$，所以选非基变量 x_2 为入基变量；由于 $\theta_2>0$，$\theta_3>0$，且 $\theta_2<\theta_3$，所以第 2 个基变量 x_4 应选为出基变量。新的基本可行解中基变量为 $\boldsymbol{x}_{\rm B}^{(1)}=(x_3,x_2,x_5)^{\rm T}$，经转轴运算后得相应的单纯形表 $T(1)$ 如表 5.5 所示。

表 5.5　单纯形表 $T(1)$

c_j			-3	-5	0	0	0	$\theta_i=\dfrac{b_i^{(1)}}{a_{ik}^{(1)}}$
$\boldsymbol{x}_{\rm B}$	$\boldsymbol{c}_{\rm B}$	$\boldsymbol{b}$	$\boldsymbol{p}_1$	$\boldsymbol{p}_2$	$\boldsymbol{p}_3$	$\boldsymbol{p}_4$	$\boldsymbol{p}_5$	
x_3	0	4	1	0	1	0	0	4
x_2	-5	6	0	1	0	1	0	—
x_5	0	6	3	0	0	-2	1	2
$\sigma_j=c_j-\sum\limits_{i=3,2,5}c_ia_{ij}^{(1)}$			-3	0	0	5	0	

可以看出应选 x_1 为入基变量、x_5 为出基变量。新的基本可行解中基变量为 $\boldsymbol{x}_{\rm B}^{(2)}=(x_3,x_2,x_1)^{\rm T}$，经转轴运算后得相应的单纯形表 $T(2)$ 如表 5.6 所示。

表 5.6　单纯形表 $T(2)$

c_j			-3	-5	0	0	0	$\theta_i=\dfrac{b_i^{(2)}}{a_{ik}^{(2)}}$
$\boldsymbol{x}_{\rm B}$	$\boldsymbol{c}_{\rm B}$	$\boldsymbol{b}$	$\boldsymbol{p}_1$	$\boldsymbol{p}_2$	$\boldsymbol{p}_3$	$\boldsymbol{p}_4$	$\boldsymbol{p}_5$	
x_3	0	2	0	0	1	$\dfrac{2}{3}$	$-\dfrac{1}{3}$	
x_2	-5	6	0	1	0	1	0	
x_1	-3	2	1	0	0	$-\dfrac{2}{3}$	$\dfrac{1}{3}$	
$\sigma_j=c_j-\sum\limits_{i=3,2,1}c_ia_{ij}^{(2)}$			0	0	0	3	1	

表中所有检验数 $\sigma_j\geqslant 0$，故得问题最优解为 $\boldsymbol{x}^*=(x_1^*,x_2^*)^{\rm T}=(2,6)^{\rm T}$，目标函数的最小值为 $f_{\min}=-36$。

5.3.2　修正单纯形法

前面介绍的单纯形法原则上可以解任何形式的线性规划问题，但在算法的实现上还有待改进。为此，首先把单纯形表格改写为矩阵形式。单纯形表的主体部分是与基本可行解对应的规范形式的约束方程组的增广矩阵。设第 s 步迭代基本可行解中基变量为 $\boldsymbol{x}_{\rm B}=(x_1,x_2,\cdots,x_m)^{\rm T}$，则相应的基矩阵为 $\boldsymbol{B}=(\boldsymbol{p}_1,\boldsymbol{p}_2,\cdots,\boldsymbol{p}_m)$，非基矩阵为 $\boldsymbol{N}=(\boldsymbol{p}_{m+1},$

$\boldsymbol{p}_{m+2},\cdots,\boldsymbol{p}_n)$。约束方程组的增广矩阵为

$$[\boldsymbol{A},\boldsymbol{b}]=[\boldsymbol{B},\boldsymbol{N},\boldsymbol{b}]=[\boldsymbol{B},\boldsymbol{p}_{m+1},\boldsymbol{p}_{m+2},\cdots,\boldsymbol{p}_k,\cdots,\boldsymbol{p}_n,\boldsymbol{b}] \tag{5.3.14}$$

上式两边左乘 $\boldsymbol{B}^{-1}$ 即得到规范形式约束方程组的增广矩阵

$$[\boldsymbol{I},\boldsymbol{B}^{-1}\boldsymbol{N},\boldsymbol{B}^{-1}\boldsymbol{b}]=[\boldsymbol{I},\boldsymbol{B}^{-1}\boldsymbol{p}_{m+1},\boldsymbol{B}^{-1}\boldsymbol{p}_{m+2},\cdots,\boldsymbol{B}^{-1}\boldsymbol{p}_k,\cdots,\boldsymbol{B}^{-1}\boldsymbol{p}_n,\boldsymbol{B}^{-1}\boldsymbol{b}] \tag{5.3.15}$$

其中，$\boldsymbol{B}^{-1}\boldsymbol{p}_k=(a_{1k}^{(s)},a_{2k}^{(s)},\cdots,a_{mk}^{(s)})^{\mathrm{T}}$，$\boldsymbol{B}^{-1}\boldsymbol{b}=\boldsymbol{b}^{(s)}=(b_1^{(s)},b_2^{(s)},\cdots,b_m^{(s)})^{\mathrm{T}}$。另记 $\boldsymbol{c}_{\mathrm{B}}^{\mathrm{T}}=(c_1,c_2,\cdots,c_m)^{\mathrm{T}}$，$\boldsymbol{c}_{\mathrm{N}}^{\mathrm{T}}=(c_{m+1},c_{m+2},\cdots,c_n)^{\mathrm{T}}$，则单纯形表用矩阵表示如表 5.7 所示。

表 5.7 矩阵表示的单纯形表

		$\boldsymbol{c}_{\mathrm{B}}^{\mathrm{T}}$	$\boldsymbol{c}_{\mathrm{N}}^{\mathrm{T}}$
		$\boldsymbol{B}$	$\boldsymbol{N}$
$\boldsymbol{c}_{\mathrm{B}}$	$\boldsymbol{b}^{(s)}$	$\boldsymbol{I}_m$	$\boldsymbol{B}^{-1}\boldsymbol{N}$
检验数 $\boldsymbol{\sigma}$		$\boldsymbol{c}_{\mathrm{N}}^{\mathrm{T}}-\boldsymbol{c}_{\mathrm{B}}^{\mathrm{T}}\boldsymbol{I}_m=0$	$\boldsymbol{c}_{\mathrm{N}}^{\mathrm{T}}-\boldsymbol{c}_{\mathrm{B}}^{\mathrm{T}}\boldsymbol{B}^{-1}\boldsymbol{N}$

可以看出，只要知道了基矩阵的逆 $\boldsymbol{B}^{-1}$，就能利用 $\boldsymbol{B}^{-1}$ 和原始数据计算单纯形表中的相关数据。修正单纯形法的基本思想就是利用迭代的方式，通过修改旧基的逆 $\boldsymbol{B}^{-1}$ 来得到新基 $\overline{\boldsymbol{B}}$ 的逆 $\overline{\boldsymbol{B}}^{-1}$。

设在 s 步迭代中经检验判别需用非基变量 x_k 替换基变量 x_l，则用系数矩阵中的非基向量 $\boldsymbol{p}_k$ 代替基向量 $\boldsymbol{p}_l$ 得到第 $s+1$ 步迭代的基矩阵，即

$$\overline{\boldsymbol{B}}=(\boldsymbol{p}_1,\boldsymbol{p}_2,\cdots,\boldsymbol{p}_{l-1},\boldsymbol{p}_k,\boldsymbol{p}_{l+1},\cdots,\boldsymbol{p}_m)$$

由于 $\boldsymbol{B}^{-1}\boldsymbol{B}=(\boldsymbol{B}^{-1}\boldsymbol{p}_1,\boldsymbol{B}^{-1}\boldsymbol{p}_2,\cdots,\boldsymbol{B}^{-1}\boldsymbol{p}_m)=\boldsymbol{I}$，所以

$$\boldsymbol{B}^{-1}\boldsymbol{p}_i=\boldsymbol{e}_i,\quad i=1,2,\cdots,m$$

式中，$\boldsymbol{e}_i$ 是第 i 个元素为 1，其余元素为 0 的 m 维单位列向量。

因此

$$\begin{aligned}\boldsymbol{B}^{-1}\overline{\boldsymbol{B}}&=(\boldsymbol{B}^{-1}\boldsymbol{p}_1,\boldsymbol{B}^{-1}\boldsymbol{p}_2,\cdots,\boldsymbol{B}^{-1}\boldsymbol{p}_{l-1},\boldsymbol{B}^{-1}\boldsymbol{p}_k,\boldsymbol{B}^{-1}\boldsymbol{p}_{l+1},\cdots,\boldsymbol{B}^{-1}\boldsymbol{p}_m)\\&=(\boldsymbol{e}_1,\boldsymbol{e}_2,\cdots,\boldsymbol{e}_{l-1},\boldsymbol{B}^{-1}\boldsymbol{p}_k,\boldsymbol{e}_{l+1},\cdots,\boldsymbol{e}_m)\end{aligned}$$

而 $\boldsymbol{B}^{-1}\boldsymbol{p}_k = (a_{1k}^{(s)}, a_{2k}^{(s)}, \cdots, a_{mk}^{(s)})^{\mathrm{T}}$，所以

$$\boldsymbol{B}^{-1}\overline{\boldsymbol{B}} = \begin{bmatrix} 1 & & & a_{1k}^{(s)} & & & \\ & \ddots & & \vdots & & & \\ & & 1 & a_{l-1,k}^{(s)} & & & \\ & & & a_{l,k}^{(s)} & & & \\ & & & a_{l+1,k}^{(s)} & 1 & & \\ & & & \vdots & & \ddots & \\ & & & a_{m,k}^{(s)} & & & 1 \end{bmatrix} = \boldsymbol{E}_{lk}$$

$$l\ \text{列}$$

其中，空白处的元素均为零元素。$\boldsymbol{E}_{lk}$ 称为初等变换矩阵，易得其逆矩阵为

$$\boldsymbol{E}_{lk}^{-1} = \begin{bmatrix} 1 & & & -a_{1k}^{(s)}\Big/a_{l,k}^{(s)} & & & \\ & \ddots & & \vdots & & & \\ & & 1 & -a_{l-1,k}^{(s)}\Big/a_{l,k}^{(s)} & & & \\ & & & 1\Big/a_{l,k}^{(s)} & & & \\ & & & -a_{l+1,k}^{(s)}\Big/a_{l,k}^{(s)} & 1 & & \\ & & & \vdots & & \ddots & \\ & & & -a_{m,k}^{(s)}\Big/a_{l,k}^{(s)} & & & 1 \end{bmatrix} = (\boldsymbol{e}_1, \boldsymbol{e}_2, \cdots, \boldsymbol{e}_{l-1}, \boldsymbol{\xi}, \boldsymbol{e}_{l+1}, \cdots, \boldsymbol{e}_m)$$

$$l\ \text{列}$$

式中，$\boldsymbol{\xi} = \left(-\dfrac{a_{1k}^{(s)}}{a_{l,k}^{(s)}}, -\dfrac{a_{2k}^{(s)}}{a_{l,k}^{(s)}}, \cdots, -\dfrac{a_{l-1,k}^{(s)}}{a_{l,k}^{(s)}}, \dfrac{1}{a_{l,k}^{(s)}}, -\dfrac{a_{l+1,k}^{(s)}}{a_{l,k}^{(s)}}, \cdots, -\dfrac{a_{m,k}^{(s)}}{a_{l,k}^{(s)}}\right)^{\mathrm{T}}$。$\boldsymbol{E}_{lk}^{-1}$ 也是初等变换矩阵。

由于

$$\overline{\boldsymbol{B}}^{-1}\boldsymbol{B} = (\boldsymbol{B}^{-1}\overline{\boldsymbol{B}})^{-1} = \boldsymbol{E}_{lk}^{-1}$$

所以

$$\overline{\boldsymbol{B}}^{-1} = \boldsymbol{E}_{lk}^{-1}\boldsymbol{B}^{-1}$$

上式说明，有了 $\boldsymbol{E}_{lk}^{-1}$ 就可以由第 s 步基矩阵的逆 $\boldsymbol{B}^{-1}$ 得到第 $s+1$ 步的基矩阵的逆 $\overline{\boldsymbol{B}}^{-1}$。基于此，即得到了修正单纯形法。与一般单纯形法相比，修正单纯形法在利用计算机计算时，存储单元少，计算机时少，更适合求解比较大型的线性规划问题。下面给出修正单纯形法的计算步骤。

算法 5.2 (修正单纯形法)

(1) 确定线性规划的初始基本可行解，计算基矩阵的逆 $\boldsymbol{B}^{-1}$ 和基变量 $\boldsymbol{x}_{\mathrm{B}}=\boldsymbol{B}^{-1}\boldsymbol{b}=(b_1^{(0)},b_2^{(0)},\cdots,b_m^{(0)})^{\mathrm{T}}$。置 $s=0$。

(2) 计算各检验数 $\sigma_j=c_j-\boldsymbol{c}_{\mathrm{B}}^{\mathrm{T}}\boldsymbol{B}^{-1}\boldsymbol{p}_j$，若对所有 j 均有 $\sigma_j\geqslant 0$，则已得到问题的最优解，停止迭代；否则转下一步。

(3) 确定入基变量 x_k，指标 k 应使

$$\sigma_k=\min_j(\sigma_j\,|\sigma_j<0,\ 1\leqslant j\leqslant n)$$

(4) 计算 $\boldsymbol{B}^{-1}\boldsymbol{p}_k=(a_{1k}^{(s)},a_{2k}^{(s)},\cdots,a_{mk}^{(s)})^{\mathrm{T}}$，若对 $i=1,2,\cdots,m$ 都有 $a_{ik}^{(s)}\leqslant 0$，则问题无解，计算终止；否则转下一步。

(5) 确定出基变量 x_l，指标 l 应使

$$\frac{b_l^{(s)}}{a_{lk}^{(s)}}=\min_{a_{ik}^{(s)}>0}\left(\frac{b_i^{(s)}}{a_{ik}^{(s)}}\right)$$

(6) 计算初等变换矩阵 $\boldsymbol{E}_{lk}^{-1}$。

(7) 计算新基本可行解基矩阵的逆 $\overline{\boldsymbol{B}}^{-1}=\boldsymbol{E}_{lk}^{-1}\boldsymbol{B}^{-1}$ 和基变量 $\boldsymbol{x}_{\overline{B}}=\overline{\boldsymbol{B}}^{-1}\boldsymbol{b}=\boldsymbol{E}_{lk}^{-1}\boldsymbol{B}^{-1}\boldsymbol{b}=\boldsymbol{E}_{lk}^{-1}\boldsymbol{x}_{\mathrm{B}}$。

(8) 置 $\boldsymbol{B}^{-1}=\overline{\boldsymbol{B}}^{-1}$，$\boldsymbol{x}_{\mathrm{B}}=\boldsymbol{x}_{\overline{B}}$，$s=s+1$，转步骤 (2)。

例 5.4 用修正单纯形法求解下列线性规划问题

$$\left.\begin{aligned}&\min f=-4x_1-x_2\\&\text{s.t. } -x_1+2x_2\leqslant 4\\&\quad 2x_1+3x_2\leqslant 12\\&\quad x_1-x_2\leqslant 3\\&\quad x_1\geqslant 0,x_2\geqslant 0\end{aligned}\right\}$$

解：首先将原线性规划问题化为标准型，得

$$\left.\begin{aligned}&\min f=-4x_1-x_2+0x_3+0x_4+0x_5\\&\text{s.t. } -x_1+2x_2+x_3=4\\&\quad 2x_1+3x_2+x_4=12\\&\quad x_1-x_2+x_5=3\\&\quad x_j\geqslant 0,\quad j=1,2,\cdots,5\end{aligned}\right\}$$

原始数据为

$$\boldsymbol{A}=(\boldsymbol{p}_1,\boldsymbol{p}_2,\boldsymbol{p}_3,\boldsymbol{p}_4,\boldsymbol{p}_5)=\begin{bmatrix}-1&2&1&0&0\\2&3&0&1&0\\1&-1&0&0&1\end{bmatrix}$$

$$\boldsymbol{c} = (c_1, c_2, c_3, c_4, c_5)^{\mathrm{T}} = (-4, -1, 0, 0, 0)^{\mathrm{T}}, \quad \boldsymbol{b} = (4, 12, 3)^{\mathrm{T}}$$

易见可取初始可行基

$$\boldsymbol{B}_0 = (\boldsymbol{p}_3, \boldsymbol{p}_4, \boldsymbol{p}_5) = \begin{bmatrix} 1 & 0 & 0 \\ 0 & 1 & 0 \\ 0 & 0 & 1 \end{bmatrix}, \quad \boldsymbol{c}_{\mathrm{B}_0} = (c_3, c_4, c_5)^{\mathrm{T}} = (0, 0, 0)^{\mathrm{T}}$$

有

$$\boldsymbol{B}_0^{-1} = \begin{bmatrix} 1 & 0 & 0 \\ 0 & 1 & 0 \\ 0 & 0 & 1 \end{bmatrix}, \quad \boldsymbol{x}_{\mathrm{B}_0} = \begin{pmatrix} x_3 \\ x_4 \\ x_5 \end{pmatrix} = \boldsymbol{B}_0^{-1}\boldsymbol{b} = \begin{pmatrix} 4 \\ 12 \\ 3 \end{pmatrix} = \begin{pmatrix} b_1^{(0)} \\ b_2^{(0)} \\ b_3^{(0)} \end{pmatrix}$$

(1) 第 1 次循环。

计算非基变量的检验数

$$\boldsymbol{\omega} = \boldsymbol{c}_{\mathrm{B}_0}^{\mathrm{T}}\boldsymbol{B}_0^{-1} = (0, 0, 0)\begin{bmatrix} 1 & 0 & 0 \\ 0 & 1 & 0 \\ 0 & 0 & 1 \end{bmatrix} = (0, 0, 0)$$

$$\sigma_1 = c_1 - \boldsymbol{\omega}\boldsymbol{p}_1 = -4 - (0, 0, 0)\begin{pmatrix} -1 \\ 2 \\ 1 \end{pmatrix} = -4$$

$$\sigma_2 = c_2 - \boldsymbol{\omega}\boldsymbol{p}_2 = -1 - (0, 0, 0)\begin{pmatrix} 2 \\ 3 \\ -1 \end{pmatrix} = -1$$

由于 $\sigma_k = \min\{\sigma_1, \sigma_2\} = \sigma_1$，所以 $k = 1$，x_1 为入基变量。

为确定出基变量，计算

$$\boldsymbol{B}_0^{-1}\boldsymbol{p}_1 = \begin{bmatrix} 1 & 0 & 0 \\ 0 & 1 & 0 \\ 0 & 0 & 1 \end{bmatrix}\begin{pmatrix} -1 \\ 2 \\ 1 \end{pmatrix} = \begin{pmatrix} -1 \\ 2 \\ 1 \end{pmatrix} = \begin{pmatrix} a_{11}^{(0)} \\ a_{21}^{(0)} \\ a_{31}^{(0)} \end{pmatrix}$$

由于

$$\frac{b_l^{(0)}}{a_{l1}^{(0)}} = \min_{a_{i1}^{(0)}>0}\left(\frac{b_i^{(0)}}{a_{i1}^{(0)}}\right) = \min\left\{\frac{b_2^{(0)}}{a_{21}^{(0)}}, \frac{b_3^{(0)}}{a_{31}^{(0)}}\right\} = \min\left\{\frac{12}{2}, \frac{3}{1}\right\} = 3 = \frac{b_3^{(0)}}{a_{31}^{(0)}}$$

所以 $l = 3$，即第 3 个基变量 x_5 为出基变量。用 $\boldsymbol{p}_1$ 替换 $\boldsymbol{p}_5$ 得到新的基矩阵 $\boldsymbol{B}_1 = (\boldsymbol{p}_3, \boldsymbol{p}_4, \boldsymbol{p}_1)$，$\boldsymbol{c}_{\mathrm{B}_1} = (c_3, c_4, c_1)^{\mathrm{T}} = (0, 0, -4)^{\mathrm{T}}$。

计算初等变换矩阵，由

$$\boldsymbol{\xi}=\left(-\frac{a_{11}^{(0)}}{a_{31}^{(0)}},-\frac{a_{21}^{(0)}}{a_{31}^{(0)}},\frac{1}{a_{31}^{(0)}}\right)^{\mathrm{T}}=\left(-\frac{-1}{1},-\frac{2}{1},\frac{1}{1}\right)^{\mathrm{T}}=(1,-2,1)^{\mathrm{T}}$$

得

$$\boldsymbol{E}_{31}^{-1}=\begin{bmatrix}1&0&1\\0&1&-2\\0&0&1\end{bmatrix}$$

新基的逆 $\boldsymbol{B}_1^{-1}$ 和基变量 $\boldsymbol{x}_{\mathrm{B}_1}$ 为

$$\boldsymbol{B}_1^{-1}=\boldsymbol{E}_{31}^{-1}\boldsymbol{B}_0^{-1}=\begin{bmatrix}1&0&1\\0&1&-2\\0&0&1\end{bmatrix}\begin{bmatrix}1&0&0\\0&1&0\\0&0&1\end{bmatrix}=\begin{bmatrix}1&0&1\\0&1&-2\\0&0&1\end{bmatrix}$$

$$\boldsymbol{x}_{\mathrm{B}_1}=\begin{pmatrix}x_3\\x_4\\x_1\end{pmatrix}=\boldsymbol{E}_{31}^{-1}\boldsymbol{x}_{\mathrm{B}_0}=\begin{bmatrix}1&0&1\\0&1&-2\\0&0&1\end{bmatrix}\begin{pmatrix}4\\12\\3\end{pmatrix}=\begin{pmatrix}7\\6\\3\end{pmatrix}=\begin{pmatrix}b_1^{(1)}\\b_2^{(1)}\\b_3^{(1)}\end{pmatrix}$$

(2) 第 2 次循环。

计算非基变量的检验数

$$\boldsymbol{\omega}=\boldsymbol{c}_{\mathrm{B}_1}^{\mathrm{T}}\boldsymbol{B}_1^{-1}=(0,0,-4)\begin{bmatrix}1&0&1\\0&1&-2\\0&0&1\end{bmatrix}=(0,0,-4)$$

$$\sigma_2=c_2-\boldsymbol{\omega}\boldsymbol{p}_2=-1-(0,0,-4)\begin{pmatrix}2\\3\\-1\end{pmatrix}=-5$$

$$\sigma_5=c_5-\boldsymbol{\omega}\boldsymbol{p}_5=0-(0,0,-4)\begin{pmatrix}0\\0\\1\end{pmatrix}=4$$

由于 $\sigma_k=\min\{\sigma_2,\sigma_5\}=\sigma_2=-5<0$，所以 $k=2$，x_2 为入基变量。

为确定出基变量，计算

$$\boldsymbol{B}_1^{-1}\boldsymbol{p}_2=\begin{bmatrix}1&0&1\\0&1&-2\\0&0&1\end{bmatrix}\begin{pmatrix}2\\3\\-1\end{pmatrix}=\begin{pmatrix}1\\5\\-1\end{pmatrix}=\begin{pmatrix}a_{12}^{(1)}\\a_{22}^{(1)}\\a_{32}^{(1)}\end{pmatrix}$$

由于

$$\frac{b_l^{(1)}}{a_{l2}^{(1)}} = \min_{a_{i2}^{(1)}>0}\left(\frac{b_i^{(1)}}{a_{i2}^{(1)}}\right) = \min\left\{\frac{b_1^{(1)}}{a_{12}^{(1)}}, \frac{b_2^{(1)}}{a_{22}^{(1)}}\right\} = \min\left\{\frac{7}{1}, \frac{6}{5}\right\} = \frac{6}{5} = \frac{b_2^{(1)}}{a_{22}^{(1)}}$$

所以 $l=2$，即第 2 个基变量 x_4 为出基变量。用 $\boldsymbol{p}_2$ 替换 $\boldsymbol{p}_4$ 得到新的基矩阵 $\boldsymbol{B}_2 = (\boldsymbol{p}_3, \boldsymbol{p}_2, \boldsymbol{p}_1)$，$\boldsymbol{c}_{\mathrm{B}_2} = (c_3, c_2, c_1)^{\mathrm{T}} = (0, -1, -4)^{\mathrm{T}}$。

计算初等变换矩阵，由

$$\boldsymbol{\xi} = \left(-\frac{a_{12}^{(1)}}{a_{22}^{(1)}}, \frac{1}{a_{22}^{(1)}}, -\frac{a_{32}^{(1)}}{a_{22}^{(1)}}\right)^{\mathrm{T}} = \left(-\frac{1}{5}, \frac{1}{5}, -\frac{-1}{5}\right)^{\mathrm{T}} = \left(-\frac{1}{5}, \frac{1}{5}, \frac{1}{5}\right)^{\mathrm{T}}$$

得

$$\boldsymbol{E}_{22}^{-1} = \begin{bmatrix} 1 & -\frac{1}{5} & 0 \\ 0 & \frac{1}{5} & 0 \\ 0 & \frac{1}{5} & 1 \end{bmatrix}$$

新基的逆 $\boldsymbol{B}_2^{-1}$ 和基变量 $\boldsymbol{x}_{\mathrm{B}_2}$ 为

$$\boldsymbol{B}_2^{-1} = \boldsymbol{E}_{22}^{-1}\boldsymbol{B}_1^{-1} = \begin{bmatrix} 1 & -\frac{1}{5} & 0 \\ 0 & \frac{1}{5} & 0 \\ 0 & \frac{1}{5} & 1 \end{bmatrix} \begin{bmatrix} 1 & 0 & 1 \\ 0 & 1 & -2 \\ 0 & 0 & 1 \end{bmatrix} = \begin{bmatrix} 1 & -\frac{1}{5} & \frac{7}{5} \\ 0 & \frac{1}{5} & -\frac{2}{5} \\ 0 & \frac{1}{5} & \frac{3}{5} \end{bmatrix}$$

$$\boldsymbol{x}_{\mathrm{B}_2} = \begin{pmatrix} x_3 \\ x_2 \\ x_1 \end{pmatrix} = \boldsymbol{E}_{22}^{-1}\boldsymbol{x}_{\mathrm{B}_1} = \begin{bmatrix} 1 & -\frac{1}{5} & 0 \\ 0 & \frac{1}{5} & 0 \\ 0 & \frac{1}{5} & 1 \end{bmatrix} \begin{pmatrix} 7 \\ 6 \\ 3 \end{pmatrix} = \begin{pmatrix} \frac{29}{5} \\ \frac{6}{5} \\ \frac{21}{5} \end{pmatrix} = \begin{pmatrix} b_1^{(2)} \\ b_2^{(2)} \\ b_3^{(2)} \end{pmatrix}$$

(3) 第 3 次循环。

计算非基变量的检验数

$$\boldsymbol{\omega} = \boldsymbol{c}_{\mathrm{B}_2}^{\mathrm{T}}\boldsymbol{B}_2^{-1} = (0, -1, -4) \begin{bmatrix} 1 & -\frac{1}{5} & \frac{7}{5} \\ 0 & \frac{1}{5} & -\frac{2}{5} \\ 0 & \frac{1}{5} & \frac{3}{5} \end{bmatrix} = (0, -1, -2)$$

$$\sigma_4 = c_4 - \boldsymbol{\omega}\boldsymbol{p}_4 = 0 - (0, -1, -2)\begin{pmatrix} 0 \\ 1 \\ 0 \end{pmatrix} = 1$$

$$\sigma_5 = c_5 - \boldsymbol{\omega}\boldsymbol{p}_5 = 0 - (0, -1, -2)\begin{pmatrix} 0 \\ 0 \\ 1 \end{pmatrix} = 2$$

由于 $\sigma_4 > 0$，$\sigma_5 > 0$，所以问题的最优解为 $x_1^* = \dfrac{21}{5}$，$x_2^* = \dfrac{6}{5}$，目标函数的最小值为 $f_{\min} = -18$。

5.4　二次规划的数学模型与最优性条件

二次规划是指目标函数是设计变量 $\boldsymbol{x} \in \mathbb{R}^n$ 的二次函数，约束函数是设计变量 $\boldsymbol{x} \in \mathbb{R}^n$ 的线性函数的一类数学规划问题。常写成如下形式：

$$\left.\begin{aligned} &\min f(\boldsymbol{x}) = \frac{1}{2}\boldsymbol{x}^{\mathrm{T}}\boldsymbol{G}\boldsymbol{x} + \boldsymbol{r}^{\mathrm{T}}\boldsymbol{x} \\ &\text{s.t. } c_i(\boldsymbol{x}) = \boldsymbol{a}_i^{\mathrm{T}}\boldsymbol{x} - b_i = 0, \quad i \in E = \{1, 2, \cdots, l\} \\ &\qquad c_i(\boldsymbol{x}) = \boldsymbol{a}_i^{\mathrm{T}}\boldsymbol{x} - b_i \leqslant 0, \quad i \in I = \{l+1, l+2, \cdots, l+m\} \end{aligned}\right\} \tag{5.4.1}$$

式中，$\boldsymbol{G}$ 是 $n \times n$ 的对称矩阵，$\boldsymbol{r}$ 和 $\boldsymbol{a}_i$ $(i \in E \cup I)$ 为 n 维向量，b_i $(i \in E \cup I)$ 为纯量。

第 2 章已经讨论了约束优化问题的最优性条件，具体到二次规划问题 (5.4.1)，有如下定理。

定理 5.2　$\boldsymbol{x}^*$ 是二次规划问题 (5.4.1) 的局部极小点，则 $\boldsymbol{x}^*$ 是 KKT 点，即存在 $\boldsymbol{\lambda}^* = (\lambda_1^*, \lambda_2^*, \cdots, \lambda_{l+m}^*)^{\mathrm{T}}$，使得

$$\left.\begin{aligned} &\boldsymbol{G}\boldsymbol{x}^* + \boldsymbol{r} + \sum_{i=1}^{l+m}\lambda_i^*\boldsymbol{a}_i = \boldsymbol{0} \\ &\boldsymbol{a}_i^{\mathrm{T}}\boldsymbol{x}^* - b_i = 0, \quad i \in E \\ &\boldsymbol{a}_i^{\mathrm{T}}\boldsymbol{x}^* - b_i \leqslant 0, \quad i \in I \\ &\lambda_i^* \geqslant 0, \quad i \in I \\ &\lambda_i^*(\boldsymbol{a}_i^{\mathrm{T}}\boldsymbol{x}^* - b_i) = 0, \quad i \in I \end{aligned}\right\} \tag{5.4.2}$$

成立，而且对所有满足

$$\boldsymbol{a}_i^{\mathrm{T}}\boldsymbol{d} = 0, \quad i \in E \cup I(\boldsymbol{x}^*)$$

的向量 $\boldsymbol{d}$，都有

$$\boldsymbol{d}^{\mathrm{T}}\boldsymbol{G}\boldsymbol{d} \geqslant 0$$

其中，$I(\boldsymbol{x}^*) = \{i \,|\, \boldsymbol{a}_i^{\mathrm{T}}\boldsymbol{x}^* - b_i = 0, \quad i \in I\}$ 是在 $\boldsymbol{x}^*$ 起作用的不等式约束集。

定理 5.3　设 $\boldsymbol{x}^*$ 是二次规划问题 (5.4.1) 的局部极小点，则 $\boldsymbol{x}^*$ 也必是问题

$$\left.\begin{aligned} &\min f(\boldsymbol{x}) = \frac{1}{2}\boldsymbol{x}^{\mathrm{T}}\boldsymbol{G}\boldsymbol{x} + \boldsymbol{r}^{\mathrm{T}}\boldsymbol{x} \\ &\text{s.t. } c_i(\boldsymbol{x}) = \boldsymbol{a}_i^{\mathrm{T}}\boldsymbol{x} - b_i = 0, \quad i \in E \cup I(\boldsymbol{x}^*) \end{aligned}\right\} \tag{5.4.3}$$

的局部极小点。反之，如果 $\boldsymbol{x}^*$ 是问题 (5.4.1) 的可行点，且是问题 (5.4.3) 的 KKT 点，而且相应的拉格朗日乘子 $\boldsymbol{\lambda}^*$ 满足

$$\lambda_i^* \geqslant 0, \quad i \in I(\boldsymbol{x}^*) \tag{5.4.4}$$

则 $\boldsymbol{x}^*$ 也是问题 (5.4.1) 的 KKT 点。

如果 $\boldsymbol{G}$ 是 (正定) 半正定矩阵，式 (5.4.1) 中的目标函数是 (严格) 凸函数，问题 (5.4.1) 被称为 (严格) 凸二次规划。这时，有如下既充分也必要的最优性条件。

定理 5.4 设 $\boldsymbol{G}$ 是 (半) 正定矩阵，$\boldsymbol{x}^*$ 是二次规划问题 (5.4.1) 的全局极小点当且仅当它是一个局部极小点，即当且仅当它是一个 KKT 点。

5.5 二次规划问题的解法

5.5.1 等式约束二次规划问题的解法

等式约束二次规划问题可表示为

$$\left.\begin{aligned} &\min f(\boldsymbol{x}) = \frac{1}{2}\boldsymbol{x}^{\mathrm{T}}\boldsymbol{G}\boldsymbol{x} + \boldsymbol{r}^{\mathrm{T}}\boldsymbol{x} \\ &\text{s.t.}\ \ \boldsymbol{A}\boldsymbol{x} = \boldsymbol{b} \end{aligned}\right\} \tag{5.5.1}$$

式中，$\boldsymbol{G}$ 是 $n\times n$ 的对称矩阵；$\boldsymbol{A} = (\boldsymbol{a}_1, \boldsymbol{a}_2, \cdots, \boldsymbol{a}_m)^{\mathrm{T}}$ 是 $m\times n$ 的矩阵，设 $\mathrm{rank}(\boldsymbol{A}) = m < n$；$\boldsymbol{r}$ 为 n 维向量；$\boldsymbol{b}$ 为 m 维向量。

求解问题 (5.5.1) 最简单又最直接的方法就是利用约束方程组消去部分变量，从而把问题转化为无约束问题，这一方法称为直接消元法。

沿用 5.2 节的概念，将设计变量分为基变量 $\boldsymbol{x}_{\mathrm{B}}$ 与非基变量 $\boldsymbol{x}_{\mathrm{N}}$，约束方程组可写成分块形式

$$[\boldsymbol{B}, \boldsymbol{N}]\begin{pmatrix} \boldsymbol{x}_{\mathrm{B}} \\ \boldsymbol{x}_{\mathrm{N}} \end{pmatrix} = \boldsymbol{b} \tag{5.5.2}$$

解得

$$\boldsymbol{x}_{\mathrm{B}} = \boldsymbol{B}^{-1}\boldsymbol{b} - \boldsymbol{B}^{-1}\boldsymbol{N}\boldsymbol{x}_{\mathrm{N}} \tag{5.5.3}$$

将式 (5.5.3) 代入目标函数即可将原二次规划转化为只包含非基变量 $\boldsymbol{x}_{\mathrm{N}}$ 的无约束优化问题。下面给出一个简单的例子。

例 5.5 用直接消元法求解凸二次规划问题

$$\left.\begin{aligned} &\min f(\boldsymbol{x}) = x_1^2 + x_2^2 + x_3^2 \\ &\text{s.t.}\ \ x_1 + 2x_2 - x_3 = 4 \\ &\qquad\ x_1 - x_2 + x_3 = -2 \end{aligned}\right\}$$

解： 将约束条件改写为

$$\left.\begin{aligned} x_1 + 2x_2 &= 4 + x_3 \\ x_1 - x_2 &= -2 - x_3 \end{aligned}\right\}$$

解得

$$x_1 = -\frac{1}{3}x_3, \quad x_2 = 2 + \frac{2}{3}x_3 \tag{a}$$

将式 (a) 代入目标函数 $f(\boldsymbol{x})$ 中，得

$$\overline{f}(x_3) = \frac{14}{9}x_3^2 + \frac{8}{3}x_3 + 4$$

解无约束优化问题 $\min \overline{f}(x_3)$ 得

$$x_3^* = -\frac{6}{7} \tag{b}$$

将式 (b) 代入式 (a) 得

$$x_1^* = \frac{2}{7}, \quad x_2^* = \frac{10}{7}$$

故原二次规划问题的最优解为 $\boldsymbol{x}^* = \left(\frac{2}{7}, \frac{10}{7}, -\frac{6}{7}\right)^{\mathrm{T}}$。

直接消元法思想简单直观，不足之处是 $\boldsymbol{B}$ 可能接近一个奇异方阵，从而使计算最优解 $\boldsymbol{x}^*$ 时可能导致数值不稳定。

解等式约束二次规划问题常用的是拉格朗日乘子法。它是基于极值条件，求解可行域内的 KKT 点，即拉格朗日函数的稳定点。

问题 (5.5.1) 的拉格朗日函数为

$$L(\boldsymbol{x}, \boldsymbol{\lambda}) = \frac{1}{2}\boldsymbol{x}^{\mathrm{T}}\boldsymbol{G}\boldsymbol{x} + \boldsymbol{r}^{\mathrm{T}}\boldsymbol{x} + \boldsymbol{\lambda}^{\mathrm{T}}(\boldsymbol{A}\boldsymbol{x} - \boldsymbol{b}) \tag{5.5.4}$$

相应的 KKT 条件为

$$\begin{cases} \boldsymbol{G}\boldsymbol{x} + \boldsymbol{A}^{\mathrm{T}}\boldsymbol{\lambda} = -\boldsymbol{r} \\ \boldsymbol{A}\boldsymbol{x} = \boldsymbol{b} \end{cases} \tag{5.5.5}$$

将上式写成矩阵形式，有

$$\begin{bmatrix} \boldsymbol{G} & \boldsymbol{A}^{\mathrm{T}} \\ \boldsymbol{A} & \boldsymbol{O} \end{bmatrix} \begin{Bmatrix} \boldsymbol{x} \\ \boldsymbol{\lambda} \end{Bmatrix} = \begin{Bmatrix} -\boldsymbol{r} \\ \boldsymbol{b} \end{Bmatrix} \tag{5.5.6}$$

式中，系数矩阵 $\begin{bmatrix} \boldsymbol{G} & \boldsymbol{A}^{\mathrm{T}} \\ \boldsymbol{A} & \boldsymbol{O} \end{bmatrix}$ 称为拉格朗日矩阵。

当 $\boldsymbol{G}$ 是对称正定矩阵，$\boldsymbol{A}$ 行满秩时，拉格朗日矩阵是可逆的。设

$$\begin{bmatrix} \boldsymbol{G} & \boldsymbol{A}^{\mathrm{T}} \\ \boldsymbol{A} & \boldsymbol{O} \end{bmatrix}^{-1} = \begin{bmatrix} \boldsymbol{Q} & \boldsymbol{R}^{\mathrm{T}} \\ \boldsymbol{R} & \boldsymbol{S} \end{bmatrix} \tag{5.5.7}$$

则可得式 (5.5.6) 的唯一解，即二次规划问题 (5.5.1) 的解

$$\boldsymbol{x}^* = -\boldsymbol{Q}\boldsymbol{r} + \boldsymbol{R}^{\mathrm{T}}\boldsymbol{b} \tag{5.5.8}$$

和相应的拉格朗日乘子向量

$$\boldsymbol{\lambda}^* = -\boldsymbol{R}\boldsymbol{r} + \boldsymbol{S}\boldsymbol{b} \tag{5.5.9}$$

下面推导 $\boldsymbol{Q}$、$\boldsymbol{R}$、$\boldsymbol{S}$ 的具体表达式。由于

$$\begin{bmatrix} \boldsymbol{G} & \boldsymbol{A}^{\mathrm{T}} \\ \boldsymbol{A} & \boldsymbol{O} \end{bmatrix} \begin{bmatrix} \boldsymbol{Q} & \boldsymbol{R}^{\mathrm{T}} \\ \boldsymbol{R} & \boldsymbol{S} \end{bmatrix} = \begin{bmatrix} \boldsymbol{I}_n & \boldsymbol{O}_{n\times m} \\ \boldsymbol{O}_{m\times n} & \boldsymbol{I}_m \end{bmatrix} \tag{5.5.10}$$

将上式展开，得

$$\boldsymbol{G}\boldsymbol{Q} + \boldsymbol{A}^{\mathrm{T}}\boldsymbol{R} = \boldsymbol{I}_n \tag{5.5.11}$$

$$\boldsymbol{G}\boldsymbol{R}^{\mathrm{T}} + \boldsymbol{A}^{\mathrm{T}}\boldsymbol{S} = \boldsymbol{O}_{n\times m} \tag{5.5.12}$$

$$\boldsymbol{A}\boldsymbol{Q} = \boldsymbol{O}_{m\times n} \tag{5.5.13}$$

$$\boldsymbol{A}\boldsymbol{R}^{\mathrm{T}} = \boldsymbol{I}_m \tag{5.5.14}$$

由式 (5.5.12) 得

$$\boldsymbol{R}^{\mathrm{T}} = -\boldsymbol{G}^{-1}\boldsymbol{A}^{\mathrm{T}}\boldsymbol{S} \tag{5.5.15}$$

在式 (5.5.15) 等号两边左乘 $\boldsymbol{A}$，并考虑到式 (5.5.14) 得

$$\boldsymbol{A}\boldsymbol{R}^{\mathrm{T}} = -\boldsymbol{A}\boldsymbol{G}^{-1}\boldsymbol{A}^{\mathrm{T}}\boldsymbol{S} = \boldsymbol{I}_m$$

故有

$$\boldsymbol{S} = -(\boldsymbol{A}\boldsymbol{G}^{-1}\boldsymbol{A}^{\mathrm{T}})^{-1} \tag{5.5.16}$$

将式 (5.5.16) 代入式 (5.5.15)，同时考虑到 $\boldsymbol{G}$ 是对称正定矩阵，可得

$$\boldsymbol{R} = (\boldsymbol{A}\boldsymbol{G}^{-1}\boldsymbol{A}^{\mathrm{T}})^{-1}\boldsymbol{A}\boldsymbol{G}^{-1} \tag{5.5.17}$$

将式 (5.5.17) 代入式 (5.5.11) 可得

$$\boldsymbol{Q} = \boldsymbol{G}^{-1} - \boldsymbol{G}^{-1}\boldsymbol{A}^{\mathrm{T}}(\boldsymbol{A}\boldsymbol{G}^{-1}\boldsymbol{A}^{\mathrm{T}})^{-1}\boldsymbol{A}\boldsymbol{G}^{-1} \tag{5.5.18}$$

当已知问题 (5.5.1) 的一个可行解 $\overline{\boldsymbol{x}}$ 时，可利用 $\overline{\boldsymbol{x}}$ 和目标函数的梯度 $\nabla f(\overline{\boldsymbol{x}})$，按下式计算 $\boldsymbol{x}^*$ 和 $\boldsymbol{\lambda}^*$。

$$\boldsymbol{x}^* = \overline{\boldsymbol{x}} - \boldsymbol{Q}\nabla f(\overline{\boldsymbol{x}}) \tag{5.5.19}$$

$$\boldsymbol{\lambda}^* = -\boldsymbol{R}\nabla f(\overline{\boldsymbol{x}}) \tag{5.5.20}$$

事实上，由于 $\overline{\boldsymbol{x}}$ 是问题 (5.5.1) 的可行解，即满足

$$\boldsymbol{A}\overline{\boldsymbol{x}} = \boldsymbol{b} \tag{5.5.21}$$

在 $\overline{\boldsymbol{x}}$ 处目标函数的梯度为

$$\nabla f(\overline{\boldsymbol{x}})=\boldsymbol{G}\overline{\boldsymbol{x}}+\boldsymbol{r}$$

故

$$\boldsymbol{r}=\nabla f(\overline{\boldsymbol{x}})-\boldsymbol{G}\overline{\boldsymbol{x}} \tag{5.5.22}$$

将式 (5.5.21)、式 (5.5.22) 代入式 (5.5.8) 和式 (5.5.9)，不难得出式 (5.5.19) 和式 (5.5.20)。

例 5.6 用拉格朗日乘子法解下列问题

$$\left.\begin{aligned}&\min f(\boldsymbol{x})=x_1^2+2x_2^2+x_3^2-2x_1x_2+x_3\\&\text{s.t. }\ x_1+x_2+x_3=4\\&\qquad 2x_1-x_2+x_3=2\end{aligned}\right\}$$

解： 易知

$$\boldsymbol{G}=\begin{bmatrix}2&-2&0\\-2&4&0\\0&0&2\end{bmatrix},\quad \boldsymbol{r}=\begin{pmatrix}0\\0\\1\end{pmatrix},\quad \boldsymbol{A}=\begin{bmatrix}1&1&1\\2&-1&1\end{bmatrix},\quad \boldsymbol{b}=\begin{pmatrix}4\\2\end{pmatrix}$$

将 $\boldsymbol{G}$、$\boldsymbol{A}$ 代入式 (5.5.16)、式 (5.5.17)、式 (5.5.18) 得

$$\boldsymbol{S}=-\frac{4}{11}\begin{bmatrix}3&-\frac{5}{2}\\-\frac{5}{2}&3\end{bmatrix},\quad \boldsymbol{R}=\frac{4}{11}\begin{bmatrix}\frac{3}{4}&\frac{7}{4}&\frac{1}{4}\\\frac{3}{4}&-1&\frac{1}{4}\end{bmatrix},\quad \boldsymbol{Q}=\frac{4}{11}\begin{bmatrix}\frac{1}{2}&\frac{1}{4}&-\frac{3}{4}\\\frac{1}{4}&\frac{1}{8}&-\frac{3}{8}\\-\frac{3}{4}&-\frac{3}{8}&\frac{9}{8}\end{bmatrix}$$

将 $\boldsymbol{Q}$、$\boldsymbol{R}$、$\boldsymbol{S}$、$\boldsymbol{r}$、$\boldsymbol{b}$ 代入式 (5.5.8)、式 (5.5.9)，得原问题的解和拉格朗日乘子为

$$\boldsymbol{x}^*=(x_1^*,x_2^*,x_3^*)^{\mathrm{T}}=\left(\frac{22}{11},\frac{43}{22},\frac{3}{22}\right)^{\mathrm{T}},\boldsymbol{\lambda}^*=(\lambda_1^*,\lambda_2^*)^{\mathrm{T}}=\left(\frac{29}{11},-\frac{5}{11}\right)^{\mathrm{T}}$$

5.5.2 起作用集法

起作用集法的基本思想是通过求解有限个等式约束二次规划问题来得到一般约束二次规划问题的最优解。

设在第 k 次迭代中，$\boldsymbol{x}^{(k)}$ 是凸二次规划问题 (5.4.1) 的一个可行点，相应的起作用集为 $E\cup I(\boldsymbol{x}^{(k)})$，并假设 $\boldsymbol{a}_i$ $(i\in E\cup I(\boldsymbol{x}^{(k)}))$ 线性无关。

考虑等式约束二次规划问题

$$\left.\begin{aligned}&\min f(\boldsymbol{x})=\frac{1}{2}\boldsymbol{x}^{\mathrm{T}}\boldsymbol{G}\boldsymbol{x}+\boldsymbol{r}^{\mathrm{T}}\boldsymbol{x}\\&\text{s.t. }\ c_i(\boldsymbol{x})=\boldsymbol{a}_i^{\mathrm{T}}\boldsymbol{x}-b_i=0,\quad i\in E\cup I(\boldsymbol{x}^{(k)})\end{aligned}\right\} \tag{5.5.23}$$

设 $\overline{\boldsymbol{x}}^{(k)}$ 是式 (5.5.23) 的最优解，若 $\overline{\boldsymbol{x}}^{(k)}$ 是凸二次规划问题 (5.4.1) 的可行点，且相应的拉格朗日乘子 $\lambda_i^* \geqslant 0, i \in I(\boldsymbol{x}^*)$，则 $\overline{\boldsymbol{x}}^{(k)}$ 也是问题 (5.4.1) 的最优解。

以 $\boldsymbol{x}^{(k)}$ 为起点，记 $\boldsymbol{x} = \boldsymbol{x}^{(k)} + \boldsymbol{d}$，问题 (5.5.23) 可转化为

$$\left.\begin{aligned} &\min f(\boldsymbol{x}) = \frac{1}{2}\boldsymbol{d}^{\mathrm{T}}\boldsymbol{G}\boldsymbol{d} + \nabla f(\boldsymbol{x}^{(k)})^{\mathrm{T}}\boldsymbol{d} \\ &\text{s.t. } \boldsymbol{a}_i^{\mathrm{T}}\boldsymbol{d} = 0, \quad i \in E \cup I(\boldsymbol{x}^{(k)}) \end{aligned}\right\} \tag{5.5.24}$$

设 $\boldsymbol{d}^{(k)}$ 是式 (5.5.24) 的最优解，$\lambda_i^{(k)}$ $(i \in E \cup I(\boldsymbol{x}^{(k)}))$ 是相应的拉格朗日乘子。若 $\boldsymbol{d}^{(k)} = 0$，则 $\boldsymbol{x}^{(k)}$ 是问题 (5.5.23) 的最优解。此时，若 $\lambda_i^{(k)} \geqslant 0$ $(i \in I(\boldsymbol{x}^{(k)}))$，则 $\boldsymbol{x}^{(k)}$ 是原二次规划问题 (5.4.1) 的最优解；否则，设 $\lambda_{i_k}^{(k)} = \min\limits_{i \in I(\boldsymbol{x}^{(k)})} \lambda_i^{(k)} < 0$，将起作用集 $I(\boldsymbol{x}^{(k)})$ 更改为 $I(\boldsymbol{x}^{(k)}) \backslash \{i_k\}$，重新求解问题 (5.5.24)。

若 $\boldsymbol{d}^{(k)} \neq 0$，则 $\boldsymbol{x}^{(k)} + \boldsymbol{d}^{(k)}$ 是问题 (5.5.23) 的最优解。此时，若 $\boldsymbol{x}^{(k)} + \boldsymbol{d}^{(k)}$ 是原二次规划问题 (5.4.1) 的可行点，则取 $\boldsymbol{x}^{(k+1)} = \boldsymbol{x}^{(k)} + \boldsymbol{d}^{(k)}$，确定 $I(\boldsymbol{x}^{(k+1)})$，令 $k = k+1$，进行下一次迭代。

若 $\boldsymbol{x}^{(k)} + \boldsymbol{d}^{(k)}$ 不是原二次规划问题 (5.4.1) 的可行点，即存在 $i \in I \backslash I(\boldsymbol{x}^{(k)})$，有

$$\boldsymbol{a}_i^{\mathrm{T}}(\boldsymbol{x}^{(k)} + \boldsymbol{d}^{(k)}) - b_i > 0$$

即

$$\boldsymbol{a}_i^{\mathrm{T}}\boldsymbol{x}^{(k)} - b_i + \boldsymbol{a}_i^{\mathrm{T}}\boldsymbol{d}^{(k)} > 0$$

因此

$$\boldsymbol{a}_i^{\mathrm{T}}\boldsymbol{d}^{(k)} > 0$$

令 $\boldsymbol{x} = \boldsymbol{x}^{(k)} + \alpha_i^{(k)}\boldsymbol{d}^{(k)}$，使 $\boldsymbol{a}_i^{\mathrm{T}}\boldsymbol{x} - b_i = 0$，即

$$\boldsymbol{a}_i^{\mathrm{T}}\boldsymbol{x}^{(k)} - b_i + \alpha_i^{(k)}\boldsymbol{a}_i^{\mathrm{T}}\boldsymbol{d}^{(k)} = 0$$

解得

$$\alpha_i^{(k)} = \frac{b_i - \boldsymbol{a}_i^{\mathrm{T}}\boldsymbol{x}^{(k)}}{\boldsymbol{a}_i^{\mathrm{T}}\boldsymbol{d}^{(k)}}$$

设

$$\alpha_{i_p}^{(k)} = \frac{b_{i_p} - \boldsymbol{a}_{i_p}^{\mathrm{T}}\boldsymbol{x}^{(k)}}{\boldsymbol{a}_{i_p}^{\mathrm{T}}\boldsymbol{d}^{(k)}} = \min\left\{\frac{b_i - \boldsymbol{a}_i^{\mathrm{T}}\boldsymbol{x}^{(k)}}{\boldsymbol{a}_i^{\mathrm{T}}\boldsymbol{d}^{(k)}} \,\middle|\, i \in I \backslash I(\boldsymbol{x}^{(k)}),\ \boldsymbol{a}_i^{\mathrm{T}}\boldsymbol{d}^{(k)} > 0\right\} \tag{5.5.25}$$

则 $\boldsymbol{x}^{(k+1)} = \boldsymbol{x}^{(k)} + \alpha_{i_p}^{(k)}\boldsymbol{d}^{(k)}$ 是原二次规划问题 (5.4.1) 的可行点，起作用不等式约束集为 $I(\boldsymbol{x}^{(k+1)}) = I(\boldsymbol{x}^{(k)}) \cup \{i_p\}$，令 $k = k+1$，进行下一次迭代。

下面给出起作用集法的具体计算步骤。

算法 5.3 (起作用集法)

---

(1) 给定初始可行点 $\boldsymbol{x}^{(1)}$，确定相应的起作用集为 $E \cup I(\boldsymbol{x}^{(1)})$，置 $k = 1$。

(2) 解等式约束二次规划问题 (5.5.24)，得 $\boldsymbol{d}^{(k)}$。

(3) 若 $\boldsymbol{d}^{(k)}=0$，利用式 (5.5.9) 或式 (5.5.22) 计算拉格朗日乘子 $\lambda_i^{(k)}$ $(i\in E\cup I(\boldsymbol{x}^{(k)}))$，转步骤 (4)，否则转步骤 (5)。

(4) 若对每个 $i\in I(\boldsymbol{x}^{(k)})$，都有 $\lambda_i^{(k)}\geqslant 0$，则停止计算，$\boldsymbol{x}^{(k)}$ 为原二次规划问题 (5.4.1) 的最优解；否则计算 $\lambda_{i_k}^{(k)}=\min\limits_{i\in I(\boldsymbol{x}^{(k)})}\lambda_i^{(k)}$，置 $\boldsymbol{x}^{(k+1)}=\boldsymbol{x}^{(k)}$，$I(\boldsymbol{x}^{(k+1)})=I(\boldsymbol{x}^{(k)})\backslash i_k$，转步骤 (7)。

(5) 若对每个 $i\in I\backslash I(\boldsymbol{x}^{(k)})$，都有 $\boldsymbol{a}_i^{\mathrm{T}}\boldsymbol{d}^{(k)}\leqslant b_i-\boldsymbol{a}_i^{\mathrm{T}}\boldsymbol{x}^{(k)}$，则 $\boldsymbol{x}^{(k)}+\boldsymbol{d}^{(k)}$ 是原二次规划问题 (5.4.1) 的可行点，置 $\boldsymbol{x}^{(k+1)}=\boldsymbol{x}^{(k)}+\boldsymbol{d}^{(k)}$，确定 $I(\boldsymbol{x}^{(k+1)})$，转步骤 (7)；否则，转步骤 (6)。

(6) 利用式 (5.5.25) 计算 $\alpha_{i_p}^{(k)}$，取 $\alpha^{(k)}=\min\{1,\alpha_{i_p}^{(k)}\}$，置 $\boldsymbol{x}^{(k+1)}=\boldsymbol{x}^{(k)}+\alpha^{(k)}\boldsymbol{d}^{(k)}$，若 $\alpha^{(k)}=\alpha_{i_p}^{(k)}$，置 $I(\boldsymbol{x}^{(k+1)})=I(\boldsymbol{x}^{(k)})\cup\{i_p\}$，否则，置 $I(\boldsymbol{x}^{(k+1)})=I(\boldsymbol{x}^{(k)})$，转步骤 (7)。

(7) 令 $k=k+1$，转步骤 (2)。

例 5.7 用起作用集法求解下列凸二次规划问题

$$\left.\begin{aligned}&\min f(\boldsymbol{x})=x_1^2-x_1x_2+2x_2^2-x_1-10x_2\\&\text{s.t. }\ c_1(\boldsymbol{x})=3x_1+2x_2\leqslant 6\\&\qquad c_2(\boldsymbol{x})=-x_1\leqslant 0\\&\qquad c_3(\boldsymbol{x})=-x_2\leqslant 0\end{aligned}\right\}$$

取初始点 $\boldsymbol{x}^{(1)}=(0,0)^{\mathrm{T}}$。

解：易知

$$\boldsymbol{G}=\begin{bmatrix}2&-1\\-1&4\end{bmatrix},\quad \boldsymbol{r}=(-1,-10)^{\mathrm{T}}$$

在初始可行点 $\boldsymbol{x}^{(1)}=(0,0)^{\mathrm{T}}$，$\nabla f(\boldsymbol{x}^{(1)})=(-1,-10)^{\mathrm{T}}$，起作用集为 $I(\boldsymbol{x}^{(1)})=\{2,3\}$，$\boldsymbol{A}=\begin{pmatrix}\boldsymbol{a}_2^{\mathrm{T}}\\\boldsymbol{a}_3^{\mathrm{T}}\end{pmatrix}=\begin{bmatrix}-1&0\\0&-1\end{bmatrix}$，相应的问题 (5.5.24) 为

$$\left.\begin{aligned}&\min f(\boldsymbol{x})=d_1^2-d_1d_2+2d_2^2-d_1-10d_2\\&\text{s.t. }\ -d_1=0\\&\qquad -d_2=0\end{aligned}\right\}$$

解得 $\boldsymbol{d}^{(1)}=(0,0)^{\mathrm{T}}$，利用式 (5.5.20) 得 $\lambda_2^{(1)}=-1$，$\lambda_3^{(1)}=-10$。故 $\boldsymbol{x}^{(1)}=(0,0)^{\mathrm{T}}$ 不是原问题的最优解。

取 $\boldsymbol{x}^{(2)}=\boldsymbol{x}^{(1)}=(0,0)^{\mathrm{T}}$，$I(\boldsymbol{x}^{(2)})=I(\boldsymbol{x}^{(1)})\backslash\{3\}=\{2\}$。这时，$\boldsymbol{A}=\boldsymbol{a}_2^{\mathrm{T}}=(-1,0)$，相应的问题 (5.5.24) 为

$$\left.\begin{aligned}&\min f(\boldsymbol{x})=d_1^2-d_1d_2+2d_2^2-d_1-10d_2\\&\text{s.t. }\ -d_1=0\end{aligned}\right\}$$

解得 $\boldsymbol{d}^{(2)}=\left(0,\dfrac{5}{2}\right)^{\mathrm{T}}$，由于

$$\boldsymbol{a}_1^{\mathrm{T}}\boldsymbol{d}^{(2)}=(3,2)\begin{pmatrix}0\\ \dfrac{5}{2}\end{pmatrix}=5<b_1-\boldsymbol{a}_1^{\mathrm{T}}\boldsymbol{x}^{(2)}=6,$$

$$\boldsymbol{a}_3^{\mathrm{T}}\boldsymbol{d}^{(2)}=(0,-1)\begin{pmatrix}0\\ \dfrac{5}{2}\end{pmatrix}=-\frac{5}{2}<b_3-\boldsymbol{a}_3^{\mathrm{T}}\boldsymbol{x}^{(2)}=0$$

故取 $\boldsymbol{x}^{(3)}=\boldsymbol{x}^{(2)}+\boldsymbol{d}^{(2)}=\left(0,\dfrac{5}{2}\right)^{\mathrm{T}}$，有 $\nabla f(\boldsymbol{x}^{(3)})=\left(-\dfrac{7}{2},0\right)^{\mathrm{T}}$，$I(\boldsymbol{x}^{(3)})=I(\boldsymbol{x}^{(2)})=\{2\}$，$\boldsymbol{A}=\boldsymbol{a}_2^{\mathrm{T}}=(-1,0)$，相应的问题 (5.5.24) 为

$$\left.\begin{array}{l}\min f(\boldsymbol{x})=d_1^2-d_1d_2+2d_2^2-\dfrac{7}{2}d_1\\ \text{s.t. } -d_1=0\end{array}\right\}$$

解得 $\boldsymbol{d}^{(3)}=(0,0)^{\mathrm{T}}$，利用式 (5.5.20) 得 $\lambda_2^{(3)}=-\dfrac{7}{2}$。故 $\boldsymbol{x}^{(3)}=\left(0,\dfrac{5}{2}\right)^{\mathrm{T}}$ 不是原问题的最优解。

取 $\boldsymbol{x}^{(4)}=\boldsymbol{x}^{(3)}=\left(0,\dfrac{5}{2}\right)^{\mathrm{T}}$，$I(\boldsymbol{x}^{(4)})=I(\boldsymbol{x}^{(3)})\backslash\{2\}=\varnothing$。这时，相应的问题 (5.5.24) 为

$$\min\ f(\boldsymbol{x})=d_1^2-d_1d_2+2d_2^2-\frac{7}{2}d_1$$

解得 $\boldsymbol{d}^{(4)}=\left(2,\dfrac{1}{2}\right)^{\mathrm{T}}$，由于

$$\boldsymbol{a}_1^{\mathrm{T}}\boldsymbol{d}^{(4)}=(3,2)\begin{pmatrix}2\\ \dfrac{1}{2}\end{pmatrix}=7>b_1-\boldsymbol{a}_1^{\mathrm{T}}\boldsymbol{x}^{(4)}=1$$

$$\boldsymbol{a}_2^{\mathrm{T}}\boldsymbol{d}^{(4)}=(-1,0)\begin{pmatrix}2\\ \dfrac{1}{2}\end{pmatrix}=-2<b_2-\boldsymbol{a}_2^{\mathrm{T}}\boldsymbol{x}^{(4)}=0$$

$$\boldsymbol{a}_3^{\mathrm{T}}\boldsymbol{d}^{(4)}=(0,-1)\begin{pmatrix}2\\ \dfrac{1}{2}\end{pmatrix}=-\frac{1}{2}<b_3-\boldsymbol{a}_3^{\mathrm{T}}\boldsymbol{x}^{(4)}=\frac{5}{2}$$

所以，$\alpha_4=\min\left\{1,\dfrac{b_1-\boldsymbol{a}_1^{\mathrm{T}}\boldsymbol{x}^{(4)}}{\boldsymbol{a}_1^{\mathrm{T}}\boldsymbol{d}^{(4)}}\right\}=\min\left\{1,\dfrac{1}{7}\right\}=\dfrac{1}{7}$，故取 $\boldsymbol{x}^{(5)}=\boldsymbol{x}^{(4)}+\alpha_4\boldsymbol{d}^{(4)}=\left(\dfrac{2}{7},\dfrac{18}{7}\right)^{\mathrm{T}}$，有 $\nabla f(\boldsymbol{x}^{(5)})=(-3,0)^{\mathrm{T}}$，$I(\boldsymbol{x}^{(5)})=I(\boldsymbol{x}^{(4)})\cup\{1\}=\{1\}$，$\boldsymbol{A}=\boldsymbol{a}_1^{\mathrm{T}}=(3,2)$，相

应的问题 (5.5.24) 为

$$\left.\begin{aligned}&\min f(\boldsymbol{x})=d_1^2-d_1d_2+2d_2^2-3d_1\\&\text{s.t. } 3d_1+2d_2=0\end{aligned}\right\}$$

解得 $\boldsymbol{d}^{(5)}=\left(\dfrac{3}{14},-\dfrac{9}{28}\right)^{\mathrm{T}}$，由于

$$\boldsymbol{a}_2^{\mathrm{T}}\boldsymbol{d}^{(5)}=(-1,0)\begin{pmatrix}\dfrac{3}{14}\\-\dfrac{9}{28}\end{pmatrix}=-\frac{3}{14}<b_2-\boldsymbol{a}_2^{\mathrm{T}}\boldsymbol{x}^{(5)}=\frac{2}{7}$$

$$\boldsymbol{a}_3^{\mathrm{T}}\boldsymbol{d}^{(5)}=(0,-1)\begin{pmatrix}\dfrac{3}{14}\\-\dfrac{9}{28}\end{pmatrix}=\frac{9}{28}<b_3-\boldsymbol{a}_3^{\mathrm{T}}\boldsymbol{x}^{(5)}=\frac{18}{7}$$

所以,取 $\boldsymbol{x}^{(6)}=\boldsymbol{x}^{(5)}+\boldsymbol{d}^{(5)}=\left(\dfrac{1}{2},\dfrac{9}{4}\right)^{\mathrm{T}}$,有 $\nabla f(\boldsymbol{x}^{(6)})=\left(-\dfrac{9}{4},-\dfrac{3}{2}\right)^{\mathrm{T}}$,$I(\boldsymbol{x}^{(6)})=I(\boldsymbol{x}^{(5)})=\{1\}$，$\boldsymbol{A}=\boldsymbol{a}_1^{\mathrm{T}}=(3,2)$，相应的问题 (5.5.24) 为

$$\left.\begin{aligned}&\min f(\boldsymbol{x})=d_1^2-d_1d_2+2d_2^2-\frac{9}{4}d_1-\frac{3}{2}d_2\\&\text{s.t. } 3d_1+2d_2=0\end{aligned}\right\}$$

解得 $\boldsymbol{d}^{(6)}=(0,0)^{\mathrm{T}}$，利用式 (5.5.2) 得 $\lambda_1^{(6)}=\dfrac{3}{4}>0$。故 $\boldsymbol{x}^{(6)}=\left(\dfrac{1}{2},\dfrac{9}{4}\right)^{\mathrm{T}}$ 是原问题的最优解。

5.5.3 Lemke 方法

Lemke 方法的基本思想是把线性规划的单纯形法加以适当修改，用来求二次规划的 KKT 点。

考虑二次规划问题

$$\left.\begin{aligned}&\min f(\boldsymbol{x})=\frac{1}{2}\boldsymbol{x}^{\mathrm{T}}\boldsymbol{G}\boldsymbol{x}+\boldsymbol{r}^{\mathrm{T}}\boldsymbol{x}\\&\text{s.t. } \boldsymbol{A}\boldsymbol{x}\leqslant\boldsymbol{b}\\&\qquad \boldsymbol{x}\geqslant 0\end{aligned}\right\}\tag{5.5.26}$$

式中，$\boldsymbol{G}$ 是 $n\times n$ 的对称矩阵；$\boldsymbol{A}=(\boldsymbol{a}_1,\boldsymbol{a}_2,\cdots,\boldsymbol{a}_m)^{\mathrm{T}}$ 是 $m\times n$ 的矩阵，设 $\operatorname{rank}(\boldsymbol{A})=m$；$\boldsymbol{r}$ 为 n 维向量；$\boldsymbol{b}$ 为 m 维向量。

引入乘子 $\boldsymbol{u}$ 和 $\boldsymbol{v}$，定义拉格朗日函数

$$L(\boldsymbol{x},\boldsymbol{u},\boldsymbol{v})=f(\boldsymbol{x})+\boldsymbol{u}^{\mathrm{T}}(\boldsymbol{A}\boldsymbol{x}-\boldsymbol{b})-\boldsymbol{v}^{\mathrm{T}}\boldsymbol{x}$$

再引入松弛变量 $\boldsymbol{y}\geqslant\boldsymbol{0}$，使

$$\boldsymbol{Ax}+\boldsymbol{y}=\boldsymbol{b}$$

这样，问题 (5.5.26) 的 KKT 条件可写成

$$\left.\begin{array}{l}\boldsymbol{Gx}+\boldsymbol{A}^{\mathrm{T}}\boldsymbol{u}-\boldsymbol{v}=-\boldsymbol{r}\\ \boldsymbol{Ax}+\boldsymbol{y}=\boldsymbol{b}\\ \boldsymbol{v}^{\mathrm{T}}\boldsymbol{x}=0\\ \boldsymbol{y}^{\mathrm{T}}\boldsymbol{u}=0\\ \boldsymbol{u}\geqslant\boldsymbol{0},\ \boldsymbol{v}\geqslant\boldsymbol{0},\ \boldsymbol{x}\geqslant\boldsymbol{0},\ \boldsymbol{y}\geqslant\boldsymbol{0}\end{array}\right\}\tag{5.5.27}$$

记

$$\boldsymbol{w}=\begin{pmatrix}\boldsymbol{v}\\ \boldsymbol{y}\end{pmatrix},\quad \boldsymbol{z}=\begin{pmatrix}\boldsymbol{x}\\ \boldsymbol{u}\end{pmatrix},\quad \boldsymbol{M}=\begin{bmatrix}\boldsymbol{G} & \boldsymbol{A}^{\mathrm{T}}\\ -\boldsymbol{A} & \boldsymbol{0}\end{bmatrix},\quad \boldsymbol{q}=\begin{pmatrix}\boldsymbol{r}\\ \boldsymbol{b}\end{pmatrix}$$

则式 (5.5.27) 可写为

$$\left.\begin{array}{l}\boldsymbol{w}-\boldsymbol{Mz}=\boldsymbol{q}\\ \boldsymbol{w}\geqslant\boldsymbol{0},\quad \boldsymbol{z}\geqslant\boldsymbol{0}\end{array}\right\}\tag{5.5.28}$$

和

$$\boldsymbol{w}^{\mathrm{T}}\boldsymbol{z}=0\tag{5.5.29}$$

其中，$\boldsymbol{w}$，$\boldsymbol{z}$，$\boldsymbol{q}$ 均为 $m+n$ 维列向量，$\boldsymbol{M}$ 则是 $m+n$ 阶矩阵。

式 (5.5.28) 和式 (5.5.29) 一起称为线性互补问题，其每个解 $(\boldsymbol{w},\boldsymbol{z})$ 的 $2(m+n)$ 个分量中，至少有 $m+n$ 个取零值，而且其中每对互补变量 (w_i,z_i) 中至少有一个为零，其余分量均是非负数。由于式 (5.5.28) 是线性约束，沿用线性规划中的概念，满足式 (5.5.28) 的解称为基本可行解，其变量可分为基本变量和非基本变量。考虑到互补条件式 (5.5.29) 的要求，还需补充互补基本可行解的概念。

定义 5.2　设 $(\boldsymbol{w},\boldsymbol{z})$ 是式 (5.5.28) 的一个基本可行解，且每对互补变量 (w_i,z_i) 中只有一个变量是基变量，则称 $(\boldsymbol{w},\boldsymbol{z})$ 是互补基本可行解。

这样，求二次规划问题的 KKT 点就转化为求互补基本可行解。下面介绍求互补基本可行解的 Lemke 方法。分以下两种情形讨论。

(1) 如果 $\boldsymbol{q}\geqslant\boldsymbol{0}$，则 $(\boldsymbol{w},\boldsymbol{z})=(\boldsymbol{q},\boldsymbol{0})$ 就是一个互补基本可行解。

(2) 如果不满足 $\boldsymbol{q}\geqslant\boldsymbol{0}$，则引入人工变量 z_0，使 $\boldsymbol{q}+z_0\boldsymbol{e}\geqslant\boldsymbol{0}$，令

$$\left.\begin{array}{l}\boldsymbol{w}-\boldsymbol{Mz}-z_0\boldsymbol{e}=\boldsymbol{q}\\ \boldsymbol{w}\geqslant\boldsymbol{0},\quad \boldsymbol{z}\geqslant\boldsymbol{0},\quad z_0\geqslant0\end{array}\right\}\tag{5.5.30}$$

$$\boldsymbol{w}^{\mathrm{T}}\boldsymbol{z}=0\tag{5.5.31}$$

其中，$\boldsymbol{e}=(1,1,\cdots,1)^{\mathrm{T}}$ 是分量全为 1 的 $m+n$ 维列向量。

为了求解式 (5.5.30)、式 (5.5.31)，先引入准互补基本可行解的概念。

定义 5.3 设 $(\boldsymbol{w},\boldsymbol{z},z_0)$ 是式 (5.5.30)、式 (5.5.31) 的一个可行解，且满足下列条件：

(1) $(\boldsymbol{w},\boldsymbol{z},z_0)$ 是式 (5.5.30) 的一个基本可行解；

(2) 对某个 $s\in\{1,2,\cdots,m+n\}$，w_s 和 z_s 都不是基变量；

(3) z_0 是基变量，每对互补变量 $(w_i,z_i)(i=1,2,\cdots,m+n;\ i\neq s)$ 中，都只有一个是基变量。则称 $(\boldsymbol{w},\boldsymbol{z},z_0)$ 是一个准互补基本可行解。

令

$$z_0=\max\{-q_i\,|i=1,2,\cdots,m+n\}=-q_s,\quad \boldsymbol{z}=\boldsymbol{0},\quad \boldsymbol{w}=\boldsymbol{q}+z_0\boldsymbol{e}=\boldsymbol{q}-q_s\boldsymbol{e}$$

则 $(\boldsymbol{w},\boldsymbol{z},z_0)$ 是一个准互补基本可行解，其中 $w_i(i=1,2,\cdots,m+n;\ i\neq s)$ 和 z_0 是基变量，其余变量为非基变量。

Lemke 方法以此解为起始解，类似于线性规划的单纯形法，用主元消去法求新的准互补基本可行解，迫使 z_0 变为非基变量。为保持互补性与可行性，选择主元时要遵守两条规则：

(1) 若 w_i(或 z_i) 出基，则 z_i(或 w_i) 入基；

(2) 按照单纯形法中的最小比值规则确定出基变量。

这样就能实现从一个准互补基本可行解到另一个准互补基本可行解的转换，直至得到互补基本可行解，即 z_0 变为非基变量，或者得出由式 (5.5.30) 所定义的可行域无界的结论。

下面给出 Lemke 方法的具体步骤。

算法 5.4 (Lemke 方法)

---

(1) 若 $\boldsymbol{q}\geqslant\boldsymbol{0}$，则停止计算，$(\boldsymbol{w},\boldsymbol{z})=(\boldsymbol{q},\boldsymbol{0})$ 是互补基本可行解；否则用表格形式表示式 (5.5.30) 中的方程组，设

$$\max\{-q_i\,|i=1,2,\cdots,m+n\}=-q_s$$

取 s 行为主行，z_0 对应的列为主列，进行主元消去，使 z_0 入基，w_s 出基，并令 $y_s=z_s$。

(2) 设在现行表中变量 y_s 下面的列为 $\boldsymbol{d}_s$，若 $\boldsymbol{d}_s\leqslant\boldsymbol{0}$，则停止计算，得到式 (5.5.30) 定义的可行域无界，问题没有确定最优解；否则，按最小比值规则确定指标 r，使

$$\frac{\overline{q}_r}{d_{rs}}=\min\left\{\frac{\overline{q}_i}{d_{is}}\,|d_{is}>0\right\}$$

如果 r 行的基变量是 z_0，则转步骤 (4)；否则，进行步骤 (3)。

(3) 设 r 行的基变量为 w_l 或 $z_l(l\neq s)$，变量 y_s 入基，以 r 行为主行，$y_s=z_s$ 对应的列为主列，进行主元消去。如果出基变量是 w_l，则令

$$y_s=z_l$$

如果出基变量是 z_l，则令

$$y_s=w_l$$

转步骤 (2)。

(4) 变量 y_s 入基，z_0 出基。以 r 行为主行，y_s 对应的列为主列，进行主元消去，得到互补基本可行解，停止计算。

例 5.8　用 Lemke 方法求解下列凸二次规划问题

$$\left.\begin{aligned}&\min f(\boldsymbol{x})=x_1^2-x_1x_2+2x_2^2-x_1-10x_2\\&\text{s.t. }3x_1+2x_2\leqslant 6\\&\qquad x_1\geqslant 0\\&\qquad x_2\geqslant 0\end{aligned}\right\}$$

解：易知

$$\boldsymbol{G}=\begin{bmatrix}2&-1\\-1&4\end{bmatrix},\quad \boldsymbol{r}=(-1,-10)^{\mathrm{T}},\quad \boldsymbol{A}=(3,2),\quad b=6$$

故

$$\boldsymbol{M}=\begin{bmatrix}\boldsymbol{G}&\boldsymbol{A}^{\mathrm{T}}\\-\boldsymbol{A}&\boldsymbol{0}\end{bmatrix}=\begin{bmatrix}2&-1&3\\-1&4&2\\-3&-2&\boldsymbol{0}\end{bmatrix}\ \boldsymbol{q}=\begin{pmatrix}\boldsymbol{r}\\b\end{pmatrix}=\begin{pmatrix}-1\\-10\\6\end{pmatrix}$$

线性互补问题为

$$\left.\begin{aligned}&w_1-2z_1+z_2-3z_3=-1\\&w_2+z_1-4z_2-2z_3=-10\\&w_3+3z_1+2z_2=6\\&w_i\geqslant 0,\ z_i\geqslant 0,\quad i=1,2,3\\&w_iz_i=0,\quad i=1,2,3\end{aligned}\right\}$$

引入人工变量 z_0，建立初始表如表 5.8 所示。

表 5.8　例 5.8 初始表

	w_1	w_2	w_3	z_1	z_2	z_3	z_0	$\boldsymbol{q}$
w_1	1	0	0	−2	1	−3	−1	−1
w_2	0	1	0	1	−4	−2	[−1]	−10
w_3	0	0	1	3	2	0	−1	6

z_0 入基，w_2 出基，以表中加 [ ] 的元素为主元进行消元运算，得换基后的表如表 5.9 所示。

表 5.9 例 5.8 换基后表 (1)

	w_1	w_2	w_3	z_1	z_2	z_3	z_0	$\overline{q}$
w_1	1	-1	0	-3	[5]	-1	0	9
z_0	0	-1	0	-1	4	2	1	10
w_3	0	-1	1	3	6	2	0	16

z_2 入基，按最小比值规则确定 w_1 出基，经主元消去法运算，得换基后的表格如表 5.10 所示。

表 5.10 例 5.8 换基后表 (2)

	w_1	w_2	w_3	z_1	z_2	z_3	z_0	$\overline{q}$
z_2	$\frac{1}{5}$	$-\frac{1}{5}$	0	$-\frac{3}{5}$	1	$-\frac{1}{5}$	0	$\frac{9}{5}$
z_0	$-\frac{4}{5}$	$-\frac{1}{5}$	0	$\frac{7}{5}$	0	$\frac{14}{5}$	1	$\frac{14}{5}$
w_3	$-\frac{6}{5}$	$\frac{1}{5}$	1	$\left[\frac{28}{5}\right]$	0	$\frac{16}{5}$	0	$\frac{26}{5}$

z_1 入基，按最小比值规则确定 w_3 出基，经主元消去法运算，得换基后的表格如表 5.11 所示。

表 5.11 例 5.8 换基后表 (3)

	w_1	w_2	w_3	z_1	z_2	z_3	z_0	$\overline{q}$
z_2	$\frac{1}{14}$	$-\frac{5}{28}$	$\frac{3}{28}$	0	1	$\frac{1}{7}$	0	$\frac{33}{14}$
z_0	$-\frac{1}{2}$	$-\frac{1}{4}$	$-\frac{1}{4}$	0	0	[2]	1	$\frac{3}{2}$
z_1	$-\frac{3}{14}$	$\frac{1}{28}$	$\frac{5}{28}$	1	0	$\frac{4}{7}$	0	$\frac{13}{14}$

z_3 入基，按最小比值规则确定 z_0 出基，经主元消去法运算，得换基后的表格如表 5.12 所示。

表 5.12 例 5.8 换基后表 (4)

	w_1	w_2	w_3	z_1	z_2	z_3	z_0	$\overline{q}$
z_2	$\frac{3}{28}$	$-\frac{9}{56}$	$\frac{7}{56}$	0	1	0	$-\frac{1}{14}$	$\frac{9}{4}$
z_3	$-\frac{1}{4}$	$-\frac{1}{8}$	$-\frac{1}{8}$	0	0	1	$\frac{1}{2}$	$\frac{3}{4}$
z_1	$-\frac{1}{14}$	$\frac{3}{28}$	$\frac{1}{4}$	1	0	0	$-\frac{2}{7}$	$\frac{1}{2}$

z_0 已出基，得到互补基本可行解

$$(w_1, w_2, w_3, z_1, z_2, z_3) = \left(0, 0, 0, \frac{1}{2}, \frac{9}{4}, \frac{3}{4}\right)$$

因此得到问题的 KKT 点，对本例也就是最优点

$$(x_1, x_2)^{\mathrm{T}} = \left(\frac{1}{2}, \frac{9}{4}\right)^{\mathrm{T}}$$

相应的目标函数最小值为 $f_{\min} = -\dfrac{55}{4}$。

第 6 章　非线性规划问题的解法

结构优化问题一般都是有约束的非线性规划问题。求解有约束优化问题的算法大致分为三类：第一类算法称为直接法或原方法，因为它直接求解原问题，可看作无约束下降算法的自然推广，但是在选择搜索方向和确定移动步长时，要考虑约束条件的要求，在可行域内搜索新的迭代点，如可行方向法、复形法等；第二类算法称为序列无约束优化算法，其基本思想是设法将有约束优化问题转化为一系列无约束优化问题去求解，主要有罚函数法、广义乘子法等；第三类算法为序列近似规划法，其基本思想是将一般的有约束优化问题用一系列特殊的数学规划问题来近似，通过求解近似规划问题来逐步逼近原问题的解，主要有序列线性规划法、序列二次规划法以及移动渐近线法等。

6.1　约坦狄克可行方向法

很多求解有约束优化问题的原方法是以由约坦狄克 (Zoutendijk) 引进的可行方向法为基础的。考虑一般非线性规划问题

$$\left.\begin{array}{l}\min\ f(\boldsymbol{x}) \\ \text{s.t.}\ \ g_i(\boldsymbol{x}) \leqslant 0, \quad i=1,2,\cdots,m\end{array}\right\} \tag{6.1.1}$$

可行方向是指从当前可行点 $\boldsymbol{x}^{(k)}$ 出发，能够找到新的可行点 $\boldsymbol{x}^{(k+1)}=\boldsymbol{x}^{(k)}+\alpha_k\boldsymbol{d}^{(k)}$ 的搜索方向 $\boldsymbol{d}^{(k)}$。显然，如果 $\boldsymbol{x}^{(k)}$ 在可行域内，即 $g_i(\boldsymbol{x}^{(k)})<0\ (i=1,2,\cdots,m)$，则对任意搜索方向 $\boldsymbol{d}^{(k)}$，总可选择适当的步长 $\alpha_k>0$，使得 $\boldsymbol{x}^{(k+1)}=\boldsymbol{x}^{(k)}+\alpha_k\boldsymbol{d}^{(k)}$ 是可行点，故此时任意方向都是可行方向。如果 $\boldsymbol{x}^{(k)}$ 在约束边界上，设起作用集为 $I(\boldsymbol{x}^{(k)})=\{i\left|g_i(\boldsymbol{x}^{(k)})=0,1\leqslant i\leqslant m\right.\}$，若搜索方向 $\boldsymbol{d}^{(k)}$ 是可行方向，则存在步长 $\alpha_k>0$，使得 $\boldsymbol{x}^{(k+1)}=\boldsymbol{x}^{(k)}+\alpha_k\boldsymbol{d}^{(k)}$ 是可行点，即

$$g_i(\boldsymbol{x}^{(k+1)})=g_i(\boldsymbol{x}^{(k)}+\alpha_k\boldsymbol{d}^{(k)})\leqslant 0, \quad i=1,2,\cdots,m$$

将约束函数 $g_i(\boldsymbol{x})$ 在 $\boldsymbol{x}^{(k)}$ 处进行泰勒展开，取一次近似，得

$$g_i(\boldsymbol{x}^{(k+1)})\approx g_i(\boldsymbol{x}^{(k)})+\alpha_k[\nabla g_i(\boldsymbol{x}^{(k)})]^{\mathrm{T}}\boldsymbol{d}^{(k)}\leqslant 0, \quad i=1,2,\cdots,m$$

故有

$$[\nabla g_i(\boldsymbol{x}^{(k)})]^{\mathrm{T}}\boldsymbol{d}^{(k)}\leqslant 0, \quad i\in I(\boldsymbol{x}^{(k)}) \tag{6.1.2}$$

对于线性约束，即 $g_i(\boldsymbol{x})$ 为线性函数时，式 (6.1.2) 就是可行方向 $\boldsymbol{d}^{(k)}$ 应满足的条件；对于非线性约束，式 (6.1.2) 必须取严格的不等号，即可行方向应满足：

$$[\nabla g_i(\boldsymbol{x}^{(k)})]^{\mathrm{T}}\boldsymbol{d}^{(k)}<0, i\in I(\boldsymbol{x}^{(k)}) \tag{6.1.3}$$

不允许取等号的原因是在等号的情况下，$\boldsymbol{d}^{(k)}$ 在约束的切平面内，当 $\alpha_k > 0$ 时，沿 $\boldsymbol{d}^{(k)}$ 前进一般将进入非可行域。

另外，为了使 $f(\boldsymbol{x}^{(k+1)}) < f(\boldsymbol{x}^{(k)})$，$\boldsymbol{d}^{(k)}$ 还应该是目标函数的下降方向，即满足

$$[\nabla f(\boldsymbol{x}^{(k)})]^{\mathrm{T}}\boldsymbol{d}^{(k)} < 0 \tag{6.1.4}$$

同时满足式 (6.1.2) 或式 (6.1.3) 及式 (6.1.4) 的方向 $\boldsymbol{d}^{(k)}$ 称为下降可行方向。图 6.1 中阴影部分的扇形区域就是下降可行方向集合，又称为下降可行方向锥。

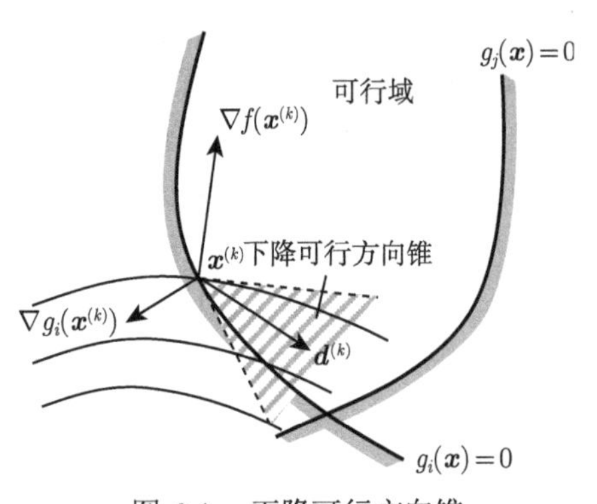

图 6.1　下降可行方向锥

可行方向法的基本思路就是从给定的初始可行点出发，沿下降可行方向以一定的步长移动到另一可行点，如此反复迭代，直至收敛。它主要包括两类运算：一是确定满足式 (6.1.3) 和式 (6.1.4) 的搜索方向 $\boldsymbol{d}^{(k)}$；二是确定沿 $\boldsymbol{d}^{(k)}$ 方向的搜索步长。显然，搜索方向应使目标函数下降得尽可能快，因此，可将确定搜索方向归结为求解下列线性规划问题

$$\left.\begin{array}{ll}\min & [\nabla f(\boldsymbol{x}^{(k)})]^{\mathrm{T}}\boldsymbol{d}^{(k)} \\ \text{s.t.} & [\nabla g_i(\boldsymbol{x}^{(k)})]^{\mathrm{T}}\boldsymbol{d}^{(k)} \leqslant 0, \quad i \in I(\boldsymbol{x}^{(k)}) \\ & -1 \leqslant d_j^{(k)} \leqslant 1, \quad j = 1, 2, \cdots, n\end{array}\right\} \tag{6.1.5}$$

按照式 (6.1.5) 求出的可行方向 $\boldsymbol{d}^{(k)}$，可能是在某个约束的切平面内，即 $[\nabla g_i(\boldsymbol{x}^{(k)})]^{\mathrm{T}}\boldsymbol{d}^{(k)} = 0$。当 $g_i(\boldsymbol{x})$ 为线性函数时，$\boldsymbol{d}^{(k)}$ 是允许这样取的，但当 $g_i(\boldsymbol{x})$ 为非线性函数时，这样的 $\boldsymbol{d}^{(k)}$ 实际上是不可行的。另外，如果这样求得的 $\boldsymbol{d}^{(k)}$ 使式 (6.1.5) 中的目标值非负，则方向 $\boldsymbol{d}^{(k)}$ 也不是下降方向。为了排除 $\boldsymbol{d}^{(k)}$ 落在约束 (非线性) 边界的切平面，且又排除 $\boldsymbol{d}^{(k)}$ 落在目标函数等值面的切平面，可将式 (6.1.3) 和式 (6.1.4) 修改为

$$[\nabla f(\boldsymbol{x}^{(k)})]^{\mathrm{T}}\boldsymbol{d}^{(k)} - \beta \leqslant 0 \tag{6.1.6}$$

$$[\nabla g_i(\boldsymbol{x}^{(k)})]^{\mathrm{T}}\boldsymbol{d}^{(k)} - \theta_i\beta \leqslant 0,\ i \in I(\boldsymbol{x}^{(k)}) \tag{6.1.7}$$

其中，θ_i 为任意正常数，用来对所采用的下降可行方向作适当的控制。这样，约坦狄克把确定搜索方向归结为求解下列线性规划问题

$$\left.\begin{array}{ll}\min & \beta \\ \text{s.t.} & [\nabla f(\boldsymbol{x}^{(k)})]^{\mathrm{T}}\boldsymbol{d}^{(k)} - \beta \leqslant 0 \\ & [\nabla g_i(\boldsymbol{x}^{(k)})]^{\mathrm{T}}\boldsymbol{d}^{(k)} - \theta_i\beta \leqslant 0, \quad i \in I(\boldsymbol{x}^{(k)}) \\ & -1 \leqslant d_j^{(k)} \leqslant 1, \quad j = 1, 2, \cdots, n\end{array}\right\} \tag{6.1.8}$$

其中，当 $g_i(\boldsymbol{x})$ 为线性函数时，取 $\theta_i = 0$；但当 $g_i(\boldsymbol{x})$ 为非线性函数时，取 $\theta_i > 0$。

显然，$(\boldsymbol{d}^{(k)}, \beta) = (\boldsymbol{0}, 0)$ 是线性规划问题 (6.1.8) 的可行解，故一定有 $\beta_{\min} \leqslant 0$。当 $\beta_{\min} < 0$ 时，求得的方向 $\boldsymbol{d}^{(k)}$ 就是下降可行方向；当 $\beta_{\min} = 0$ 时，可以证明，在一定条件下，$\boldsymbol{x}^{(k)}$ 就是原非线性规划 (6.1.1) 的最优解。

正常数 θ_i 称为推离因子，它的大小反映了选用的可行方向离开约束边界的远近，推离因子的影响如图 6.2 所示，可以看出，如果 θ_i 近似为零，可行方向实质上取成使

$$[\nabla f(\boldsymbol{x}^{(k)})]^{\mathrm{T}}\boldsymbol{d}^{(k)}-\beta\leqslant 0,\ [\nabla g_i(\boldsymbol{x}^{(k)})]^{\mathrm{T}}\boldsymbol{d}^{(k)}\leqslant 0 \tag{6.1.9}$$

因此，所选的方向使目标函数减小得很快，但是这个可行方向紧紧地挨着可行域边界，步长选得稍大一点便可能违反约束，见图 6.2(a)；相反，如果 θ_i 取得很大，所采用的方向会远离约束界面，但是接近目标函数等值面的切平面，因而目标函数下降很少甚至不下降，如图 6.2(b) 所示。θ_i 应根据约束函数的性质选取适当的值，一般常取 $\theta_i=1$。

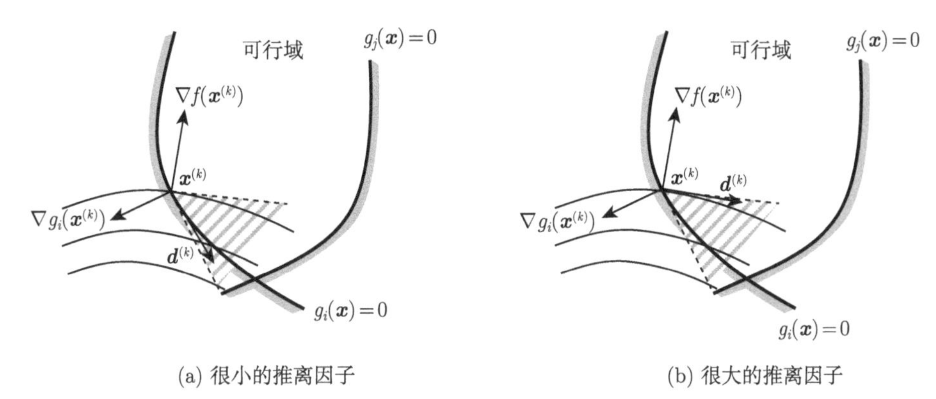

(a) 很小的推离因子　　(b) 很大的推离因子

图 6.2　推离因子影响示意图

求得下降可行方向后，就要采用一维搜索方法确定搜索步长 α_k。与无约束优化问题下降法的一维搜索不同，这里的一维搜索问题是有约束的，即

$$\min_{0\leqslant\alpha\leqslant\alpha_{\max}} f(\boldsymbol{x}^{(k)}+\alpha\boldsymbol{d}^{(k)})=f(\boldsymbol{x}^{(k)}+\alpha_k\boldsymbol{d}^{(k)}) \tag{6.1.10}$$

其中，$\alpha_{\max}$ 是所有使 $\boldsymbol{x}^{(k)}+\alpha\boldsymbol{d}^{(k)}$ 为可行点的 α 的上确界，即

$$\alpha_{\max}=\sup\{\alpha\,|g(\boldsymbol{x}^{(k)}+\alpha\boldsymbol{d}^{(k)})\leqslant 0,\ i=1,2,\cdots,m\} \tag{6.1.11}$$

下面给出约坦狄克可行方向法的具体算法步骤。

算法 6.1 (约坦狄克可行方向法)

(1) 给定初始可行点 $\boldsymbol{x}^{(0)}$，允许误差 $\varepsilon_1>0$，$\varepsilon_2>0$，置 $k=0$。

(2) 确定起作用约束指标集 $I(\boldsymbol{x}^{(k)})=\{i\,|g_i(\boldsymbol{x}^{(k)})=0,1\leqslant i\leqslant m\}$，若 $I(\boldsymbol{x}^{(k)})=\varnothing$，转步骤 (3)，否则转步骤 (4)。

(3) 若 $\|\nabla f(\boldsymbol{x}^{(k)})\|\leqslant\varepsilon_1$，则停止迭代，得 $\boldsymbol{x}^*=\boldsymbol{x}^{(k)}$；否则，令 $\boldsymbol{d}^{(k)}=-\nabla f(\boldsymbol{x}^{(k)})$，转步骤 (6)。

(4) 解线性规划问题式 (6.1.8)，设最优解为 $(\boldsymbol{d}^{(k)},\beta_k)$。

(5) 若 $|\beta_k|\leqslant\varepsilon_2$，则停止迭代，得 $\boldsymbol{x}^*=\boldsymbol{x}^{(k)}$；否则，转步骤 (6)。

(6) 确定 $\alpha_{\max}$，解一维搜索问题式 (6.1.10) 得最优解 α_k，转步骤 (7)。

(7) 置 $\boldsymbol{x}^{(k+1)}=\boldsymbol{x}^{(k)}+\alpha_k\boldsymbol{d}^{(k)}$，$k=k+1$，转步骤 (2)。

例 6.1 用约坦狄克可行方向法求解

$$\left.\begin{aligned}\min\quad & f(\boldsymbol{x}) = 2x_1^2 + 2x_2^2 - 2x_1x_2 - 4x_1 - 6x_2 \\ \text{s.t.}\quad & g_1(\boldsymbol{x}) = x_1 + 5x_2 \leqslant 5 \\ & g_2(\boldsymbol{x}) = 2x_1^2 - x_2 \leqslant 0 \\ & g_3(\boldsymbol{x}) = -x_1 \leqslant 0 \\ & g_4(\boldsymbol{x}) = -x_2 \leqslant 0\end{aligned}\right\}$$

取 $\boldsymbol{x}^{(0)} = (0, 0.75)^{\mathrm{T}}$，迭代 4 次。

解：易知目标函数的梯度为

$$\nabla f(\boldsymbol{x}) = (4x_1 - 2x_2 - 4,\ 4x_2 - 2x_1 - 6)^{\mathrm{T}}$$

第 1 次迭代。由于

$$\nabla f(\boldsymbol{x}^{(0)}) = (-5.5,\ -3)^{\mathrm{T}}, I(\boldsymbol{x}^{(0)}) = \{3\}, \nabla g_3(\boldsymbol{x}^{(0)}) = (-1,\ 0)^{\mathrm{T}}$$

由下列线性规划问题确定 $\boldsymbol{x}^{(0)}$ 处的下降可行方向

$$\left.\begin{aligned}\min\quad & \beta \\ \text{s.t.}\quad & -5.5d_1^{(0)} - 3d_2^{(0)} \leqslant \beta \\ & -d_1^{(0)} \leqslant \beta \\ & -1 \leqslant d_j^{(0)} \leqslant 1, \quad j = 1, 2\end{aligned}\right\}$$

用单纯形法求解，得最优解为

$$\boldsymbol{d}^{(0)} = (1, -1)^{\mathrm{T}}, \beta = -1$$

为确定一维搜索最大步长 $\alpha_{\max}$，将

$$\boldsymbol{x}^{(0)} + \alpha\boldsymbol{d}^{(0)} = (\alpha,\ 0.75 - \alpha)^{\mathrm{T}}$$

代入原问题的约束条件，得

$$\left.\begin{aligned}& \alpha + 5(0.75 - \alpha) \leqslant 5 \\ & 2\alpha^2 - (0.75 - \alpha) \leqslant 0 \\ & -\alpha \leqslant 0 \\ & \alpha - 0.75 \leqslant 0\end{aligned}\right\}$$

由此得使 $\boldsymbol{x}^{(0)} + \alpha\boldsymbol{d}^{(0)}$ 是可行解的最大步长为

$$\alpha_{\max} = \frac{-1 + \sqrt{7}}{4} \approx 0.4114$$

这时的起作用约束为 $g_2(\boldsymbol{x}) = 2x_1^2 - x_2 \leqslant 0$。

求解一维搜索问题

$$\min_{0\leqslant\alpha\leqslant 0.4114} f(\boldsymbol{x}^{(0)}+\alpha\boldsymbol{d}^{(0)})=6\alpha^2-2.5\alpha-3.375$$

得最优解 $\alpha_0=0.2083$。

令 $\boldsymbol{x}^{(1)}=\boldsymbol{x}^{(0)}+\alpha_0\boldsymbol{d}^{(0)}=(0.2083,\ 0.5417)^{\mathrm{T}}$。

第 2 次迭代。由于

$$\nabla f(\boldsymbol{x}^{(1)})=(-4.25,\ -4.25)^{\mathrm{T}}, I(\boldsymbol{x}^{(1)})=\varnothing$$

故取 $\boldsymbol{d}^{(1)}=(1,\ 1)^{\mathrm{T}}$。

将 $\boldsymbol{x}^{(1)}+\alpha\boldsymbol{d}^{(1)}=(\alpha+0.2083,\ \alpha+0.5417)^{\mathrm{T}}$ 代入原问题的约束条件，得使 $\boldsymbol{x}^{(1)}+\alpha\boldsymbol{d}^{(1)}$ 是可行解的最大步长 $\alpha_{\max}=0.3472$，对应的起作用约束为 $g_1(\boldsymbol{x})=x_1+5x_2\leqslant 5$。

求解一维搜索问题

$$\min_{0\leqslant\alpha\leqslant 0.3472} f(\boldsymbol{x}^{(1)}+\alpha\boldsymbol{d}^{(1)})=2\alpha^2-8.5\alpha-3.6354$$

得最优解 $\alpha_1=0.3472$。

令 $\boldsymbol{x}^{(2)}=\boldsymbol{x}^{(1)}+\alpha_1\boldsymbol{d}^{(1)}=(0.5555,\ 0.8889)^{\mathrm{T}}$。

重复上述过程，经 4 次迭代，得

$$\boldsymbol{x}^*\approx(0.6302,\ 0.8740)^{\mathrm{T}}, f(\boldsymbol{x}^*)\approx -6.5443$$

6.2 梯度投影法

梯度投影法是由 Rosen 于 1960 年提出的，并由 Goldfarb 和 Lapidus 于 1968 年加以改进的一种可行方向法。它可以看作无约束优化问题中最速下降法在有约束问题中的直接推广。

考虑线性约束问题

$$\left.\begin{array}{ll}\min & f(\boldsymbol{x})\\ \text{s.t.} & c_i(\boldsymbol{x})=\boldsymbol{a}_i^{\mathrm{T}}\boldsymbol{x}-b_i=0,\quad i\in E=\{1,2,\cdots,l\}\\ & c_i(\boldsymbol{x})=\boldsymbol{a}_i^{\mathrm{T}}\boldsymbol{x}-b_i\leqslant 0,\quad i\in I=\{l+1,l+2,\cdots,l+m\}\end{array}\right\} \tag{6.2.1}$$

式中，$\boldsymbol{x}$ 和 $\boldsymbol{a}_i\ (i\in E\cup I)$ 为 n 维向量；$b_i\ (i\in E\cup I)$ 为纯量。

当迭代点 $\boldsymbol{x}^{(k)}$ 在可行域内部时，取负梯度方向 (即最速下降方向)$-\nabla f(\boldsymbol{x}^{(k)})$ 为下降可行方向；当 $\boldsymbol{x}^{(k)}$ 在可行域边界上时，负梯度方向 $-\nabla f(\boldsymbol{x}^{(k)})$ 可能指向可行域外部，这时取其在可行域边界上的投影 $\boldsymbol{d}^{(k)}$ 作为下降可行方向 (图 6.3)。假设 $\boldsymbol{x}^{(k)}$ 在第 i 个约束平面上，为了得到 $-\nabla f(\boldsymbol{x}^{(k)})$ 在约束平面上的投影 $\boldsymbol{d}^{(k)}$，利用约束函数 $c_i(\boldsymbol{x})$ 的梯度 $\nabla c_i(\boldsymbol{x})$ 与约束平面 $c_i(\boldsymbol{x})=0$ 垂直，$-\nabla f(\boldsymbol{x}^{(k)})$ 可分解为

$$-\nabla f(\boldsymbol{x}^{(k)})=\lambda_i\nabla c_i(\boldsymbol{x}^{(k)})+\boldsymbol{d}^{(k)}$$

则

$$\boldsymbol{d}^{(k)} = -\nabla f(\boldsymbol{x}^{(k)}) - \lambda_i \nabla c_i(\boldsymbol{x}^{(k)}) \tag{6.2.2}$$

两边左乘 $[\nabla c_i(\boldsymbol{x}^{(k)})]^{\mathrm{T}}$，可得

$$\lambda_i = -\frac{[\nabla c_i(\boldsymbol{x}^{(k)})]^{\mathrm{T}} \nabla f(\boldsymbol{x}^{(k)})}{[\nabla c_i(\boldsymbol{x}^{(k)})]^{\mathrm{T}} \nabla c_i(\boldsymbol{x}^{(k)})} \tag{6.2.3}$$

将 $\nabla c_i(\boldsymbol{x}) = \boldsymbol{a}_i$ 代入，得

$$\lambda_i = -\frac{\boldsymbol{a}_i^{\mathrm{T}} \nabla f(\boldsymbol{x}^{(k)})}{\boldsymbol{a}_i^{\mathrm{T}} \boldsymbol{a}_i} \tag{6.2.4}$$

将式 (6.2.4) 代入式 (6.2.2) 可得沿约束界面的搜索方向

$$\boldsymbol{d}^{(k)} = -\nabla f(\boldsymbol{x}^{(k)}) + \boldsymbol{a}_i \frac{\boldsymbol{a}_i^{\mathrm{T}} \nabla f(\boldsymbol{x}^{(k)})}{\boldsymbol{a}_i^{\mathrm{T}} \boldsymbol{a}_i} \tag{6.2.5}$$

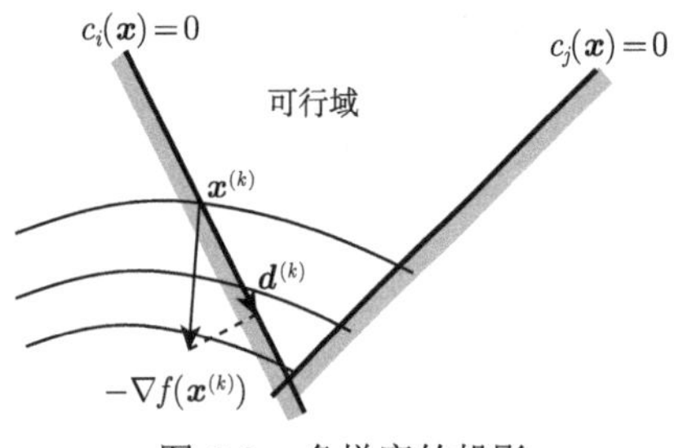

图 6.3　负梯度的投影

需要说明的是，当 $\boldsymbol{x}^{(k)}$ 在可行域边界上，而负梯度方向 $-\nabla f(\boldsymbol{x}^{(k)})$ 指向可行域内部时，由式 (6.2.4) 可得 $\lambda_i < 0$，为了使目标函数下降得更快，应直接采用 $-\nabla f(\boldsymbol{x}^{(k)})$ 为搜索方向，即在式 (6.2.2) 中取 $\lambda_i = 0$。

前面讨论的是设计点$\boldsymbol{x}^{(k)}$在一条约束曲面 $c_i(\boldsymbol{x}) = 0$ 上的情况，即只有一个起作用约束。如果在设计点 $\boldsymbol{x}^{(k)}$ 存在多个起作用约束，则设起作用集为 $E \cup I(\boldsymbol{x}^{(k)}) = \{1, 2, \cdots, r\}$，并假设起作用约束的梯度 $\nabla c_i(\boldsymbol{x}) = \boldsymbol{a}_i, i \in E \cup I(\boldsymbol{x}^{(k)})$，线性无关，取搜索可行方向 $\boldsymbol{d}^{(k)}$ 为 $-\nabla f(\boldsymbol{x}^{(k)})$ 向各起作用约束面交成的子空间上的投影，则它与所有 $\nabla c_i(\boldsymbol{x}) = \boldsymbol{a}_i$，$i \in E \cup I(\boldsymbol{x}^{(k)})$ 正交。因此

$$-\nabla f(\boldsymbol{x}^{(k)}) = \sum_{i \in E \cup I(\boldsymbol{x}^{(k)})} \lambda_i \nabla c_i(\boldsymbol{x}^{(k)}) + \boldsymbol{d}^{(k)} = \sum_{i \in E \cup I(\boldsymbol{x}^{(k)})} \lambda_i \boldsymbol{a}_i + \boldsymbol{d}^{(k)}$$

$$\boldsymbol{d}^{(k)} = -\nabla f(\boldsymbol{x}^{(k)}) - \sum_{i \in E \cup I(\boldsymbol{x}^{(k)})} \lambda_i \boldsymbol{a}_i \tag{6.2.6}$$

记 $\boldsymbol{N}^{(k)} = (\boldsymbol{a}_1, \boldsymbol{a}_2, \cdots, \boldsymbol{a}_r)$，则 $\boldsymbol{N}^{(k)}$ 列满秩。式 (6.2.6) 可写为

$$\boldsymbol{d}^{(k)} = -\nabla f(\boldsymbol{x}^{(k)}) - \boldsymbol{N}^{(k)} \boldsymbol{\lambda} \tag{6.2.7}$$

式中，$\boldsymbol{\lambda} = (\lambda_1, \lambda_2, \cdots, \lambda_r)^{\mathrm{T}}$。

在式 (6.2.7) 两侧左乘 $(\boldsymbol{N}^{(k)})^{\mathrm{T}}$，并考虑到 $(\boldsymbol{N}^{(k)})^{\mathrm{T}} \boldsymbol{N}^{(k)}$ 非奇异，可得

$$\boldsymbol{\lambda} = -[(\boldsymbol{N}^{(k)})^{\mathrm{T}} \boldsymbol{N}^{(k)}]^{-1} (\boldsymbol{N}^{(k)})^{\mathrm{T}} \nabla f(\boldsymbol{x}^{(k)}) \tag{6.2.8}$$

搜索方向可写为

$$\boldsymbol{d}^{(k)} = -[\boldsymbol{I} - \boldsymbol{N}^{(k)} [(\boldsymbol{N}^{(k)})^{\mathrm{T}} \boldsymbol{N}^{(k)}]^{-1} (\boldsymbol{N}^{(k)})^{\mathrm{T}}] \nabla f(\boldsymbol{x}^{(k)}) \tag{6.2.9}$$

记

$$\boldsymbol{P}^{(k)}=\boldsymbol{I}-\boldsymbol{N}^{(k)}[(\boldsymbol{N}^{(k)})^{\mathrm{T}}\boldsymbol{N}^{(k)}]^{-1}(\boldsymbol{N}^{(k)})^{\mathrm{T}} \tag{6.2.10}$$

称为投影矩阵。显然，$\boldsymbol{P}^{(k)}$ 是对称矩阵，且不难验证有

$$(\boldsymbol{P}^{(k)})^{\mathrm{T}}\boldsymbol{P}^{(k)}=\boldsymbol{P}^{(k)} \tag{6.2.11}$$

将式 (6.2.10) 代入式 (6.2.9) 得

$$\boldsymbol{d}^{(k)}=-\boldsymbol{P}^{(k)}\nabla f(\boldsymbol{x}^{(k)}) \tag{6.2.12}$$

当 $\boldsymbol{d}^{(k)}\neq\boldsymbol{0}$ 时，$\boldsymbol{d}^{(k)}$ 也是一个下降方向。事实上，在式 (6.2.12) 两侧左乘 $[\nabla f(\boldsymbol{x}^{(k)})]^{\mathrm{T}}$，有

$$\begin{aligned}[\nabla f(\boldsymbol{x}^{(k)})]^{\mathrm{T}}\boldsymbol{d}^{(k)}&=-[\nabla f(\boldsymbol{x}^{(k)})]^{\mathrm{T}}\boldsymbol{P}^{(k)}\nabla f(\boldsymbol{x}^{(k)})\\&=-[\nabla f(\boldsymbol{x}^{(k)})]^{\mathrm{T}}(\boldsymbol{P}^{(k)})^{\mathrm{T}}\boldsymbol{P}^{(k)}\nabla f(\boldsymbol{x}^{(k)})\\&=-\left\|\boldsymbol{P}^{(k)}\nabla f(\boldsymbol{x}^{(k)})\right\|<0\end{aligned}$$

当 $\boldsymbol{d}^{(k)}=\boldsymbol{0}$ 时，由式 (6.2.6) 可知

$$-\nabla f(\boldsymbol{x}^{(k)})-\sum_{i\in E\cup I(\boldsymbol{x}^{(k)})}\lambda_i\boldsymbol{a}_i \tag{6.2.13}$$

如果 $\lambda_i\geqslant 0,\ i\in I(\boldsymbol{x}^{(k)})$，则式 (6.2.13) 就是 KKT 条件，所以 $\boldsymbol{x}^{(k)}$ 就是 KKT 点。如果存在某个 $q\in I(\boldsymbol{x}^{(k)})$，有 $\lambda_q<0$，则记 $\overline{\boldsymbol{N}}^{(k)}$ 为 $\boldsymbol{N}^{(k)}$ 中去掉第 q 列得到的矩阵，并令

$$\overline{\boldsymbol{P}}^{(k)}=\boldsymbol{I}-\overline{\boldsymbol{N}}^{(k)}[(\overline{\boldsymbol{N}}^{(k)})^{\mathrm{T}}\overline{\boldsymbol{N}}^{(k)}]^{-1}(\overline{\boldsymbol{N}}^{(k)})^{\mathrm{T}} \tag{6.2.14}$$

$$\boldsymbol{d}^{(k)}=-\overline{\boldsymbol{P}}^{(k)}\nabla f(\boldsymbol{x}^{(k)}) \tag{6.2.15}$$

则可以证明 $\boldsymbol{d}^{(k)}$ 是 $\boldsymbol{x}^{(k)}$ 处的下降可行方向。

在确定搜索步长时，还需要考虑约束条件，使新的设计点 $\boldsymbol{x}=\boldsymbol{x}^{(k)}+\alpha\boldsymbol{d}^{(k)}$ 是问题式 (6.2.1) 的可行点。当 $i\in E\cup I(\boldsymbol{x}^{(k)})$ 时，由于 $\boldsymbol{a}_i^{\mathrm{T}}\boldsymbol{d}^{(k)}=0,\ i\in E\cup I(\boldsymbol{x}^{(k)})$，所以，对任意 α 均有

$$c_i(\boldsymbol{x})=\boldsymbol{a}_i^{\mathrm{T}}\boldsymbol{x}-b_i=\boldsymbol{a}_i^{\mathrm{T}}\boldsymbol{x}^{(k)}-b_i+\alpha\boldsymbol{a}_i^{\mathrm{T}}\boldsymbol{d}^{(k)}=0 \tag{6.2.16}$$

当 $i\in I\backslash I(\boldsymbol{x}^{(k)})$ 时，步长 α 应使

$$c(\boldsymbol{x}_i)=\boldsymbol{a}_i^{\mathrm{T}}\boldsymbol{x}-b_i=\boldsymbol{a}_i^{\mathrm{T}}\boldsymbol{x}^{(k)}-b_i+\alpha\boldsymbol{a}_i^{\mathrm{T}}\boldsymbol{d}^{(k)}\leqslant 0 \tag{6.2.17}$$

显然，如果 $\boldsymbol{a}_i^{\mathrm{T}}\boldsymbol{d}^{(k)}\leqslant 0$，则对任意 $\alpha\geqslant 0$ 均成立；如果 $\boldsymbol{a}_i^{\mathrm{T}}\boldsymbol{d}^{(k)}>0$，则为满足约束条件式 (6.2.17)，应有

$$\alpha\leqslant\frac{b_i-\boldsymbol{a}_i^{\mathrm{T}}\boldsymbol{x}^{(k)}}{\boldsymbol{a}_i^{\mathrm{T}}\boldsymbol{d}^{(k)}} \tag{6.2.18}$$

因此，最大步长 $\alpha_{\max}$ 应取

$$\alpha_{\max}=\begin{cases}\min\limits_{i\in S}\dfrac{b_i-\boldsymbol{a}_i^{\mathrm T}\boldsymbol{x}^{(k)}}{\boldsymbol{a}_i^{\mathrm T}\boldsymbol{d}^{(k)}}, & S\neq\varnothing\\ +\infty, \quad S=\varnothing\end{cases}\tag{6.2.19}$$

式中，集合 $S=\left\{i\left|\boldsymbol{a}_i^{\mathrm T}\boldsymbol{d}^{(k)}>0, i\in I\backslash I(\boldsymbol{x}^{(k)})\right.\right\}$。

下面给出梯度投影法的具体算法步骤。

算法 6.2 (梯度投影法)

---

(1) 给定初始可行点 $\boldsymbol{x}^{(0)}$，允许误差 $\varepsilon_1>0$，$\varepsilon_2>0$，置 $k=0$。

(2) 确定起作用约束指标集 $I(\boldsymbol{x}^{(k)})$，若 $E\cup I(\boldsymbol{x}^{(k)})=\varnothing$，转步骤 (3)，否则转步骤 (4)。

(3) 若 $\left\|\nabla f(\boldsymbol{x}^{(k)})\right\|\leqslant\varepsilon_1$，则停止迭代，得 $\boldsymbol{x}^*=\boldsymbol{x}^{(k)}$；否则，令 $\boldsymbol{d}^{(k)}=-\nabla f(\boldsymbol{x}^{(k)})$，转步骤 (7)。

(4) 令 $\boldsymbol{N}^{(k)}=(\boldsymbol{a}_{i_1},\boldsymbol{a}_{i_2},\cdots,\boldsymbol{a}_{i_j},\cdots,\boldsymbol{a}_{i_r})$，$i_j\in E\cup I(\boldsymbol{x}^{(k)})$，利用式 (6.2.10) 和式 (6.2.12) 计算 $\boldsymbol{d}^{(k)}$。若 $\left\|\boldsymbol{d}^{(k)}\right\|\leqslant\varepsilon_2$，转步骤 (5)；否则，转步骤 (7)。

(5) 利用式 (6.2.8) 计算 $\boldsymbol{\lambda}$。若 $\lambda_i\geqslant 0$, $i\in I(\boldsymbol{x}^{(k)})$，则停止迭代，得 $\boldsymbol{x}^*=\boldsymbol{x}^{(k)}$；否则，转步骤 (6)。

(6) 令 $\lambda_q=\min\left\{\lambda_i\,\middle|\, i\in I(\boldsymbol{x}^{(k)})\right\}$，$\overline{\boldsymbol{N}}^{(k)}=\left(\boldsymbol{N}^{(k)}\text{中去掉}\lambda_q\text{相应的列}\right)$，利用式 (6.2.14) 和式 (6.2.15) 计算 $\boldsymbol{d}^{(k)}$ ，转步骤 (7)。

(7) 利用式 (6.2.19) 计算最大步长 $\alpha_{\max}$，解一维搜索问题

$$\min_{0\leqslant\alpha\leqslant\alpha_{\max}}\varphi(\alpha)=f(\boldsymbol{x}^{(k)}+\alpha\boldsymbol{d}^{(k)})$$

得步长 α_k，转步骤 (8)。

(8) 置 $\boldsymbol{x}^{(k+1)}=\boldsymbol{x}^{(k)}+\alpha_k\boldsymbol{d}^{(k)}$，$k=k+1$，转步骤 (2)。

例 6.2 用梯度投影法求解

$$\left.\begin{array}{ll}\min & f(\boldsymbol{x})=4x_1^2+(x_2-2)^2\\ \text{s.t.} & -2\leqslant x_1\leqslant 2\\ & -1\leqslant x_2\leqslant 1\end{array}\right\}$$

取 $\boldsymbol{x}^{(0)}=(2,1)^{\mathrm T}$。

解：先写成标准形式

$$\left.\begin{array}{ll}\min & f(\boldsymbol{x})=4x_1^2+(x_2-2)^2\\ \text{s.t.} & c_1(\boldsymbol{x})=x_1\leqslant 2\\ & c_2(\boldsymbol{x})=-x_1\leqslant 2\\ & c_3(\boldsymbol{x})=x_2\leqslant 1\\ & c_4(\boldsymbol{x})=-x_2\leqslant 1\end{array}\right\}$$

易见，$\boldsymbol{a}_1=(1,0)^{\mathrm T}$，$\boldsymbol{a}_2=(-1,0)^{\mathrm T}$，$\boldsymbol{a}_3=(0,1)^{\mathrm T}$，$\boldsymbol{a}_4=(0,-1)^{\mathrm T}$；目标函数的梯度 $\nabla f(\boldsymbol{x})=(8x_1,\ 2x_2-4)^{\mathrm T}$。

第 1 次迭代。由于

$$\nabla f(\boldsymbol{x}^{(0)})=(16,\ -2)^{\mathrm{T}}, I(\boldsymbol{x}^{(0)})=\{1,3\}$$

故

$$\boldsymbol{N}^{(0)}=(\boldsymbol{a}_1,\ \boldsymbol{a}_3)=\begin{bmatrix}1&0\\0&1\end{bmatrix}$$

$$\boldsymbol{P}^{(0)}=\boldsymbol{I}-\boldsymbol{N}^{(0)}[(\boldsymbol{N}^{(0)})^{\mathrm{T}}\boldsymbol{N}^{(0)}]^{-1}(\boldsymbol{N}^{(0)})^{\mathrm{T}}=\begin{bmatrix}0&0\\0&0\end{bmatrix}$$

$$\boldsymbol{d}^{(0)}=-\boldsymbol{P}^{(0)}\nabla f(\boldsymbol{x}^{(0)})=(0,0)^{\mathrm{T}}$$

计算乘子

$$\boldsymbol{\lambda}=-[(\boldsymbol{N}^{(0)})^{\mathrm{T}}\boldsymbol{N}^{(0)}]^{-1}(\boldsymbol{N}^{(0)})^{\mathrm{T}}\nabla f(\boldsymbol{x}^{(0)})=(-16,2)^{\mathrm{T}}$$

$$\lambda_1=\min\{\lambda_1,\lambda_3\}=-16$$

故在 $\boldsymbol{N}^{(0)}$ 去掉列 $\boldsymbol{a}_1$，有

$$\boldsymbol{N}^{(0)}=(\boldsymbol{a}_3)=(0,1)^{\mathrm{T}}$$

$$\boldsymbol{P}^{(0)}=\boldsymbol{I}-\boldsymbol{N}^{(0)}[(\boldsymbol{N}^{(0)})^{\mathrm{T}}\boldsymbol{N}^{(0)}]^{-1}(\boldsymbol{N}^{(0)})^{\mathrm{T}}=\begin{bmatrix}1&0\\0&0\end{bmatrix}$$

$$\boldsymbol{d}^{(0)}=-\boldsymbol{P}^{(0)}\nabla f(\boldsymbol{x}^{(0)})=(-16,0)^{\mathrm{T}}$$

由于

$$\boldsymbol{a}_2^{\mathrm{T}}\boldsymbol{d}^{(0)}=16, \boldsymbol{a}_4^{\mathrm{T}}\boldsymbol{d}^{(0)}=0$$

故

$$\alpha_{\max}=\frac{b_2-\boldsymbol{a}_2^{\mathrm{T}}\boldsymbol{x}^{(0)}}{\boldsymbol{a}_2^{\mathrm{T}}\boldsymbol{d}^{(0)}}=\frac{2-(-2)}{16}=\frac{1}{4}$$

解一维搜索问题

$$\min_{0\leqslant\alpha\leqslant 0.25}\varphi(\alpha)=f(\boldsymbol{x}^{(0)}+\alpha\boldsymbol{d}^{(0)})=4(2-16\alpha)^2+(1-2)^2$$

得 $\alpha_0=\dfrac{1}{8}$。置

$$\boldsymbol{x}^{(1)}=\boldsymbol{x}^{(0)}+\alpha_0\boldsymbol{d}^{(0)}=(0,1)^{\mathrm{T}}$$

第 2 次迭代。由于

$$\nabla f(\boldsymbol{x}^{(1)})=(0,\ -2)^{\mathrm{T}}, I(\boldsymbol{x}^{(1)})=\{3\}$$

故

$$\boldsymbol{N}^{(1)}=(\boldsymbol{a}_3)=(0,1)^{\mathrm{T}}$$

$$\boldsymbol{P}^{(1)}=\boldsymbol{I}-\boldsymbol{N}^{(1)}[(\boldsymbol{N}^{(1)})^{\mathrm{T}}\boldsymbol{N}^{(1)}]^{-1}(\boldsymbol{N}^{(1)})^{\mathrm{T}}=\begin{bmatrix}1 & 0\\ 0 & 0\end{bmatrix}$$

$$\boldsymbol{d}^{(1)}=-\boldsymbol{P}^{(1)}\nabla f(\boldsymbol{x}^{(1)})=(0,0)^{\mathrm{T}}$$

计算乘子得

$$\lambda=-[(\boldsymbol{N}^{(1)})^{\mathrm{T}}\boldsymbol{N}^{(1)}]^{-1}(\boldsymbol{N}^{(1)})^{\mathrm{T}}\nabla f(\boldsymbol{x}^{(1)})=2>0$$

所以停止迭代，得最优解 $\boldsymbol{x}^*=\boldsymbol{x}^{(1)}=(0,1)^{\mathrm{T}}$，$f(\boldsymbol{x}^*)=1$。

6.3　既约梯度法

既约梯度法是由 Wolfe 在 1963 年提出的一种可行方向法，用于解决具有线性等式约束条件的非线性规划问题。又称为 Wolfe 既约梯度法。

考虑线性约束的非线性规划问题

$$\left.\begin{array}{ll}\min & f(\boldsymbol{x})\\ \text{s.t.} & \boldsymbol{A}\boldsymbol{x}=\boldsymbol{b}\\ & \boldsymbol{x}\geqslant\boldsymbol{0}\end{array}\right\}\tag{6.3.1}$$

式中，$\boldsymbol{x}=(x_1,x_2,\cdots,x_n)^{\mathrm{T}}$ 为设计向量；$\boldsymbol{b}=(b_1,b_2,\cdots,b_m)^{\mathrm{T}}$ 为约束方程组的常数向量；$\boldsymbol{A}=(\boldsymbol{p}_1,\boldsymbol{p}_2,\cdots,\boldsymbol{p}_n)=(a_{ij})_{m\times n}$ 为约束方程组的系数矩阵，$\boldsymbol{p}_j=(a_{1j},a_{2j},\cdots,a_{mj})^{\mathrm{T}}$，$(j=1,2,\cdots,n)$ 为约束方程组的系数向量。设 $\mathrm{rank}(\boldsymbol{A})=m<n$，任意 m 个向量 $\boldsymbol{p}_{j_k},(k=1,2,\cdots,m)$ 都是线性无关的，并且每个基本可行解都有 m 个正分量。

Wolfe 既约梯度法的基本思想是把变量区分为基变量 (m 个) 和非基变量 ($n-m$ 个)，它们之间的关系由约束条件 $\boldsymbol{A}\boldsymbol{x}=\boldsymbol{b}$ 确定，将基变量用非基变量表示，并从目标函数中消去基变量，得到以非基变量为自变量的简化的目标函数，进而利用此函数的负梯度构造下降可行方向。简化目标函数关于非基变量的梯度称为目标函数的既约梯度。下面分析如何用既约梯度构造搜索方向。

设 $\boldsymbol{x}$ 是可行解，将 $\boldsymbol{A}$ 和 $\boldsymbol{x}$ 进行分解，不失一般性，可令

$$\boldsymbol{A}=(\boldsymbol{B},\boldsymbol{N}),\boldsymbol{x}^{\mathrm{T}}=(\boldsymbol{x}_{\mathrm{B}}^{\mathrm{T}},\boldsymbol{x}_{\mathrm{N}}^{\mathrm{T}})$$

其中，$\boldsymbol{B}$ 是 $m\times m$ 的可逆矩阵，$\boldsymbol{x}_{\mathrm{B}}>0$ 为基变量，$\boldsymbol{x}_{\mathrm{N}}\geqslant 0$ 为非基变量。这样，式 (6.3.1) 可写为

$$\left.\begin{array}{ll}\min & f(\boldsymbol{x}_{\mathrm{B}},\boldsymbol{x}_{\mathrm{N}})\\ \text{s.t.} & \boldsymbol{B}\boldsymbol{x}_{\mathrm{B}}+\boldsymbol{N}\boldsymbol{x}_{\mathrm{N}}=\boldsymbol{b}\\ & \boldsymbol{x}_{\mathrm{B}},\boldsymbol{x}_{\mathrm{N}}\geqslant\boldsymbol{0}\end{array}\right\}\tag{6.3.2}$$

由式 (6.3.2) 中的约束方程组可得

$$\boldsymbol{x}_{\mathrm{B}}=\boldsymbol{B}^{-1}\boldsymbol{b}-\boldsymbol{B}^{-1}\boldsymbol{N}\boldsymbol{x}_{\mathrm{N}}\tag{6.3.3}$$

利用式 (6.3.3) 可将式 (6.3.2) 中的目标函数改写为仅以 $\boldsymbol{x}_{\mathrm{N}}$ 为自变量的函数

$$F(\boldsymbol{x}_{\mathrm{N}}) = f(\boldsymbol{x}_{\mathrm{B}}(\boldsymbol{x}_{\mathrm{N}}), \boldsymbol{x}_{\mathrm{N}})$$

这样问题 (6.3.1) 转化为如下 $(m-n)$ 维问题

$$\left.\begin{array}{ll} \min & F(\boldsymbol{x}_{\mathrm{N}}) \\ \text{s.t.} & \boldsymbol{x}_{\mathrm{B}}, \boldsymbol{x}_{\mathrm{N}} \geqslant \mathbf{0} \end{array}\right\} \tag{6.3.4}$$

利用复合函数求导法则，可求得 $F(\boldsymbol{x}_{\mathrm{N}})$ 的梯度，即原目标函数的既约梯度

$$\begin{aligned} \boldsymbol{r}(\boldsymbol{x}_{\mathrm{N}}) &= \nabla F(\boldsymbol{x}_{\mathrm{N}}) \\ &= \nabla_{\boldsymbol{x}_{\mathrm{N}}} f(\boldsymbol{x}) - (\boldsymbol{B}^{-1}\boldsymbol{N})^{\mathrm{T}} \nabla_{\boldsymbol{x}_{\mathrm{B}}} f(\boldsymbol{x}) \end{aligned} \tag{6.3.5}$$

显然，沿着负既约梯度方向 $-\boldsymbol{r}(\boldsymbol{x}_{\mathrm{N}})$ 移动非基变量 $\boldsymbol{x}_{\mathrm{N}}$ 可使目标函数值下降。下面讨论如何利用它构造问题 (6.3.1) 的下降可行方向 $\boldsymbol{d}$。

根据可行性要求，$\boldsymbol{d}$ 应满足

$$\boldsymbol{A}\boldsymbol{d} = \mathbf{0} \tag{6.3.6}$$

$$d_j \geqslant 0, 当x_j = 0时 \tag{6.3.7}$$

将 $\boldsymbol{d}$ 作与 $\boldsymbol{A}$ 相应的划分

$$\boldsymbol{d}^{\mathrm{T}} = (\boldsymbol{d}_{\mathrm{B}}^{\mathrm{T}}, \boldsymbol{d}_{\mathrm{N}}^{\mathrm{T}})$$

则式 (6.3.6) 可写为

$$\boldsymbol{B}\boldsymbol{d}_{\mathrm{B}} + \boldsymbol{N}\boldsymbol{d}_{\mathrm{N}} = \mathbf{0}$$

故

$$\boldsymbol{d}_{\mathrm{B}} = -\boldsymbol{B}^{-1}\boldsymbol{N}\boldsymbol{d}_{\mathrm{N}} \tag{6.3.8}$$

即只要确定了 $\boldsymbol{d}_{\mathrm{N}}$，再按式 (6.3.8) 计算 $\boldsymbol{d}_{\mathrm{B}}$，则方向 $\boldsymbol{d} = (\boldsymbol{d}_{\mathrm{B}}^{\mathrm{T}}, \boldsymbol{d}_{\mathrm{N}}^{\mathrm{T}})^{\mathrm{T}}$ 自然满足式 (6.3.6)。另外考虑到非退化假定 $\boldsymbol{x}_{\mathrm{B}} > \mathbf{0}$，只有非基变量可能等于零，式 (6.3.7) 可改写为

$$d_{\mathrm{N}_j} \geqslant 0, \quad x_{\mathrm{N}_j} = 0 \tag{6.3.9}$$

再考虑下降性要求，$\boldsymbol{d}$ 应满足

$$[\nabla f(\boldsymbol{x})]^{\mathrm{T}} \boldsymbol{d} < \mathbf{0} \tag{6.3.10}$$

同样将 $\nabla f(\boldsymbol{x})$ 作与 $\boldsymbol{A}$ 相应的划分

$$\nabla f(\boldsymbol{x}) = \begin{pmatrix} \nabla_{\boldsymbol{x}_{\mathrm{B}}} f(\boldsymbol{x}) \\ \nabla_{\boldsymbol{x}_{\mathrm{N}}} f(\boldsymbol{x}) \end{pmatrix}$$

则式 (6.3.10) 可写为

$$[\nabla_{\boldsymbol{x}_{\mathrm{B}}} f(\boldsymbol{x})]^{\mathrm{T}} \boldsymbol{d}_{\mathrm{B}} + [\nabla_{\boldsymbol{x}_{\mathrm{N}}} f(\boldsymbol{x})]^{\mathrm{T}} \boldsymbol{d}_{\mathrm{N}} < 0$$

将式 (6.3.8) 代入，并考虑到式 (6.3.5) 可得

$$[\boldsymbol{r}(\boldsymbol{x}_{\rm N})]^{\rm T}\boldsymbol{d}_{\rm N} < 0 \tag{6.3.11}$$

综上所述，当 $\boldsymbol{d}$ 满足式 (6.3.8)、式 (6.3.9) 和式 (6.3.11) 时，$\boldsymbol{d}$ 就是问题 (6.3.1) 在 $\boldsymbol{x}$ 点的下降可行方向。因此，可以按下式确定 $\boldsymbol{d}_{\rm N}$ 的各个分量 $d_{{\rm N}_j}$：

$$d_{{\rm N}_j} = \begin{cases} -r_j(\boldsymbol{x}_{\rm N}), & r_j(\boldsymbol{x}_{\rm N}) \leqslant 0 \\ -x_{{\rm N}_j} r_j(\boldsymbol{x}_{\rm N}), & r_j(\boldsymbol{x}_{\rm N}) > 0 \end{cases} \tag{6.3.12}$$

不难证明，按照式 (6.3.12) 和式 (6.3.8) 构造的方向 $\boldsymbol{d}$ 为零向量时，相应的点 $\boldsymbol{x}$ 必为 KKT 点；$\boldsymbol{d}$ 为非零向量时，它必是下降可行方向。

在确定一维搜索步长 α 时，仍需要考虑使后继点为可行点。设在当前可行点 $\boldsymbol{x}^{(k)}$ 处的下降可行方向为 $\boldsymbol{d}^{(k)}$，则后继点 $\boldsymbol{x}^{(k)} + \alpha\boldsymbol{d}^{(k)}$ 应满足

$$x_j^{(k)} + \alpha d_j^{(k)} \geqslant 0, \quad j = 1, 2, \cdots, n \tag{6.3.13}$$

可见，当 $d_j^{(k)} \geqslant 0$ 时，对任意 $\alpha > 0$，式 (6.3.13) 均成立；当 $d_j^{(k)} < 0$ 时，为使式 (6.3.13) 成立，应取

$$\alpha \leqslant -\frac{x_j^{(k)}}{d_j^{(k)}}$$

因此，一维搜索的最大步长 $\alpha_{\max}$ 取为

$$\alpha_{\max} = \begin{cases} +\infty, & \boldsymbol{d}^{(k)} \geqslant \boldsymbol{0} \\ \min\left\{ -\dfrac{x_j^{(k)}}{d_j^{(k)}} \,\middle|\, d_j^{(k)} < 0 \right\}, & \text{其他} \end{cases} \tag{6.3.14}$$

下面给出 Wolfe 既约梯度法的具体算法步骤。

算法 6.3 (Wolfe 既约梯度法)

(1) 给定初始可行点 $\boldsymbol{x}^{(0)}$，允许误差 $\varepsilon_1 > 0$，$\varepsilon_2 > 0$，置 $k = 0$。

(2) 确定指标集 $J(\boldsymbol{x}^{(k)}) = \left\{ j \,\middle|\, x_j^{(k)} \in \{\boldsymbol{x}^{(k)}\text{中}m\text{个最大分量}\} \right\}$，计算

$$\boldsymbol{B} = (\boldsymbol{p}_{i_1}, \boldsymbol{p}_{i_2}, \cdots, \boldsymbol{p}_{i_j}, \cdots, \boldsymbol{p}_{i_m}), \quad i_j \in J(\boldsymbol{x}^{(k)})$$

$$\boldsymbol{N} = (\boldsymbol{p}_{i_1}, \boldsymbol{p}_{i_2}, \cdots, \boldsymbol{p}_{i_j}, \cdots, \boldsymbol{p}_{i_{n-m}}), \quad i_j \notin J(\boldsymbol{x}^{(k)})$$

$$\nabla f(\boldsymbol{x}^{(k)}) = \begin{pmatrix} \nabla_{\boldsymbol{x}_{\rm B}} f(\boldsymbol{x}^{(k)}) \\ \nabla_{\boldsymbol{x}_{\rm N}} f(\boldsymbol{x}^{(k)}) \end{pmatrix}$$

转步骤 (3)。

(3) 若 $\left\|\nabla f(\boldsymbol{x}^{(k)})\right\| \leqslant \varepsilon_1$，则停止迭代，得 $\boldsymbol{x}^* = \boldsymbol{x}^{(k)}$；否则，计算

$$\boldsymbol{r}(\boldsymbol{x}_{\rm N}^{(k)}) = \nabla_{\boldsymbol{x}_{\rm N}} f(\boldsymbol{x}^{(k)}) - (\boldsymbol{B}^{-1}\boldsymbol{N})^{\rm T} \nabla_{\boldsymbol{x}_{\rm B}} f(\boldsymbol{x}^{(k)})$$

转步骤 (4)。

(4) 置 $\boldsymbol{d}_{\mathrm{N}}^{(k)}$ 的元素 $d_{\mathrm{N}_j}^{(k)}$ 为

$$d_{\mathrm{N}_j}^{(k)}=\begin{cases}-r_j(\boldsymbol{x}_{\mathrm{N}}^{(k)}), & r_j(\boldsymbol{x}_{\mathrm{N}}^{(k)})\leqslant 0\\ -x_{\mathrm{N}_j}^{(k)}r_j(\boldsymbol{x}_{\mathrm{N}}^{(k)}), & r_j(\boldsymbol{x}_{\mathrm{N}}^{(k)})>0\end{cases}$$

计算 $\boldsymbol{d}_{\mathrm{B}}^{(k)}=-\boldsymbol{B}^{-1}\boldsymbol{N}\boldsymbol{d}_{\mathrm{N}}^{(k)}$，转步骤 (5)。

(5) 若 $\left\|\boldsymbol{d}^{(k)}\right\|\leqslant\varepsilon_2$，则停止迭代，得 $\boldsymbol{x}^*=\boldsymbol{x}^{(k)}$；否则，按式 (6.3.14) 确定 $\alpha_{\max}$，解一维搜索问题

$$\min_{0\leqslant\alpha\leqslant\alpha_{\max}}\varphi(\alpha)=f(\boldsymbol{x}^{(k)}+\alpha\boldsymbol{d}^{(k)})$$

得步长 α_k，转步骤 (6)。

(6) 置 $\boldsymbol{x}^{(k+1)}=\boldsymbol{x}^{(k)}+\alpha_k\boldsymbol{d}^{(k)}$，$k=k+1$，转步骤 (2)。

例 6.3 用 Wolfe 既约梯度法求解

$$\left.\begin{array}{ll}\min & f(\boldsymbol{x})=2x_1^2+2x_2^2-2x_1x_2-4x_1-6x_2\\ \text{s.t.} & c_1(\boldsymbol{x})=x_1+x_2+x_3=2\\ & c_2(\boldsymbol{x})=x_1+5x_2+x_4=5\\ & x_1,x_2,x_3,x_4\geqslant 0\end{array}\right\}$$

取 $\boldsymbol{x}^{(0)}=(0,0,2,5)^{\mathrm{T}}$。

解：易知目标函数的梯度为

$$\nabla f(\boldsymbol{x})=(4x_1-2x_2-4,\ 4x_2-2x_1-6,\ 0,\ 0)^{\mathrm{T}}$$

第 1 次迭代。由于

$$\nabla f(\boldsymbol{x}^{(0)})=(-4,\ -6,0,0)^{\mathrm{T}},J(\boldsymbol{x}^{(0)})=\{3,4\}$$

故

$$\boldsymbol{B}=(\boldsymbol{p}_3,\boldsymbol{p}_4)=\begin{bmatrix}1&0\\0&1\end{bmatrix},\boldsymbol{B}^{-1}=\begin{bmatrix}1&0\\0&1\end{bmatrix},\boldsymbol{N}=(\boldsymbol{p}_1,\boldsymbol{p}_2)=\begin{bmatrix}1&1\\1&5\end{bmatrix}$$

$$\nabla_{\boldsymbol{x}_{\mathrm{B}}}f(\boldsymbol{x}^{(0)})=(0,0)^{\mathrm{T}},\quad \nabla_{\boldsymbol{x}_{\mathrm{N}}}f(\boldsymbol{x}^{(0)})=(-4,-6)^{\mathrm{T}}$$

$$\boldsymbol{r}(\boldsymbol{x}_{\mathrm{N}}^{(0)})=\nabla_{\boldsymbol{x}_{\mathrm{N}}}f(\boldsymbol{x}^{(0)})-(\boldsymbol{B}^{-1}\boldsymbol{N})^{\mathrm{T}}\nabla_{\boldsymbol{x}_{\mathrm{B}}}f(\boldsymbol{x}^{(0)})=(-4,-6)^{\mathrm{T}}$$

$$\boldsymbol{d}_{\mathrm{N}}^{(0)}=(d_1^{(0)},d_2^{(0)})=(4,6)^{\mathrm{T}}$$

$$\boldsymbol{d}_{\mathrm{B}}^{(0)}=(\boldsymbol{d}_3^{(0)},\boldsymbol{d}_4^{(0)})^{\mathrm{T}}=-\boldsymbol{B}^{-1}\boldsymbol{N}\boldsymbol{d}_{\mathrm{N}}^{(0)}=-\begin{bmatrix}1&1\\1&5\end{bmatrix}\begin{pmatrix}4\\6\end{pmatrix}=\begin{pmatrix}-10\\-34\end{pmatrix}$$

所以搜索方向为 $\boldsymbol{d}^{(0)}=(4,6,-10,-34)^{\mathrm{T}}$。

进行一维搜索，有

$$\alpha_{\max} = \min\left\{-\frac{2}{-10}, -\frac{5}{-34}\right\} = \frac{5}{34}$$

$$\varphi(\alpha) = f(\boldsymbol{x}^{(0)} + \alpha \boldsymbol{d}^{(0)}) = 56\alpha^2 - 52\alpha$$

解

$$\min_{0 \leqslant \alpha \leqslant \frac{5}{34}} \varphi(\alpha) = 56\alpha^2 - 52\alpha$$

得 $\alpha_0 = \dfrac{5}{34}$。置

$$\boldsymbol{x}^{(1)} = \boldsymbol{x}^{(0)} + \alpha_0 \boldsymbol{d}^{(0)} = \left(\frac{10}{17}, \frac{15}{17}, \frac{9}{17}, 0\right)^{\mathrm{T}}$$

第 2 次迭代。由于

$$\nabla f(\boldsymbol{x}^{(1)}) = \left(-\frac{58}{17}, -\frac{62}{17}, 0, 0\right)^{\mathrm{T}}, \quad J(\boldsymbol{x}^{(1)}) = \{1, 2\}$$

故

$$\boldsymbol{B} = (\boldsymbol{p}_1, \boldsymbol{p}_2) = \begin{bmatrix} 1 & 1 \\ 1 & 5 \end{bmatrix}, \quad \boldsymbol{B}^{-1} = \begin{bmatrix} \dfrac{5}{4} & -\dfrac{1}{4} \\ -\dfrac{1}{4} & \dfrac{1}{4} \end{bmatrix}, \quad \boldsymbol{N} = (\boldsymbol{p}_3, \boldsymbol{p}_4) = \begin{bmatrix} 1 & 0 \\ 0 & 1 \end{bmatrix}$$

$$\nabla_{\boldsymbol{x}_{\mathrm{B}}} f(\boldsymbol{x}^{(1)}) = \left(-\frac{58}{17}, -\frac{62}{17}\right)^{\mathrm{T}}, \quad \nabla_{\boldsymbol{x}_{\mathrm{N}}} f(\boldsymbol{x}^{(1)}) = (0, 0)^{\mathrm{T}}$$

$$\boldsymbol{r}(\boldsymbol{x}_{\mathrm{N}}^{(1)}) = \nabla_{\boldsymbol{x}_{\mathrm{N}}} f(\boldsymbol{x}^{(1)}) - (\boldsymbol{B}^{-1}\boldsymbol{N})^{\mathrm{T}} \nabla_{\boldsymbol{x}_{\mathrm{B}}} f(\boldsymbol{x}^{(1)}) = \left(\frac{57}{17}, \frac{1}{17}\right)^{\mathrm{T}}$$

$$\boldsymbol{d}_{\mathrm{N}}^{(1)} = \begin{pmatrix} d_3^{(1)} \\ d_4^{(1)} \end{pmatrix} = \begin{pmatrix} -\dfrac{9}{17} \times \dfrac{57}{17} \\ -0 \times \dfrac{1}{17} \end{pmatrix} = \begin{pmatrix} -\dfrac{513}{289} \\ 0 \end{pmatrix}$$

$$\boldsymbol{d}_{\mathrm{B}}^{(1)} = (d_1^{(1)}, d_2^{(1)})^{\mathrm{T}} = -\boldsymbol{B}^{-1}\boldsymbol{N}\boldsymbol{d}_{\mathrm{N}}^{(1)} = -\begin{bmatrix} 1 & 1 \\ 1 & 5 \end{bmatrix}^{-1} \begin{pmatrix} -\dfrac{513}{289} \\ 0 \end{pmatrix} = \begin{pmatrix} \dfrac{2656}{1156} \\ -\dfrac{513}{1156} \end{pmatrix}$$

由于一维搜索与搜索方向的长度无关，故为计算方便可取

$$\boldsymbol{d}^{(1)} = \left(\frac{5}{17}, -\frac{1}{17}, -\frac{4}{17}, 0\right)^{\mathrm{T}}$$

$$\alpha_{\max} = \min\left\{-\frac{\frac{15}{17}}{-\frac{1}{17}}, -\frac{\frac{9}{17}}{-\frac{4}{17}}\right\} = \frac{9}{4}$$

$$\varphi(\alpha) = f(\boldsymbol{x}^{(0)} + \alpha \boldsymbol{d}^{(0)}) = \frac{62}{289}\alpha^2 - \frac{228}{289}\alpha + \frac{2560}{289}$$

解

$$\min_{0\leqslant\alpha\leqslant\frac{9}{4}} \varphi(\alpha) = \frac{62}{289}\alpha^2 - \frac{228}{289}\alpha + \frac{2560}{289}$$

得 $\alpha_1 = \dfrac{57}{31}$。置

$$\boldsymbol{x}^{(2)} = \boldsymbol{x}^{(1)} + \alpha_1 \boldsymbol{d}^{(1)} = \left(\frac{35}{31}, \frac{24}{31}, \frac{3}{31}, 0\right)^{\mathrm{T}}$$

第 3 次迭代。由于

$$\nabla f(\boldsymbol{x}^{(2)}) = \left(-\frac{32}{31}, -\frac{160}{31}, 0, 0\right)^{\mathrm{T}}, \quad J(\boldsymbol{x}^{(1)}) = \{1, 2\}$$

故

$$\boldsymbol{B} = (\boldsymbol{p}_1, \boldsymbol{p}_2) = \begin{bmatrix} 1 & 1 \\ 1 & 5 \end{bmatrix}, \quad \boldsymbol{B}^{-1} = \begin{bmatrix} \frac{5}{4} & -\frac{1}{4} \\ -\frac{1}{4} & \frac{1}{4} \end{bmatrix}, \quad \boldsymbol{N} = (\boldsymbol{p}_3, \boldsymbol{p}_4) = \begin{bmatrix} 1 & 0 \\ 0 & 1 \end{bmatrix}$$

$$\nabla_{\boldsymbol{x}_{\mathrm{B}}} f(\boldsymbol{x}^{(2)}) = \left(-\frac{32}{31}, -\frac{160}{31}\right)^{\mathrm{T}}, \quad \nabla_{\boldsymbol{x}_{\mathrm{N}}} f(\boldsymbol{x}^{(2)}) = (0, 0)^{\mathrm{T}}$$

$$\boldsymbol{r}(\boldsymbol{x}_{\mathrm{N}}^{(2)}) = \nabla_{\boldsymbol{x}_{\mathrm{N}}} f(\boldsymbol{x}^{(2)}) - (\boldsymbol{B}^{-1}\boldsymbol{N})^{\mathrm{T}} \nabla_{\boldsymbol{x}_{\mathrm{B}}} f(\boldsymbol{x}^{(2)}) = (0, 0)^{\mathrm{T}}$$

$$\boldsymbol{d}_{\mathrm{N}}^{(2)} = (d_3^{(2)}, d_4^{(2)})^{\mathrm{T}} = (0, 0)^{\mathrm{T}}$$

$$\boldsymbol{d}_{\mathrm{B}}^{(2)} = (d_1^{(2)}, d_2^{(2)})^{\mathrm{T}} = -\boldsymbol{B}^{-1}\boldsymbol{N}\boldsymbol{d}_{\mathrm{N}}^{(2)} = (0, 0)^{\mathrm{T}}$$

所以 $\boldsymbol{d}^{(2)} = \boldsymbol{0}$，最优解 $\boldsymbol{x}^* = \boldsymbol{x}^{(2)} = \left(\dfrac{35}{31}, \dfrac{24}{31}, \dfrac{3}{31}, 0\right)^{\mathrm{T}}$，$f(\boldsymbol{x}^*) = -\dfrac{222}{31}$。

6.4 复 形 法

复形法是求解有约束优化问题的有效方法之一，它是在无约束优化问题单纯形法的基础上发展起来的一种直接法。与单纯形法类似，复形法只需要计算目标函数和约束函数的函数值，并不涉及它们的导数，因此，特别适合函数形式复杂、导数计算困难的情况，在结构优化设计中应用较多。

复形法首先在 n 维设计空间的可行域内，产生一个由 $k>(n+1)$ 个顶点构成的多面体，称为复形。然后对复形的各顶点的目标函数值逐一进行比较，不断丢掉函数值最差的顶点，代之以既使函数值有所改善又满足约束条件的新顶点，如此反复迭代，逐步逼近最优点。单纯形法只要求新点的目标函数值有所降低，而复形法还要求新点满足约束条件，这是两个方法的主要区别。另外，复形法还可以采用随机布点的方法，所构成的复形不必保持规则图形，较之单纯形法更为灵活方便。由于迭代过程中，复形可能退化而使顶点数目减少，为了保证计算过程中顶点数目不会少于 $(n+1)$，故应采用比 $(n+1)$ 更多的顶点，一般当 n 较小时，可取 $k=2n$ 或 $k=n^2$；当 n 较大时可取 $k=n+2$。

值得注意的是，在复形法整个迭代过程中，复形都应在可行域内移动、变换。构成复形的顶点，包括各个初始点及替换最坏点的新点等都应在可行域内。因此，在复形法的全部计算过程中，检查所有这些点是否在可行域内，是一项不可或缺的重要步骤。

复形法是用来处理带有不等式约束的非线性规划的。为了构造复形方便，通常将不等式约束中那些对设计变量上、下限的约束单独地写出来。这样，复形法所考虑的问题，一般可表达如下：

$$\left.\begin{array}{ll}\min & f(\boldsymbol{x}),\quad \boldsymbol{x}\in\mathbb{R}^n\\ \text{s.t.} & g_j(\boldsymbol{x})\leqslant 0,\quad j=1,2,\cdots,m\\ & a_i\leqslant x_i\leqslant b_i,\quad i=1,2,\cdots,n\end{array}\right\}\tag{6.4.1}$$

式中，a_i、b_i 是设计变量 x_i 的下、上界。

复形法的计算主要包括形成初始复形和迭代改进已有复形两部分。初始复形可以由设计人员根据问题的性质和设计经验来确定，但更常用的还是采用随机的方法确定。取复形顶点为

$$x_{ji}=a_i+\gamma_{ji}(b_i-a_i),\quad j=1,2,\cdots,k;\ i=1,2,\cdots,n\tag{6.4.2}$$

式中，k 是复形顶点的数目；n 是设计变量的数目；x_{ji} 是第 j 个顶点的第 i 设计变量；γ_{ji} 是在区间 $[0,1]$ 中服从均匀分布的一个随机数，可以由计算机程序产生。

显然，按式 (6.4.2) 利用随机数产生的顶点必定满足边界约束条件 $a_i\leqslant x_{ji}\leqslant b_i$，但不一定满足不等式约束条件 $g_j(\boldsymbol{x})\leqslant 0$。因此必须检查是否在可行域内。如果不在可行域内，则重新产生随机数，再选点，直至其成为可行点。假设已找到 $s(s\geqslant 1)$ 个可行顶点 $\boldsymbol{x}_1,\boldsymbol{x}_2,\cdots,\boldsymbol{x}_s$，可采用如下策略来形成初始复合形。

求出这 s 个可行点的中心点：

$$\overline{\boldsymbol{x}}_s=\frac{1}{s}\sum_{j=1}^{s}\boldsymbol{x}_j\tag{6.4.3}$$

如果第 $s+1$ 个顶点 $\boldsymbol{x}_{s+1}$ 不满足不等式约束，则将该点修改为

$$\boldsymbol{x}_{s+1}=\overline{\boldsymbol{x}}_s+0.5(\boldsymbol{x}_{s+1}-\overline{\boldsymbol{x}}_s)\tag{6.4.4}$$

再次检查新点 $\boldsymbol{x}_{s+1}$ 是否在可行区域，如否，则重复上式的做法，重新赋值，如此反复，直到 $\boldsymbol{x}_{s+1}$ 成为可行点。

按照这种方法，继续判别其他点的可行性，直到全部 k 个顶点都成为可行点，从而构成初始复合形。

形成初始复形后，即可用与单纯形法类似的反射、收缩等操作对复形进行更新。下面给出复形法的具体步骤。

算法 6.4 (复形法)

(1) 形成初始复形。

(2) 计算复形所有各顶点的函数值，找出目标函数值最大的点，即最坏点 $\boldsymbol{x}_h$。然后舍去 $\boldsymbol{x}_h$ 点，计算其余各顶点的中心点 $\boldsymbol{x}_c$，即

$$\boldsymbol{x}_c = \frac{1}{k-1}\sum_{\substack{1\leqslant j\leqslant k\\ j\neq h}} \boldsymbol{x}_j \tag{6.4.5}$$

检验 $\boldsymbol{x}_c$ 是否为可行点，如果是可行点，则转步骤 (3)；否则，说明可行域为非凸域 (图 6.4)，则从所有顶点中找出目标函数值最小的点，即最好点 $\boldsymbol{x}_l$。然后，以最好点 $\boldsymbol{x}_l$ 和中心点 $\boldsymbol{x}_c$ 的坐标为变量的上、下界，转回步骤 (1)，重新产生初始复形。

(3) 选择反射系数 $\alpha(\alpha \geqslant 1$，初始值一般取为 1.3)，由最坏点 $\boldsymbol{x}_h$ 通过中心点 $\boldsymbol{x}_c$ 作 α 倍的反射，便得反射点 $\boldsymbol{x}_r$

$$\boldsymbol{x}_r = \boldsymbol{x}_c + \alpha(\boldsymbol{x}_c - \boldsymbol{x}_h) \tag{6.4.6}$$

检查 $\boldsymbol{x}_r$ 是否可行且满足 $f(\boldsymbol{x}_r) < f(\boldsymbol{x}_h)$，若是，转步骤 (5)；否则转步骤 (4)。

(4) 减小反射系数，通常取 $\alpha = \dfrac{\alpha}{2}$，若 $\alpha \geqslant \varepsilon_1$，转步骤 (3)；否则，转步骤 (1) 重新开始，或者选择目标函数值第二大的点，即次坏点 $\boldsymbol{x}_b$，以 $\boldsymbol{x}_b$ 代替最坏点 $\boldsymbol{x}_h$，转步骤 (2)。

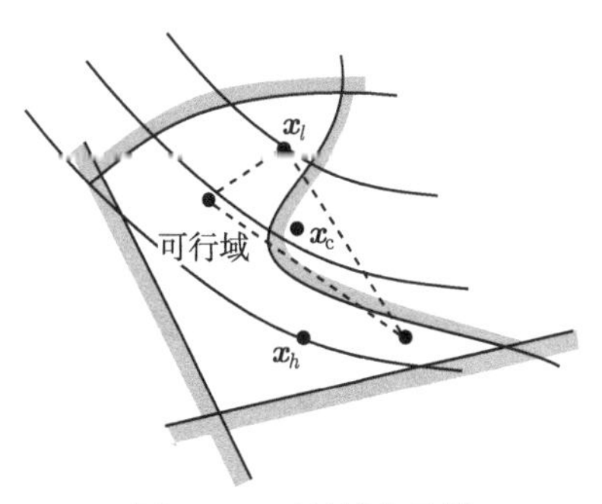

图 6.4 可行域非凸域

(5) 以 $\boldsymbol{x}_r$ 代替 $\boldsymbol{x}_h$ 形成新的复形，检验是否满足收敛准则，满足则终止迭代，以复形中的最好点 $\boldsymbol{x}_l$ 为最优点，否则，转步骤 (2)。

复形法的收敛准则较多，常用的有

$$\left\{\frac{1}{k}\sum_{j=1}^{k}[f(\overline{\boldsymbol{x}}_c) - F(\boldsymbol{x}_j)]^2\right\}^{1/2} \leqslant \varepsilon \tag{6.4.7}$$

$$\frac{1}{k}\sum_{j=1}^{k}\|\overline{\boldsymbol{x}}_c - \boldsymbol{x}_j\| \leqslant \varepsilon \tag{6.4.8}$$

式中，$\overline{\boldsymbol{x}}_c = \dfrac{1}{k}\sum_{j=1}^{k}\boldsymbol{x}_j$ 是复形的中心点；ε 是预先给定的一个充分小的正数。

例 6.4　用复形法求解

$$\left.\begin{aligned}\min\quad & f(\boldsymbol{x})=\frac{25}{x_1x_2^3}\\ \text{s.t.}\quad & g_1(\boldsymbol{x})=\frac{30}{x_1x_2^2}-50\leqslant 0\\ & g_2(\boldsymbol{x})=4x_1x_2-10\leqslant 0\\ & 2.0\leqslant x_1\leqslant 4.0\\ & 0.5\leqslant x_2\leqslant 1.0\end{aligned}\right\}$$

解：(1) 取复形顶点数 $k=2n=4$。按式 (6.4.2) 随机选取初始复形的顶点，设有

$$\boldsymbol{x}_1^{(0)}=(2.20,0.550)^{\mathrm{T}},\quad \boldsymbol{x}_2^{(0)}=(2.50,0.565)^{\mathrm{T}},$$

$$\boldsymbol{x}_3^{(0)}=(2.34,0.695)^{\mathrm{T}},\quad \boldsymbol{x}_4^{(0)}=(2.95,0.620)^{\mathrm{T}}$$

将各顶点的坐标代入各约束条件，有

$$\begin{aligned}&g_1(\boldsymbol{x}_1^{(0)})=-4.921<0,\quad g_2(\boldsymbol{x}_1^{(0)})=-5.160<0\\&g_1(\boldsymbol{x}_2^{(0)})=-12.409<0,\quad g_2(\boldsymbol{x}_2^{(0)})=-4.350<0\\&g_1(\boldsymbol{x}_3^{(0)})=-23.458<0,\quad g_2(\boldsymbol{x}_3^{(0)})=-3.495<0\\&g_1(\boldsymbol{x}_4^{(0)})=-23.546<0,\quad g_2(\boldsymbol{x}_4^{(0)})=-2.684<0\end{aligned}$$

经检验，全部顶点在可行域内。

(2) 计算各点函数值，有

$$f(\boldsymbol{x}_1^{(0)})=68.301,\quad f(\boldsymbol{x}_2^{(0)})=55.444,\quad f(\boldsymbol{x}_3^{(0)})=31.825,\quad f(\boldsymbol{x}_4^{(0)})=35.558$$

故最坏点 $\boldsymbol{x}_h^{(0)}=\boldsymbol{x}_1^{(0)}=(2.20,0.550)^{\mathrm{T}}$，最好点 $\boldsymbol{x}_l^{(0)}=\boldsymbol{x}_3^{(0)}=(2.34,0.695)^{\mathrm{T}}$。除 $\boldsymbol{x}_h^{(0)}$ 点外其余各点之中心点 $\boldsymbol{x}_{\mathrm{c}}^{(0)}$ 为

$$\boldsymbol{x}_{\mathrm{c}}^{(0)}=\frac{1}{4-1}\sum_{j=2,3,4}\boldsymbol{x}_j^{(0)}=(2.597,0.627)^{\mathrm{T}}$$

将 $\boldsymbol{x}_{\mathrm{c}}^{(0)}$ 代入约束条件，得

$$g_1(\boldsymbol{x}_{\mathrm{c}}^{(0)})=-20.616<0,\quad g_2(\boldsymbol{x}_{\mathrm{c}}^{(0)})=-3.487<0$$

故 $\boldsymbol{x}_{\mathrm{c}}^{(0)}$ 满足约束条件，在可行性域内。

(3) 求反射点 $\boldsymbol{x}_{\mathrm{r}}^{(0)}$，取反射系数 $\alpha=1.3$，有

$$\begin{aligned}\boldsymbol{x}_{\mathrm{r}}^{(0)}&=\boldsymbol{x}_{\mathrm{c}}^{(0)}+\alpha(\boldsymbol{x}_{\mathrm{c}}^{(0)}-\boldsymbol{x}_h^{(0)})\\&=\begin{pmatrix}2.597\\0.627\end{pmatrix}+1.3\times\left[\begin{pmatrix}2.597\\0.627\end{pmatrix}-\begin{pmatrix}2.200\\0.550\end{pmatrix}\right]\end{aligned}$$

$$= \begin{pmatrix} 3.113 \\ 0.727 \end{pmatrix}$$

将 $\boldsymbol{x}_{\mathrm{r}}^{(0)}$ 代入约束条件，得

$$g_1(\boldsymbol{x}_{\mathrm{r}}^{(0)}) = -31.766 < 0, \quad g_2(\boldsymbol{x}_{\mathrm{r}}^{(0)}) = -0.947 < 0$$

故反射点 $\boldsymbol{x}_{\mathrm{r}}^{(0)}$ 是可行点，该点的目标函数值为 $f(\boldsymbol{x}_{\mathrm{r}}^{(0)}) = 20.901$。

(4) 由于 $f(\boldsymbol{x}_{\mathrm{r}}^{(0)}) < f(\boldsymbol{x}_h^{(0)})$，用 $\boldsymbol{x}_{\mathrm{r}}^{(0)}$ 点代替 $\boldsymbol{x}_h^{(0)}$ 点，构成新复形

$$\boldsymbol{x}_1^{(1)} = \boldsymbol{x}_{\mathrm{r}}^{(0)} = (3.113, 0.727)^{\mathrm{T}}, \quad \boldsymbol{x}_2^{(1)} = \boldsymbol{x}_2^{(0)} = (2.50, 0.565)^{\mathrm{T}},$$

$$\boldsymbol{x}_3^{(1)} = \boldsymbol{x}_3^{(0)} = (2.34, 0.695)^{\mathrm{T}}, \quad \boldsymbol{x}_4^{1} = \boldsymbol{x}_4^{(0)} = (2.95, 0.620)^{\mathrm{T}}$$

重复步骤 (2)~(4)，反复迭代，直至满足收敛准则。

6.5 罚 函 数 法

罚函数法的基本思想是通过将原约束优化问题的目标函数加上与约束条件相关的惩罚项来构成惩罚函数，通过求解一系列以惩罚函数为目标函数的无约束优化问题来逐步逼近原约束优化问题的最优解。

6.5.1 罚函数法的一般概念

考虑一般非线性规划问题

$$\left.\begin{array}{ll} \min & f(\boldsymbol{x}), \quad \boldsymbol{x} \in \mathbb{R}^n \\ \text{s.t.} & h_i(\boldsymbol{x}) = 0, \quad i \in E = \{1, 2, \cdots, m_e) \\ & g_i(\boldsymbol{x}) \leqslant 0, \quad j \in I = \{m_e + 1, m_e + 2, \cdots, m\} \end{array}\right\} \tag{6.5.1}$$

引入参数 $\gamma_1^{(k)}$、$\gamma_2^{(k)}$，构造一个新的参数型目标函数

$$P(\boldsymbol{x}, \gamma_1^{(k)}, \gamma_2^{(k)}) = f(\boldsymbol{x}) + \gamma_1^{(k)} \sum_{i \in E} H[h_i(\boldsymbol{x})] + \gamma_2^{(k)} \sum_{j \in I} G[g_j(\boldsymbol{x})] \tag{6.5.2}$$

式中，$H[h_i(\boldsymbol{x})]$ 是定义在全域内的关于 $h_i(\boldsymbol{x})$ 的非负泛函；$G[g_j(\boldsymbol{x})]$ 是定义在可行域内或全域内的关于 $g_j(\boldsymbol{x})$ 的非负泛函。$\gamma_1^{(k)}$、$\gamma_2^{(k)}$ 在优化过程中随着 k 的增大而不断调整的变值参数，根据不同情况，它们可以定义为一个递增或递减的正实数序列。

由上面的定义可知，$\gamma_1^{(k)} \sum\limits_{i \in E} H[h_i(\boldsymbol{x})]$ 和 $\gamma_2^{(k)} \sum\limits_{j \in I} G[g_j(\boldsymbol{x})]$ 总是非负的。因此，一般情况下，新的目标函数 $P(\boldsymbol{x}, \gamma_1^{(k)}, \gamma_2^{(k)})$ 的值总是大于原目标函数 $f(\boldsymbol{x})$ 的值。这说明 $\gamma_1^{(k)} \sum\limits_{i \in E} H[h_i(\boldsymbol{x})]$ 和 $\gamma_2^{(k)} \sum\limits_{j \in I} G[g_j(\boldsymbol{x})]$ 对新的目标函数起惩罚作用，故称为惩罚项，称 $\gamma_1^{(k)}$ 和 $\gamma_2^{(k)}$ 为罚因子或罚参数。新的目标函数 $P(\boldsymbol{x}, \gamma_1^{(k)}, \gamma_2^{(k)})$ 称为罚函数。

罚函数法就是在取定一系列罚因子 $\gamma_1^{(k)}$、$\gamma_2^{(k)}$ 的数值之后，对 $P(\boldsymbol{x},\gamma_1^{(k)},\gamma_2^{(k)})$ 进行无约束最优化计算。每调整一次罚因子的值，作一次无约束寻优计算，得到一个无约束优化问题 $\min P(\boldsymbol{x},\gamma_1^{(k)},\gamma_2^{(k)})$ 的最优点 $\boldsymbol{x}^*(\gamma_1^{(k)},\gamma_2^{(k)})$。当 $k\to\infty$ 时，随着罚因子的不断调整，便得到罚函数 $P(\boldsymbol{x},\gamma_1^{(k)},\gamma_2^{(k)})$ 的一系列极小点 $\boldsymbol{x}^*(\gamma_1^{(k)},\gamma_2^{(k)})$，$(k=0,1,2,\cdots)$，以逐步逼近原约束优化问题的最优解 $\boldsymbol{x}^*$。因此罚函数法又称为序列无约束极小化 (sequential unconstrained minimization techniques，SUMT) 方法。

式 (6.5.2) 中泛函 $H[h_i(\boldsymbol{x})]$ 和 $G[g_j(\boldsymbol{x})]$ 的具体形式以及罚因子调整策略，视具体问题有不同的方法。通常将罚函数法分为外点法、内点法和混合法。

6.5.2　外点法

外点法的基本策略是当设计点不可行，即在可行域外部时，惩罚项具有充分大的数值，当设计点是可行点时，惩罚项为零。

对于式 (6.5.1) 中的等式约束和不等式约束分别定义约束违反度函数

$$\overline{h}_i(\boldsymbol{x})=h_i(\boldsymbol{x}),\quad i\in E$$

和

$$\overline{g}_j(\boldsymbol{x})=\max\{0,g_j(\boldsymbol{x})\},\quad j\in I$$

在式 (6.5.2) 中取

$$H[h_i(\boldsymbol{x})]=[\overline{h}_i(\boldsymbol{x})]^2,\quad G[g_j(\boldsymbol{x})]=[\overline{g}_j(\boldsymbol{x})]^2,\quad \gamma_1^{(k)}=\gamma_2^{(k)}=\gamma^{(k)}$$

则将求解约束优化问题 (6.5.1) 转化为求解无约束优化问题

$$\min_{\boldsymbol{x}\in\mathbb{R}^n} P(\boldsymbol{x},\gamma^{(k)})=f(\boldsymbol{x})+\gamma^{(k)}\left(\sum_{i\in E}[h_i(\boldsymbol{x})]^2+\sum_{j\in I}[\max\{0,g_j(\boldsymbol{x})\}]^2\right)\tag{6.5.3}$$

设问题 (6.5.3) 的最优解为 $\boldsymbol{x}^*(\gamma^{(k)})$，若 $\boldsymbol{x}^*(\gamma^{(k)})$ 是问题 (6.5.1) 的可行解，则必是其最优解；若 $\boldsymbol{x}^*(\gamma^{(k)})$ 不是问题 (6.5.1) 的可行解，则增大罚因子 $\gamma^{(k)}$，重新求解问题 (6.5.3)。一般来说，当取定

$$0<\gamma^{(1)}<\gamma^{(2)}<\cdots<\gamma^{(k)}<\cdots$$

时，相应于罚因子 $\gamma^{(k)}$ 的最优解 $\boldsymbol{x}^{(k)}=\boldsymbol{x}^*(\gamma^{(k)})$ 不是问题 (6.5.1) 的可行解，则它与可行域的距离随着 k 的增大 (即 $\gamma^{(k)}$ 的增大) 而减小，也就是说，$\boldsymbol{x}^{(k)}$ 从可行域的外部逼近原约束优化问题的最优解。因此，这种方法称为外点法。

下面给出外点法的具体步骤。

算法 6.5 (外点法)

---

(1) 取 $\gamma^{(1)}>0$，给定允许误差 $\varepsilon>0$，置 $k=1$。

(2) 解无约束优化问题 (6.5.3)，设最优解为 $\boldsymbol{x}^{(k)}=\boldsymbol{x}^*(\gamma^{(k)})$。

(3) 若存在 $i\in E$，使 $\left|h_i(\boldsymbol{x}^{(k)})\right|>\varepsilon$，或存在 $j\in I$，使 $g_j(\boldsymbol{x}^{(k)})>\varepsilon$，则取 $\gamma^{(k+1)}>\gamma^{(k)}$，置 $k=k+1$，转步骤 (2)；否则，停止迭代，得近似最优解 $\boldsymbol{x}^*=\boldsymbol{x}^{(k)}$。

例 6.5 用外点法解如下等式约束优化问题

$$\left.\begin{array}{ll}\min & f(\boldsymbol{x})=(x_1-3)^2+(x_2-2)^2 \\ \text{s.t.} & h(\boldsymbol{x})=x_1+x_2-4=0\end{array}\right\}$$

取 $\varepsilon=0.05$。

解：罚函数取

$$\begin{aligned}P(\boldsymbol{x},\gamma^{(k)})&=f(\boldsymbol{x})+\gamma^{(k)}[h(\boldsymbol{x})]^2\\&=(x_1-3)^2+(x_2-2)^2+\gamma^{(k)}(x_1+x_2-4)^2\end{aligned}$$

第 1 次迭代 $(k=1)$，取 $\gamma^{(1)}=1$，则

$$P(\boldsymbol{x},\gamma^{(1)})=(x_1-3)^2+(x_2-2)^2+(x_1+x_2-4)^2$$

解无约束优化问题

$$\min P(\boldsymbol{x},\gamma^{(1)})=(x_1-3)^2+(x_2-2)^2+(x_1+x_2-4)^2$$

用解析法，由极值条件

$$\left.\begin{aligned}\frac{\partial P(\boldsymbol{x},\gamma^{(1)})}{\partial x_1}&=2(x_1-3)+2(x_1+x_2-4)=0\\\frac{\partial P(\boldsymbol{x},\gamma^{(1)})}{\partial x_2}&=2(x_2-2)+2(x_1+x_2-4)=0\end{aligned}\right\}$$

即

$$\left.\begin{aligned}2x_1+x_2-7=0\\x_1+2x_2-6=0\end{aligned}\right\}$$

解得

$$\boldsymbol{x}^{(1)}=\left(\frac{8}{3},\frac{5}{3}\right)^{\mathrm{T}}$$

将 $\boldsymbol{x}^{(1)}$ 代入约束条件有

$$h(\boldsymbol{x}^{(1)})=\frac{8}{3}+\frac{5}{3}-4=\frac{1}{3}>\varepsilon$$

第 2 次迭代 $(k=2)$，取 $\gamma^{(2)}=2\gamma^{(1)}=2$，解无约束优化问题

$$\min P(\boldsymbol{x},\gamma^{(2)})=(x_1-3)^2+(x_2-2)^2+2(x_1+x_2-4)^2$$

得

$$\boldsymbol{x}^{(2)}=\left(\frac{13}{5},\frac{8}{5}\right)^{\mathrm{T}}$$

将 $\boldsymbol{x}^{(2)}$ 代入约束条件有

$$h(\boldsymbol{x}^{(2)}) = \frac{13}{5} + \frac{8}{5} - 4 = \frac{1}{5} > \varepsilon$$

第 3 次迭代 $(k=3)$，取 $\gamma^{(3)} = 2\gamma^{(2)} = 4$，解无约束优化问题

$$\min P(\boldsymbol{x}, \gamma^{(3)}) = (x_1 - 3)^2 + (x_2 - 2)^2 + 4(x_1 + x_2 - 4)^2$$

得

$$\boldsymbol{x}^{(3)} = \left(\frac{23}{9}, \frac{14}{9}\right)^{\mathrm{T}}$$

将 $\boldsymbol{x}^{(3)}$ 代入约束条件有

$$h(\boldsymbol{x}^{(3)}) = \frac{23}{9} + \frac{14}{9} - 4 = \frac{1}{9} > \varepsilon$$

第 4 次迭代 $(k=4)$，取 $\gamma^{(4)} = 2\gamma^{(3)} = 8$，解无约束优化问题

$$\min P(\boldsymbol{x}, \gamma^{(4)}) = (x_1 - 3)^2 + (x_2 - 2)^2 + 8(x_1 + x_2 - 4)^2$$

得

$$\boldsymbol{x}^{(4)} = \left(\frac{43}{17}, \frac{26}{17}\right)^{\mathrm{T}}$$

将 $\boldsymbol{x}^{(4)}$ 代入约束条件有

$$h(\boldsymbol{x}^{(4)}) = \frac{43}{17} + \frac{26}{17} - 4 = \frac{1}{17} > \varepsilon$$

第 5 次迭代 $(k=5)$，取 $\gamma^{(5)} = 2\gamma^{(4)} = 16$，解无约束优化问题

$$\min P(\boldsymbol{x}, \gamma^{(5)}) = (x_1 - 3)^2 + (x_2 - 2)^2 + 16(x_1 + x_2 - 4)^2$$

得

$$\boldsymbol{x}^{(5)} = \left(\frac{83}{33}, \frac{50}{33}\right)^{\mathrm{T}}$$

将 $\boldsymbol{x}^{(5)}$ 代入约束条件有

$$h(\boldsymbol{x}^{(5)}) = \frac{83}{33} + \frac{50}{33} - 4 = \frac{1}{33} \approx 0.0303 < \varepsilon$$

满足精度要求，得原问题最优解 $\boldsymbol{x}^* \approx \boldsymbol{x}^{(5)} = (2.515,\ 1.515)^{\mathrm{T}}$。本题的精确解为 $\boldsymbol{x}^* = (2.5,\ 1.5)^{\mathrm{T}}$。

对于本例来说，根据 $h(\boldsymbol{x}^{(1)})=\dfrac{1}{3}$ 相对较大，可将每次迭代的罚因子适当取大些。如取 $\gamma^{(k)}=10^{k-1}$，则当 $k=3$，即 $\gamma^{(3)}=100$ 时，可解得

$$\boldsymbol{x}^{(3)}=\left(\frac{503}{201},\frac{302}{201}\right)^{\mathrm{T}}=(2.5025,\ 1.5025)^{\mathrm{T}}$$

此计算结果比前面五步的计算结果要精确得多。因此，在解题时，如何根据实际情况，迅速确定罚因子的取值是很重要的。

例 6.6 用外点法解如下不等式约束优化问题

$$\left.\begin{array}{ll}\min & f(x)=2x^2\\ \text{s.t.} & g(x)=4-5x\leqslant 0\end{array}\right\}$$

解：无约束优化问题为

$$\min_x P(x,\gamma)=f(x)+\gamma[\max\{0,g(x)\}]^2$$

其中罚函数

$$P(x,\gamma)=\begin{cases}2x^2, & \text{当}x\geqslant 0.8\text{时}\\ 2x^2+\gamma(4-5x)^2, & \text{当}x<0.8\text{时}\end{cases}$$

当 $x<0.8$ 时，对特定的 γ，有

$$P'_x(x,\gamma)=4x-10\gamma(4-5x)$$

令 $P'_x(x,\gamma)=0$，得

$$x^*(\gamma)=\frac{40\gamma}{50\gamma+4}$$

令 $\gamma=1,\ 5,\ 25,125,\cdots$ 时，计算结果见表 6.1。

表 6.1 例 6.6 计算结果

γ	1	5	25	125	$\cdots$	$+\infty$
$x^*(\gamma)$	0.740741	0.787402	0.797448	0.799488	$\cdots$	0.8
$P(x,\gamma)$	1.185185	1.259843	1.275917	1.279181	$\cdots$	1.28

当 $\gamma\to\infty$ 时，得原问题的最优解 $x^*=\lim\limits_{\gamma\to\infty}x^*(\gamma)=0.8$，$f^*=\lim\limits_{\gamma\to\infty}P(x,\gamma)=1.28$。

实际上，对于外点法，一般来说，当罚因子序列 $\{\gamma^{(k)}\}$ 是正的递增序列，且 $\lim\limits_{k\to\infty}\gamma^{(k)}=+\infty$ 时，无约束优化问题的解序列 $\{x^*(\gamma^{(k)})\}$ 收敛于原约束优化问题的最优解 x^*。从这一点来说，只要把罚因子取得充分大就能够得到满足精度要求的近似最优解。但对于具体问题，罚因子取多大合适，事先并不知道，而且如果取得过大还可能使罚函数的性态变差，导致求解无约束优化问题遇到困难。所以，通常还是采用迭代的方法，逐步增大罚因子。

6.5.3 内点法

外点法是从可行域外部逐步逼近约束优化问题的最优解，所以它的中间解都是不可行解。这在结构优化设计中，往往是设计人员无法接受的。内点法是从可行域内部逼近最优解，其中间点都是可行点。内点法是结构优化设计中常用的方法，它只适用于不等式约束的情况。

考虑不等式约束非线性规划问题

$$\left.\begin{array}{ll}\min & f(\boldsymbol{x}), \quad \boldsymbol{x} \in \mathbb{R}^n \\ \text{s.t.} & g_i(\boldsymbol{x}) \leqslant 0, \quad i=1,2,\cdots,m\end{array}\right\} \tag{6.5.4}$$

相应的无约束优化问题为

$$P(\boldsymbol{x},\gamma^{(k)}) = f(\boldsymbol{x}) + \gamma^{(k)} \sum_{i=1}^{m} G[g_i(\boldsymbol{x})] \tag{6.5.5}$$

其中，$G[g_i(\boldsymbol{x})]$ 的取法使得当设计点 $\boldsymbol{x}$ 在可行域内部且离边界越远时，其值越接近于零，目标函数 $P(\boldsymbol{x},\gamma^{(k)})$ 和 $f(\boldsymbol{x})$ 的值越接近；而当设计点从可行域内部靠近边界时，$G[g_i(\boldsymbol{x})]$ 的值变得很大，从而对固定的 k(即固定的 $\gamma^{(k)}$)，新的目标函数 $P(\boldsymbol{x},\gamma^{(k)})$ 变得很大。由于需要极小化 $P(\boldsymbol{x},\gamma^{(k)})$，$G[g_i(\boldsymbol{x})]$ 的作用就相当于在可行域的边界上筑起一道障碍，防止设计点越出可行域，所以内点法又称障碍函数法。另外，约束优化问题 (6.5.4) 的最优解往往是在边界上，为了允许设计点逐渐接近边界，又要求 $\gamma^{(k)}$ 是一个递减的正实数序列，且随着 $k \to \infty$，$\gamma^{(k)} \to 0$，从而使得对设计点靠近边界所受的惩罚逐渐减小。

$G[g_i(\boldsymbol{x})]$ 和 $\gamma^{(k)}$ 最常见的取法为

$$G[g_i(\boldsymbol{x})] = -\frac{1}{g_i(\boldsymbol{x})} \tag{6.5.6}$$

或

$$G[g_i(\boldsymbol{x})] = -\ln[-g_i(\boldsymbol{x})] \tag{6.5.7}$$

$$\gamma^{(k+1)} = \alpha\gamma^{(k)}, \quad 0<\alpha<1, \quad \gamma^{(1)}>0 \tag{6.5.8}$$

可以证明，随着 k 的增加 (即 $\gamma^{(k)}$ 的减小)，求解无约束优化问题 (6.5.5) 得到的解序列 $\{\boldsymbol{x}^*(\gamma^{(k)})\}$ 收敛于问题 (6.5.4) 的最优解。如给定允许误差为 ε，内点法的收敛判别准则为

$$\left|-\gamma^{(k)} \sum_{i=1}^{m} \frac{1}{g_i(\boldsymbol{x}^{(k)})}\right| \leqslant \varepsilon \tag{6.5.9}$$

或

$$\left|-\gamma^{(k)} \sum_{i=1}^{m} \ln[-g_i(\boldsymbol{x}^{(k)})]\right| \leqslant \varepsilon \tag{6.5.10}$$

式中，$\boldsymbol{x}^{(k)} = \boldsymbol{x}^*(\gamma^{(k)})$。

下面给出内点法的具体计算步骤。

算法 6.6 (内点法)

(1) 给定一个初始可行点 $\boldsymbol{x}^{(0)}$，允许误差 $\varepsilon>0$，取 $\gamma^{(1)}>0$，$0<\alpha<1$，置 $k=1$。

(2) 按式 (6.5.6) 或式 (6.5.7) 构造 $G[g_i(\boldsymbol{x})]$，以 $\boldsymbol{x}^{(k-1)}$ 为初始点求解无约束优化问题式 (6.5.5)，设最优解为 $\boldsymbol{x}^{(k)}=\boldsymbol{x}^*(\gamma^{(k)})$。

(3) 若满足收敛准则式 (6.5.9) 或式 (6.5.10)，则停止迭代，得近似最优解 $\boldsymbol{x}^*=\boldsymbol{x}^{(k)}$；否则，取 $\gamma^{(k+1)}=\alpha\gamma^{(k)}$，置 $k=k+1$，转步骤 (2)。

例 6.7 试用内点法求下列问题

$$\left.\begin{array}{ll}\min & f(x)=x \\ \text{s.t.} & g(x)=1-x\leqslant 0\end{array}\right\}$$

解：构造无约束优化问题

$$\min P(x,\gamma)=x-\gamma\frac{1}{1-x}$$

用解析法求解，由 $P_x'(x,\gamma)=0$ 得

$$1-\gamma\frac{1}{(1-x)^2}=0$$

解得满足约束条件的解为

$$x^*(\gamma)=1+\sqrt{\gamma}$$

令 $\gamma=1,\ 0.1,\ 0.01, 0.001,\cdots$，计算结果列于表 6.2。

表 6.2 例 6.7 计算结果

γ	1	0.1	0.01	0.001	$\cdots$	0
$x^*(\gamma)$	2.000000	1.316228	1.100000	1.031623	$\cdots$	1.000000
$P(x,\gamma)$	3.000000	1.632456	1.200000	1.063246	$\cdots$	1.000000

当 $\gamma\to 0$ 时，得原问题的最优解 $x^*=\lim\limits_{\gamma\to 0}x^*(\gamma)=1.0$，$f^*=\lim\limits_{\gamma\to 0}P(x,\gamma)=1.0$。

虽然一般来说只要把罚因子取得充分小就能够得到满足精度要求的近似最优解，但是基于与外点法相同的原因，在实际计算中通常还是采用迭代的方法，逐步减小罚因子。

例 6.8 试用内点法求下列问题

$$\left.\begin{array}{ll}\min & f(\boldsymbol{x})=x_1+x_2 \\ \text{s.t.} & g_1(\boldsymbol{x})=x_1^2-x_2\leqslant 0 \\ & g_2(\boldsymbol{x})=1-x_1\leqslant 0\end{array}\right\}$$

取 $\varepsilon=0.05$。

解：采用自然对数形式的障碍函数，有

$$P(\boldsymbol{x},\gamma^{(k)})=x_1+x_2-\gamma^{(k)}[\ln(-x_1^2+x_2)+\ln(x_1-1)]$$

第 1 次迭代 ($k=1$)，取 $\gamma^{(1)}=1$，则

$$P(\boldsymbol{x},\gamma^{(1)})=x_1+x_2-\ln(-x_1^2+x_2)-\ln(x_1-1)$$

解无约束优化问题

$$\min P(\boldsymbol{x},\gamma^{(1)})=x_1+x_2-\ln(-x_1^2+x_2)-\ln(x_1-1)$$

用解析法求解，由极值条件

$$\left.\begin{aligned}&\frac{\partial P(\boldsymbol{x},\gamma^{(1)})}{\partial x_1}=1-\frac{1}{-x_1^2+x_2}(-2x_1)-\frac{1}{x_1-1}=0\\&\frac{\partial P(\boldsymbol{x},\gamma^{(1)})}{\partial x_2}=1-\frac{1}{-x_1^2+x_2}=0\end{aligned}\right\}$$

得满足约束条件的解为

$$\boldsymbol{x}^{(1)}=(1.281,\ 2.640)^{\mathrm{T}}$$

将 $\boldsymbol{x}^{(1)}$ 代入收敛条件式 (6.5.10) 有

$$\left|-\gamma^{(1)}\sum_{i=1}^{2}\ln[-g_i(\boldsymbol{x}^{(1)})]\right|=|-1\times(0-1.270)|=1.270>\varepsilon$$

第 2 次迭代 ($k=2$)，取 $\gamma^{(2)}=0.1\gamma^{(1)}=0.1$，则无约束优化问题为

$$\min P(\boldsymbol{x},\gamma^{(2)})=x_1+x_2-0.1\times[\ln(-x_1^2+x_2)+\ln(x_1-1)]$$

解之得满足约束条件的解为

$$\boldsymbol{x}^{(2)}=(1.033,\ 1.166)^{\mathrm{T}}$$

将 $\boldsymbol{x}^{(2)}$ 代入收敛条件式 (6.5.10) 有

$$\left|-\gamma^{(2)}\sum_{i=1}^{2}\ln[-g_i(\boldsymbol{x}^{(2)})]\right|=|-0.1\times(-2.303-0.070)|=0.2373>\varepsilon$$

第 3 次迭代 ($k=3$)，取 $\gamma^{(3)}=0.1\gamma^{(2)}=0.01$，则无约束优化问题为

$$\min P(\boldsymbol{x},\gamma^{(3)})=x_1+x_2-0.01\times[\ln(-x_1^2+x_2)+\ln(x_1-1)]$$

解之得满足约束条件的解为

$$\boldsymbol{x}^{(3)}=(1.003,\ 1.017)^{\mathrm{T}}$$

将 $\boldsymbol{x}^{(3)}$ 代入收敛条件式 (6.5.10) 有

$$\left|-\gamma^{(3)}\sum_{i=1}^{2}\ln[-g_i(\boldsymbol{x}^{(3)})]\right|=|-0.01\times(-4.605-0.007)|=0.04612<\varepsilon$$

满足精度要求，得原问题最优解 $\boldsymbol{x}^* \approx \boldsymbol{x}^{(3)} = (1.003,\ 1.017)^{\mathrm{T}}$。本题的精确解为 $\boldsymbol{x}^* = (1.0,\ 1.0)^{\mathrm{T}}$。

前面两个例子都是采用解析法直接解出了无约束优化问题的最优解。在实际问题中更多地还是采用数值迭代法求解无约束优化问题，因此，在可行域内部提供一个初始点 (初始内点) 还是必需的。这里给出一个求问题 (6.5.4) 的内点的方法，它是基于障碍函数的思想而得到的一个迭代法。

算法 6.7 (初始内点搜索算法)

(1) 任取一初始点 $\boldsymbol{x}^{(0)}$，取 $\gamma^{(1)} > 0$，$0 < \alpha < 1$，置 $k = 0$。

(2) 确定指标集 $S_k = \{i\,|g_i(\boldsymbol{x}) \geqslant 0, i = 1, 2, \cdots, m\}$ 和 $T_k = \{i\,|g_i(\boldsymbol{x}) < 0, i = 1, 2, \cdots, m\}$。

(3) 若 $S_k = \varnothing$，则停止迭代，得初始内点 $\boldsymbol{x}^{(k)}$；否则，转步骤 (4)。

(4) 构造障碍函数

$$\overline{P}(\boldsymbol{x}, \gamma^{(k)}) = \sum_{i \in S_k} g_i(\boldsymbol{x}) - \gamma^{(k)} \sum_{i \in T_k} \frac{1}{g_i(\boldsymbol{x})} \tag{6.5.11}$$

以 $\boldsymbol{x}^{(k)}$ 为初始点求解 $\min \overline{P}(\boldsymbol{x}, \gamma^{(k)})$，设最优解为 $\boldsymbol{x}^{(k+1)}$。

(5) 计算 $\gamma^{(k+1)} = \alpha\gamma^{(k)}$，置 $k = k + 1$，转步骤 (2)。

6.5.4 混合法

内点法只能解不等式约束问题，而外点法可以解等式约束问题。将两者结合起来，用内点法来处理不等式约束，用外点法来处理等式约束，这样就得到用于解决一般约束优化问题的罚函数法，称为混合罚函数法。

考虑一般约束非线性规划问题

$$\left.\begin{aligned} \min\quad & f(\boldsymbol{x}), \quad \boldsymbol{x} \in \mathbb{R}^n \\ \text{s.t.}\quad & g_i(\boldsymbol{x}) \leqslant 0, \quad i \in I = \{1, 2, \cdots, m_e) \\ & h_j(\boldsymbol{x}) = 0, \quad j \in E = \{m_e + 1, m_e + 2, \cdots, m\} \end{aligned}\right\} \tag{6.5.12}$$

混合罚函数可取为

$$P(\boldsymbol{x}, \gamma^{(k)}) = f(\boldsymbol{x}) - \gamma^{(k)} \sum_{i \in I} \frac{1}{g_i(\boldsymbol{x})} + \frac{1}{\gamma^{(k)}} \sum_{j \in E} [h_j(\boldsymbol{x})]^2 \tag{6.5.13}$$

或

$$P(\boldsymbol{x}, \gamma^{(k)}) = f(\boldsymbol{x}) - \gamma^{(k)} \sum_{i \in I} \ln[-g_i(\boldsymbol{x})] + \frac{1}{\gamma^{(k)}} \sum_{j \in E} [h_j(\boldsymbol{x})]^2 \tag{6.5.14}$$

式中，$\gamma^{(k)}$ 是一个递减的正实数序列，且满足 $\lim\limits_{k \to \infty} \gamma^{(k)} = 0$。

这样，一般约束非线性规划式 (6.5.12) 的求解就转化为一系列无约束极值问题 $\min P(\boldsymbol{x}, \gamma^{(k)})$ 的求解。下面给出具体算法步骤。

算法 6.8 (混合法)

(1) 给定一个满足所有不等式约束的初始点 $\boldsymbol{x}^{(0)}$，允许误差 $\varepsilon > 0$，取 $\gamma^{(1)} > 0$，$0 < \alpha < 1$，置 $k = 1$。

(2) 按式 (6.5.13) 或式 (6.5.14) 构造混合罚函数，以 $\boldsymbol{x}^{(k-1)}$ 为初始点求解无约束优化问题 $\min P(\boldsymbol{x}, \gamma^{(k)})$，设最优解为 $\boldsymbol{x}^{(k)} = \boldsymbol{x}^*(\gamma^{(k)})$。

(3) 若满足收敛准则 $\left\|\boldsymbol{x}^{(k)} - \boldsymbol{x}^{(k-1)}\right\| \leqslant \varepsilon$ 或 $\left|f(\boldsymbol{x}^{(k)}) - f(\boldsymbol{x}^{(k-1)})\right| \leqslant \varepsilon$，则停止迭代，得近似最优解 $\boldsymbol{x}^* = \boldsymbol{x}^{(k)}$；否则，取 $\gamma^{(k+1)} = \alpha\gamma^{(k)}$，置 $k = k + 1$，转步骤 (2)。

例 6.9　试用混合法求下列问题：

$$\left.\begin{array}{ll} \min & f(\boldsymbol{x}) = -x_1 + x_2 \\ \text{s.t.} & g(\boldsymbol{x}) = -\ln x_2 \leqslant 0 \\ & h(\boldsymbol{x}) = x_1 + x_2 - 1 = 0 \end{array}\right\}$$

解：构造混合罚函数

$$P(\boldsymbol{x}, \gamma) = -x_1 + x_2 + \frac{\gamma}{\ln x_2} + \frac{1}{\gamma}(x_1 + x_2 - 1)^2$$

用解析法求解 $\min P(\boldsymbol{x}, \gamma^{(k)})$，根据极值条件，有

$$\left.\begin{array}{l} \dfrac{\partial P(\boldsymbol{x}, \gamma)}{\partial x_1} = -1 + \dfrac{2}{\gamma}(x_1 + x_2 - 1) = 0 \\ \dfrac{\partial P(\boldsymbol{x}, \gamma)}{\partial x_2} = 1 - \dfrac{\gamma}{x_2 \ln^2 x_2} + \dfrac{2}{\gamma}(x_1 + x_2 - 1) = 0 \end{array}\right\}$$

由上式可得

$$\left.\begin{array}{l} x_1 = 1 + \dfrac{\gamma}{2} - x_2 \\ x_2 = \mathrm{e}^{\left(\frac{\gamma}{2x_2}\right)^{\frac{1}{2}}} \end{array}\right\}$$

当 $\gamma \to 0$ 时，有 $\lim\limits_{\gamma \to 0} x_2 = 1$ 和 $\lim\limits_{\gamma \to 0} x_1 = 0$，故原问题的最优解 $\boldsymbol{x}^* = (0, 1)^{\mathrm{T}}$，$f^* = 1$。

6.6　广义乘子法

广义乘子法的基本思想是把古典的拉格朗日乘子法与罚函数外点法有机结合起来，试图在罚因子适当大的情况下，借助调节拉格朗日乘子来逐步逼近原非线性规划问题的最优解。这种方法既要借助拉格朗日乘子迭代进行，又不同于经典的拉格朗日乘子法，故称为广义拉格朗日乘子法，也称为增广拉格朗日乘子法或罚乘子法。广义乘子法是由 Hestenes 和 Powell 于 1969 年针对等式约束问题分别独自提出来的，1973 年由 Rockafeller 将其推广到不等式约束的情形。

6.6.1 等式约束问题的广义乘子法

考虑等式约束的非线性极小化问题：

$$\left.\begin{array}{ll}\min & f(\boldsymbol{x}), \quad \boldsymbol{x} \in \mathbb{R}^n \\ \text{s.t.} & h_i(\boldsymbol{x}) = 0, \quad i = 1, 2, \cdots, m\end{array}\right\} \tag{6.6.1}$$

其中，$f(\boldsymbol{x})$ 和 $h_i(\boldsymbol{x})$, $i = 1, 2, \cdots, m$ 具有二阶连续偏导数。

罚函数法将问题 (6.6.1) 转化为求如下惩罚函数的无约束优化问题

$$P(\boldsymbol{x}, \gamma) = f(\boldsymbol{x}) + \frac{1}{2}\gamma \sum_{i=1}^{m} h_i^2(\boldsymbol{x}) \tag{6.6.2}$$

设 $\boldsymbol{x}^*$ 为极值问题 (6.6.1) 的解，一般来说，对任意固定的 γ，$\boldsymbol{x}^*$ 并不是无约束优化问题 $\min P(\boldsymbol{x}, \gamma)$ 的解。这是因为在 $\boldsymbol{x}^*$ 处的梯度为

$$\nabla P(\boldsymbol{x}^*, \gamma) = \nabla f(\boldsymbol{x}^*) + \gamma \sum_{i=1}^{m} h_i(\boldsymbol{x}^*) \nabla h_i(\boldsymbol{x}^*) = \nabla f(\boldsymbol{x}^*) \tag{6.6.3}$$

而 $\nabla f(\boldsymbol{x}^*)$ 一般并不等于零。事实上，根据 KKT 条件可知，若 $\boldsymbol{\lambda}^* = (\lambda_1^*, \lambda_2^*, \cdots, \lambda_m^*)^{\mathrm{T}}$ 是与 $\boldsymbol{x}^*$ 相应的拉格朗日乘子向量，有

$$\nabla f(\boldsymbol{x}^*) + \sum_{i=1}^{m} \lambda_i^* \nabla h_i(\boldsymbol{x}^*) = \boldsymbol{0} \tag{6.6.4}$$

所以一般情况下，不能指望通过求解一个 $\min P(\boldsymbol{x}, \gamma)$ 来获得约束问题 (6.6.1) 的解，而需要通过逐步增大罚因子 γ 来得到一个解序列 $\boldsymbol{x}(\gamma)$ 收敛于 $\boldsymbol{x}^*$。但是，如前所述，当罚因子 γ 取得过大时会在求解无约束优化问题引起数值上的困难，因此，有必要作适当改进。

不难看出，问题 (6.6.1) 等价于问题

$$\left.\begin{array}{ll}\min & P(\boldsymbol{x}, \gamma) = f(\boldsymbol{x}) + \dfrac{1}{2}\gamma \displaystyle\sum_{i=1}^{m} h_i^2(\boldsymbol{x}), \quad \boldsymbol{x} \in \mathbb{R}^n \\ \text{s.t.} & h_i(\boldsymbol{x}) = 0, \quad i = 1, 2, \cdots, m\end{array}\right\} \tag{6.6.5}$$

其中，$\gamma > 0$ 是罚参数。

构造式 (6.6.5) 的拉格朗日函数

$$L(\boldsymbol{x}, \boldsymbol{\lambda}, \gamma) = f(\boldsymbol{x}) + \frac{\gamma}{2} \sum_{i=1}^{m} h_i^2(\boldsymbol{x}) + \sum_{i=1}^{m} \lambda_i h_i(\boldsymbol{x}) \tag{6.6.6}$$

称为增广拉格朗日函数。

考虑问题 (6.6.1) 的极值条件式 (6.6.4) 和 $h_i(\boldsymbol{x}^*) = 0$ $(i = 1, 2, \cdots, m)$ 可知

$$\nabla_{\boldsymbol{x}} L(\boldsymbol{x}^*, \boldsymbol{\lambda}^*, \gamma) = \nabla f(\boldsymbol{x}^*) + \sum_{i=1}^{m} \lambda_i^* \nabla h_i(\boldsymbol{x}^*) + \gamma \sum_{i=1}^{m} h_i(\boldsymbol{x}^*) \nabla h_i(\boldsymbol{x}^*) = 0 \tag{6.6.7}$$

这说明不管 γ 取何值，等式约束问题 (6.6.1) 的最优解 $\boldsymbol{x}^*$ 都是增广拉格朗日函数 $L(\boldsymbol{x},\boldsymbol{\lambda}^*,\gamma)$ 的驻点。那么什么条件下是极小点呢？考虑 $L(\boldsymbol{x},\boldsymbol{\lambda}^*,\gamma)$ 在 $\boldsymbol{x}^*$ 的二阶偏导数矩阵

$$\nabla^2_{\boldsymbol{xx}}L(\boldsymbol{x}^*,\boldsymbol{\lambda}^*,\gamma)=\nabla^2 f(\boldsymbol{x}^*)+\sum_{i=1}^m\lambda_i^*\nabla^2 h_i(\boldsymbol{x}^*)+\gamma\sum_{i=1}^m\nabla h_i(\boldsymbol{x}^*)[\nabla h_i(\boldsymbol{x}^*)]^{\mathrm{T}} \tag{6.6.8}$$

可以证明，在某些并不苛刻的条件下，必定存在一个 γ'，对一切满足 $\gamma\geqslant\gamma'$ 的罚参数，$\nabla^2_{\boldsymbol{xx}}L(\boldsymbol{x}^*,\boldsymbol{\lambda}^*,\gamma)$ 总是正定的，这时 $\boldsymbol{x}^*$ 就是 $L(\boldsymbol{x},\boldsymbol{\lambda}^*,\gamma)$ 的极小点。

根据以上分析可以知道，若取适当大的罚参数，使 $\gamma\geqslant\gamma'$，并取 $\boldsymbol{\lambda}^*$ 是与问题 (6.6.1) 的最优解 $\boldsymbol{x}^*$ 相应的拉格朗日乘子，则求最优解 $\boldsymbol{x}^*$ 可以化为求解无约束极值问题 $\min\limits_{\boldsymbol{x}\in\mathbb{R}^n}L(\boldsymbol{x},\boldsymbol{\lambda}^*,\gamma)$。但是，$\boldsymbol{\lambda}^*$ 事先是未知的，为此，可采用迭代法，在每次迭代中修改乘子 $\boldsymbol{\lambda}$。设给定一足够大的 γ，当前迭代已知乘子 $\boldsymbol{\lambda}^{(k)}$，求解无约束极值问题

$$\min_{\boldsymbol{x}\in\mathbb{R}^n}L(\boldsymbol{x},\boldsymbol{\lambda}^{(k)},\gamma)=f(\boldsymbol{x})+\sum_{i=1}^m\lambda_i^{(k)}h_i(\boldsymbol{x})+\frac{\gamma}{2}\sum_{i=1}^m h_i^2(\boldsymbol{x}) \tag{6.6.9}$$

得最优解 $\boldsymbol{x}^{(k)}$。根据极值条件，有

$$\nabla L(\boldsymbol{x}^{(k)},\boldsymbol{\lambda}^{(k)},\gamma)=\nabla f(\boldsymbol{x}^{(k)})+\sum_{i=1}^m\lambda_i^{(k)}\nabla h_i(\boldsymbol{x}^{(k)})+\gamma\sum_{i=1}^m h_i(\boldsymbol{x}^{(k)})\nabla h_i(\boldsymbol{x}^{(k)})=0$$

整理后得

$$\nabla f(\boldsymbol{x}^{(k)})+\sum_{i=1}^m[\lambda_i^{(k)}+\gamma h_i(\boldsymbol{x}^{(k)})]\nabla h_i(\boldsymbol{x}^{(k)})=0 \tag{6.6.10}$$

对比式 (6.6.4) 和式 (6.6.10) 可知，若 $\boldsymbol{x}^{(k)}=\boldsymbol{x}^*$，则 $\lambda_i^{(k)}+\gamma h_i(\boldsymbol{x}^{(k)})=\lambda_i^*$ $(i=1,2,\cdots,m)$。因此，构造如下迭代格式

$$\lambda_i^{(k+1)}=\lambda_i^{(k)}+\gamma h_i(\boldsymbol{x}^{(k)}),\quad i=1,2,\cdots,m \tag{6.6.11}$$

来修正乘子 $\boldsymbol{\lambda}^{(k)}$。下次迭代便求 $\min\limits_{\boldsymbol{x}\in\mathbb{R}^n}L(\boldsymbol{x},\boldsymbol{\lambda}^{(k+1)},\gamma)$ 的最优解，如此反复，直至 $\boldsymbol{\lambda}^{(k)}$ 收敛，也就是使 $h_i(\boldsymbol{x}^{(k)})\to 0$ $(i=1,2,\cdots,m)$。如果 $h_i(\boldsymbol{x}^{(k)})$ 不收敛于 0 或收敛很慢，就增大罚因子 γ。

综合以上分析，可以给出求解等式约束问题广义乘子法的具体计算步骤。

算法 6.9 (等式约束问题的广义乘子法)

---

(1) 给定一个初始点 $\boldsymbol{x}^{(0)}$，初始乘子 $\boldsymbol{\lambda}^{(1)}$(如取 $\boldsymbol{\lambda}^{(1)}=\mathbf{0}$)，允许误差 $\varepsilon>0$，罚因子 $\gamma^{(1)}>0$，罚因子放大系数 $\alpha>1$，约束收敛速度参数 $0<\beta<1$(常取 $\beta=0.25$)，置 $k=1$。

(2) 以 $\boldsymbol{x}^{(k-1)}$ 为初始点，求解无约束极值问题

$$\min_{\boldsymbol{x}\in\mathbb{R}^n}L(\boldsymbol{x},\boldsymbol{\lambda}^{(k)},\gamma^{(k)})=f(\boldsymbol{x})+\sum_{i=1}^m\lambda_i^{(k)}h_i(\boldsymbol{x})+\frac{\gamma^{(k)}}{2}\sum_{i=1}^m h_i^2(\boldsymbol{x})$$

得最优解 $\boldsymbol{x}^{(k)}$，令 $c^{(k)}=\max\limits_{1\leqslant i\leqslant m}\left|h_i(\boldsymbol{x}^{(k)})\right|$。

(3) 若 $c^{(k)}\leqslant\varepsilon$，则终止迭代，得 $\boldsymbol{x}^*\approx\boldsymbol{x}^{(k)}$；否则，转步骤 (4)。

(4) 若 $\dfrac{c^{(k)}}{c^{(k-1)}}\leqslant\beta$，置 $\gamma^{(k+1)}=\gamma^{(k)}$，转步骤 (5)，否则，置 $\gamma^{(k+1)}=\alpha\gamma^{(k)}$，转步骤 (5)。

(5) 计算 $\lambda_i^{(k+1)}=\lambda_i^{(k)}+\gamma^{(k)}h_i(\boldsymbol{x}^{(k)}),i=1,2,\cdots,m$，置 $k=k+1$，转步骤 (2)。

例 6.10 试用广义乘子法求下列问题

$$\left.\begin{array}{ll}\min & f(\boldsymbol{x})=2x_1^2+x_2^2-2x_1x_2\\ \text{s.t.} & h(\boldsymbol{x})=x_1+x_2-1=0\end{array}\right\}$$

取 $\lambda^{(1)}=0$，$\varepsilon=0.0001$，$\gamma^{(1)}=1$，$\alpha=10$，$\beta=0.25$。

解：定义增广拉格朗日函数

$$L(\boldsymbol{x},\lambda^{(k)},\gamma^{(k)})=2x_1^2+x_2^2-2x_1x_2+\lambda^{(k)}(x_1+x_2-1)+\frac{\gamma^{(k)}}{2}(x_1+x_2-1)^2$$

用解析法求解 $\min\limits_{\boldsymbol{x}\in\mathbb{R}^2}L(\boldsymbol{x},\lambda^{(k)},\gamma^{(k)})$，由 $\nabla_{\boldsymbol{x}}L(\boldsymbol{x},\lambda^{(k)},\gamma^{(k)})=\boldsymbol{0}$ 得

$$\left.\begin{array}{l}4x_1-2x_2+\lambda^{(k)}+\gamma^{(k)}(x_1+x_2-1)=0\\ 2x_2-2x_1+\lambda^{(k)}+\gamma^{(k)}(x_1+x_2-1)=0\end{array}\right\}$$

解得

$$\boldsymbol{x}^{(k)}=\left(\frac{2(\gamma^{(k)}-\lambda^{(k)})}{2+5\gamma^{(k)}},\ \frac{3(\gamma^{(k)}-\lambda^{(k)})}{2+5\gamma^{(k)}}\right)^{\mathrm{T}},\quad k=1,2,\cdots$$

乘子迭代公式为

$$\lambda^{(k+1)}=\lambda^{(k)}+\gamma^{(k)}(x_1^{(k)}+x_2^{(k)}-1),\quad k=1,2,\cdots$$

利用上述公式，具体迭代过程见表 6.3。

表 6.3 例 6.10 迭代过程

k	$\gamma^{(k)}$	$\lambda^{(k)}$	$x_1^{(k)}$	$x_2^{(k)}$	$c^{(k)}$	$c^{(k)}/c^{(k-1)}$
1	1	0	0.285714	0.428571	0.285714	/
2	1	−0.285714	0.367347	0.551020	0.081633	0.285714
3	10	−0.367347	0.398744	0.598116	0.003140	0.038462
4	10	−0.398744	0.399952	0.599928	0.000121	0.038462
5	10	−0.399952	0.399998	0.599997	4.64E-06	0.038462

由表 6.3 可知，迭代 5 次达到精度要求，得最优解 $\boldsymbol{x}^*\approx\boldsymbol{x}^{(4)}=(0.399998,\ 0.599997)^{\mathrm{T}}$。

6.6.2 不等式约束问题的广义乘子法

考虑带不等式约束的极值问题：

$$\left.\begin{array}{ll}\min & f(\boldsymbol{x}),\quad \boldsymbol{x}\in\mathbb{R}^n\\ \text{s.t.} & g_i(\boldsymbol{x})\leqslant 0,\quad i=1,2,\cdots,m\end{array}\right\}\tag{6.6.12}$$

引入松弛变量 $\boldsymbol{z}=(z_1,z_2,\cdots,z_m)^{\mathrm{T}}$，令

$$h_i(\boldsymbol{x},\boldsymbol{z})=g_i(\boldsymbol{x})+z_i^2,\quad i=1,2,\cdots,m \tag{6.6.13}$$

于是，式 (6.6.12) 可以转化为如下等式约束优化问题：

$$\left.\begin{array}{ll}\min & f(\boldsymbol{x}),\quad \boldsymbol{x}\in\mathbb{R}^n\\ \text{s.t.} & h_i(\boldsymbol{x},\boldsymbol{z})=0,\quad i=1,2,\cdots,m\end{array}\right\} \tag{6.6.14}$$

利用 6.6.1 节的等式约束问题广义乘子法，定义增广拉格朗日函数：

$$\begin{aligned}\tilde{L}(\boldsymbol{x},\boldsymbol{z},\boldsymbol{\lambda},\gamma)&=f(\boldsymbol{x})+\sum_{i=1}^m\lambda_i h_i(\boldsymbol{x},\boldsymbol{z})+\frac{\gamma}{2}\sum_{i=1}^m h_i^2(\boldsymbol{x},\boldsymbol{z})\\&=f(\boldsymbol{x})+\sum_{i=1}^m\lambda_i(g_i(\boldsymbol{x})+z_i^2)+\frac{\gamma}{2}\sum_{i=1}^m(g_i(\boldsymbol{x})+z_i^2)^2\end{aligned} \tag{6.6.15}$$

选定适当大的罚因子 $\gamma\geqslant\gamma'$ 和一组乘子向量 $\boldsymbol{\lambda}^{(k)}$,求解无约束优化问题 $\min\limits_{\boldsymbol{x},\boldsymbol{z}}\tilde{L}(\boldsymbol{x},\boldsymbol{z},\boldsymbol{\lambda}^{(k)},\gamma)$，得最优解 $(\boldsymbol{x}^{(k)},\boldsymbol{z}^{(k)})$，再按下式修正乘子：

$$\lambda_i^{(k+1)}=\lambda_i^{(k)}+\gamma[g_i(\boldsymbol{x}^{(k)})+(z_i^{(k)})^2],\quad i=1,2,\cdots,m \tag{6.6.16}$$

这样就可以采用与解等式约束问题完全一样的计算过程来求解不等式约束的极值问题。但由于增加了松弛变量 $\boldsymbol{z}$，使原来的 n 维极值问题变为 $n+m$ 维问题。因此不但增加了计算工作量，而且给数值计算过程带来困难，必须加以简化。事实上，由于 $\min\limits_{\boldsymbol{x},\boldsymbol{z}}\tilde{L}(\boldsymbol{x},\boldsymbol{z},\boldsymbol{\lambda}^{(k)},\gamma)=\min\limits_{\boldsymbol{x}}\min\limits_{\boldsymbol{z}}\tilde{L}(\boldsymbol{x},\boldsymbol{z},\boldsymbol{\lambda}^{(k)},\gamma)$，可以首先对 $\boldsymbol{z}$ 求极小，再对 $\boldsymbol{x}$ 求极小。若能求得

$$\min_{\boldsymbol{z}}\tilde{L}(\boldsymbol{x},\boldsymbol{z},\boldsymbol{\lambda},\gamma) \tag{6.6.17}$$

的解 $\boldsymbol{z}(\boldsymbol{x})$，记 $L(\boldsymbol{x},\boldsymbol{\lambda},\gamma)=\tilde{L}(\boldsymbol{x},\boldsymbol{z}(\boldsymbol{x}),\boldsymbol{\lambda},\gamma)$，则问题从 $n+m$ 维降为 n 维。

由于 $\boldsymbol{z}(\boldsymbol{x})$ 是问题 (6.6.17) 的解，故应满足极值条件 $\nabla_{\boldsymbol{z}}\tilde{L}(\boldsymbol{x},\boldsymbol{z},\boldsymbol{\lambda}^{(k)},\gamma)=0$，即对所有 $i=1,2,\cdots,m$，均有

$$2\lambda_i z_i+2\gamma(g_i(\boldsymbol{x})+z_i^2)z_i=0$$

整理后得

$$z_i(\lambda_i+\gamma g_i(\boldsymbol{x})+\gamma z_i^2)=0 \tag{6.6.18}$$

由式 (6.6.18) 可知，当 $\lambda_i+\gamma g_i(\boldsymbol{x})\geqslant 0$ 时，$z_i=0$，当 $\lambda_i+\gamma g_i(\boldsymbol{x})<0$ 时，$z_i^2=-\dfrac{1}{\gamma}(\lambda_i+\gamma g_i(\boldsymbol{x}))$。这样就有

$$g_i(\boldsymbol{x})+z_i^2=\begin{cases}g_i(\boldsymbol{x}), & \text{当}\lambda_i+\gamma g_i(\boldsymbol{x})\geqslant 0\text{时}\\ -\dfrac{\lambda_i}{\gamma}, & \text{当}\lambda_i+\gamma g_i(\boldsymbol{x})<0\text{时}\end{cases} \tag{6.6.19}$$

因此，当 $\lambda_i+\gamma g_i(\boldsymbol{x})\geqslant 0$ 时，有

$$\begin{aligned}\lambda_i(g_i(\boldsymbol{x})+z_i^2)+\frac{\gamma}{2}(g_i(\boldsymbol{x})+z_i^2)^2&=\lambda_i g_i(\boldsymbol{x})+\frac{\gamma}{2}(g_i(\boldsymbol{x}))^2\\&=\frac{1}{2\gamma}\left(2\gamma\lambda_i g_i(\boldsymbol{x})+\gamma^2(g_i(\boldsymbol{x}))^2\right)\\&=\frac{1}{2\gamma}\left((\lambda_i+\gamma g_i(\boldsymbol{x}))^2-\lambda_i^2\right)\end{aligned}$$

当 $\lambda_i+\gamma g_i(\boldsymbol{x})<0$ 时，有

$$\begin{aligned}\lambda_i(g_i(\boldsymbol{x})+z_i^2)+\frac{\gamma}{2}(g_i(\boldsymbol{x})+z_i^2)^2&=-\frac{1}{\gamma}\lambda_i^2+\frac{\gamma}{2}\left(-\frac{\lambda_i}{\gamma}\right)^2\\&=-\frac{\lambda_i^2}{2\gamma}\end{aligned}$$

综合起来，有

$$\lambda_i(g_i(\boldsymbol{x})+z_i^2)+\frac{\gamma}{2}(g_i(\boldsymbol{x})+z_i^2)^2=\frac{1}{2\gamma}\{[\max(0,\lambda_i+\gamma g_i(\boldsymbol{x}))]^2-\lambda_i^2\} \tag{6.6.20}$$

将式 (6.6.20) 代入式 (6.6.15)，可得不等式约束极值问题的不含松弛变量的增广拉格朗日函数为

$$L(\boldsymbol{x},\boldsymbol{\lambda},\gamma)=f(\boldsymbol{x})+\frac{1}{2\gamma}\sum_{i=1}^{m}\left((\max(0,\lambda_i+\gamma g_i(\boldsymbol{x})))^2-\lambda_i^2\right) \tag{6.6.21}$$

利用式 (6.6.16) 和式 (6.6.19) 可得乘子的迭代公式

$$\begin{aligned}\lambda_i^{(k+1)}&=\lambda_i^{(k)}+\gamma\left(g_i(\boldsymbol{x}^{(k)})+(z_i^{(k)})^2\right)\\&=\begin{cases}\lambda_i^{(k)}+\gamma g_i(\boldsymbol{x}^{(k)}), & \text{当}\lambda_i^{(k)}+\gamma g_i(\boldsymbol{x}^{(k)})\geqslant 0\text{时}\\0, & \text{当}\lambda_i^{(k)}+\gamma g_i(\boldsymbol{x}^{(k)})<0\text{时}\end{cases}\\&=\max(0,\lambda_i^{(k)}+\gamma g_i(\boldsymbol{x}^{(k)})),\quad i=1,2,\cdots,m\end{aligned} \tag{6.6.22}$$

收敛准则仍写为 $c^{(k)}\leqslant\varepsilon$。其中，$c^{(k)}$ 按下式计算：

$$c^{(k)}=\max_{1\leqslant i\leqslant m}\left|\max\left(g_i(\boldsymbol{x}^{(k)}),-\frac{\lambda_i^{(k)}}{\gamma^{(k)}}\right)\right| \tag{6.6.23}$$

综合以上讨论可知，对不等式约束问题，增广拉格朗日乘子法的计算步骤与等式约束问题的基本一致，只需将增广拉格朗日函数、乘子迭代公式以及收敛准则分别改为按式 (6.6.21)~ 式 (6.6.23) 计算即可。具体算法步骤不再赘述，读者可自行列出。

例 6.11 试用广义乘子法求解下列问题：

$$\left.\begin{aligned}\min\quad & f(\boldsymbol{x})=\frac{1}{2}x_1^2+\frac{1}{6}x_2^2\\\text{s.t.}\quad & g(\boldsymbol{x})=1-x_1-x_2\leqslant 0\end{aligned}\right\}$$

解： 定义增广拉格朗日函数

$$L(\boldsymbol{x},\lambda^{(k)},\gamma^{(k)})=\frac{1}{2}x_1^2+\frac{1}{6}x_2^2+\frac{1}{2\gamma^{(k)}}\left(\left(\max(0,\lambda^{(k)}+\gamma^{(k)}(1-x_1-x_2))\right)^2-(\lambda^{(k)})^2\right)$$

$$=\begin{cases}\frac{1}{2}x_1^2+\frac{1}{6}x_2^2+\lambda^{(k)}(1-x_1-x_2)+\frac{\gamma^{(k)}}{2}(1-x_1-x_2)^2, & \text{当}x_1+x_2\leqslant\frac{\lambda^{(k)}}{\gamma^{(k)}}+1\text{时}\\ \frac{1}{2}x_1^2+\frac{1}{6}x_2^2-\frac{(\lambda^{(k)})^2}{2\gamma^{(k)}}, & \text{当}x_1+x_2>\frac{\lambda^{(k)}}{\gamma^{(k)}}+1\text{时}\end{cases}$$

用解析法求解 $\min\limits_{\boldsymbol{x}\in\mathbb{R}^2}L(\boldsymbol{x},\lambda^{(k)},\gamma^{(k)})$，由于

$$\frac{\partial L(\boldsymbol{x},\lambda^{(k)},\gamma^{(k)})}{\partial x_1}=\begin{cases}x_1-\lambda^{(k)}-\gamma^{(k)}(1-x_1-x_2), & \text{当}x_1+x_2\leqslant\frac{\lambda^{(k)}}{\gamma^{(k)}}+1\text{时}\\ x_1, & \text{当}x_1+x_2>\frac{\lambda^{(k)}}{\gamma^{(k)}}+1\text{时}\end{cases}$$

$$\frac{\partial L(\boldsymbol{x},\lambda^{(k)},\gamma^{(k)})}{\partial x_2}=\begin{cases}\frac{1}{3}x_2-\lambda^{(k)}-\gamma^{(k)}(1-x_1-x_2), & \text{当}x_1+x_2\leqslant\frac{\lambda^{(k)}}{\gamma^{(k)}}+1\text{时}\\ \frac{1}{3}x_2, & \text{当}x_1+x_2>\frac{\lambda^{(k)}}{\gamma^{(k)}}+1\text{时}\end{cases}$$

由 $\nabla_{\boldsymbol{x}}L(\boldsymbol{x},\lambda^{(k)},\gamma^{(k)})=\boldsymbol{0}$ 知，当 $x_1+x_2\leqslant\dfrac{\lambda^{(k)}}{\gamma^{(k)}}+1$ 时有极值，满足

$$\left.\begin{array}{l}x_1-\lambda^{(k)}-\gamma^{(k)}(1-x_1-x_2)=0\\ \frac{1}{3}x_2-\lambda^{(k)}-\gamma^{(k)}(1-x_1-x_2)=0\end{array}\right\}$$

解得

$$\boldsymbol{x}^{(k)}=\left(\frac{\gamma^{(k)}+\lambda^{(k)}}{1+4\gamma^{(k)}},\ \frac{3(\gamma^{(k)}+\lambda^{(k)})}{1+4\gamma^{(k)}}\right)^{\mathrm{T}},\quad k=1,2,\cdots$$

乘子迭代公式为

$$\begin{aligned}\lambda^{(k+1)}&=\max\left(0,\lambda^{(k)}+\gamma^{(k)}(1-x_1^{(k)}-x_2^{(k)})\right)\\&=\frac{\lambda^{(k)}+\gamma^{(k)}}{1+4\gamma^{(k)}},\quad k=1,2,\cdots\end{aligned}$$

这里可采用解析法求解最优拉格朗日乘子 λ^*，令 $k\to\infty$，两边同时取极限，可得 $\lambda^*=\lim\limits_{k\to\infty}\lambda^{(k)}=\dfrac{1}{4}$，相应的最优解为 $\boldsymbol{x}^*=\lim\limits_{k\to\infty}\boldsymbol{x}^{(k)}=\left(\dfrac{1}{4},\ \dfrac{3}{4}\right)^{\mathrm{T}}$。

对于一般约束非线性规划问题

$$\left.\begin{array}{ll}\min & f(\boldsymbol{x}), \quad \boldsymbol{x} \in \mathbb{R}^n \\ \text{s.t.} & h_i(\boldsymbol{x}) = 0, \quad i \in E = \{1, 2, \cdots, m_e\} \\ & g_i(\boldsymbol{x}) \leqslant 0, \quad j \in I = \{m_e+1, m_e+2, \cdots, m\}\end{array}\right\} \tag{6.6.24}$$

广义乘子法的计算步骤亦与等式约束问题基本一致。此时，增广拉格朗日函数为

$$L(\boldsymbol{x}, \boldsymbol{\lambda}, \gamma) = f(\boldsymbol{x}) + \frac{1}{2\gamma}\sum_{i\in I}\left((\max(0, \lambda_i + \gamma g_i(\boldsymbol{x})))^2 - \lambda_i^2\right) + \frac{\gamma}{2}\sum_{i\in E} h_i^2(\boldsymbol{x}) + \sum_{i\in E}\lambda_i h_i(\boldsymbol{x}) \tag{6.6.25}$$

乘子的迭代公式为

$$\lambda_i^{(k+1)} = \left\{\begin{array}{ll}\lambda_i^{(k)} + \gamma h_i(\boldsymbol{x}^{(k)}), & i \in E \\ \max(0, \lambda_i^{(k)} + \gamma g_i(\boldsymbol{x}^{(k)})), & i \in I\end{array}\right. \tag{6.6.26}$$

收敛准则可采用

$$c^{(k)} = \max\left\{\max_{i\in E}\left|h_i(\boldsymbol{x}^{(k)})\right|, \max_{i\in I}\left|\max\left(g_i(\boldsymbol{x}^{(k)}), -\frac{\lambda_i^{(k)}}{\gamma^{(k)}}\right)\right|\right\} \leqslant \varepsilon \tag{6.6.27}$$

6.7 序列线性规划法

序列线性规划 (sequential linear programming，SLP) 的基本思路是在设计点处将非线性的目标函数及约束函数展开为泰勒级数，并略去高次项，只取线性项。这样就可将非线性规划问题转化为一个近似的线性规划问题。按线性规划方法求得近似解，如所得解答不满足设计精度要求，可将原非线性规划问题在所得到的近似解处再次进行一阶泰勒级数展开，再求解新的线性规划问题。这样反复进行，直到所得的解满足设计精度要求。

6.7.1 序列线性规划法的一般解法

考虑结构优化设计中常见的不等式约束非线性规划问题：

$$\left.\begin{array}{ll}\min & f(\boldsymbol{x}), \quad \boldsymbol{x} \in \mathbb{R}^n \\ \text{s.t.} & g_i(\boldsymbol{x}) \leqslant 0, \quad i = 1, 2, \cdots, m\end{array}\right\} \tag{6.7.1}$$

假设已知一个初始点 $\boldsymbol{x}^{(0)}$，它可以是可行的或不可行的。在当前点 $\boldsymbol{x}^{(0)}$ 将目标函数和各约束函数作泰勒展开并只取至一次项，有

$$\begin{array}{l}f(\boldsymbol{x}) \approx f(\boldsymbol{x}^{(0)}) + [\nabla f(\boldsymbol{x}^{(0)})]^{\mathrm{T}}(\boldsymbol{x} - \boldsymbol{x}^{(0)}) \equiv f^{(0)}(\boldsymbol{x}) \\ g_i(\boldsymbol{x}) \approx g_i(\boldsymbol{x}^{(0)}) + [\nabla g_i(\boldsymbol{x}^{(0)})]^{\mathrm{T}}(\boldsymbol{x} - \boldsymbol{x}^{(0)}) \equiv g_i^{(0)}(\boldsymbol{x}), \quad i = 1, 2, \cdots, m\end{array}$$

利用这些展开式建立如下线性规划问题

$$\left.\begin{array}{ll}\min & f^{(0)}(\boldsymbol{x}), \quad \boldsymbol{x} \in \mathbb{R}^n \\ \text{s.t.} & g_i^{(0)}(\boldsymbol{x}) \leqslant 0, \quad i = 1, 2, \cdots, m\end{array}\right\} \tag{6.7.2}$$

假定求解线性规划 (6.7.2) 得到最优点 $\boldsymbol{x}^{(1)}$。一般地，$\boldsymbol{x}^{(1)}$ 比 $\boldsymbol{x}^{(0)}$ 更接近问题 (6.7.1) 的最优解。为了改进解的近似程度，在新的当前点 $\boldsymbol{x}^{(1)}$ 展开 $f(\boldsymbol{x})$ 和 $g_i(\boldsymbol{x})$，$i=1,2,\cdots,m$，得到

$$
\begin{aligned}
&f(\boldsymbol{x}) \approx f(\boldsymbol{x}^{(1)}) + [\nabla f(\boldsymbol{x}^{(1)})]^{\mathrm{T}}(\boldsymbol{x}-\boldsymbol{x}^{(1)}) \equiv f^{(1)}(\boldsymbol{x}) \\
&g_i(\boldsymbol{x}) \approx g_i(\boldsymbol{x}^{(1)}) + [\nabla g_i(\boldsymbol{x}^{(1)})]^{\mathrm{T}}(\boldsymbol{x}-\boldsymbol{x}^{(1)}) \equiv g_i^{(1)}(\boldsymbol{x}), \quad i=1,2,\cdots,m
\end{aligned}
$$

然后求解另一个线性规划问题

$$
\left.
\begin{aligned}
\min \quad & f^{(1)}(\boldsymbol{x}), \quad \boldsymbol{x} \in \mathbb{R}^n \\
\text{s.t.} \quad & g_i^{(1)}(\boldsymbol{x}) \leqslant 0, \quad i=1,2,\cdots,m
\end{aligned}
\right\} \tag{6.7.3}
$$

得到一个更进一步的近似解 $\boldsymbol{x}^{(2)}$。重复上述过程，可望得到一个近似解序列 $\boldsymbol{x}^{(1)},\boldsymbol{x}^{(2)},\cdots,\boldsymbol{x}^{(k)},\cdots$ 逐步逼近原非线性规划问题 (6.7.1) 的最优解。收敛准则常采用

$$
\left\|\boldsymbol{x}^{(k)}-\boldsymbol{x}^{(k-1)}\right\|_2 = \sqrt{\sum_{i=1}^{n}(x_i^{(k)}-x_i^{(k-1)})^2} \leqslant \varepsilon_1 \tag{6.7.4}
$$

式中，ε_1 是一个指定的小正数。

对满足式 (6.7.4) 的近似解 $\boldsymbol{x}^{(k)}$ 还应检查其可行性，设 ε_2 是反映对约束破坏允许程度的小正数，若

$$
\max_{1\leqslant i\leqslant m} g_i(\boldsymbol{x}^{(k)}) \leqslant \varepsilon_2 \tag{6.7.5}
$$

则 $\boldsymbol{x}^{(k)}$ 是原问题的近似最优解；否则解序列收敛到了非可行点，$\boldsymbol{x}^{(k)}$ 不是原问题的近似最优解，需要采取适当措施重新计算。

综合以上分析，可以给出序列线性规划法的求解步骤。

算法 6.10 (序列线性规划法)

---

(1) 给定一个初始点 $\boldsymbol{x}^{(0)}$，允许误差 $\varepsilon_1>0$，$\varepsilon_2>0$，置 $k=0$。

(2) 计算 $f(\boldsymbol{x}^{(k)})$，$\nabla f(\boldsymbol{x}^{(k)})$ 和 $g_i(\boldsymbol{x}^{(k)})$，$\nabla g_i(\boldsymbol{x}^{(k)})$，$i=1,2,\cdots,m$。

(3) 求线性规划问题

$$
\left.
\begin{aligned}
\min \quad & f^{(k)}(\boldsymbol{x}) = f(\boldsymbol{x}^{(k)}) + [\nabla f(\boldsymbol{x}^{(k)})]^{\mathrm{T}}(\boldsymbol{x}-\boldsymbol{x}^{(k)}) \\
\text{s.t.} \quad & g_i^{(k)}(\boldsymbol{x}) = g_i(\boldsymbol{x}^{(k)}) + [\nabla g_i(\boldsymbol{x}^{(k)})]^{\mathrm{T}}(\boldsymbol{x}-\boldsymbol{x}^{(k)}) \leqslant 0, \quad i=1,2,\cdots,m
\end{aligned}
\right\} \tag{6.7.6}
$$

的解 $\boldsymbol{x}^{(k+1)}$。

(4) 若 $\left\|\boldsymbol{x}^{(k+1)}-\boldsymbol{x}^{(k)}\right\|_2 \leqslant \varepsilon_1$ 转步骤 (5)；否则，置 $k=k+1$，转步骤 (2)。

(5) 若 $\max\limits_{1\leqslant i\leqslant m} g_i(\boldsymbol{x}^{(k+1)}) \leqslant \varepsilon_2$，迭代终止，输出 $\boldsymbol{x}^* \approx \boldsymbol{x}^{(k+1)}$；否则，终止迭代，收敛到非可行点。

例 6.12 用序列线性规划法求解下列问题

$$\left.\begin{array}{ll}\min & f(\boldsymbol{x})=-2x_1-x_2 \\ \text{s.t.} & g_1(\boldsymbol{x})=x_1^2-6x_1+x_2\leqslant 0 \\ & g_2(\boldsymbol{x})=x_1^2+x_2^2-80\leqslant 0 \\ & x_1\geqslant 3,\ x_2\geqslant 0\end{array}\right\}$$

取初始点 $\boldsymbol{x}^{(0)}=(5,8)^{\mathrm{T}}$，精度要求 $\varepsilon_1=0.1$，$\varepsilon_2=0.01$。

解：本例目标函数为线性的，为使约束条件线性化，先写出约束函数的梯度向量

$$\frac{\partial g_1(\boldsymbol{x})}{\partial \boldsymbol{x}}=(2x_1-6,\ 1)^{\mathrm{T}},\ \frac{\partial g_2(\boldsymbol{x})}{\partial \boldsymbol{x}}=(2x_1,\ 2x_2)^{\mathrm{T}}$$

取初始设计点 $\boldsymbol{x}^{(0)}=(5,8)^{\mathrm{T}}$，易得

$$g_1(\boldsymbol{x}^{(0)})=5^2-6\times 5+8=3,\quad g_2(\boldsymbol{x}^{(0)})=5^2+8^2-80=9$$

$$\frac{\partial g_1(\boldsymbol{x}^{(0)})}{\partial \boldsymbol{x}}=(4,\ 1)^{\mathrm{T}},\quad \frac{\partial g_2(\boldsymbol{x}^{(0)})}{\partial \boldsymbol{x}}=(10,\ 16)^{\mathrm{T}}$$

则约束函数的线性展开式为

$$g_1^{(0)}(\boldsymbol{x})=3+4(x_1-5)+(x_2-8)=4x_1+x_2-25$$

$$g_2^{(0)}(\boldsymbol{x})=9+10(x_1-5)+16(x_2-8)=10x_1+16x_2-169$$

这样，原问题在 $\boldsymbol{x}^{(0)}$ 处展开建立的线性规划问题为

$$\left.\begin{array}{ll}\min & f(\boldsymbol{x})=-2x_1-x_2 \\ \text{s.t.} & 4x_1+x_2-25\leqslant 0 \\ & 10x_1+16x_2-169\leqslant 0 \\ & x_1\geqslant 3,\ x_2\geqslant 0\end{array}\right\}$$

解上述问题，得

$$\boldsymbol{x}^{(1)}=(4.278,\ 7.888)^{\mathrm{T}}, f^{(1)}=f(\boldsymbol{x}^{(1)})=-16.444$$

由于 $\left\|\boldsymbol{x}^{(1)}-\boldsymbol{x}^{(0)}\right\|_2=0.731>\varepsilon_1$，继续在 $\boldsymbol{x}^{(1)}$ 处作线性展开，可建立如下的线性规划问题：

$$\left.\begin{array}{ll}\min & f(\boldsymbol{x})=-2x_1-x_2 \\ \text{s.t.} & 2.556x_1+x_2-18.267\leqslant 0 \\ & 8.556x_1+15.776x_2-160.278\leqslant 0 \\ & x_1\geqslant 3,\ x_2\geqslant 0\end{array}\right\}$$

解之得

$$\boldsymbol{x}^{(2)}=(4.036,\ 7.986)^{\mathrm{T}}, f^{(2)}=f(\boldsymbol{x}^{(2)})=-16.057$$

由于 $\left\|\boldsymbol{x}^{(2)}-\boldsymbol{x}^{(1)}\right\|_2=0.261>\varepsilon_1$ 继续在 $\boldsymbol{x}^{(2)}$ 处作线性展开，可建立如下的线性规划问题：

$$\left.\begin{array}{ll}\min & f(\boldsymbol{x})=-2x_1-x_2 \\ \text{s.t.} & 2.071x_1+x_2-16.285\leqslant 0 \\ & 8.071x_1+15.973x_2-160.068\leqslant 0 \\ & x_1\geqslant 3,\ x_2\geqslant 0\end{array}\right\}$$

解之得

$$\boldsymbol{x}^{(3)}=(4.001,\ 8.000)^{\mathrm{T}},\quad f^{(3)}=f(\boldsymbol{x}^{(3)})=-16.001$$

此时 $\left\|\boldsymbol{x}^{(3)}-\boldsymbol{x}^{(2)}\right\|_2=0.037<\varepsilon_1$，$\max\left(g_1(\boldsymbol{x}^{(3)}),\ g_1(\boldsymbol{x}^{(3)})\right)=0.008<\varepsilon_2$，故得近似最优解为 $\boldsymbol{x}^*\approx\boldsymbol{x}^{(3)}=(4.001,\ 8.000)^{\mathrm{T}}$。实际上，本例的最优解是 $\boldsymbol{x}^*=(4,8)^{\mathrm{T}}$，相应的目标函数值 $f_{\min}=f(\boldsymbol{x}^*)=-16$。

采用上述序列线性规划法，为保证收敛到正确的最优解，选取适当的初始点比较重要。本例若选取初始点 $\boldsymbol{x}^{(0)}=(3,8)^{\mathrm{T}}$，最终将收敛于点 $\overline{\boldsymbol{x}}=(6,0)^{\mathrm{T}}$，并不能得到正确的最优解。另外，由于线性规划问题的最优解总是在约束边界的顶点取得，当原问题的最优解在非线性约束曲线与目标函数等值线的切点时，上述方法也可能难以收敛到最优解。因此，实际应用中需要有一些更为一般的、适应性更强的方法来改进序列线性规划法。下面介绍两种方法：切平面法和运动极限法。

6.7.2　切平面法

切平面法又称保留旧约束法，该方法的基本思想是：在每次求解的线性规划问题中，约束条件除了包括在当前工作点展开约束函数所得的线性不等式，也包括在以前工作点展开约束函数所得的线性不等式。这就是说，在求得 $\boldsymbol{x}^{(1)}$ 后，下一步的线性规划问题就不是式 (6.7.3)，而应该是

$$\left.\begin{array}{lll}\min & f^{(1)}(\boldsymbol{x}), & \boldsymbol{x}\in\mathbb{R}^n \\ \text{s.t.} & g_i^{(0)}(\boldsymbol{x})\leqslant 0, & i=1,2,\cdots,m \\ & g_i^{(1)}(\boldsymbol{x})\leqslant 0, & i=1,2,\cdots,m\end{array}\right\}\tag{6.7.7}$$

当由该问题求得近似最优解 $\boldsymbol{x}^{(2)}$ 后，又把约束函数在点 $\boldsymbol{x}^{(2)}$ 作线性展开，得到一些新的约束条件，并将其附加到式 (6.7.7) 中以建立新的线性规划问题，如此继续迭代，直到结果收敛。

例 6.13　用切平面法求解下列问题

$$\left.\begin{array}{ll}\min & f(\boldsymbol{x})=-2x_1-x_2 \\ \text{s.t.} & g_1(\boldsymbol{x})=x_1^2-6x_1+x_2\leqslant 0 \\ & g_2(\boldsymbol{x})=x_2-9\leqslant 0 \\ & x_1\geqslant 3,\ x_2\geqslant 0\end{array}\right\}$$

取初始点 $\boldsymbol{x}^{(0)}=(5,8)^{\mathrm{T}}$，精度要求 $\varepsilon=0.1$。

解: 本例除约束函数 $g_2(\boldsymbol{x})$ 有所改变外，其他均与例 6.12 相同，最优解仍为 $\boldsymbol{x}^* = (4,8)^{\mathrm{T}}$。在初始点 $\boldsymbol{x}^{(0)} = (5,8)^{\mathrm{T}}$ 处将非线性约束 $g_1(\boldsymbol{x})$ 线性展开，得线性规划问题

$$\left.\begin{array}{ll} \min & f(\boldsymbol{x}) = -2x_1 - x_2 \\ \text{s.t.} & 4x_1 + x_2 - 25 \leqslant 0 \\ & x_2 - 9 \leqslant 0 \\ & x_1 \geqslant 3,\ x_2 \geqslant 0 \end{array}\right\}$$

解上述问题，得

$$\boldsymbol{x}^{(1)} = (4,\ 9)^{\mathrm{T}}, \quad f^{(1)} = f(\boldsymbol{x}^{(1)}) = -17$$

将 $g_1(\boldsymbol{x})$ 在 $\boldsymbol{x}^{(1)}$ 展开，得线性化的约束条件

$$2x_1 + x_2 - 16 \leqslant 0$$

将上述约束条件添加到前一个线性规划问题中，再次求解得 $\boldsymbol{x}^{(2)}$，反复迭代，直至收敛。逐次迭代过程见表 6.4。

表 6.4 例 6.13 迭代过程

迭代次数 k	线性规划最优解 $\boldsymbol{x}^{(k)}$	$f(\boldsymbol{x}^{(k)})$	$\left\|\boldsymbol{x}^{(k)} - \boldsymbol{x}^{(k-1)}\right\|_2$	$g_1(\boldsymbol{x}^{(k)})$	在 $\boldsymbol{x}^{(k)}$ 处线性化后新增约束
1	$(4,\ 9)^{\mathrm{T}}$	-17	1.414214	1	$2x_1 + x_2 - 16 \leqslant 0$
2	$(3.5,\ 9)^{\mathrm{T}}$	-16	0.500000	$\frac{1}{4}$	$x_1 + x_2 - \frac{49}{4} \leqslant 0$
3	$\left(\frac{15}{4},\ \frac{17}{2}\right)^{\mathrm{T}}$	-16	0.559017	$\frac{1}{16}$	$\frac{3}{2}x_1 + x_2 - \frac{225}{16} \leqslant 0$
4	$\left(\frac{31}{8},\ \frac{33}{4}\right)^{\mathrm{T}}$	-16	0.279508	$\frac{1}{64}$	$\frac{7}{4}x_1 + x_2 - \frac{961}{64} \leqslant 0$
5	$\left(\frac{63}{16},\ \frac{65}{8}\right)^{\mathrm{T}}$	-16	0.139754	$\frac{1}{256}$	$\frac{15}{8}x_1 + x_2 - \frac{3969}{256} \leqslant 0$
6	$\left(\frac{127}{32},\ \frac{129}{16}\right)^{\mathrm{T}}$	-16	0.069877	$\frac{1}{1024}$	

由于 $\left\|\boldsymbol{x}^{(6)} - \boldsymbol{x}^{(5)}\right\|_2 = 0.069877 < \varepsilon$，且 $\max\left(g_1(\boldsymbol{x}^{(6)}),\ g_2(\boldsymbol{x}^{(6)})\right) = 0.001$，故取近似最优解为 $\boldsymbol{x}^* \approx \boldsymbol{x}^{(6)} = (3.96875,\ 8.0625)^{\mathrm{T}}$。如提高精度要求，继续迭代，线性规划问题的最优解将充分逼近原非线性规划问题的最优解 $\boldsymbol{x}^* = (4,8)^{\mathrm{T}}$。

从几何上看，切平面法相当于用各次线性化约束的包络来逼近非线性约束，因此，对于凸问题，其线性化问题的最优解序列收敛到原问题的最优解。但是，当可行域非凸时，就有可能因在线性化过程中“切”去了相当大的可行区而漏掉真正的最优点。另外，当原问题的最优解不与可行域顶点一致时，越接近最优解，线性化约束线之间的夹角越小，可能会导致数值计算困难。而且，由于切平面法逐次累积线性化约束，线性规划问题的规模变得越来越大，计算工作量增加很快。

6.7.3 运动极限法

当用线性规划问题 (6.7.6) 代替原非线性规划问题 (6.7.1) 时，将目标函数和约束函数在工作点 $\boldsymbol{x}^{(k)}$ 附近作了线性泰勒展开。众所周知，泰勒展开式是有一定适用范围的。如果所研究的设计点 $\boldsymbol{x}$ 和工作点 $\boldsymbol{x}^{(k)}$ 相距太远，则泰勒展开式中应该有的高阶项将不可忽略，如只取其线性近似则误差将很大。解决这个问题的一个十分自然的想法是在每次求解一个近似规划时都对变量的活动范围附加一个限制，亦即每次求解的线性规划问题是在式 (6.7.6) 的基础上增加了设计变量的界限约束

$$\boldsymbol{x}^{(k)}-\boldsymbol{\delta}^{(k)} \leqslant \boldsymbol{x} \leqslant \boldsymbol{x}^{(k)}+\boldsymbol{\delta}^{(k)} \tag{6.7.8}$$

其中，$\boldsymbol{\delta}^{(k)}=(\delta_1^{(k)},\delta_2^{(k)},\cdots,\delta_n^{(k)})^{\mathrm{T}}$ 是给定的 n 维常数向量，称为运动极限 (move limit)。如果 $\delta_i^{(k)}$ 取得较合理，可使得当 $\boldsymbol{x}$ 在以 $\boldsymbol{x}^{(k)}$ 为中心，边长为 $2\delta_i^{(k)}$ 的超长方体里运动时，泰勒展开式能给出足够好的近似。

在运动极限法中，运动极限 $\delta_i^{(k)}$ 的取法是值得注意的。如果取得太大，很可能造成设计点跳动现象，取得太小，不但收敛速度太慢，有时甚至可能使对应线性规划问题无可行解。一种常用的方法是规定一个百分数 (如 10%)，每次的运动极限 $\delta_i^{(k)}$ 不大于当前工作点的坐标 $x_i^{(k)}$ 乘以该百分数。另一种方法是在开始选择的运动极限适当大些，然后每次求得一个近似的最优解 $\boldsymbol{x}^{(k+1)}$ 后，计算目标函数和约束函数的相对偏移值

$$\Delta\overline{f}^{(k+1)}=\left|\frac{f(\boldsymbol{x}^{(k+1)})-f^{(k)}(\boldsymbol{x}^{(k+1)})}{f(\boldsymbol{x}^{(k+1)})}\right| \tag{6.7.9}$$

和

$$\Delta\overline{g}_i^{(k+1)}=\left|\frac{g_i(\boldsymbol{x}^{(k+1)})-g_i^{(k)}(\boldsymbol{x}^{(k+1)})}{g_i(\boldsymbol{x}^{(k+1)})}\right|,\quad i=1,2,\cdots,m \tag{6.7.10}$$

如果这些值大于某一个事先规定的百分比，这就说明刚才的步长 $\left|\boldsymbol{x}^{(k+1)}-\boldsymbol{x}^{(k)}\right|$ 太大，泰勒展开式因而精度很低，下一次迭代时应当适当地缩小运动极限。例如，取下一次迭代的运动极限 $\boldsymbol{\delta}^{(k+1)}=\eta\boldsymbol{\delta}^{(k)}$，其中 $\eta<1$，η 既可以根据经验来定也可以根据式 (6.7.9) 和式 (6.7.10) 算出的相对偏移值的大小来定。

另外，确定运动极限时，应对其最小值有一个规定。在结构优化设计中，运动极限的最小值不应该小于设计变量的制造容许公差。

实践证明，在结构优化设计中，采用这种有运动极限的序列线性规划法是相当有效的。对于以横截面面积为设计变量的桁架结构优化，如取用横截面面积的倒数作设计变量，有时其效果更佳。

6.8 序列二次规划法

类似序列线性化方法，每次在指定的工作点将约束函数线性化，将目标函数展开成泰勒级数并截取到二次项，建立一个二次规划来求解，这样就把一个非线性规划问题转化成一系列二次规划问题，这就是一般的序列二次规划 (sequential quadratic programming，SQP)

方法。不过，目前更常用的序列二次规划方法是约束变尺度法，它采用拉格朗日函数的二阶泰勒展开式代替目标函数的泰勒展开式，并且在迭代过程中采用拟牛顿法修改拉格朗日函数的黑塞矩阵。

考虑一般约束非线性规划问题：

$$\left.\begin{array}{ll} \min & f(\boldsymbol{x}), \quad \boldsymbol{x} \in \mathbb{R}^n \\ \text{s.t.} & h_i(\boldsymbol{x}) = 0, \quad i \in E = \{1, 2, \cdots, l)\\ & g_j(\boldsymbol{x}) \leqslant 0, \quad j \in I = \{1, 2, \cdots, m\} \end{array}\right\} \tag{6.8.1}$$

在给定点 $(\boldsymbol{x}^{(k)}, \boldsymbol{\mu}^{(k)}, \boldsymbol{\lambda}^{(k)})$，将约束函数线性化，将拉格朗日函数取二阶近似，得如下二次规划问题：

$$\left.\begin{array}{ll} \min & \dfrac{1}{2}\boldsymbol{d}^{\mathrm{T}}\boldsymbol{W}^{(k)}\boldsymbol{d} + [\nabla f(\boldsymbol{x}^{(k)})]^{\mathrm{T}}\boldsymbol{d} \\ \text{s.t.} & h_i(\boldsymbol{x}^{(k)}) + [\nabla h(\boldsymbol{x}^{(k)})]^{\mathrm{T}}\boldsymbol{d} = 0, \quad i \in E \\ & g_j(\boldsymbol{x}^{(k)}) + [\nabla g(\boldsymbol{x}^{(k)})]^{\mathrm{T}}\boldsymbol{d} \leqslant 0, \quad j \in I \end{array}\right\} \tag{6.8.2}$$

式中，$\boldsymbol{W}^{(k)} = \boldsymbol{W}(\boldsymbol{x}^{(k)}) = \nabla^2_{\boldsymbol{xx}} L(\boldsymbol{x}^{(k)}, \boldsymbol{\mu}^{(k)}, \boldsymbol{\lambda}^{(k)})$，而拉格朗日函数为

$$L(\boldsymbol{x}, \boldsymbol{\mu}, \boldsymbol{\lambda}) = f(\boldsymbol{x}) + \sum_{i \in E} \mu_i h_i(\boldsymbol{x}) + \sum_{j \in I} \lambda_j g_j(\boldsymbol{x})$$

为了避免每次构造二次规划式 (6.8.2) 都要计算拉格朗日函数的黑塞矩阵 $\boldsymbol{W}^{(k)}$，可采用对称正定矩阵 $\boldsymbol{B}^{(k)}$ 代替 $\boldsymbol{W}^{(k)}$，即

$$\left.\begin{array}{ll} \min & \dfrac{1}{2}\boldsymbol{d}^{\mathrm{T}}\boldsymbol{B}^{(k)}\boldsymbol{d} + [\nabla f(\boldsymbol{x}^{(k)})]^{\mathrm{T}}\boldsymbol{d} \\ \text{s.t.} & h_i(\boldsymbol{x}^{(k)}) + [\nabla h_i(\boldsymbol{x}^{(k)})]^{\mathrm{T}}\boldsymbol{d} = 0, \quad i \in E \\ & g_j(\boldsymbol{x}^{(k)}) + [\nabla g_j(\boldsymbol{x}^{(k)})]^{\mathrm{T}}\boldsymbol{d} \leqslant 0, \quad j \in I \end{array}\right\} \tag{6.8.3}$$

并且在迭代过程中采用拟牛顿法修改 $\boldsymbol{B}^{(k)}$。

设问题式 (6.8.3) 的最优解为 $\boldsymbol{d}^{(k)}$，相应的拉格朗日乘子为 $\boldsymbol{\mu}^{(k)}$ 和 $\boldsymbol{\lambda}^{(k)}$，则新的迭代点为

$$\boldsymbol{x}^{(k+1)} = \boldsymbol{x}^{(k)} + \alpha_k \boldsymbol{d}^{(k)} \tag{6.8.4}$$

其中，确定步长 α_k 时，如只考虑目标函数的极小，就忽略了约束条件的影响，因此，常采用某种罚函数为价值函数，如取 $P(\boldsymbol{x}, \sigma) = f(\boldsymbol{x}) + \sigma\left(\sum_{i \in E} |h_i(\boldsymbol{x})| + \sum_{j \in I} [\max\{0, g_j(\boldsymbol{x})\}]\right)$，将求 α_k 转化为对

$$\begin{aligned} \varphi(\alpha) &= P(\boldsymbol{x}^{(k)} + \alpha\boldsymbol{d}^{(k)}, \sigma) \\ &= f(\boldsymbol{x}^{(k)} + \alpha\boldsymbol{d}^{(k)}) + \sigma\left(\sum_{i \in E} \left|h_i(\boldsymbol{x}^{(k)} + \alpha\boldsymbol{d}^{(k)})\right| + \sum_{j \in I} [\max\{0, g_j(\boldsymbol{x}^{(k)} + \alpha\boldsymbol{d}^{(k)})\}]\right) \end{aligned}$$

的一维寻优问题。

为了保证 $\boldsymbol{d}^{(k)}$ 是罚函数 $P(\boldsymbol{x},\sigma)$ 在 $\boldsymbol{x}^{(k)}$ 点的下降方向，罚参数 σ 可按下式选取

$$\sigma=\begin{cases}\max\limits_{i\in E,j\in I}\left\{\left|\mu_i^{(k)}\right|,\left|\lambda_j^{(k)}\right|\right\}, & k=0\\ \max\limits_{i\in E,j\in I}\left\{\sigma,\dfrac{1}{2}(\sigma+\left|\mu_i^{(k)}\right|),\dfrac{1}{2}(\sigma+\left|\lambda_j^{(k)}\right|)\right\}, & k>0\end{cases}\tag{6.8.5}$$

下面给出序列二次规划法的具体迭代步骤。

算法 6.11 (序列二次规划法)

---

(1) 给定初始点 $\boldsymbol{x}^{(0)}$,$\boldsymbol{B}^{(0)}=\boldsymbol{I}$(单位矩阵),计算 $\nabla h_i(\boldsymbol{x}^{(0)}),(i\in E)$ 和 $\nabla g_j(\boldsymbol{x}^{(0)}),(j\in I)$，选择一维寻优参数 $\eta\in(0,0.5)$，$\rho\in(0,1)$，容许误差 ε_1、ε_2，置 $k=0$。

(2) 求解二次规划问题 (6.8.3)，得最优解 $\boldsymbol{d}^{(k)}$ 和相应的拉格朗日乘子为 $\boldsymbol{\mu}^{(k)}$ 和 $\boldsymbol{\lambda}^{(k)}$。

(3) 若 $\left\|\boldsymbol{d}^{(k)}\right\|\leqslant\varepsilon_1$ 且 $\sum\limits_{i\in E}\left|h_i(\boldsymbol{x}^{(k)})\right|+\sum\limits_{j\in I}[\max\{0,g_j(\boldsymbol{x}^{(k)})\}]<\varepsilon_2$，终止迭代，得原问题的一个近似 KKT 点 $(\boldsymbol{x}^{(k)},\mu^{(k)},\boldsymbol{\lambda}^{(k)})$；否则，转步骤 (4)。

(4) 按式 (6.8.5) 确定罚参数 σ。

(5) 采用 Armijo 一维搜索。令 m_k 是使下列不等式成立的最小非负整数 m:

$$P(\boldsymbol{x}^{(k)}+\rho^m\boldsymbol{d}^{(k)},\sigma)-P(\boldsymbol{x}^{(k)},\sigma)\leqslant\eta\rho^m P'(\boldsymbol{x}^{(k)},\sigma;\boldsymbol{d}^{(k)})$$

置 $\alpha_k=\rho^{m_k}$。

(6) 计算 $\boldsymbol{x}^{(k+1)}=\boldsymbol{x}^{(k)}+\alpha_k\boldsymbol{d}^{(k)}$，$\nabla h_i(\boldsymbol{x}^{(k+1)}),(i\in E)$ 和 $\nabla g_j(\boldsymbol{x}^{(k+1)}),(j\in I)$。

(7) 校正矩阵 $\boldsymbol{B}^{(k)}$ 为 $\boldsymbol{B}^{(k+1)}$。计算

$$\boldsymbol{s}=\alpha_k\boldsymbol{d}^{(k)},\quad \boldsymbol{y}=\nabla_{\boldsymbol{x}}L(\boldsymbol{x}^{(k+1)},\boldsymbol{\mu}^{(k+1)},\boldsymbol{\lambda}^{(k+1)})-\nabla_{\boldsymbol{x}}L(\boldsymbol{x}^{(k)},\boldsymbol{\mu}^{(k+1)},\boldsymbol{\lambda}^{(k+1)}),$$

$$\theta=\begin{cases}1, & \boldsymbol{s}^{\mathrm{T}}\boldsymbol{y}\geqslant 0.2\boldsymbol{s}^{\mathrm{T}}\boldsymbol{B}^{(k)}\boldsymbol{s}\\ \dfrac{0.8\boldsymbol{s}^{\mathrm{T}}\boldsymbol{B}^{(k)}\boldsymbol{s}}{\boldsymbol{s}^{\mathrm{T}}\boldsymbol{B}^{(k)}\boldsymbol{s}-\boldsymbol{s}^{\mathrm{T}}\boldsymbol{y}}, & \boldsymbol{s}^{\mathrm{T}}\boldsymbol{y}<0.2\boldsymbol{s}^{\mathrm{T}}\boldsymbol{B}^{(k)}\boldsymbol{s}\end{cases}$$

$$\boldsymbol{z}=\theta\boldsymbol{y}+(1-\theta)\boldsymbol{B}^{(k)}\boldsymbol{s}$$

$$\boldsymbol{B}^{(k+1)}=\boldsymbol{B}^{(k)}-\frac{\boldsymbol{B}^{(k)}\boldsymbol{s}\boldsymbol{s}^{\mathrm{T}}\boldsymbol{B}^{(k)}}{\boldsymbol{s}^{\mathrm{T}}\boldsymbol{B}^{(k)}\boldsymbol{s}}+\frac{\boldsymbol{z}\boldsymbol{z}^{\mathrm{T}}}{\boldsymbol{s}^{\mathrm{T}}\boldsymbol{z}}$$

(8) 置 $k=k+1$，转步骤 (2)。

6.9　凸线性化与移动渐近线法

在桁架结构横截面积优化设计中，将应力约束、位移约束等关于倒数设计变量展开作线性近似具有很高的精度。受此启发，Fleury 提出了凸线性化 (convex linearization，CONLIN) 近似方法。在 CONLIN 方法中，假设所有设计变量都严格为正，即考虑如下一般非线性规

划问题

$$\left.\begin{array}{ll} \min & f_0(\boldsymbol{x}), \quad \boldsymbol{x} \in \mathbb{R}^n \\ \text{s.t.} & f_j(\boldsymbol{x}) \leqslant 0, \quad j = 1, 2, \cdots, m \\ & 0 < x_i^{\min} \leqslant x_i \leqslant x_i^{\max}, \quad i = 1, 2, \cdots, n \end{array}\right\} \tag{6.9.1}$$

在设计点 $\boldsymbol{x}^{(k)}$，目标函数 $f_0(\boldsymbol{x})$ 或约束函数 $f_j(\boldsymbol{x})$ $(j = 1, 2, \cdots, m)$ 均线性化为中间变量 $y_i = y_i(x_i)(i = 1, 2, \cdots, n)$ 的函数，$y_i(x_i)$ 定义为

$$y_i(x_i) = \begin{cases} x_i, & \dfrac{\partial f_j(\boldsymbol{x}^{(k)})}{\partial x_i} > 0 \\ \dfrac{1}{x_i}, & \text{其他} \end{cases} \tag{6.9.2}$$

这就是说，如果在当前设计点 $\boldsymbol{x}^{(k)}$，$f_j(\boldsymbol{x})(j = 0, 1, 2, \cdots, m)$ 对设计变量 x_i 的偏导数大于零，则将其关于原设计变量 x_i 作线性近似；否则，将其关于倒数设计变量 $\dfrac{1}{x_i}$ 作线性近似。这样 $f_j(\boldsymbol{x})$ 的近似函数 $\tilde{f}_j^{(k)}(\boldsymbol{x})$ 为

$$\tilde{f}_j^{(k)}(\boldsymbol{x}) = f_j(\boldsymbol{x}^{(k)}) + \sum_{i \in I^+} \frac{\partial f_j(\boldsymbol{x}^{(k)})}{\partial x_i}(x_i - x_i^{(k)}) + \sum_{i \in I^-} \frac{\partial f_j(\boldsymbol{x}^{(k)})}{\partial x_i} \frac{x_i^{(k)}}{x_i}(x_i - x_i^{(k)}) \tag{6.9.3}$$

式中，$I^+ = \left\{ i \,\middle|\, i = 1, 2, \cdots, n; \dfrac{\partial f(\boldsymbol{x}^{(k)})}{\partial x_i} > 0 \right\}$；$I^- = \left\{ i \,\middle|\, i = 1, 2, \cdots, n; \dfrac{\partial f(\boldsymbol{x}^{(k)})}{\partial x_i} \leqslant 0 \right\}$。

很容易证明如下结论：

$$\tilde{f}_j^{(k)}(\boldsymbol{x}^{(k)}) = f_j(\boldsymbol{x}^{(k)}); \quad \frac{\partial \tilde{f}_j^{(k)}(\boldsymbol{x}^{(k)})}{\partial x_i} = \frac{\partial f_j(\boldsymbol{x}^{(k)})}{\partial x_i} \tag{6.9.4}$$

$$\frac{\partial^2 \tilde{f}_j^{(k)}(\boldsymbol{x}^{(k)})}{\partial x_i^2} = \begin{cases} 0, & \dfrac{\partial f_j(\boldsymbol{x}^{(k)})}{\partial x_i} > 0 \\ -\dfrac{2}{x_i^{(k)}} \dfrac{\partial f_j(\boldsymbol{x}^{(k)})}{\partial x_i}, & \text{其他} \end{cases}; \quad \frac{\partial^2 \tilde{f}_j^{(k)}(\boldsymbol{x}^{(k)})}{\partial x_i \partial x_l} = 0,\ i \neq l \tag{6.9.5}$$

即在当前设计点 $\boldsymbol{x}^{(k)}$，近似函数与原函数具有相同的函数值和一阶偏导数值。在设计变量为正的条件下，黑塞矩阵为半正定对角阵，因此近似函数为凸函数，将式 (6.9.1) 中的目标函数和约束函数用近似函数式 (6.9.3) 代替，将得到一个显式、可分离的凸规划。

Svanberg 进一步改进了 CONLIN 方法，提出了移动渐近线法 (method of moving asymptotes，MMA)。该方法采用如下中间变量：

$$y_i(x_i) = \begin{cases} \dfrac{1}{U_i - x_i}, & \dfrac{\partial f_j(\boldsymbol{x}^{(k)})}{\partial x_i} > 0 \\ \dfrac{1}{x_i - L_i}, & \text{其他} \end{cases}, \quad i = 1, 2, \cdots, n \tag{6.9.6}$$

式中，L_i 和 U_i 称为移动渐近线，它们在迭代过程中是变化的，但对第 k 次迭代，始终满足

$$L_i^{(k)} < x_i^{(k)} < U_i^{(k)} \tag{6.9.7}$$

在当前设计点 $\boldsymbol{x}^{(k)}$，$f_j(\boldsymbol{x})(j=0,1,2,\cdots,m)$ 的 MMA 近似函数 $\hat{f}_j^{(k)}(\boldsymbol{x})$ 为

$$\hat{f}_j^{(k)}(\boldsymbol{x}) = r_j^{(k)} + \sum_{i=1}^{n}\left(\frac{p_{ji}^{(k)}}{U_i^{(k)}-x_i} + \frac{q_{ji}^{(k)}}{x_i - L_i^{(k)}}\right) \tag{6.9.8}$$

式中，

$$p_{ji}^{(k)} = \begin{cases} \left(U_i^{(k)} - x_i^{(k)}\right)^2 \dfrac{\partial f_j(\boldsymbol{x}^{(k)})}{\partial x_i}, & \dfrac{\partial f_j(\boldsymbol{x}^{(k)})}{\partial x_i} > 0 \\ 0, & \text{其他} \end{cases} \tag{6.9.9}$$

$$q_{ji}^{(k)} = \begin{cases} 0, & \dfrac{\partial f_j(\boldsymbol{x}^{(k)})}{\partial x_i} \geqslant 0 \\ -\left(x_i^{(k)} - L_i^{(k)}\right)^2 \dfrac{\partial f_j(\boldsymbol{x}^{(k)})}{\partial x_i}, & \text{其他} \end{cases} \tag{6.9.10}$$

$$r_j^{(k)} = f_j(\boldsymbol{x}^{(k)}) - \sum_{i=1}^{n}\left(\frac{p_{ji}^{(k)}}{U_i^{(k)}-x_i^{(k)}} + \frac{q_{ji}^{(k)}}{x_i^{(k)} - L_i^{(k)}}\right) \tag{6.9.11}$$

对近似函数 $\hat{f}_j^{(k)}(\boldsymbol{x})$ 求偏导数，有

$$\frac{\partial \hat{f}_j^{(k)}(\boldsymbol{x})}{\partial x_i} = \frac{p_{ji}^{(k)}}{\left(U_i^{(k)}-x_i\right)^2} - \frac{q_{ji}^{(k)}}{\left(x_i - L_i^{(k)}\right)^2} \tag{6.9.12}$$

$$\frac{\partial^2 \hat{f}_j^{(k)}(\boldsymbol{x})}{\partial x_i^2} = \frac{2p_{ji}^{(k)}}{\left(U_i^{(k)}-x_i\right)^3} + \frac{2q_{ji}^{(k)}}{\left(x_i - L_i^{(k)}\right)^3}, \quad \frac{\partial^2 \hat{f}_j^{(k)}(\boldsymbol{x}^{(k)})}{\partial x_i \partial x_l} = 0,\ i \neq l \tag{6.9.13}$$

由于 $p_{ji}^{(k)} \geqslant 0$，$q_{ji}^{(k)} \geqslant 0$，所以，只要 $L_i^{(k)} < x_i < U_i^{(k)}$，MMA 近似函数 $\hat{f}_j^{(k)}(\boldsymbol{x})$ 的黑塞矩阵为半正定对角阵，$\hat{f}_j(\boldsymbol{x})$ 是凸函数，因此，MMA 近似规划也是一个显式、可分离的凸规划。另外，同样不难验证，在当前设计点 $\boldsymbol{x}^{(k)}$，MMA 近似函数与原函数具有相同的函数值和一阶偏导数值。

用 MMA 求解式 (6.9.1) 时，第 k 次迭代的近似规划问题为

$$\left.\begin{array}{ll} \min & \hat{f}_0^{(k)}(\boldsymbol{x}), \quad \boldsymbol{x} \in \mathbb{R}^n \\ \text{s.t.} & \hat{f}_j^{(k)}(\boldsymbol{x}) \leqslant 0, \quad j = 1,2,\cdots,m \\ & \alpha_i^{(k)} \leqslant x_i \leqslant \beta_i^{(k)}, \quad i = 1,2,\cdots,n \end{array}\right\} \tag{6.9.14}$$

其中，$\alpha_i^{(k)}$、$\beta_i^{(k)}$ 为移动界限，由下式确定

$$\alpha_i^{(k)} = \max(x_i^{\min}, L_i^{(k)} + \mu(x_i^{(k)} - L_i^{(k)})) \tag{6.9.15}$$

$$\beta_i^{(k)} = \min(x_i^{\max}, U_i^{(k)} - \mu(U_i^{(k)} - x_i^{(k)})) \tag{6.9.16}$$

式中，$0 < \mu < 1$。于是式 (6.9.7) 总能满足。移动渐近线 $L_i^{(k)}$ 和 $U_i^{(k)}$ 根据以下规则进行更新：对 $k = 0$ 或 1，有

$$L_i^{(k)} = x_i^{(k)} - \rho_0(x_i^{\max} - x_i^{\min}) \tag{6.9.17}$$

$$U_i^{(k)} = x_i^{(k)} + \rho_0(x_i^{\max} - x_i^{\min}) \tag{6.9.18}$$

式中，$0 < \rho_0 < 1$。当 $k \geqslant 2$ 时，令

$$L_i^{(k)} = x_i^{(k)} - \rho(x_i^{(k-1)} - L_i^{(k-1)}) \tag{6.9.19}$$

$$U_i^{(k)} = x_i^{(k)} + \rho(U_i^{(k-1)} - x_i^{(k-1)}) \tag{6.9.20}$$

式中，参数 ρ 的取值与 $x_i^{(k)} - x_i^{(k-1)}$ 和 $x_i^{(k-1)} - x_i^{(k-2)}$ 的符号有关，当两者符号相反时，取 $0 < \rho < 1$；否则，取 $\rho > 1$。

可以证明，SLP 和 CONLIN 都是 MMA 的特例：若 $L_i^{(k)} = 0$ 且 $U_i^{(k)} \to +\infty$，便得到了 CONLIN；若 $L_i^{(k)} \to -\infty$ 且 $U_i^{(k)} \to +\infty$，便得到了 SLP。

6.10 拉格朗日对偶规划

6.9 节的近似规划是凸可分离规划，对这类问题采用拉格朗日对偶求解比较方便。对一个已知的非线性规划问题，依据一定的规则，可以构造另一个非线性规划问题，在某些凸性的假设下，这两个非线性规划问题的目标函数值相等。在数学规划理论中，称已知的非线性规划为原问题 (Primal, P)，称后来构造出来的问题为对偶问题 (Dual, D)。

考虑如下非线性规划原问题

$$\left.\begin{array}{ll} \min & f_0(\boldsymbol{x}), \quad \boldsymbol{x} \in \boldsymbol{\mathcal{X}} \\ \text{s.t.} & f_j(\boldsymbol{x}) \leqslant 0, \quad j = 1, 2, \cdots, m \end{array}\right\}(\text{P}) \tag{6.10.1}$$

其中，$\boldsymbol{\mathcal{X}} = \left\{\boldsymbol{x} \in \mathbb{R}^n \,\middle|\, x_i^{\min} \leqslant x_i \leqslant x_i^{\max}, \quad i = 1, 2, \cdots, n\right\}$。

问题 (P) 的拉格朗日对偶问题为

$$\left.\begin{array}{ll} \max & \varphi(\boldsymbol{\lambda}) \\ \text{s.t.} & \boldsymbol{\lambda} \geqslant \boldsymbol{0} \end{array}\right\}(\text{D}) \tag{6.10.2}$$

其中, 对偶目标函数 $\varphi(\boldsymbol{\lambda})$ 定义为

$$\varphi(\boldsymbol{\lambda}) = \min_{\boldsymbol{x} \in \boldsymbol{\mathcal{X}}} L(\boldsymbol{x}, \boldsymbol{\lambda}) \tag{6.10.3}$$

式中，$L(\boldsymbol{x}, \boldsymbol{\lambda}) = f_0(\boldsymbol{x}) + \sum\limits_{j=1}^{m} \lambda_j f_j(\boldsymbol{x})$ 为问题 (P) 的拉格朗日函数。

如果问题 (P) 是凸规划，并满足 Slater 条件 (即存在 $\hat{\boldsymbol{x}} \in \boldsymbol{\mathcal{X}}$，使 $f_j(\hat{\boldsymbol{x}}) < 0$，$j = 1, 2, \cdots, m$)，则问题 (D) 与问题 (P) 等价。这样为了求解原问题 (P)，可以转为求解问题 (D)，即求解如下最大最小问题

$$\max_{\boldsymbol{\lambda} \geqslant \mathbf{0}} \min_{\boldsymbol{x} \in \boldsymbol{\mathcal{X}}} L(\boldsymbol{x}, \boldsymbol{\lambda}) \tag{6.10.4}$$

若问题 (P) 是凸可分离规划，式 (6.10.1) 中 $f_j(\boldsymbol{x}) \leqslant 0 \ \ (j = 0, 1, \cdots, m)$ 均为连续可导的凸函数，其中 $f_0(\boldsymbol{x})$ 是严格凸函数，而且所有 $f_j(\boldsymbol{x})$ 都是可分离的，即可以写成单变量函数之和，即

$$f_j(\boldsymbol{x}) = \sum_{i=1}^{n} f_{ji}(x_i) \leqslant 0, \ \ j = 0, 1, \cdots, m \tag{6.10.5}$$

这时，问题 (P) 的拉格朗日函数为

$$\begin{aligned} L(\boldsymbol{x}, \boldsymbol{\lambda}) &= f_0(\boldsymbol{x}) + \sum_{j=1}^{m} \lambda_j f_j(\boldsymbol{x}) = \sum_{i=1}^{n} f_{0i}(x_i) + \sum_{j=1}^{m} \lambda_j \left(\sum_{i=1}^{n} f_{ji}(x_i) \right) \\ &= \sum_{i=1}^{n} \left(f_{0i}(x_i) + \sum_{j=1}^{m} \lambda_j f_{ji}(x_i) \right) = \sum_{i=1}^{n} L_i(x_i, \boldsymbol{\lambda}) \end{aligned}$$

其中，$\lambda_j \geqslant 0, j = 1, \cdots, m$；$L_i(x_i, \boldsymbol{\lambda}) = f_{0i}(x_i) + \sum\limits_{j=1}^{m} \lambda_j f_{ji}(x_i)$ 关于 x_i 是严格凸的。对偶目标函数为

$$\varphi(\boldsymbol{\lambda}) = \min_{\boldsymbol{x} \in \boldsymbol{\mathcal{X}}} L(\boldsymbol{x}, \boldsymbol{\lambda}) = \min_{\boldsymbol{x} \in \boldsymbol{\mathcal{X}}} \sum_{i=1}^{n} L_i(x_i, \boldsymbol{\lambda}) = \sum_{i=1}^{n} \min_{x_i^{\min} \leqslant x_i \leqslant x_i^{\max}} L_i(x_i, \boldsymbol{\lambda}) \tag{6.10.6}$$

这样，对任意 $\boldsymbol{\lambda}$，关于 $\boldsymbol{x} \in \boldsymbol{\mathcal{X}}$ 最小化拉格朗日函数，只需要对 n 个界限约束下的单变量函数 $L_i(x_i, \boldsymbol{\lambda})$ 进行最小化运算即可。由于 $L_i(x_i, \boldsymbol{\lambda})$ 关于 x_i 严格凸，最小化问题具有唯一的最优解。当变量的上下限为有限值时，参见图 6.5 可知，最优解为

$$x_i^* = \begin{cases} x_i^{\min}, & \dfrac{\partial L_i(x_i^{\min}, \boldsymbol{\lambda})}{\partial x_i} \geqslant 0 \\ x_i^{\max}, & \dfrac{\partial L_i(x_i^{\max}, \boldsymbol{\lambda})}{\partial x_i} \leqslant 0 \\ x_i^*(\boldsymbol{\lambda}), & \text{其他} \end{cases} \tag{6.10.7}$$

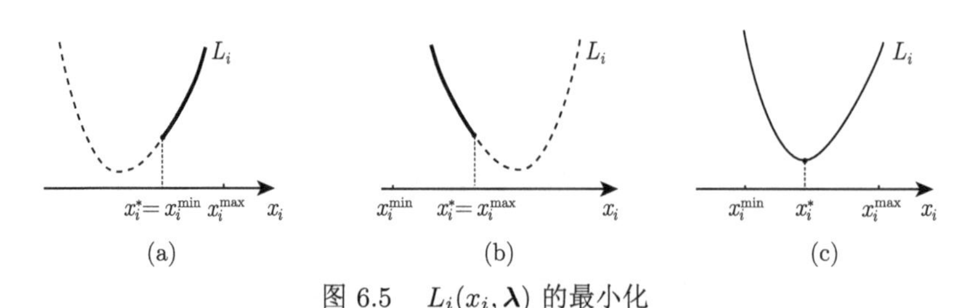

图 6.5　$L_i(x_i, \boldsymbol{\lambda})$ 的最小化

式中，$x_i^*(\boldsymbol{\lambda})$ 由 $\dfrac{\partial L_i(x_i,\boldsymbol{\lambda})}{\partial x_i}=0$ 计算。

对每个 $i\ (1\leqslant i\leqslant n)$，由式 (6.10.7) 计算出 $x_i^*(\boldsymbol{\lambda})$ 后，代入式 (6.10.6) 得对偶目标函数，再选择适当的方法求解对偶问题 (D) 即可。下面给出一个简单的例子。

例 6.14 用拉格朗日对偶求解如下凸可分离优化问题：

$$\left.\begin{array}{ll}\min & f(\boldsymbol{x})=x_1^2+x_2^2\\ \text{s.t.} & g(\boldsymbol{x})=-x_1+x_2\leqslant 0\\ & \boldsymbol{x}\in\mathcal{X}=\{(x_1,x_2)\,|0.5\leqslant x_1\leqslant 1,\ -1\leqslant x_2\leqslant 1\}\end{array}\right\}$$

解： 显然本例的最优解为 $\boldsymbol{x}^*=(0.5,\ 0)^{\mathrm{T}}$，相应的目标函数值是 $f(\boldsymbol{x}^*)=0.25$。下面用拉格朗日对偶求解。拉格朗日函数为

$$L(\boldsymbol{x},\lambda)=x_1^2+x_2^2+\lambda(-x_1+x_2)=(x_1^2-\lambda x_1)+(x_2^2+\lambda x_2)\tag{a}$$

所以

$$L_1(x_1,\lambda)=x_1^2-\lambda x_1,\quad L_2(x_2,\lambda)=x_2^2+\lambda x_2\tag{b}$$

求导得

$$\frac{\partial L_1(x_1,\lambda)}{\partial x_1}=2x_1-\lambda,\quad \frac{\partial L_2(x_2,\lambda)}{\partial x_2}=2x_2+\lambda\tag{c}$$

对于任意给定的 $\lambda\geqslant 0$，由于 $\dfrac{\partial L_1(0.5,\lambda)}{\partial x_1}=1-\lambda$，$\dfrac{\partial L_1(1,\lambda)}{\partial x_1}=2-\lambda$，所以，当 $0\leqslant\lambda\leqslant 1$ 时，$\dfrac{\partial L_1(0.5,\lambda)}{\partial x_1}\geqslant 0$，当 $\lambda\geqslant 2$ 时，$\dfrac{\partial L_1(1,\lambda)}{\partial x_1}\leqslant 0$；由于 $\dfrac{\partial L_2(-1,\lambda)}{\partial x_2}=-2+\lambda$，$\dfrac{\partial L_2(1,\lambda)}{\partial x_2}=2+\lambda$，所以，当 $\lambda\geqslant 2$ 时，$\dfrac{\partial L_2(-1,\lambda)}{\partial x_2}\geqslant 0$，而 $\dfrac{\partial L_2(1,\lambda)}{\partial x_2}\leqslant 0$ 不可能满足。根据以上分析，利用式 (6.10.7) 有

$$\boldsymbol{x}^*=(x_1^*,\ x_2^*)^{\mathrm{T}}=\begin{cases}(0.5,\ -\dfrac{\lambda}{2})^{\mathrm{T}}, & 0\leqslant\lambda\leqslant 1\\ (\dfrac{\lambda}{2},\ -\dfrac{\lambda}{2})^{\mathrm{T}}, & 1<\lambda<2\\ (1,\ -1)^{\mathrm{T}}, & \lambda\geqslant 2\end{cases}\tag{d}$$

故对偶问题的目标函数为

$$\varphi(\lambda)=(x_1^*)^2+(x_2^*)^2+\lambda(-x_1^*+x_2^*)=\begin{cases}-\dfrac{\lambda^2}{4}-\dfrac{\lambda}{2}+\dfrac{1}{4}, & 0\leqslant\lambda\leqslant 1\\ -\dfrac{\lambda^2}{2}, & 1<\lambda<2\\ 2-2\lambda, & \lambda\geqslant 2\end{cases}\tag{e}$$

对偶函数的图像如图 6.6 所示。显然，当 $\lambda^*=0$ 时，$\varphi_{\max}=\varphi(\lambda^*)=\dfrac{1}{4}$。将 $\lambda^*=0$ 代入式 (d)，可得原问题的最优解 $x_1^*=0.5$，$x_2^*=0$。

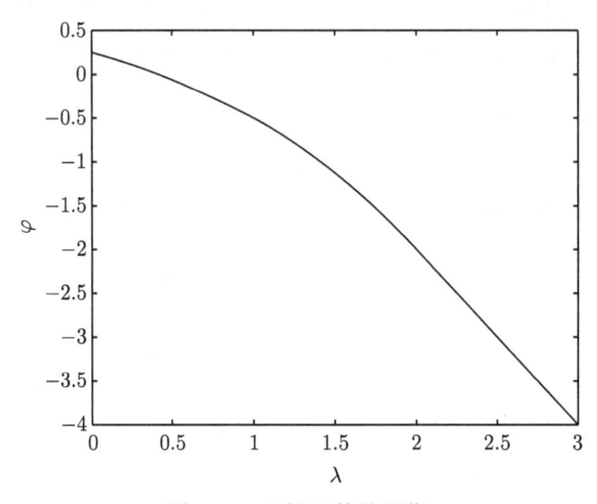

图 6.6　对偶函数的图像

第 7 章 智能优化算法

前面介绍的是求解最优化问题的传统经典算法，一般适用于小规模问题，而且通常得到的是局部最优解。随着科学、工程、经济等领域提出越来越多的大规模复杂优化问题，经典优化方法面临着极大的挑战。人们受自然界中各种自然现象和物理过程的启发，提出了许多用以解决复杂优化问题的新方法，这些方法通常称为启发式优化算法或智能优化算法，因其高效的优化性能、对问题依赖性较小等优点，受到各领域的广泛关注和应用。根据模拟对象的不同，智能优化算法大致可分为模拟物理过程的智能优化方法、模拟生物进化的智能优化方法和模拟群体活动的智能优化方法等类型。本章主要介绍这三类智能优化方法的代表算法：模拟退火算法、遗传算法和粒子群算法。

7.1 模拟退火算法

7.1.1 模拟退火算法的基本思想与过程

模拟退火 (simulated annealing，SA) 算法是一种全局搜索算法，源自对热力学中退火过程的模拟。在热力学和统计物理中，将固体加温至融化状态，再慢慢冷却使其最后凝固成规整晶体的过程称为物理退火。

物理退火过程可以分为升温过程、等温过程和降温过程三个部分。在升温过程中，随着温度的不断升高，固体粒子的热运动逐渐增强，能量也在增加。当温度升高至熔解温度时，固体溶解为液体。此时，粒子可以自由运动，排列从较有序的结晶态转变为无序的液态，这一过程中，系统处于任意能量状态的概率基本相同，有助于消除固体内可能存在的非均匀态，使得随后进行的降温过程以某一平衡态为起点。熔解过程和熵增过程相联系，系统能量也随温度的升高而增加。

等温过程中热力学系统是一个与周围环境交换热量而温度不变的封闭系统。在这个过程中，系统状态的自发变化总是朝着自由能减少的方向进行。当自由能达到最小值时，系统达到当前温度下的平衡态。

在降温过程 (冷却过程) 中，随着温度的降低，液体粒子的热运动不断减弱，并逐渐趋向有序状态。当温度降低至结晶温度时，粒子运动变为围绕晶体格点的微小振动，液体凝固成固体的晶态。在上述冷却过程中，系统的熵值不断减小，能量也随温度降低逐渐趋于最小值。

在特定温度下系统达到热平衡的过程可以用蒙特卡罗方法模拟，但是该方法需要进行大量抽样才能获得比较好的计算结果，工作量较大。考虑到系统偏好能量较低的状态，但热运动又会使系统能量增加，阻碍其达到能量最低态，温度高的系统也可以往能量高的状态迁移。Metropolis 等在 1953 年设计出一种重要性抽样法。假设在温度 T 下，由当前状态 i 产生新的状态 j，两种状态对应的能量分别为 E_i 和 E_j。如果 $E_i > E_j$，那么就接受

新状态 j；如果 $E_i \leqslant E_j$，那么要根据概率

$$p_{\mathrm{r}} = \exp\left(-\frac{E_j - E_i}{C_{\mathrm{B}}T}\right) \tag{7.1.1}$$

决定是否接受新状态 j 为当前状态，这里，C_{B} 是玻尔兹曼常数。当 p_{r} 大于在 $[0,1)$ 之间的随机数时，接受 j 状态为当前状态；否则仍然保留状态 i 为当前状态。上述接受新状态的规则就称为米特罗波利斯准则。由式 (7.1.1) 可知，高温下可以接受能量比当前状态高出较多的新状态；低温下只能接受能量比当前状态高出较少的新状态；当温度趋向零时，就不能接受比当前状态能量高的新状态。

物体退火过程和优化问题求解过程具有相似性，优化问题的解和目标函数类似于退火过程中物体的状态和能量函数，最优解就是物体达到能量最低时的状态。1983 年，Kirkpatrick 等提出了模拟退火算法，主要包含两个部分：一是以基于米特罗波利斯 (Metropolis) 准则的抽样过程模拟等温过程；二是引入一个控制参数类比温度，以控制参数的下降来模拟降温过程。由于米特罗波利斯抽样策略具有概率突跳特性，有助于跳出局部最优解，因此，伴随温度的下降不断重复抽样过程，最终将得到问题的全局最优解。模拟退火算法的一般流程如图 7.1 所示。

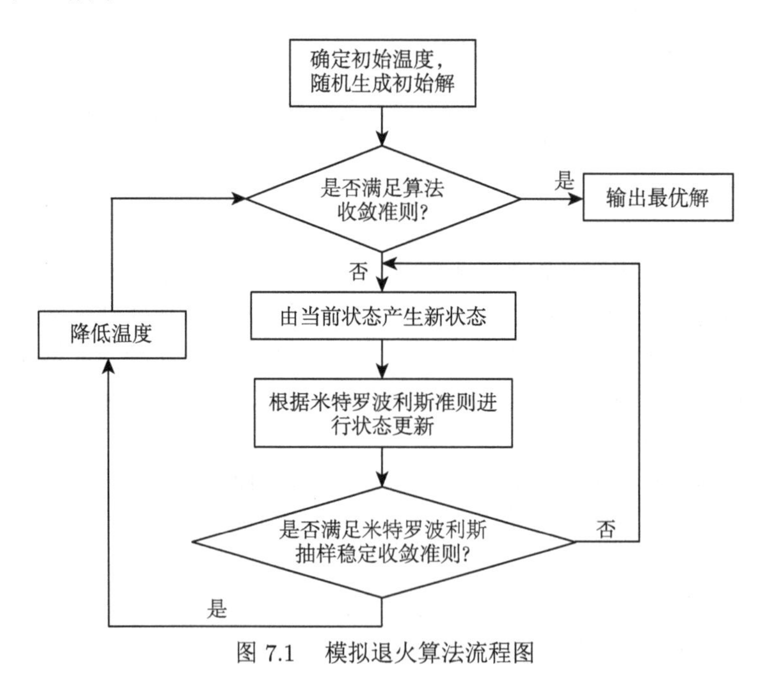

图 7.1　模拟退火算法流程图

7.1.2　模拟退火算法的关键参数与操作

在模拟退火算法中，初始温度的设定、新状态的产生与接受、降温方式以及内、外循环的终止条件是主要环节。

初始温度应选得足够高，以使所有状态都被接受。初始温度越大，获得高质量解的概率越大，但花费的计算时间将增加。因此，初温的确定应折中考虑优化质量和优化效率，可以通过均匀抽样一组状态，取各状态目标值的方差为初温；或者根据经验给出。

降温方式决定了在外循环中如何更新温度值。温度下降的速度越慢，获得全局最优解需要的计算时间越长。但是，单纯温度下降速度加快并不能保证算法以较快的速度收敛到全局最优，温度下降的速率必须与状态产生函数相匹配。一般来说，各温度下产生候选解越多，温度下降的速度可以越快。目前，最常用的温度更新方式为指数退温，即

$$t_{k+1} = \lambda t_k \tag{7.1.2}$$

其中，λ 是小于 1 的正数，一般取值在 $0.8 \sim 0.99$。

设计状态产生函数的出发点应该是尽可能保证产生的候选解遍布全部解空间。通常，状态产生函数由两部分组成，即产生候选解的方式和候选解产生的概率分布。在函数优化中常通过采用对当前解进行随机扰动的方式生产新的解，即

$$x_{j+1} = x_j + \eta\xi \tag{7.1.3}$$

其中，η 为扰动幅值；ξ 为随机扰动变量，可以是均匀分布、正态分布、指数分布、柯西分布等。

通常基于米特罗波利斯准则决定新状态在当前温度 t_k 下是否被接受，当下式成立时接受新状态为当前状态。

$$\min\left\{1, \exp\left(-\frac{f(x_{j+1}) - f(x_j)}{t_k}\right)\right\} \geqslant \text{random}[0,1] \tag{7.1.4}$$

式中，$f(x_{j+1})$ 和 $f(x_j)$ 为目标函数值；random[0,1] 为 [0,1] 区间均匀分布的随机数。

内循环终止条件即米特罗波利斯抽样稳定准则，用于决定在各温度下产生候选解的数目。理论上，收敛性条件要求在每个温度下产生候选解数目趋于无穷大，以使相应的马尔可夫链达到平稳概率分布，显然在实际应用算法时这是无法实现的。常用的抽样稳定准则包括：

(1) 检验目标函数的均值是否稳定；

(2) 连续若干步的目标值变化较小；

(3) 按一定的步数抽样。

外循环终止条件即算法终止准则，用于决定算法何时结束。设置温度终值 t_{E} 是一种简单的方法。SA 算法的收敛性理论中要求 t_{E} 趋于零，这显然是不实际的。通常的做法包括：

(1) 设置终止温度的阈值；

(2) 设置外循环迭代次数，即最大降温次数；

(3) 连续若干个温度下算法搜索到的最优值保持不变。

下面给出一种基于上述操作的模拟退火算法的计算步骤。

算法 7.1 (模拟退火算法)

---

(1) 设置初始高温 t_0，抽样次数 N_{S}，退温参数 λ，扰动幅值 η，最大降温次数 $k_{\max}$，置 $k = 0$。

(2) 随机产生初始状态 x_0，计算 $f(x_0)$，置 $j = 0$。

(3) 按式 (7.1.3) 产生一个新的状态 x_{j+1}，计算 $f(x_{j+1})$。若式 (7.1.4) 满足，转步骤 (4)；否则，置 $x_{j+1} = x_j$，转步骤 (4)。

(4) 置 $j=j+1$。若 $j<N_S$，转步骤 (3)；否则，置 $x_0=x_j$，$j=0$，转步骤 (5)。

(5) 若 $k<k_{\max}$，按式 (7.1.2) 计算 t_{k+1}，置 $k=k+1$，转步骤 (3)；否则，迭代终止，输出近似最优解 x_0。

在上述算法中，内、外循环的终止条件采用的是设置抽样次数和最大降温次数。读者可自行设计基于其他终止条件的算法。

例 7.1　利用模拟退火算法求解下列函数极值问题

$$\min\ f(x_1,x_2)=\left(\sum_{i=1}^{5} i\cos((i+1)x_1+i)\right)\left(\sum_{i=1}^{5} i\cos((i+1)x_2+i)\right),\quad x_1,x_2\in[-10,10]$$

解： 此函数有 720 个局部极值，其中 18 个为全局极小点，目标函数最小值 $f_{\min}\approx -186.7309$，函数图像如图 7.2 所示。

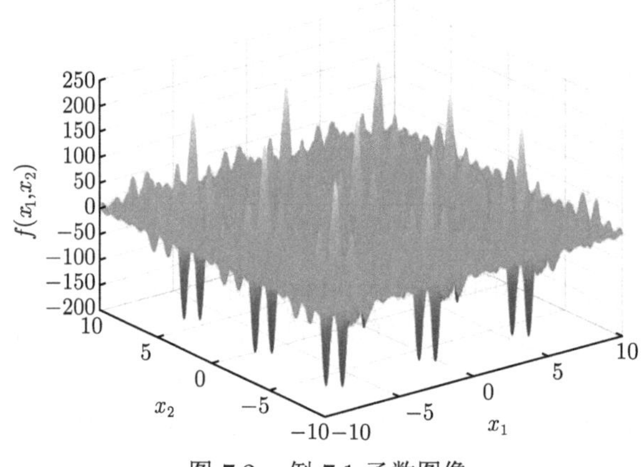

图 7.2　例 7.1 函数图像

计算时取初始温度 $t_0=1$，退温参数 $\lambda=0.99$，随机扰动产生新的解，式 (7.1.3) 中 $\eta=1$，ξ 在 $[-1,1]$ 内均匀分布，在每个温度下米特罗波利斯抽样 200 次，当连续 50 次降温最优值不变时终止计算。表 7.1 给出了运算 10 次得到的近似最优解。

表 7.1　例 7.1 运算 10 次计算结果

	1	2	3	4	5	6	7	8	9	10
x_1	5.4806	−7.7151	4.8583	4.8618	−1.4164	−0.8013	5.4775	−7.7099	−1.4268	−0.8053
x_2	−1.4276	5.4770	−0.7980	−7.0875	5.4853	−7.7045	−7.7071	5.4849	−7.0833	−7.7099
$f(x_1,x_2)$	−186.7061	−186.5491	−186.7191	−186.6630	−186.5419	−186.6955	−186.6642	−186.7154	−186.7244	−186.6696

7.2　遗传算法

7.2.1　遗传算法的基本思想与步骤

遗传算法 (genetic algorithm,GA) 是基于达尔文 (Darwin) 的进化论和孟德尔 (Mendel) 的遗传学说，模拟生物在自然环境中的遗传和进化过程而形成的一种自适应全局优化概率搜索算法。它最早由美国 Michigan 大学的 Holland 教授于 20 世纪 60 年代提出。

遗传算法中将问题的解用数码串表示，以此类比生物中的染色体，也称为个体。对每个个体，利用适应度函数来表示其所代表的解的优劣，适应度越大，越接近目标函数的最优解。这样，遗传算法将求目标函数的最优解转化为求适应度最大的个体。

生物的进化是以种群为主体的。与此相对应，遗传算法的运算对象是由一定数量个体所组成的集合，称为群体。与生物的一代代自然进化相类似，遗传算法的运算过程也是一个反复迭代的过程。群体不断地经过遗传和进化操作，并且每次都按照优胜劣汰的规则将适应度较高的个体更多地遗传到下一代，这样最终在群体中将会得到一个优良的个体，它所代表的问题解逼近问题的全局最优解。

生物的进化过程主要是通过染色体之间的交叉和染色体的变异来完成的。与此相对应，遗传算法中最优解的搜索过程也模仿生物的这个进化过程，对当代种群通过使用选择、交叉、变异等遗传算子，来产生新一代种群。选择指根据各个个体的适应度，按照一定的规则或方法，从当代群体中选择出一些优良的个体遗传到下一代群体中，这个操作也称为复制。交叉算子将当代群体内的各个个体随机搭配成对，对每一对个体，以某个概率 (称为交叉概率) 交换它们之间的部分基因。变异算子对当代群体中的每一个个体，以某一概率 (称为变异概率) 改变某一个或某一些基因座上的基因值。

使用上述三种遗传算子的基本遗传算法的主要步骤如下。

(1) 对问题进行编码，定义适应度函数，随机生成一组个体作为初始群体。

(2) 计算群体中各个个体的适应度。

(3) 根据适应度大小，以一定的方式进行选择操作。

(4) 按交叉概率进行交叉操作。

(5) 按变异概率进行变异操作。

(6) 判断是否满足终止条件。若满足则输出最优解，终止计算；否则转到步骤 (2)。

遗传算法利用生物进化与遗传的思想实现优化过程，从数学角度讲是一种概率搜索算法，从工程角度讲是一种自适应的迭代寻优过程。与传统优化算法相比，遗传算法具有以下特点。

(1) 遗传算法将设计变量以某种形式编码成“染色体”后进行操作，而不是针对设计变量本身，因此不受函数性质的限制，具有广泛的应用领域，适合于处理各类非线性问题，并能有效解决传统方法不能解决的某些复杂问题。

(2) 遗传算法从由很多个体组成的一个初始群体开始最优解的搜索过程，而不是从单个个体开始搜索。对这个群体进行遗传操作，产生新一代的群体，其中包括了很多群体信息，具有隐含并行搜索特性，有助于获得近似全局最优解。

(3) 遗传算法采用的遗传操作都是基于概率的随机操作，增加了其搜索过程的灵活性。随着进化过程的进行，新的群体中总会产生更多的优良个体，逐步收敛于问题的全局最优解。

7.2.2 遗传算法的关键参数与操作

基本遗传算法只使用选择算子、交叉算子和变异算子这三种基本遗传算子，其遗传进化操作过程简单，容易理解，是其他一些遗传算法的雏形和基础。构成基本遗传算法的要素有染色体编码、适应度函数、遗传算子、遗传参数以及终止条件。

1. 染色体编码

编码就是按一定的编码机制将问题的解用符号串码来表示，从而将问题的解空间转换成遗传算法搜索的码空间。

二进制编码是遗传算法编码中常用的方法。使用固定长度的二进制符号串来表示群体中的个体，其中每一位二进制符号 (0 或 1) 称为基因。例如，长度为 10 的二进制编码 (1001110010) 就可表示一个个体，该个体包含 10 个基因。

二进制与实数自变量之间的转换公式为

$$x = a + \frac{c}{2^m - 1}(b - a) \tag{7.2.1}$$

式中，x 是区间 $[a, b]$ 之间的实数；c 是 m 位二进制数。

二进制编码的长度取决于问题解的精度要求。如设精度为 ε，变量的变化区间为 $[a, b]$，表示一个变量的二进制数的位数 m 为

$$m = \log_2\left(\frac{b - a}{\varepsilon} + 1\right) \tag{7.2.2}$$

则对 p 个设计变量的问题，每个个体的二进制编码长度 $l = mp$。

二进制编码、解码简单易行，遗传操作便于实现。但在函数优化中，精度要求越高，编码长度越长，所需的存储量越大，计算时间越长。这时更常用实数编码。

实数编码中个体的每个基因用实数来表示，这个实数就是变量的真实值，因此也称为真值编码。实数编码解决了编码对算法精度和存储量的影响，而且有利于利用问题的相关信息设计遗传算子。

2. 适应度函数

适应度函数用于评价个体的质量，也是遗传算法优化过程发展的依据。个体的适应度越大，该个体被遗传到下一代的概率也越大；反之，个体的适应度越小，该个体被遗传到下一代的概率也越小。在简单问题的优化中，通常可以直接利用目标函数变换为适应值函数。例如，对求目标函数 $f(\boldsymbol{x})$ 最小值的优化问题，可取适应值函数 $c(\boldsymbol{x})$ 为

$$c(\boldsymbol{x}) = \max\{0, M - f(\boldsymbol{x})\} \tag{7.2.3}$$

或

$$c(\boldsymbol{x}) = \mathrm{e}^{-\alpha f(\boldsymbol{x})} \tag{7.2.4}$$

其中，M 是一个足够大的正数；$\alpha > 0$。

对于一些复杂问题，往往需要根据问题的特点构造合适的适应值函数，以改善种群中个体适应值的分散程度，使之既有差距，又不至于差距过大。这样在保持种群中个体多样性的同时，又有利于个体之间的竞争，从而保证算法具有良好的性能。对于有约束问题，常采用罚函数法先将其转化为无约束问题。

3. 选择算子

选择算子就是用来确定如何从父代群体中按照某种方法，选择哪些个体遗传到下一代的操作。选择算子建立在对个体的适应度进行评价的基础上，其目的是避免基因的缺失，提高全局收敛性和计算效率。选择算子是遗传算法的关键，体现了自然界中适者生存的思想，常用的有比例选择、排序选择等。

比例选择算子是指个体被选择并遗传到下一代群体的概率 p_i 与其适应度值大小成正比，即

$$p_i = \frac{c(\boldsymbol{x}_i)}{\sum\limits_{j=1}^{N} c(\boldsymbol{x}_j)} \tag{7.2.5}$$

式中，$c(\boldsymbol{x}_i)$ 为第 i 个个体 $\boldsymbol{x}_i$ 的适应度函数值，N 为种群规模。

执行比例选择操作时，所采用的适应度函数应使个体的适应度值为正。这样，由式 (7.2.5) 可见，适应度越高的个体被选中的概率越大；适应度越低的个体被选中的概率越小。假设将面积为 1 的一个赌轮划分为 N 个扇形区域，其中每个扇形面积对应着一个个体的概率。这样每转动一次赌轮，指针落入个体 $\boldsymbol{x}_i$ 对应区域的概率即为 p_i。因此，比例选择也称为赌轮选择。

排序选择算子是指在计算每个个体的适应度值之后，根据适应度大小顺序对群体中的个体进行排序，然后按照事先设计好的概率表按序分配给个体，作为各自的选择概率。所有个体按适应度大小排序，选择概率和适应度无直接关系而仅与序号有关。

锦标赛选择算子是每次随机选取若干个 (一般选 2 个) 个体进行适应度大小的比较，将其中适应度最高的个体遗传到下一代群体中。在锦标赛选择操作中，只有个体适应度之间的大小比较运算，所以它对个体适应度是取正值还是取负值无特别要求。

另外，为了使适应度最好的个体尽可能保留到下一代群体中，在使用上述三种选择算子时还常常结合使用精英保留策略，即直接将进化过程中迄今为止的最好个体代替经交叉、变异等遗传操作产生的最差个体而进入下一代群体，这样可以避免其优秀基因被交叉、变异等遗传算子破坏。

4. 交叉算子

交叉算子体现了自然界信息交换的思想，其作用是将原有群体的优良基因遗传给下一代，并生成包含更复杂结构的新个体。在二进制编码中常用的交叉算子有单点交叉算子、多点交叉算子等。单点交叉首先在染色体中随机选择一个点作为交叉点，然后按交叉概率 p_{c} 将配对的两个父辈个体交换交叉点后面的基因串得到后代群体中的两个新染色体。例如，若两个父辈个体为 (1001110010) 和 (1100110111)，交叉点为 4，则后代个体 (1001110111) 和 (1100110010)。若采用多点交叉，设交叉点为 3 和 7，则后代个体为 (1000110010) 和 (1101110111)。

在实数编码中可以采用与二进制编码类似的交叉算子，更常用算术交叉算子，即

$$\boldsymbol{x}_1' = \alpha\boldsymbol{x}_1 + (1-\alpha)\boldsymbol{x}_2, \quad \boldsymbol{x}_2' = (1-\alpha)\boldsymbol{x}_1 + \alpha\boldsymbol{x}_2 \tag{7.2.6}$$

式中，$\boldsymbol{x}_1$、$\boldsymbol{x}_2$ 为父辈个体；$\boldsymbol{x}_1'$、$\boldsymbol{x}_2'$ 为后代个体；$\alpha \in (0,1)$，可以采用随机数，也可以采用与进化过程有关的参数。

5. 变异算子

变异算子是遗传算法中保持物种多样性的一个重要途径，它模拟了生物进化过程中的偶然基因突变现象。二进制编码中通常采用替换式变异，即随机选取个体中的某一位进行反运算，由 1 变为 0，0 变为 1。实数编码中则类似于式 (7.1.3) 对个体进行随机扰动实现变异。

遗传算法的搜索能力主要是由选择算子和交叉算子赋予的，变异算子有助于增加种群的多样性，提高算法的全局寻优能力。

6. 控制参数与终止条件

遗传算法中需要选择的参数主要有群体大小 m、交叉概率 p_{c} 以及变异概率 p_{m} 等。这些参数对遗传算法的运行性能影响较大，需认真选取。

群体大小 m 表示群体中所含个体的数量。当 m 取值较小时，可提高遗传算法的运算速度，但却降低了群体的多样性，有可能会引起遗传算法的早熟现象；当 m 取值较大时，又会使得遗传算法的运行效率降低。m 的选择应与所求问题的非线性程度相关，非线性越大，m 越大。一般建议取 $m = 20 \sim 200$。

交叉操作是遗传算法中产生新个体的主要方法，所以交叉概率 p_{c} 一般应取较大值。但若取值过大，它又会破坏群体中的优良模式，对进化运算反而产生不利影响；若取值过小，产生新个体的速度又较慢。一般建议取值范围是 $0.4 \sim 0.99$。

变异操作有助于保持群体多样性和抑制早熟现象。若变异概率 p_{m} 取值太小，则变异操作产生新个体的能力和抑制早熟现象的能力就会较差；若变异概率 p_{m} 取值较大，虽然能够产生较多的新个体，但也有可能破坏很多较好的模式，使得遗传算法的性能近似于随机搜索算法的性能，降低了运行效率降低。一般建议的取值范围是 $0.001 \sim 0.1$。

理论上，遗传算法以概率 1 收敛到全局最优解。然而，实际应用遗传算法时是不允许让它无休止地发展下去的，而且通常问题的最优解也未必知道，因此需要有一定的条件来终止算法的进程。最常用的终止条件就是事先给定一个最大进化代数，或者判断最佳优化值是否连续若干代没有明显变化等。

7.2.3　加速微种群遗传算法

遗传算法不是一个简单的系统，而是一种复杂的非线性智能计算模型。目前，为了兼顾遗传算法的优化质量与效率，人们从很多方面进行了深入的研究与改进，如针对遗传算子的改进算法；将遗传算法与基于梯度的优化方法相结合的杂交算法；以及为克服群体规模大造成计算时间长的缺点而提出的微种群遗传算法等。本节介绍一种加速微种群遗传算法，它在微种群遗传算法的基础，对当前种群利用 Aitken Δ^2 加速策略进行修正，对产生的子代采用基于模式移动的局部寻优方法进行改进，从而加快了算法的收敛速度，提高了计算效率。

微种群遗传算法采用很小的种群规模，采用常规遗传算法的选择、交叉等遗传操作进行种群进化，经过几代进化种群收敛后，随机生成新的种群并在其中保留前面收敛后的最优个体，重新进行遗传操作。

Aitken Δ^2 加速策略在加速序列收敛性方面具有很好的性能。它利用相邻的三个点 $\boldsymbol{b}_1, \boldsymbol{b}_2$ 和 $\boldsymbol{b}_3$ 按下式构造一个新点 $\boldsymbol{b}_m$ 来加速序列的收敛。

$$\boldsymbol{b}_m = \boldsymbol{b}_1 - \frac{(\boldsymbol{b}_2 - \boldsymbol{b}_1)^2}{\boldsymbol{b}_3 - 2\boldsymbol{b}_2 + \boldsymbol{b}_1} \tag{7.2.7}$$

在本书算法中，$\boldsymbol{b}_1, \boldsymbol{b}_2$ 和 $\boldsymbol{b}_3$ 是进化过程中前几代依次获得的三个最优个体。由式 (7.2.7) 得到的个体 $\boldsymbol{b}_m$ 如优于当前代中的最差个体，则用 $\boldsymbol{b}_m$ 替换最差个体改进当前种群。

基于模式移动的局部寻优方法利用两个较优个体通过外推和内插构造新的个体，本书用它来改进当前子代群体，具体过程如下。

(1) 选择当前子代群体中的最优个体 $\boldsymbol{c}_1$ 和次优个体 $\boldsymbol{c}_2$，按下式构造移动模式：

$$\boldsymbol{d} = \boldsymbol{c}_1 - \boldsymbol{c}_2 \tag{7.2.8}$$

(2) 生成三个新的个体：

$$\boldsymbol{c}'_1 = \boldsymbol{c}_1 + \alpha\boldsymbol{d}, \quad \boldsymbol{c}'_2 = \boldsymbol{c}_1 + \beta\boldsymbol{d}, \quad \boldsymbol{c}'_3 = \boldsymbol{c}_1 - \gamma\boldsymbol{d} \tag{7.2.9}$$

其中，α、β 和 γ 为三个控制参数，可分别取 0.3、0.5 和 0.3。

(3) 在三个新个体中选择最优个体 $\boldsymbol{c}_m$

$$f(\boldsymbol{c}_m) = \max\{f(\boldsymbol{c}'_1), f(\boldsymbol{c}'_2), f(\boldsymbol{c}'_3)\}, \quad \boldsymbol{c}_m \in \{\boldsymbol{c}'_1, \boldsymbol{c}'_2, \boldsymbol{c}'_3\} \tag{7.2.10}$$

(4) 如 $\boldsymbol{c}_m$ 优于当前子代中的最差个体，则用 $\boldsymbol{c}_m$ 代替该最差个体。

将 Aitken Δ^2 加速策略和基于模式移动的局部寻优方法与传统的微种群遗传算法相结合就构成了本书提出的加速微种群遗传算法。下面给出具体算法步骤。

算法 7.2 (加速微种群遗传算法)

(1) 运算过程初始化，主要包括：

(a) 选择种群规模 M、交叉概率 p_c 以及局部寻优参数 α、β 和 γ。

(b) 置进化代数 $i_g = 1$，加速指标 $i_a = 1$。

(c) 随机生成初始种群 $P(i_g)$。

(d) 对各个体按适应值进行评价，选择最优个体置为 $\boldsymbol{b}(i_a)$。

(2) 检查终止准则，如满足，优化结束；否则，选择最优个体并检查是否等于 $\boldsymbol{b}(i_a)$，如不等，则置最优个体为 $\boldsymbol{b}(i_a+1)$，$i_a = i_a + 1$。

(3) 检查是否满足 $i_a = 3$，如满足，则按式 (7.2.7) 进行加速，生成新个体 $\boldsymbol{b}_m$，并令 $\boldsymbol{b}(1) = \boldsymbol{b}(3)$，$i_a = 1$；然后检查 $\boldsymbol{b}_m$ 是否优于当前种群 $P(i_g)$ 中的最差个体，如优于，则用 $\boldsymbol{b}_m$ 取代最差个体。

(4) 利用选择、交叉、最优个体保留等遗传操作生成子代 $C(i_g)$。

(5) 利用基于模式移动的局部寻优方法对 $C(i_g)$ 进行改进。

(6) 检查 $C(i_g)$ 是否收敛，如是，则利用重启动方法生成新的 $C(i_g)$。

(7) 令 $P(i_g+1) = C(i_g)$，$i_g = i_g + 1$，返回步骤 (2)。

例 7.2　用遗传算法解下列函数最优化问题

$$\min f = \sum_{i=1}^{n} \left(x_i^2 - 10\cos(2\pi x_i) + 10\right), \quad -5.12 \leqslant x_i \leqslant 5.12$$

解：此函数在自变量空间中的整数网格节点上都是局部最优点，共有 11^n 个局部最优点，在 $x_1 = x_2 = \cdots = x_n = 0$ 处达到全局最优 $f_{\min} = 0.0$。$n = 2$ 时函数的图像如图 7.3 所示。

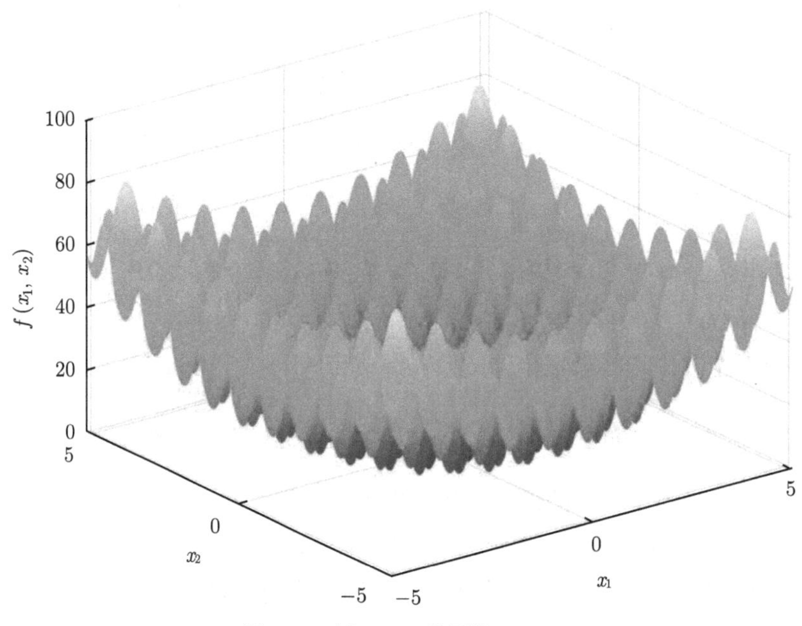

图 7.3　例 7.2 函数图像 ($n = 2$)

具体计算时，对 $n = 2$ 的情况，微种群遗传算法的种群规模数为 5，交叉概率为 0.5；基本遗传算法的种群规模数为 30，交叉概率为 0.5，变异概率为 0.1。采用不同算法各随机计算 10 次，达到全局最优解 (精度 10^{-5}) 时所需要的目标函数计算次数对比情况见表 7.2。当 $n = 20$ 时，微种群遗传算法的控制参数不变，基本遗传算法的种群规模扩大到 300，其他参数不变，各算法的最大进化代数为 10000，分别随机运行 50 次，计算结果统计如表 7.3 所示。其中，A-hGA 为采用 Aitken Δ^2 加速策略和局部寻优的加速微种群遗传算法，

表 7.2　例 7.2 取 $n = 2$ 时 10 次运算目标函数计算次数对比

算法	最小值	最大值	平均值
A-hGA	272	3280	1798
hGA	1191	3781	2262
micro-GA	1549	11041	6481
SGA	287477	289507	288455

表 7.3 例 7.2 取 $n=20$ 时 50 次测试结果统计

算法	最佳优化值	平均优化值	最差优化值	优化值标准差	达到全局最优次数
A-hGA	0.00061	0.06681	1.00333	0.23839	47
hGA	0.00097	0.22346	1.01101	0.39699	36
micro-GA	1.15351	4.06952	7.63772	1.45239	0
SGA	171.220	197.303	210.780	8.59522	0

hGA 为只采用局部寻优的杂交微种群遗传算法，micro-GA 为常规微种群遗传算法，SGA 为基本遗传算法。可以看出：SGA 的计算效率和全局寻优的能力是很低的；对低维问题，micro-GA 可以较好地改善收敛性和全局寻优能力，但对高维问题的效果不佳；A-hGA 和 hGA 均具有较好的全局收敛性和较高的计算效率。

7.3 粒子群算法

7.3.1 粒子群算法的基本思想与过程

粒子群算法 (particles swarm optimization，PSO) 是受到生物群体行为特征的启发而提出的一种优化算法，由美国学者 Eberhart 和 Kennedy 于 1995 年提出，主要来源于对鸟类捕食行为的生物学模型的模拟。粒子群算法的基本思想是随机初始化一群没有体积、没有质量的粒子，每个粒子在设计空间中的位置对应着优化问题的一个可行解，粒子位置的好坏由一个事先设定的与目标函数有关的适应度函数来确定。每个粒子将在设计空间中迭代搜索，不断调整自己的位置来获得新解，其调整的方向和距离由速度变量决定。在每一次迭代中，每个粒子将跟踪两个极值来更新自己，一个是粒子本身迄今为止找到的最优解，另一个是整个群体迄今为止找到的最优解。

假设在 n 维的搜索空间中有一个由 M 个粒子组成的群体，其中第 i 个粒子所处的位置为 $\boldsymbol{x}_i=(x_{i1},x_{i2},\cdots,x_{in})^{\mathrm{T}}$，运动速度为 $\boldsymbol{v}_i=(v_{i1},v_{i2},\cdots,v_{in})^{\mathrm{T}}$，迄今为止曾搜索到的最优位置 (个体最优) 为 $\boldsymbol{p}_{\mathrm{b}i}=(p_{\mathrm{b}i1},p_{\mathrm{b}i2},\cdots,p_{\mathrm{b}in})^{\mathrm{T}}$，整个群体迄今为止曾搜索到的最优位置 (全局最优) 为 $\boldsymbol{g}_{\mathrm{b}}=(g_{\mathrm{b}1},g_{\mathrm{b}2},\cdots,g_{\mathrm{b}n})^{\mathrm{T}}$。在迭代过程中每个粒子按下式更新自己的速度和位置：

$$v_{ij}^{(k+1)}=\omega v_{ij}^{(k)}+c_1r_1(p_{\mathrm{b}i}^{(k)}-x_{ij}^{(k)})+c_2r_2(g_{\mathrm{b}i}^{(k)}-x_{ij}^{(k)}),\quad i=1,2,\cdots,M;\ j=1,2,\cdots,n \tag{7.3.1}$$

$$x_{ij}^{(k+1)}=x_{ij}^{(k)}+v_{ij}^{(k+1)},\quad i=1,2,\cdots,M;\ j=1,2,\cdots,n \tag{7.3.2}$$

式中，上标表示迭代次数；ω 为惯性权重；c_1、c_2 为学习因子，也称加速常数；r_1、r_2 为 $[0,1]$ 范围内均匀分布的随机数。

标准粒子群算法就是在每次迭代中利用式 (7.3.1) 和式 (7.3.2) 更新各粒子的位置，直至达到算法终止条件，即找到足够好的近似最优解或达到最大迭代次数。粒子群算法流程如图 7.4 所示。

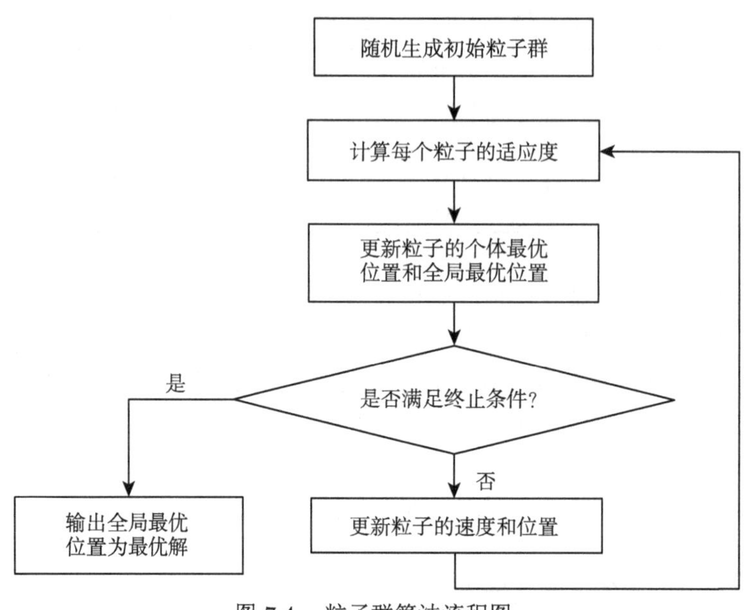

图 7.4　粒子群算法流程图

7.3.2　粒子群算法的关键参数与操作

从式 (7.3.1) 可见粒子运动速度由三部分组成：第一部分为“惯性”部分，反映了粒子的运动“习惯”，代表粒子有维持自己原有速度的趋势；第二部分为“认知”部分，反映了粒子对自身历史经验的思考，代表粒子有向自身历史最佳位置逼近的趋势；第三部分为“社会”部分，反映了粒子间协同合作与信息共享的群体历史经验，代表粒子有向群体历史最佳位置逼近的趋势。惯性权重 ω 和学习因子 c_1、c_2 决定了上述三个部分的相对重要性。如果 $\omega=0$，则粒子速度没有记忆性，粒子群将向当前的群体最优位置收缩，失去搜索更优解的能力。如果 $c_1=0$，则粒子失去“认知”能力，只具有“社会”性，粒子群收敛速度会更快，但是容易陷入局部极值。如果 $c_2=0$，则粒子只具有“认知”能力，而不具有“社会”性，等价于多个粒子独立搜索，因此很难得到最优解。合理设置这些参数对改善粒子群算法的性能具有重要的影响。

惯性权重决定了粒子原有飞行速度对当前飞行速度的影响程度，因此通过调整惯性权重的值可以实现全局搜索和局部搜索之间的平衡：当惯性权重值较大时，全局搜索能力强，局部搜索能力弱；当惯性权重值较小时，全局搜索能力弱，局部搜索能力强。因此恰当的惯性权重值可以提高算法性能，提高寻优能力，同时减少迭代次数。由于在一般的全局优化算法中，总希望前期有较强的全局搜索能力以尽快地收敛到合适的搜索区域，而在后期有较强的局部搜索能力，以加快收敛速度，获得高精度的最优解。所以惯性权重的值应该是递减的，常用的是 Shi 和 Eberhart (1998) 提出的随着进化代数而线性递减的惯性权重策略，第 k 次迭代的惯性权重 $\omega^{(k)}$ 为

$$\omega^{(k)}=\omega_{\text{start}}-\frac{\omega_{\text{start}}-\omega_{\text{end}}}{k_{\max}}\times k \tag{7.3.3}$$

式中，ω_{start} 为惯性权重的初始值，也是最大值；ω_{end} 为迭代结束时的惯性权重值，也是

最小值；k 是当前迭代次数；$k_{\max}$ 是最大迭代次数。Shi 等建议 ω_{start} 和 ω_{end} 分别取 0.9 和 0.4。

线性递减策略由于自身的特征，对于很多问题，在迭代过程中，算法一旦进入局部极值点邻域内就很难跳出，为了克服这种不足，许多学者经过大量研究，提出了各种确定惯性权重的策略。如基于反正切函数的惯性权重策略，取 $\omega^{(k)}$ 为

$$\omega^{(k)} = \omega_{\text{end}} + (\omega_{\text{start}} - \omega_{\text{end}}) \times \arctan\left(1.56 \times \left(1 - \left(\frac{k}{k_{\max}}\right)^{\alpha}\right)\right) \tag{7.3.4}$$

式中，α 为控制因子，控制 $\omega^{(k)}$ 随 k 变化曲线的平滑度，可在 0.4~0.7 取值。

随机惯性权重策略，取 $\omega^{(k)}$ 为

$$\omega^{(k)} = \frac{0.5 + \text{rand}(\,)}{2} \tag{7.3.5}$$

式中，rand( ) 是 $[0,1]$ 范围内的随机数。

考虑粒子群分布特征的自适应惯性权重策略，例如，考虑各粒子的惯性权重不仅随迭代次数的增加而递减，还随粒子距全局最优点距离的增加而递增，该策略取 $\omega^{(k)}$ 为

$$\omega^{(k)} = \begin{cases} \omega_{\text{start}}, & l_i \geqslant l_{\max} \\ \omega_{\text{start}} - \dfrac{(l_i - l_{\min})(\omega_{\text{start}} - \omega_{\text{end}})}{l_{\max} - l_{\min}} \times \dfrac{k}{k_{\max}}, & l_{\min} < l_i < l_{\max} \\ \omega_{\text{end}}, & l_i \leqslant l_{\min} \end{cases} \tag{7.3.6}$$

式中，l_i 为粒子 i 到全局最优点的距离；$l_{\max}$、$l_{\min}$ 分别为预先设定的最大距离和最小距离参数。

学习因子 c_1、c_2 决定了粒子本身经验和群体的经验对粒子运动轨迹的影响，反映了粒子间的信息交流，设置较大或较小的 c_1、c_2 值都不利于粒子的搜索，一般认为 c_1、c_2 之和应为 4.0 左右，在标准粒子群算法中常取 $c_1 = c_2 = 2$。在理想状态下，搜索初期要使粒子尽可能地探索整个空间，而在搜索末期，粒子应避免陷入局部极值。因此，有人提出利用线性调整学习因子取值，使 c_1 先大后小，而 c_2 先小后大。其基本思想是在搜索初期粒子飞行主要参考粒子本身的历史信息，到了后期则更加注重社会信息。c_1、c_2 随着迭代的进行分别按下式调整：

$$c_i^{(k)} = c_i^{\text{start}} - \frac{c_i^{\text{start}} - c_i^{\text{end}}}{k_{\max}} \times k, \quad i = 1, 2 \tag{7.3.7}$$

式中，c_i^{start}、c_i^{end} 分别为 c_i 的开始值和终止值。

惯性权重和学习因子是影响粒子群算法性能的主要参数。至于粒子群规模，有研究认为其对算法的收敛性不敏感，一般粒子群数量保持在 30 个左右时，搜索效率较好，较大的粒子群数量可以保证算法得到较可靠的收敛结果。

在标准粒子群算法中，为防止粒子在搜索时超出问题解空间的取值范围，还应对粒子的位置和运动速度加以限制。常用的是吸收边界。

由式 (7.3.1) 进行速度更新后，按下式对 $v_{ij}^{(k+1)}$ 进行边界调整：

$$v_{ij}^{(k+1)} = \begin{cases} v_{j\max}, & v_{ij}^{(k+1)} > v_{j\max} \\ -v_{j\max}, & v_{ij}^{(k+1)} < -v_{j\max} \\ v_{ij}^{(k+1)}, & \text{其他} \end{cases} \tag{7.3.8}$$

式中，$v_{j\max}$ 为第 j 维的最大速度，一般由经验设定，若太大，粒子可能跃过好点；若太小，则可能使粒子移动缓慢，跃不出局部好解区域，从而陷入局部最优解。当第 j 维的搜索范围为 $[x_j^{\mathrm{L}}, x_j^{\mathrm{U}}]$ 时，可设 $v_{j\max} = \beta(x_j^{\mathrm{U}} - x_j^{\mathrm{L}})$，$0.1 \leqslant \beta \leqslant 0.5$。

由式 (7.3.2) 更新粒子位置后，按下式对 $x_{ij}^{(k+1)}$ 和 $v_{ij}^{(k+1)}$ 进行边界调整：

$$x_{ij}^{(k+1)} = \begin{cases} x_j^{\mathrm{U}}, & x_{ij}^{(k+1)} > x_j^{\mathrm{U}} \\ x_j^{\mathrm{L}}, & x_{ij}^{(k+1)} < x_j^{\mathrm{L}} \\ x_{ij}^{(k+1)}, & \text{其他} \end{cases} \tag{7.3.9}$$

$$v_{ij}^{(k+1)} = \begin{cases} 0, & x_{ij}^{(k+1)} > x_j^{\mathrm{U}} \text{或} x_{ij}^{(k+1)} < x_j^{\mathrm{L}} \\ v_{ij}^{(k+1)}, & \text{其他} \end{cases} \tag{7.3.10}$$

下面给出基于线性递减惯性权重的标准粒子群算法。

算法 7.3 (标准粒子群算法)

---

(1) 给定粒子群规模 M，学习因子 c_1、c_2，惯性权重参数 ω_{start} 和 ω_{end}，搜索范围为 $[\boldsymbol{x}^{\mathrm{L}}, \boldsymbol{x}^{\mathrm{U}}]$，速度上限 $\boldsymbol{v}_{\max}$ 和最大迭代次数 $k_{\max}$。

(2) 随机生成初始粒子群 $\boldsymbol{x}^{(0)} = (\boldsymbol{x}_1^{(0)}, \boldsymbol{x}_2^{(0)}, \cdots, \boldsymbol{x}_M^{(0)})$，置迭代次数 $k = 0$。

(3) 计算各粒子适应度值，确定个体最优位置 $\boldsymbol{p}_{\mathrm{b}i}$ 和全局最优位置 $\boldsymbol{g}_{\mathrm{b}}$。

(4) 检验是否满足终止条件。若满足，则输出全局最优位置为近似最优解；否则，转步骤 (5)。

(5) 按式 (7.3.3) 计算惯性权重 $\omega^{(k)}$。

(6) 更新各个粒子的速度。按式 (7.3.1) 计算 $v_{ij}^{(k+1)}$，并利用式 (7.3.8) 进行边界调整。

(7) 更新各个粒子的位置。按式 (7.3.2) 计算 $x_{ij}^{(k+1)}$，并利用式 (7.3.9) 和式 (7.3.10) 进行边界调整。

(8) 置 $k = k + 1$，转步骤 (3)。

例 7.3　用粒子群算法解下列函数最优化问题：

$$\min f = 0.5 + \frac{\sin^2 \sqrt{\sum_{i=1}^{n} x_i^2} - 0.5}{\left(1 + 0.001 \sum_{i=1}^{n} x_i^2\right)^2}, \quad -100 \leqslant x_i \leqslant 100$$

解：此函数在 $x_1 = x_2 = \cdots = x_n = 0$ 处达到全局最优 $f_{\min} = 0.0$，围绕着全局最小点有无穷多个局部最优点。$n = 2$ 时函数的图像如图 7.5 所示。

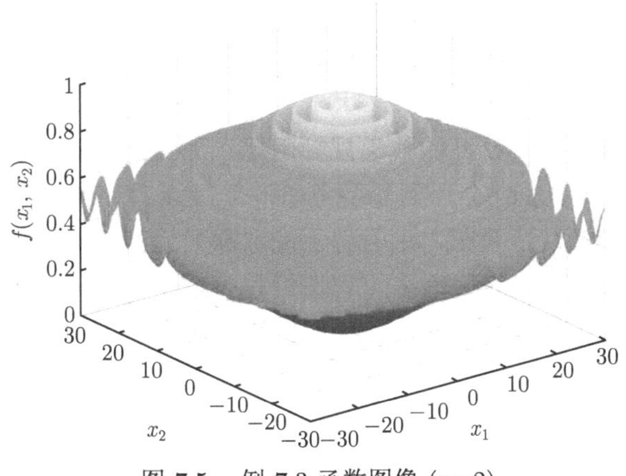

图 7.5 例 7.3 函数图像 (n=2)

取粒子群规模为 $M = 30$，学习因子 $c_1 = c_2 = 2$，惯性权重按式 (7.3.3) 计算，其中 ω_{start} 和 ω_{end} 分别为 0.9 和 0.4，最大迭代次数 $k_{\max} = 1000$。对 2 维问题，随机运行 50 次均得到了全局最优解，计算目标函数次数平均 958 次，最少 90 次，最多 5220 次。但对 20 维问题，即使增大粒子群规模和最大迭代次数也很难收敛到全局最优解，表 7.4 给出了几种组合情况下 50 次测试的结果。

表 7.4 例 7.2 取 $n = 20$ 时 50 次测试结果统计

粒子群规模	最大迭代次数	最佳优化值	平均优化值	最差优化值	优化值标准差	达到全局最优解次数
30	1000	0.1270	0.2929	0.3961	0.0659	0
60	1000	0.0782	0.1855	0.3121	0.0581	0
30	10000	0.0372	0.1046	0.1782	0.0388	0
60	10000	0.0000	0.0695	0.1782	0.0306	1

第 8 章　多目标优化方法

前面讨论的都是具有一个目标的数学规划问题。而实际问题中，衡量一个设计方案好坏的标准往往不止一个，更多地会遇到需要考虑多个目标 (标准) 都尽可能好的问题。例如，设计一种新产品，人们常常希望在一定条件下能选择质量好、产量高和利润大的方案。在结构设计中，从经济性方面来说，希望工程造价越少越好；就工程安全性而言，又希望在追求经济性的同时，安全性越高越好。这类在给定条件下同时要求多个目标都尽可能好的最优化问题，就是多目标优化问题。

研究多目标最优化问题的学科称为多目标最优化或多目标规划，它是数学规划的一个重要分支。用数学的语言来说，多目标最优化的研究对象是：多于一个的目标函数在给定区域上的最优化 (极小化或极大化) 问题。由于多个目标可用一个向量目标表示，因此，多目标最优化有时也称为向量极值问题。

8.1　多目标优化问题的数学模型

多目标优化设计的数学模型一般可表示为

$$\left.\begin{array}{ll}
\min & f_1(\boldsymbol{x}) \\
 & \vdots \\
\min & f_r(\boldsymbol{x}) \\
\max & f_{r+1}(\boldsymbol{x}) \\
 & \vdots \\
\max & f_p(\boldsymbol{x}) \\
\text{s.t.} & g_j(\boldsymbol{x}) \leqslant 0, \quad j=1,2,\cdots,m \\
 & h_k(\boldsymbol{x}) = 0, \quad k=1,2,\cdots,l
\end{array}\right\} \tag{8.1.1}$$

式 (8.1.1) 表示对 r 个目标函数 $f_1(\boldsymbol{x}),\ f_2(\boldsymbol{x}),\cdots,\ f_r(\boldsymbol{x})$ 的极小化和对 $(p-r)$ 个目标函数 $f_{r+1}(\boldsymbol{x}),\ f_{r+2}(\boldsymbol{x}),\cdots,\ f_p(\boldsymbol{x})$ 的极大化被同等地进行，通常称为多目标混合最优化模型。

由于对某一函数 $\varphi(\boldsymbol{x})$ 的极大化可以等价地转化为对函数 $\phi(\boldsymbol{x}) = -\varphi(\boldsymbol{x})$ 的极小化。所以，若在上述模型中把所有的 max 都转化为 min，则可以得到统一的对多个目标都进行极小化的模型，可记为

$$\left.\begin{array}{ll}
\min & \boldsymbol{F}(\boldsymbol{x}) = [f_1(\boldsymbol{x}),\ f_2(\boldsymbol{x}),\cdots,f_p(\boldsymbol{x})]^{\mathrm{T}} \\
\text{s.t.} & g_j(\boldsymbol{x}) \leqslant 0, \quad j=1,2,\cdots,m \\
 & h_k(\boldsymbol{x}) = 0, \quad k=1,2,\cdots,l
\end{array}\right\} \tag{8.1.2}$$

式中，$\boldsymbol{F}(\boldsymbol{x})$ 为目标函数向量，其元素是 p 个标量分目标函数 $f_i(\boldsymbol{x})(i=1,2,\cdots,p)$；$\boldsymbol{x}$ 为由设计变量组成的向量；$g_j(\boldsymbol{x})(j=1,2,\cdots,m)$ 为不等式约束函数；$h_k(\boldsymbol{x})(k=1,2,\cdots,l)$ 为等式约束函数。

8.2 多目标优化问题解的概念

对单目标优化来说，给定任意两个可行解 $\boldsymbol{x}_1$、$\boldsymbol{x}_2$，通过比较它们的目标函数值 $f(\boldsymbol{x}_1)$、$f_2(\boldsymbol{x})$ 就可以确定哪个优，哪个劣，这是因为 $f(\boldsymbol{x}_1)$ 和 $f(\boldsymbol{x}_2)$ 都是数，两个数总可以比较大小。而对多目标优化来说，要比较任意两个可行解 $\boldsymbol{x}_1$、$\boldsymbol{x}_2$ 的优劣，需要比较目标函数向量 $\boldsymbol{F}(\boldsymbol{x}_1)$、$\boldsymbol{F}(\boldsymbol{x}_2)$ 的大小，为此，先引进向量空间的比较关系，给出关于向量序的定义。

定义 8.1 设 $\boldsymbol{a}=[a_1,\ a_2,\cdots,a_p]^{\mathrm{T}}$，$\boldsymbol{b}=[b_1,\ b_2,\cdots,b_p]^{\mathrm{T}}$ 是 p 维欧氏空间 $\mathbb{R}^p$ 中的两个向量。

(1) 若 $a_i=\ b_i(i=1,2,\cdots,p)$，则称向量 $\boldsymbol{a}$ 等于向量 $\boldsymbol{b}$，记作 $\boldsymbol{a}=\boldsymbol{b}$。

(2) 若 $a_i\leqslant b_i(i=1,2,\cdots,p)$，则称向量 $\boldsymbol{a}$ 小于等于向量 $\boldsymbol{b}$ 或向量 $\boldsymbol{b}$ 大于等于向量 $\boldsymbol{a}$，记作 $\boldsymbol{a}\leqq\boldsymbol{b}$ 或 $\boldsymbol{b}\geqq\boldsymbol{a}$。

(3) 若 $a_i\leqslant b_i(i=1,2,\cdots,p)$，并且其中至少有一个是严格不等式，则称向量 $\boldsymbol{a}$ 小于向量 $\boldsymbol{b}$ 或向量 $\boldsymbol{b}$ 大于向量 $\boldsymbol{a}$，记作 $\boldsymbol{a}\leqslant\boldsymbol{b}$ 或 $\boldsymbol{b}\geqslant\boldsymbol{a}$。

(4) 若 $a_i<b_i(i=1,2,\cdots,p)$，则称向量 $\boldsymbol{a}$ 严格小于向量 $\boldsymbol{b}$ 或向量 $\boldsymbol{b}$ 严格大于向量 $\boldsymbol{a}$，记作 $\boldsymbol{a}<\boldsymbol{b}$ 或 $\boldsymbol{b}>\boldsymbol{a}$。

由上述定义所确定的向量之间的序，称为向量的自然序。特别地，当 $p=1$ 时，上述定义的自然序和实数序是一致的。这时 “$\leqslant$” 和 “$<$” 的意义相同。

下面给出多目标优化问题式 (8.1.2) 的解的定义。

定义 8.2 设 $\mathcal{D}\subseteq\mathbb{R}^n$ 是式 (8.1.2) 的可行解集，$\boldsymbol{F}(\boldsymbol{x})\in\mathbb{R}^p$ 是向量目标函数。若 $\boldsymbol{x}^*\in\mathcal{D}$，且对任意 $\boldsymbol{x}\in\mathcal{D}$，使得 $\boldsymbol{F}(\boldsymbol{x}^*)\leqq\boldsymbol{F}(\boldsymbol{x})$，则称 $\boldsymbol{x}^*$ 是多目标极小化问题的绝对最优解。

$\boldsymbol{x}^*$ 是多目标优化问题的绝对最优解意味着它同时是每一个分目标的最优解。全部绝对最优解所组成的集合称为最优解集，记作 $R^*_{\mathrm{ab}}, n=1, p=2$ 时的几何意义如图 8.1(a)、(b) 所示。

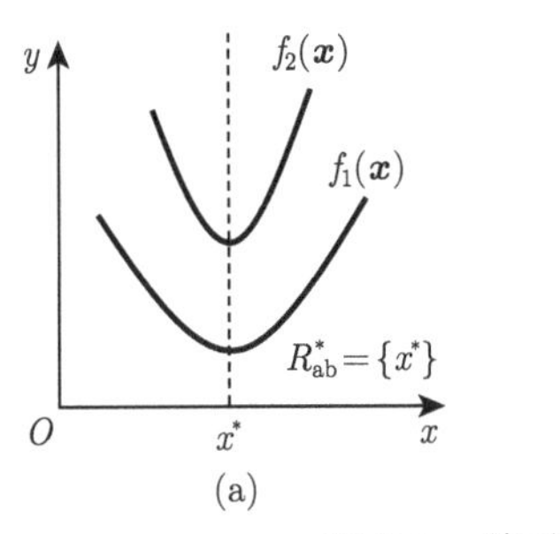

(a)

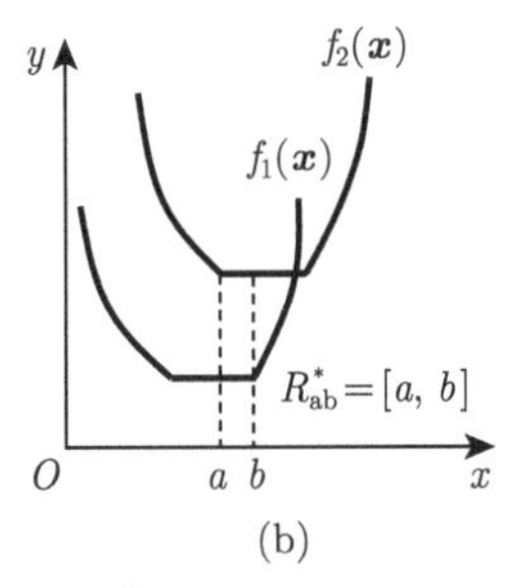

(b)

图 8.1 绝对最优解集

多目标优化问题的绝对最优解只是在每一分目标函数的最优解都存在，并且它们正好是同一解的情况下才存在，而这显然只有当各个分目标函数是很特殊的情况时才会发生。

因此在一般情况下，一个给定的多目标优化问题的绝对最优解是不存在的。当多目标优化问题的绝对最优解 $\boldsymbol{x}^*$ 存在时，它在目标函数空间 $\mathbb{R}^p$ 中的映射点 $\boldsymbol{F}(\boldsymbol{x}^*)$ 称为绝对最优点。

定义 8.3 设 $\mathcal{D} \subseteq \mathbb{R}^n$ 是式 (8.1.2) 的可行解集，$\boldsymbol{F}(\boldsymbol{x}) \in \mathbb{R}^p$ 是向量目标函数。若 $\tilde{\boldsymbol{x}} \in \mathcal{D}$，且不存在 $\boldsymbol{x} \in \mathcal{D}$，使得 $\boldsymbol{F}(\boldsymbol{x}) \leqslant \boldsymbol{F}(\tilde{\boldsymbol{x}})$，则称 $\tilde{\boldsymbol{x}}$ 是多目标极小化问题的有效解。

有效解也称为帕雷托 (Pareto) 最优解，它是多目标最优化问题中一个最基本的概念。从上述定义可以看出，若 $\tilde{\boldsymbol{x}}$ 是多目标优化问题的有效解，则在所有的可行解中找不到比它好的可行解，或者说 $\tilde{\boldsymbol{x}}$ 不比其他可行解坏。因此，有效解也称为非劣解或可接受解。一般来说，多目标最优化问题常常具有很多个有效解。全部有效解所组成的集合称为有效解集，记作 $R_{\rm e}^*$。$n=1$，$m=2$ 时有效解集的几何意义如图 8.2(a) 所示，有 $R_{\rm e}^*=[a,b]$。

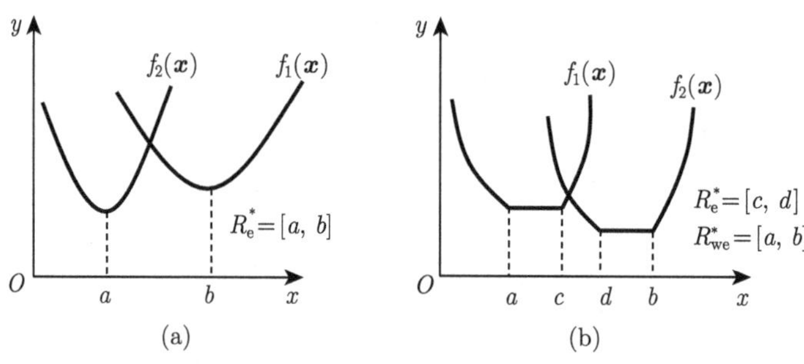

图 8.2 有效解集与弱有效解集

定义 8.4 设 $\mathcal{D} \subseteq \mathbb{R}^n$ 是式 (8.1.2) 的可行解集，$\boldsymbol{F}(\boldsymbol{x}) \in \mathbb{R}^p$ 是向量目标函数。若 $\tilde{\boldsymbol{x}} \in \mathcal{D}$，且不存在 $\boldsymbol{x} \in \mathcal{D}$，使得 $\boldsymbol{F}(\boldsymbol{x}) < \boldsymbol{F}(\tilde{\boldsymbol{x}})$，则称 $\tilde{\boldsymbol{x}}$ 是多目标极小化问题的弱有效解。

上述定义表明，若 $\tilde{\boldsymbol{x}}$ 是多目标优化问题式的弱有效解，意味着在可行解集 $\mathcal{D}$ 中已找不到比它严格好的可行解。全部弱有效解所组成的集合称为弱有效解集，记作 $R_{\rm we}^*$。$n=1$，$p=2$ 时弱有效解集的几何意义如图 8.2(b) 所示，其中 $R_{\rm we}^*=[a,b]$。

由以上定义可以看出，绝对最优解一定是有效解，有效解一定是弱有效解。即

$$R_{\rm ab}^* \subseteq R_{\rm e}^* \subseteq R_{\rm we}^* \tag{8.2.1}$$

例如，图 8.2(b) 所示情形，有 $R_{\rm ab}^*=\varnothing$，$R_{\rm e}^*=[c,d]$，$R_{\rm we}^*=[a,b]$，显然满足式 (8.2.1)。

8.3 多目标优化问题的一般解法

对多目标优化问题，目前数学规划理论中已提出不少解法，如约束法、分层序列法以及评价函数法等。这里针对如下不等式约束多目标优化问题 (8.3.1) 进行介绍。

$$\left.\begin{array}{ll}\min & \boldsymbol{F}(\boldsymbol{x})=[f_1(\boldsymbol{x}),\ f_2(\boldsymbol{x}),\cdots,f_p(\boldsymbol{x})]^{\rm T} \\ \text{s.t.} & g_j(\boldsymbol{x}) \leqslant 0, \quad j=1,2,\cdots,m\end{array}\right\} \tag{8.3.1}$$

8.3.1 约束法

约束法又称为主要目标法，其基本思想是：在多目标优化问题中，根据问题的实际情况，确定一个目标为主要目标，而把其余目标作为次要目标，并且根据决策者的经验选取

一定的界限值。这样就可以把次要目标作为约束来处理，从而将原多目标问题转化为一个在新的约束下，求主要目标最优解的单目标最优化问题。

在目标函数 $f_1(\boldsymbol{x}), f_2(\boldsymbol{x}), \cdots, f_p(\boldsymbol{x})$ 中，选择一个主要目标，如 $f_1(\boldsymbol{x})$，而对其他各分目标 $f_2(\boldsymbol{x}), \cdots, f_p(\boldsymbol{x})$ 都可以事先给定一个所希望的值，不妨记为 $f_2^0, \cdots, f_p^0$。其中，$f_j^0 \geqslant \min\limits_{\boldsymbol{X}\in\mathcal{D}} f_j(\boldsymbol{x})$, $j = 2, 3, \cdots, p$，$\mathcal{D} = \{\boldsymbol{x} \,|\, g_i(\boldsymbol{x}) \leqslant 0, i = 1, 2, \cdots, m\}$。

于是可把原来的多目标优化问题转化为如下单目标优化问题:

$$\left.\begin{array}{ll}\min & f_1(\boldsymbol{x}) \\ \text{s.t.} & g_i(\boldsymbol{x}) \leqslant 0, \quad i = 1, 2, \cdots, m \\ & f_j(\boldsymbol{x}) \leqslant f_j^0, \quad j = 2, 3, \cdots, p\end{array}\right\} \tag{8.3.2}$$

在具体应用时，为保证式 (8.3.2) 的可行域非空，也可以先求一个 $\boldsymbol{x}^0 \in \mathcal{D}$，然后在使其他次要目标 $f_2(\boldsymbol{x}), \cdots, f_p(\boldsymbol{x})$ 都不比 $f_2(\boldsymbol{x}^0), \cdots, f_p(\boldsymbol{x}^0)$“坏” 的前提下来求主目标 $f_1(\boldsymbol{x})$ 的极小值，即求问题

$$\left.\begin{array}{ll}\min & f_1(\boldsymbol{x}) \\ \text{s.t.} & g_i(\boldsymbol{x}) \leqslant 0, \quad i = 1, 2, \cdots, m \\ & f_j(\boldsymbol{x}) \leqslant f_j(\boldsymbol{x}^0), \quad j = 2, 3, \cdots, p\end{array}\right\} \tag{8.3.3}$$

8.3.2 分层序列法

分层序列法把各个分目标函数按重要性排序，设为 $f_1(\boldsymbol{x}), f_2(\boldsymbol{x}), \cdots, f_p(\boldsymbol{x})$，即 $f_1(\boldsymbol{x})$ 最重要，$f_2(\boldsymbol{x})$ 次之，$\cdots$ 。然后，先求问题

$$\left.\begin{array}{ll}\min & f_1(\boldsymbol{x}) \\ \text{s.t.} & g_i(\boldsymbol{x}) \leqslant 0, \quad i = 1, 2, \cdots, m\end{array}\right\} \tag{8.3.4}$$

得第一个目标的最优解，其最优值记为 f_1^*。再求问题

$$\left.\begin{array}{ll}\min & f_2(\boldsymbol{x}) \\ \text{s.t.} & g_i(\boldsymbol{x}) \leqslant 0, \quad i = 1, 2, \cdots, m \\ & f_1(\boldsymbol{x}) \leqslant f_1^* + \varDelta_1\end{array}\right\} \tag{8.3.5}$$

得第二个目标的最优解，其最优值记为 f_2^*。后求第三个目标的最优解，即求问题

$$\left.\begin{array}{ll}\min & f_3(\boldsymbol{x}) \\ \text{s.t.} & g_i(\boldsymbol{x}) \leqslant 0, \quad i = 1, 2, \cdots, m \\ & f_j(\boldsymbol{x}) \leqslant f_j^* + \varDelta_j, \quad j = 1, 2\end{array}\right\} \tag{8.3.6}$$

的最优解，其最优值记为 f_3^*。以此类推，直到求最后的第 p 个问题

$$\left.\begin{array}{ll}\min & f_p(\boldsymbol{x}) \\ \text{s.t.} & g_i(\boldsymbol{x}) \leqslant 0, \quad i = 1, 2, \cdots, m \\ & f_j(\boldsymbol{x}) \leqslant f_j^* + \varDelta_j, \quad j = 1, 2, \cdots, p-1\end{array}\right\} \tag{8.3.7}$$

的最优解，记为 $\boldsymbol{x}_p^*$。则以 $\boldsymbol{x}_p^*$ 为多目标优化问题的最优解。

在以上各式中，$\Delta_j > 0\ (j = 1, 2, \cdots, p-1)$ 是一组事先给定的宽容值，亦即按各目标的不同要求预先给定关于相应目标最优值的允许偏差。具体应用时，Δ_j 如果给得太小，可能导致后面的问题无解，给得太大，则 $f_j(\boldsymbol{x}) \leqslant f_j^* + \Delta_j$ 这一条件可能不起作用，因此要根据经验或通过试算确定，另外，其取值大小还可以反映决策人对目标函数 $f_j(\boldsymbol{x})$ 的重视程度。

8.3.3　评价函数法

评价函数法是将多目标问题转化为一个单目标问题来求解。该单目标问题的目标函数是用多目标问题的所有分目标函数构造出来的，称为评价函数。由于实际问题中，各目标函数的量纲不同，数值也可能差别巨大，因此，采用评价函数法求解式 (8.3.1) 时，其中的目标函数 $f_i(\boldsymbol{x})(i = 1, 2, \cdots, p)$ 应是经过无量纲化处理的规格形式。即

$$f_i(\boldsymbol{x}) = \overline{f}_i(\boldsymbol{x})/\overline{f}_{i\max}, \quad i = 1, 2, \cdots, p \tag{8.3.8}$$

式中，$\overline{f}_i(\boldsymbol{x})$ 为原始的实际目标函数；$\overline{f}_{i\max}$ 为 $\overline{f}_i(\boldsymbol{x})$ 的最大容许值或参考值。

评价函数法中常用的有线性加权法、平方和加权法、理想点法等。

1. 线性加权法

线性加权法是最简单、最常用的多目标优化方法，把式 (8.3.1) 中各个分目标函数 $f_i(\boldsymbol{x})$ $(i = 1, 2, \cdots, p)$ 分别乘以权系数 $w_i(i = 1, 2, \cdots, p)$ 再求和，得到评价函数如下：

$$E(\boldsymbol{x}) = \sum_{i=1}^{p} w_i f_i(\boldsymbol{x}) \tag{8.3.9}$$

这样，就把多目标优化问题式 (8.3.1) 转化为单目标优化问题

$$\left.\begin{array}{ll} \min & E(\boldsymbol{x}) = \sum\limits_{i=1}^{p} w_i f_i(\boldsymbol{x}) \\ \text{s.t.} & g_j(\boldsymbol{x}) \leqslant 0, \quad j = 1, 2, \cdots, m \end{array}\right\} \tag{8.3.10}$$

2. 平方和加权法

平方和加权法首先给出各分目标函数 $f_i(\boldsymbol{x})$ 的下界 $f_i^0(i = 1, 2, \cdots, p)$，即满足 $f_i^0 \leqslant \min\limits_{\boldsymbol{X} \in \mathcal{D}} f_i(\boldsymbol{x})(i = 1, 2, \cdots, p)$ 的最好解。然后建立如下评价函数：

$$E(\boldsymbol{x}) = \sum_{i=1}^{p} w_i \left(f_i(\boldsymbol{x}) - f_i^0\right)^2 \tag{8.3.11}$$

式中，$w_i(i = 1, 2, \cdots, p)$ 为权系数。

这样，就把多目标优化问题式 (8.3.1) 转化为单目标优化问题

$$\left.\begin{array}{ll} \min & E(\boldsymbol{x}) = \sum\limits_{i=1}^{p} w_i \left(f_i(\boldsymbol{x}) - f_i^0\right)^2 \\ \text{s.t.} & g_j(\boldsymbol{x}) \leqslant 0, \quad j = 1, 2, \cdots, m \end{array}\right\} \tag{8.3.12}$$

3. 理想点法

理想点法先求解 p 个单目标优化问题

$$\left.\begin{array}{ll}\min & f_i(\boldsymbol{x}) \\ \text{s.t.} & g_j(\boldsymbol{x}) \leqslant 0, \quad j=1,2,\cdots,m\end{array}\right\}, \quad i=1,\ 2,\cdots,p \tag{8.3.13}$$

设最优解及相应目标函数值为 $\boldsymbol{x}_i^*$、$f_i^*=f_i(\boldsymbol{x}_i^*)$，$(i=1,2,\cdots,p)$。在目标函数空间，称点 $(f_1^*,f_2^*,\cdots,f_p^*)$ 为理想点，一般来说，由于各分目标之间相互冲突，并不能达到理想点，定义设计点到理想点的距离为评价函数，即

$$E(\boldsymbol{x})=\sqrt{\sum_{i=1}^{p}(f_i(\boldsymbol{x})-f_i^*)^2} \tag{8.3.14}$$

求单目标优化问题

$$\left.\begin{array}{ll}\min & E(\boldsymbol{x})=\sqrt{\displaystyle\sum_{i=1}^{p}(f_i(\boldsymbol{x})-f_i^*)^2} \\ \text{s.t.} & g_j(\boldsymbol{x}) \leqslant 0, \quad j=1,2,\cdots,m\end{array}\right\} \tag{8.3.15}$$

的最优解，记为 $\overline{\boldsymbol{x}}$，即作为原多目标优化问题式 (8.3.1) 的解。

8.4 基于模糊贴近度的多目标优化方法

8.4.1 模糊集与模糊贴近度

模糊集概念是普通集合概念的推广，即把取值为 0 和 1 的特征函数扩展到可在闭区间 [0,1] 上取任意值的隶属函数。设 U 为论域，x 是 U 中的任意元素，给定映射 $\mu_{\tilde{A}}:U\rightarrow[0,1]$ 使得 $x\in U\mapsto\mu_{\tilde{A}}(x)\in[0,1]$，则称 $\mu_{\tilde{A}}$ 确定了论域 U 上的一个模糊子集 $\tilde{A}$，简称模糊集。称 $\mu_{\tilde{A}}$ 为 $\tilde{A}$ 的隶属函数，$\mu_{\tilde{A}}(x)$ 为 x 属于 $\tilde{A}$ 的隶属度。隶属函数是用模糊集来表示模糊概念的关键。如何建立符合实际的隶属函数是至今尚未完全解决的问题，在隶属函数的确定过程中或多或少都有决策者的主观任意性。下面给出几种常用的偏小型隶属函数。

线性隶属函数：

$$\mu_{\tilde{A}}(x)=\begin{cases}1, & x\leqslant a \\ \dfrac{b-x}{b-a}, & a<x<b \\ 0, & x\geqslant b\end{cases} \tag{8.4.1}$$

抛物线隶属函数：

$$\mu_{\tilde{A}}(x)=\begin{cases}1, & x\leqslant a \\ \left(\dfrac{b-x}{b-a}\right)^2, & a<x<b \\ 0, & x\geqslant b\end{cases} \tag{8.4.2}$$

正态分布隶属函数：

$$\mu_{\tilde{A}}(x)=\begin{cases}1, & x\leqslant a\\ \mathrm{e}^{-\left(\frac{x-a}{\sigma}\right)^2}, & x>a\end{cases} \tag{8.4.3}$$

为了度量两个模糊集之间的贴近程度，引入了模糊贴近度的概念，模糊贴近度越大说明两个模糊集越贴近。设 $\tilde{A}$ 和 $\tilde{B}$ 是论域 $U=\{x_1,x_2,\cdots,x_n\}$ 上的两个模糊子集，常用的贴近度有以下几种。

格贴近度：

$$\sigma_0(\tilde{A},\tilde{B})=\frac{1}{2}\left(\tilde{A}\circ\tilde{B}+\tilde{A}\otimes\tilde{B}\right) \tag{8.4.4}$$

式中，$\tilde{A}\circ\tilde{B}=\bigvee\limits_{x\in U}(\mu_{\tilde{A}}(x)\wedge\mu_{\tilde{B}}(x))$ 称为 $\tilde{A}$ 和 $\tilde{B}$ 的内积，表示的是最小值中的最大者；$\tilde{A}\otimes\tilde{B}=\bigwedge\limits_{x\in U}(\mu_{\tilde{A}}(x)\vee\mu_{\tilde{B}}(x))$ 称为 $\tilde{A}$ 和 $\tilde{B}$ 的外积，表示的是最大值中的最小者。

基于汉明距离的贴近度：

$$\sigma_1(\tilde{A},\tilde{B})=1-\frac{1}{n}\sum_{k=1}^{n}|\mu_{\tilde{A}}(x_k)-\mu_{\tilde{B}}(x_k)| \tag{8.4.5}$$

基于欧氏距离的贴近度：

$$\sigma_2(\tilde{A},\tilde{B})=1-\frac{1}{n}\left[\sum_{k=1}^{n}|\mu_{\tilde{A}}(x_k)-\mu_{\tilde{B}}(x_k)|^2\right]^{\frac{1}{2}} \tag{8.4.6}$$

8.4.2　多目标优化的模糊贴近度解法

对多目标优化问题式 (8.3.1)，设在目标函数空间，与理想点相应的目标向量为 $\boldsymbol{F}^*=[f_1^*,f_2^*,\cdots,f_p^*]^{\mathrm{T}}$，与设计空间中任意一点 $\boldsymbol{x}$ 所对应的目标向量为 $\boldsymbol{F}=[f_1,f_2,\cdots,f_p]^{\mathrm{T}}$。以目标函数空间为论域 U，$\boldsymbol{F}^*$ 和 $\boldsymbol{F}$ 就是论域内的两个集合，利用隶属函数可构造相应的模糊子集 $\tilde{\boldsymbol{F}}^*$ 和 $\tilde{\boldsymbol{F}}$，这时，$a=f_i^*$，b 为分目标 f_i 的容许最大值。显然有 $\tilde{\boldsymbol{F}}^*=[1,1,\cdots,1]^{\mathrm{T}}$，$\tilde{\boldsymbol{F}}=[\mu_{\tilde{F}}(f_1),\mu_{\tilde{F}}(f_2),\cdots,\mu_{\tilde{F}}(f_p)]^{\mathrm{T}}$，模糊子集 $\tilde{\boldsymbol{F}}^*$ 和 $\tilde{\boldsymbol{F}}$ 与式 (8.4.4)～式 (8.4.6) 所对应的贴近度分别为

$$\sigma_0(\tilde{\boldsymbol{F}}^*,\tilde{\boldsymbol{F}})=\frac{1}{2}\left(\max_{1\leqslant i\leqslant p}\mu_{\tilde{F}}(f_i)+1\right) \tag{8.4.7}$$

$$\sigma_1(\tilde{\boldsymbol{F}}^*,\tilde{\boldsymbol{F}})=1-\frac{1}{p}\sum_{i=1}^{p}|1-\mu_{\tilde{F}}(f_i)| \tag{8.4.8}$$

$$\sigma_2(\tilde{\boldsymbol{F}}^*,\tilde{\boldsymbol{F}})=1-\frac{1}{p}\left[\sum_{i=1}^{p}|1-\mu_{\tilde{F}}(f_i)|^2\right]^{\frac{1}{2}} \tag{8.4.9}$$

多目标优化问题就转化为如下单目标优化问题

$$\begin{cases}\text{Find} & \boldsymbol{x}=[x_1,\ x_2,\cdots,\ x_n]^{\mathrm{T}}\\ \max & \sigma(\tilde{\boldsymbol{F}}^*,\tilde{\boldsymbol{F}})\\ \text{s.t.} & g_j(\boldsymbol{X})\leqslant 0,\quad j=1,2,\cdots,m\end{cases} \tag{8.4.10}$$

式中，$\sigma(\tilde{\boldsymbol{F}}^*, \tilde{\boldsymbol{F}})$ 可采用式 (8.4.7)～式 (8.4.9) 中任意一种贴近度。

8.5 基于灰色关联度的多目标优化方法

8.5.1 灰色系统与灰色关联度

灰色系统理论是我国学者邓聚龙在国际上首次提出的。它在社会的各个领域，尤其在交叉学科中，得到了广泛的应用，取得了良好的经济效益和社会效益。灰色系统指的是“部分信息已知、部分信息未知”的不确定性系统。灰色系统理论针对这样的系统，运用灰色系统方法和模型技术，通过对“部分”已知信息的生成，来开发、挖掘蕴藏在系统中的重要数据，实现对现实世界的正确描述和认识。灰色关联分析是灰色系统理论中十分活跃的一个分支，其基本思想是根据序列曲线的几何形状相似程度来判断不同序列之间的联系是否紧密。序列曲线的形状越接近，相应序列间的关联度就越大，反之就越小。灰色关联度是对序列间关联程度的量化表征，下面给出几种灰色关联度的计算方法。

设序列 $\boldsymbol{X}_i = (x_i(1), x_i(2), \cdots, x_i(n))$，$\boldsymbol{X}_j = (x_j(1), x_j(2), \cdots, x_j(n))$，邓聚龙定义 $\boldsymbol{X}_i$ 与 $\boldsymbol{X}_j$ 的灰色关联度为

$$\gamma(\boldsymbol{X}_i, \boldsymbol{X}_j) = \frac{1}{n}\sum_{k=1}^{n}\gamma_{ij}(k) \tag{8.5.1}$$

式中，$\gamma_{ij}(k)$ 为 k 点的关联系数，按下式计算。

$$\gamma_{ij}(k) = \frac{\min\limits_{k}|x_i(k) - x_j(k)| + \xi\max\limits_{k}|x_i(k) - x_j(k)|}{|x_i(k) - x_j(k)| + \xi\max\limits_{k}|x_i(k) - x_j(k)|} \tag{8.5.2}$$

其中，$\xi \in (0,1)$ 称为分辨系数。

刘思峰根据考察序列 $\boldsymbol{X}_i$ 与 $\boldsymbol{X}_j$ 的原始数据，定义了基于接近性视角的灰色关联度

$$\rho(\boldsymbol{X}_i, \boldsymbol{X}_j) = \frac{1}{1 + |S_i - S_j|} \tag{8.5.3}$$

式中，$|S_i - S_j| = \left|\frac{1}{2}(x_i(1) - x_j(1)) + \sum\limits_{k=2}^{n-1}(x_i(k) - x_j(k)) + \frac{1}{2}(x_i(n) - x_j(n))\right|$。

由定义可知，接近关联度 $0 < \rho(\boldsymbol{X}_i, \boldsymbol{X}_j) \leqslant 1$，可用于测度序列 $\boldsymbol{X}_i$ 与 $\boldsymbol{X}_j$ 在空间中的接近程度。$\boldsymbol{X}_i$ 与 $\boldsymbol{X}_j$ 越接近，$\rho(\boldsymbol{X}_i, \boldsymbol{X}_j)$ 越大，反之就越小。

8.5.2 多目标优化问题的灰色关联度解法

对多目标优化问题式 (8.3.1)，将理想点目标函数向量 $\boldsymbol{F}^* = [f_1^*, f_2^*, \cdots, f_m^*]^{\mathrm{T}}$ 以及设计空间中任意一点 $\boldsymbol{x}$ 的目标函数向量 $\boldsymbol{F} = [f_1, f_2, \cdots, f_m]^{\mathrm{T}}$ 看作两个序列，显然，这两个序列位置越接近、形状越相似，$\boldsymbol{F}$ 越优。所以多目标优化问题式 (8.3.1) 可以转化为极大化

灰色关联度来求解，即

$$\begin{cases} \text{Find} & \boldsymbol{x} = [x_1, x_2, \cdots, x_n]^{\mathrm{T}} \\ \max & \gamma(\boldsymbol{F}^*, \boldsymbol{F}) \\ \text{s.t.} & g_j(\boldsymbol{x}) \leqslant 0, \quad j = 1, 2, \cdots, m \end{cases} \tag{8.5.4}$$

式中，$\gamma(\boldsymbol{F}^*, \boldsymbol{F})$ 为式 (8.5.1) 或式 (8.5.3) 定义的灰色关联度。

需要强调的是，采用式 (8.5.4) 模型求解多目标优化问题 (8.3.1) 时，其中的目标函数应是按式 (8.3.8) 无量纲化处理后的函数。

8.6　多目标优化的合作博弈模型与纳什仲裁解法

博弈论是解决利益冲突问题的有效方法，可以分为合作博弈和非合作博弈两类。非合作博弈中，各博弈方独立行动确定所采取的策略使自己的收益达到最大化，其结果可能对其他博弈方不利。合作博弈中，各博弈方组成联盟，通过协商，共同确定所要采取的策略，其结果对各博弈方来说不一定是其最优结果，但一定是可以接受的相对较优的结果，即合作博弈结果是一个帕累托最优解。

对多目标优化问题式 (8.3.1)，可以看成一个合作博弈问题，这里博弈方就是各个分目标 f_i，所有可行解构成博弈策略集 S。考虑到各分目标函数是经过式 (8.3.8) 无量纲化处理的规格形式，则 $f_i(\boldsymbol{x})$ 的最大值为 1，即博弈方 f_i 所能接受的最坏结果是 1，所以可定义 f_i 的收益函数为 $u_i(\boldsymbol{x}) = 1 - f_i(\boldsymbol{x})$，博弈方 f_i 参与博弈的目的就是要尽可能增大其收益 $u_i(\boldsymbol{x})$。该合作博弈问题可记为 $B(S;\ u_1, u_2, \cdots, u_p)$。多目标优化问题 (8.3.1) 就是求博弈问题 $B(S;\ u_1, u_2, \cdots, u_p)$ 的解。

对于合作博弈问题，纳什给出了仲裁解法。即引入一个仲裁者，其收益取决于各方博弈的结果，当博弈方 f_i 的收益增大而其余博弈方收益不变时，仲裁者的收益 $C(\boldsymbol{x})$ 随着 $u_i(\boldsymbol{x})$ 的增大而增大，而且当两个博弈方完全相同时，它们对仲裁者的收益的影响也完全相同。因此可定义 $C(\boldsymbol{x})$ 为各博弈方收益函数的乘积，即

$$C(\boldsymbol{x}) = \prod_{i=1}^{p} u_i(\boldsymbol{x}) = \prod_{i=1}^{p} (1 - f_i(\boldsymbol{x})) \tag{8.6.1}$$

则求合作博弈问题 $B(S;\ u_1, u_2, \cdots, u_p)$ 的解就转化为如下单目标优化问题

$$\begin{cases} \text{Find} & \boldsymbol{x} = [x_1, x_2, \cdots, x_n]^{\mathrm{T}} \\ \max & C(\boldsymbol{x}) = \prod_{i=1}^{p} (1 - f_i(\boldsymbol{x})) \\ \text{s.t.} & g_j(\boldsymbol{x}) \leqslant 0, \quad j = 1, 2, \cdots, m \end{cases} \tag{8.6.2}$$

第 9 章　最优准则法

最优准则法是工程结构优化设计中的一类十分重要的方法。它的基本出发点是：预先规定一些优化设计必须满足的准则，然后根据这些准则建立达到优化设计的迭代公式。这些优化准则一般是根据已有的实践经验，通过一定的理论分析、研究和判断而得到的，它们可以是强度准则、刚度准则和能量准则等。最优准则法的最大优点是收敛速度快，要求重分析的次数一般与设计变量的数目关系不大，不过它得到的设计通常只是接近最优。由于最优准则法原理简单、直观，容易实现，故而深受广大设计人员的欢迎。

9.1　满应力设计

满应力设计是最优准则法的一种，也是最先得到发展和用于工程设计的一种结构优化设计方法。它不用数学上的极值原理，而是直接从结构力学的基本原理出发，以满应力为其准则来确定最优设计，适用于受到应力约束的结构设计。下面以受应力约束的桁架重量最小化问题为例介绍此算法。该问题的数学描述可表示为

$$\left.\begin{aligned} &\min_{A_i} \quad W=\sum_{i=1}^{n}\rho_i A_i l_i \\ &\text{s.t.} \quad \sigma_i^{\mathrm{c}} \leqslant \sigma_{ij} \leqslant \sigma_i^{\mathrm{t}}, \quad i=1,2,\cdots,n;\ j=1,2,\cdots,L \end{aligned}\right\} \tag{9.1.1}$$

式中，ρ_i、A_i 和 l_i 分别为桁架第 i 根杆件的容重、截面积和杆长；σ_{ij} 为第 i 根杆件在第 j 工况下的应力；σ_i^{c} 为第 i 根杆件的容许压应力 (代数值)；σ_i^{t} 为第 i 根杆件的容许拉应力；n 为杆件数目；L 为工况数。

与数学规划法不同，满应力设计法将上述优化问题归结为寻求使桁架中各个杆件都处于满应力的设计，这样杆件的材料能够得到充分利用，结构不可以继续改进，相应的设计就是优化设计。满应力就是指桁架中的各个杆件至少在一种工况下的应力达到其容许应力。因此，满应力设计是选择杆件截面积 $A_i\ (i=1,2,\cdots,n)$，使得在外荷载作用下，对每一个杆件都有

$$\max_{1\leqslant j\leqslant L}\left\{\frac{\sigma_{ij}}{\sigma_i^{\mathrm{a}}}\right\}=1 \tag{9.1.2}$$

式中，当 $\sigma_{ij}\geqslant 0$ 时，$\sigma_i^{\mathrm{a}}=\sigma_i^{\mathrm{t}}$；当 $\sigma_{ij}<0$ 时，$\sigma_i^{\mathrm{a}}=\sigma_i^{\mathrm{c}}$。

从上述描述可以看出，满应力设计中，目标函数并不出现，这种寻求一个满足某种准则的设计而暂时不管目标函数的做法是最优准则法的特点。

9.1.1　应力比法

应力比法是满应力设计中常用的一种比较简单的迭代方法。它是从一个初始方案出发，经过结构分析，求出桁架各杆在各个工况下的应力，然后对每一根杆件，计算各工况下的

应力与该杆容许应力的比值 (即应力比)，并从中求出最大值 $\overline{\mu}_i$，如果该值大于 1，则说明该杆当前截面积太小，应放大 $\overline{\mu}_i$ 倍；反之，如果该值小于 1，则说明该杆当前面积太大，应按比例 $\overline{\mu}_i$ 缩小。这样就得到了一个改进的设计，重新计算各杆的应力，如果这个新的设计还没有达到满应力，则可以重复上面的算法，直到前后两次的截面积变化很小或 $\overline{\mu}_i$ 充分接近 1 就可结束迭代过程。下面给出应力比法的具体步骤。

算法 9.1 (应力比法)

(1) 给定初始设计各杆件截面积 $A_i^{(0)}$ $(i=1,2,\cdots,n)$，容许误差 $\varepsilon>0$，置 $k=0$。

(2) 根据 $A_i^{(k)}$ $(i=1,2,\cdots,n)$ 进行结构分析，计算各杆件在各工况下的应力 $\sigma_{ij}^{(k)}$ $(i=1,2,\cdots,n;\ j=1,2,\cdots,L)$。

(3) 计算各杆件在各工况下的应力比

$$\mu_{ij}^{(k)}=\frac{\sigma_{ij}^{(k)}}{\sigma_i^{\mathrm{a}}},\quad i=1,2,\cdots,n;\ j=1,2,\cdots,L \tag{9.1.3}$$

(4) 计算各杆件的最大应力比

$$\overline{\mu}_i^{(k)}=\max_{1\leqslant j\leqslant L}\mu_{ij}^{(k)},\quad i=1,2,\cdots,n \tag{9.1.4}$$

(5) 计算 $\left|1-\overline{\mu}_i^{(k)}\right|$ $\quad(i=1,2,\cdots,n)$，若 $\max\limits_i\left|1-\overline{\mu}_i^{(k)}\right|\leqslant\varepsilon$，则停止计算，得满应力设计的各杆件截面积为 $A_i^{(k)}$ $(i=1,2,\cdots,n)$；否则，转步骤 (6)。

(6) 修改设计，令

$$A_i^{(k+1)}=\overline{\mu}_i^{(k)}A_i^{(k)},\quad i=1,2,\cdots,n \tag{9.1.5}$$

置 $k=k+1$，转步骤 (2)。

例 9.1 图 9.1 所示静定桁架受三种工况荷载作用。设 $P=10\mathrm{kN}$，各杆件的容许拉应力均为 $\sigma^{\mathrm{t}}=7\times10^4\mathrm{kPa}$，容许压应力均为 $\sigma^{\mathrm{c}}=-3.5\times10^4\mathrm{kPa}$。试用应力比法进行满应力设计。

解： 由于是静定桁架，杆件内力与截面积无关，三种工况下各杆件的相应内力分别在图 9.1(b)、(c) 和 (d) 给出，其具体数值见表 9.1。

表 9.1 各杆件内力 (单位：kN)

工况	杆件号				
	1	2	3	4	5
1	20	0	0	10	−14.14
2	10	10	0	10	−14.14
3	−10	−10	10	−10	−14.14

设初始截面积取 $A_1^{(0)}=A_2^{(0)}=A_3^{(0)}=A_4^{(0)}=A_5^{(0)}=1\mathrm{cm}^2=1\times10^{-4}\mathrm{m}^2$，则各杆件在各工况下的应力见表 9.2。

表 9.2 各杆件应力 (单位：kPa)

工况	杆件号				
	1	2	3	4	5
1	20×10^4	0	0	10×10^4	-14.14×10^4
2	10×10^4	10×10^4	0	10×10^4	-14.14×10^4
3	-10×10^4	-10×10^4	10×10^{-4}	-10×10^4	-14.14×10^4

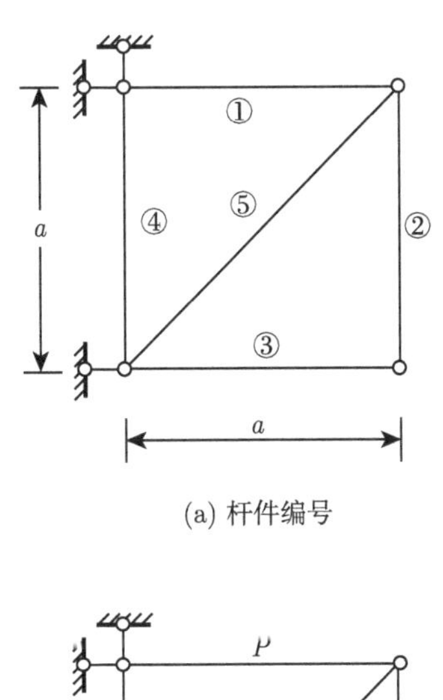

(a) 杆件编号

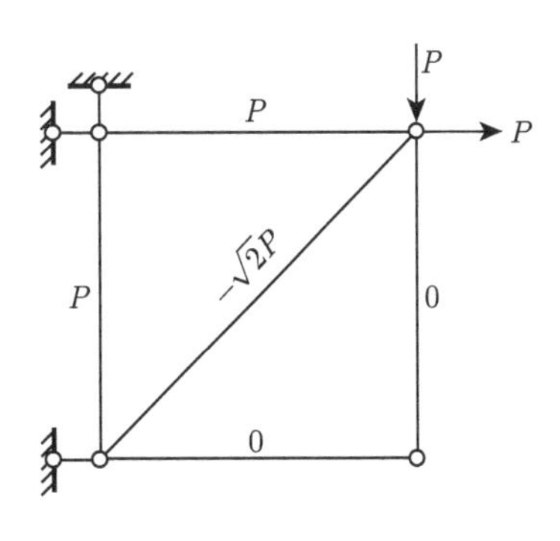

(b) 工况1内力

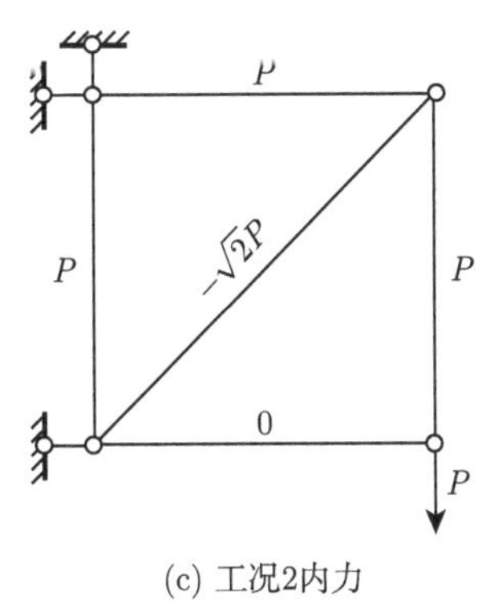

(c) 工况2内力

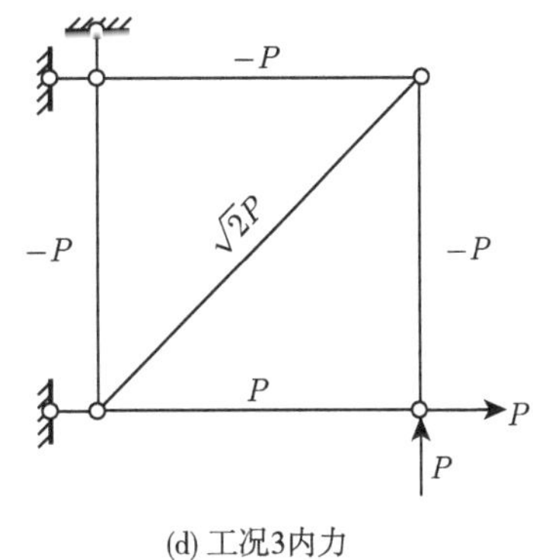

(d) 工况3内力

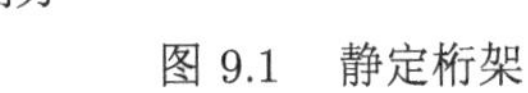
图 9.1 静定桁架

根据各杆件应力的正负号将其除以相应的容许拉、压应力，得各杆件在各工况下的应力比如表 9.3 所示。

表 9.3 各杆件应力比

工况	杆件号				
	1	2	3	4	5
1	2.86	0	0	1.43	4.04
2	1.43	1.43	0	1.43	4.04
3	2.86	2.86	1.43	2.86	4.04

由表 9.3 可知各杆件的最大应力比为 $\overline{\mu}_1^{(0)}=\overline{\mu}_2^{(0)}=\overline{\mu}_4^{(0)}=2.86$，$\overline{\mu}_3^{(0)}=1.43$，$\overline{\mu}_5^{(0)}=$

4.04。代入式 (9.1.5) 得修改后的各杆件截面积为

$$A_1^{(1)} = A_2^{(1)} = A_4^{(1)} = 2.86\text{cm}^2, A_3^{(1)} = 1.43\text{cm}^2, A_5^{(1)} = 4.04\text{cm}^2$$

由于静定结构内力不随截面积的变化而变化，故上述设计就是满应力设计。

例 9.2　图 9.2 所示三杆桁架，节点 1 处作用两种工况荷载：

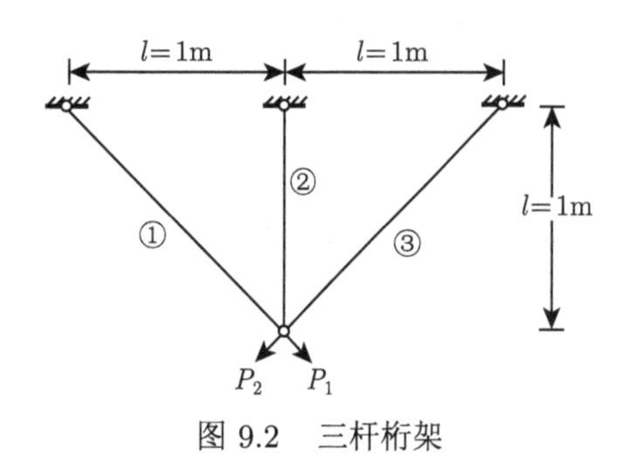

图 9.2　三杆桁架

$$\text{第一工况：}\quad P_1 = 20\text{kN}, P_2 = 0$$

$$\text{第二工况：}\quad P_1 = 0,\ P_2 = 20\text{kN}$$

各杆均采用同一材料制成，容许拉应力为 $\sigma^{\text{t}} = 200\text{MPa}$，容许压应力为 $\sigma^{\text{c}} = -150\text{MPa}$，容重 $\rho = 1\text{N/cm}^3$。试用应力比法设计各杆的截面积。

解：此桁架为 1 次超静定结构，假定各杆件截面积为 A_1、A_2、A_3。考虑到结构外形尺寸对称，两种工况也是对称的，因此最优设计应是对称的，即 $A_1 = A_3$。故只取两个设计变量 A_1、A_2，一种工况 $P_1 = 20\text{kN}$, $P_2 = 0$。结构的总重量为 $W = \rho l(\sqrt{2}A_1 + A_2 + \sqrt{2}A_3) = (2\sqrt{2}A_1 + A_2)\rho l$。

经结构分析，各杆件的轴力为

$$N_1 = \frac{A_1A_2 + \sqrt{2}A_1^2}{\sqrt{2}A_1^2 + 2A_1A_2} \cdot P_1, \quad N_2 = \frac{\sqrt{2}A_1A_2}{\sqrt{2}A_1^2 + 2A_1A_2} \cdot P_1, \quad N_3 = \frac{-A_1A_2}{\sqrt{2}A_1^2 + 2A_1A_2} \cdot P_1$$

于是各杆件的应力为

$$\sigma_1 = \frac{A_2 + \sqrt{2}A_1}{\sqrt{2}A_1^2 + 2A_1A_2} \cdot P_1, \quad \sigma_2 = \frac{\sqrt{2}A_1}{\sqrt{2}A_1^2 + 2A_1A_2} \cdot P_1, \quad \sigma_3 = \frac{-A_2}{\sqrt{2}A_1^2 + 2A_1A_2} \cdot P_1$$

各杆件的应力比为

$$\mu_1 = \frac{A_2 + \sqrt{2}A_1}{\sqrt{2}A_1^2 + 2A_1A_2} \cdot \frac{P_1}{\sigma^{\text{t}}}, \quad \mu_2 = \frac{\sqrt{2}A_1}{\sqrt{2}A_1^2 + 2A_1A_2} \cdot \frac{P_1}{\sigma^{\text{t}}}, \quad \mu_3 = \frac{-A_2}{\sqrt{2}A_1^2 + 2A_1A_2} \cdot \frac{P_1}{\sigma^{\text{c}}}$$

考虑到荷载 $P_1 = 20\text{kN}$，容许应力 $\sigma^{\text{t}} = 200\text{MPa} = 20\text{kN/cm}^2$，$\sigma^{\text{c}} = -150\text{MPa} = -15\text{kN/cm}^2$，可知各杆件的最大应力比为

$$\overline{\mu}_1 = \max\left\{\frac{A_2 + 2A_1}{\sqrt{2}A_1^2 + 2A_1A_2}, \frac{4A_2}{3(\sqrt{2}A_1^2 + 2A_1A_2)}\right\}, \quad \overline{\mu}_2 = \frac{\sqrt{2}A_1}{\sqrt{2}A_1^2 + 2A_1A_2}$$

各杆件截面积的迭代公式为

$$A_1^{(k+1)} = \overline{\mu}_1^{(k)} A_1^{(k)}, \quad A_2^{(k+1)} = \overline{\mu}_2^{(k)} A_2^{(k)}$$

设杆件初始截面积 $A_1^{(0)} = A_2^{(0)} = 1\text{cm}^2$，可得 $\overline{\mu}_1^{(0)} = 0.7071, \overline{\mu}_2^{(0)} = 0.4142$，相应的结构总重量为 $W^{(0)} = 382.84\text{N}$，这样完成了第 1 次迭代。

第 2 次迭代，各杆件截面积为

$$A_1^{(1)} = \overline{\mu}_1^{(0)} A_1^{(0)} = 0.7071\text{cm}^2, \quad A_2^{(1)} = \overline{\mu}_2^{(0)} A_2^{(0)} = 0.4142\text{m}^2$$

同上计算可得 $\overline{\mu}_1^{(1)} = 1.0938$ $\overline{\mu}_2^{(1)} = 0.7735$，$W^{(1)} = 241.42\text{N}$。这样一直迭代，直至达到预设精度，具体计算过程见表 9.4。

表 9.4 例 9.2 迭代过程

迭代次数 k	$A_1^{(k)}/\text{cm}^2$	$A_2^{(k)}/\text{cm}^2$	$\overline{\mu}_1^{(k)}$	$\overline{\mu}_2^{(k)}$	$\|1-\overline{\mu}_1^{(k)}\|$	$\|1-\overline{\mu}_2^{(k)}\|$	$W^{(k)}/\text{N}$
0	1.0000	1.0000	0.7071	0.4142	0.2929	0.5858	382.84
1	0.7071	0.4142	1.0938	0.7735	0.0938	0.2265	241.42
2	0.7735	0.3204	1.0541	0.8153	0.0541	0.1847	250.80
3	0.8153	0.2612	1.0353	0.8441	0.0353	0.1559	256.72
4	0.8441	0.2205	1.0249	0.8651	0.0249	0.1349	260.79
⋮	⋮	⋮	⋮	⋮	⋮	⋮	⋮
98	0.9900	0.0141	1.0001	0.9901	0.0001	0.0099	281.43

若容许误差取 $\varepsilon = 0.01$，则经过 98 次迭代可得满足精度要求的最优解 $A_1^* = 0.9900\text{cm}^2$，$A_2^* = 0.0141\text{cm}^2$，结构总重量 $W^* = 281.43\text{N}$。若提高精度要求一直迭代则可得最优解 $A_1^* = 1.00\text{cm}^2$，$A_2^* = 0$，即原结构中的 2 号杆可以取消，退化为静定结构，相应的结构总重量 $W^* = 282.84\text{N}$。

从本例可以看出，单一工况的条件下对超静定结构进行满应力设计，可能有某些杆件的截面积收敛到零，使结构退化成一静定结构。这是由于变形协调的要求所致。就本例的三杆桁架而言，三根杆件原汇交于一点，但若三根杆件都处于满应力状态，则杆长有所改变后，就未必一定仍能汇交于一点。设其中有两根杆件以满应力状态交于一点时，第三根杆件若也汇交于这一点，就可能不满足满应力条件。因此以迭代法迫使三根杆件都同时符合满应力条件时，其结果就使其中一根杆件的截面积收敛至零，而使余下的两根杆件形成满应力静定桁架以同时符合满应力条件及变形协调条件。实际上，超静定桁架在单一工况下的满应力设计不是唯一的，它的每一个静定的力法基本结构都有相应的满应力设计。

为便于比较和说明问题，下面用经典方法计算例 9.2 的精确解。

以 A_1、A_2 为设计变量，桁架总重量 W 为目标函数，以各杆件的应力不超过容许应力为约束条件，建立优化的数学模型为

$$\left.\begin{array}{ll}
\min & W = (2\sqrt{2}A_1 + A_2)\rho l \\
\text{s.t.} & \sigma_1 = \dfrac{\sqrt{2}A_1 + A_2}{\sqrt{2}A_1^2 + 2A_1A_2} \cdot P_1 \leqslant \sigma^{\text{t}} \\
 & \sigma_2 = \dfrac{\sqrt{2}A_1}{\sqrt{2}A_1^2 + 2A_1A_2} \cdot P_1 \leqslant \sigma^{\text{t}} \\
 & \sigma_3 = \dfrac{-A_2}{\sqrt{2}A_1^2 + 2A_1A_2} \cdot P_1 \geqslant \sigma^{\text{c}} \\
 & A_1 \geqslant 0, A_2 \geqslant 0
\end{array}\right\}$$

上式所述优化问题可用图解法求解，首先绘出问题的设计空间如图 9.3 所示。若将目标函数写成

$$A_2 = -2\sqrt{2}A_1 + \frac{W}{\rho l}$$

则表示设计空间中的一簇平行直线方程。这簇平行直线对应着不同的重量 W，同一条直线上重量相等，称为等重量线或重量等值线，如图 9.3 虚线所示。本例的最优解可从图中看出是重量等值线与约束曲线 $\sigma_1 = \sigma^{\mathrm{t}}$ 的公切点 A^*。此点可通过这两条曲线的斜率相等的条件求出。

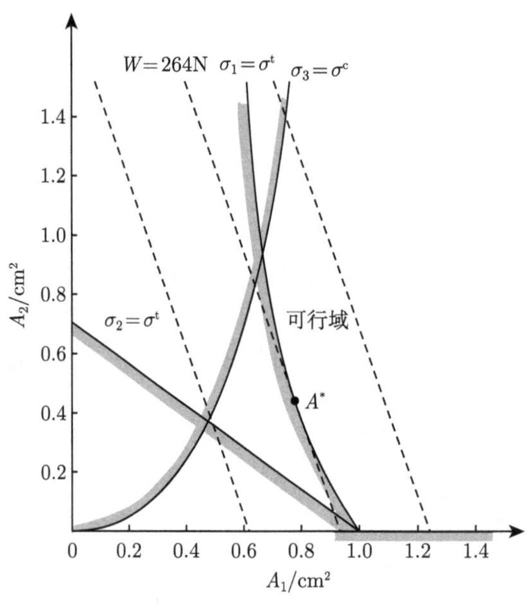

图 9.3　图解法

约束曲线 $\sigma_1 = \sigma^{\mathrm{t}}$ 可写成

$$A_2 = \frac{\sqrt{2}A_1\left(\dfrac{P_1}{\sigma^{\mathrm{t}}} - A_1\right)}{2A_1 - \dfrac{P_1}{\sigma^{\mathrm{t}}}}$$

其斜率为

$$\begin{aligned}\frac{\mathrm{d}A_2}{\mathrm{d}A_1} &= \frac{\sqrt{2}\dfrac{P_1}{\sigma^{\mathrm{t}}} - 2\sqrt{2}A_1}{2A_1 - \dfrac{P_1}{\sigma^{\mathrm{t}}}} - \frac{2\sqrt{2}A_1\left(\dfrac{P_1}{\sigma^{\mathrm{t}}} - A_1\right)}{\left(2A_1 - \dfrac{P_1}{\sigma^{\mathrm{t}}}\right)^2} \\ &= \frac{2\sqrt{2}A_1\dfrac{P_1}{\sigma^{\mathrm{t}}} - \sqrt{2}\left(\dfrac{P_1}{\sigma^{\mathrm{t}}}\right)^2 - 2\sqrt{2}A_1^2}{\left(2A_1 - \dfrac{P_1}{\sigma^{\mathrm{t}}}\right)^2}\end{aligned}$$

利用已知条件 $P_1=20\text{kN}$，$\sigma^{\text{t}}=200\text{MPa}=20\text{kN/cm}^2$，上式简化为

$$\frac{\mathrm{d}A_2}{\mathrm{d}A_1}=\frac{2\sqrt{2}A_1-\sqrt{2}-2\sqrt{2}A_1^2}{(2A_1-1)^2}$$

重量等值线的斜率为

$$\frac{\mathrm{d}A_2}{\mathrm{d}A_1}=-2\sqrt{2}$$

将以上二式联立并整理可得

$$6A_1^2-6A_1+1=0$$

于是可求得最优解为

$$A_1=0.7887\text{cm}^2, A_2=0.4082\text{cm}^2$$

相应的目标函数值为

$$W=\left(2\sqrt{2}A_1+A_2\right)\rho l=2.6390\times 100=263.90(\text{N})$$

对比例 9.2 的结果可知，应力比法优化后结构总重为 282.84N，而理论最轻重量为 263.90N，相差约 7.18%。可见，满应力设计的解未必同时又是结构的最轻解。但已有的数值计算经验表明，对大多数实际结构而言，最好的满应力设计通常与最优解相差不大。

从前面的算例可以看到，用应力比法求出满应力解的迭代次数还是较多的。为加快收敛速度，一个有效的改进方法是，在调整杆件的截面积时，引进一个超松弛因子 α，将截面积修改公式 (9.1.5) 改写为

$$A_i^{(k+1)}=(\overline{\mu}_i^{(k)})^{\alpha}A_i^{(k)} \tag{9.1.6}$$

其中，α 根据经验选取。当容许应力是常数时，常取 $\alpha=1.05\sim1.10$，不过，若在迭代开始时重量下降较慢，α 值也可取得稍大一些，如取 1.3 左右，然后逐步减少使之趋近于 1。当容许应力不是常数 (如压杆稳定容许应力) 时，α 应小于 1，有文献建议取

$$\alpha=1-0.05\lambda \tag{9.1.7}$$

式中，λ 为杆件的长细比。

9.1.2　齿行法

应力比法唯一的准则是各杆的应力比 $\overline{\mu}=1$，因此满应力解总是出现在几个约束曲面的交点，而优化设计的最优解往往不是位于约束曲面的交点上，而是位于某一约束曲线上。这就导致在某些情况下，满应力解并不是最优解。另外，应力比法总是从可行域的外部逐步逼近满应力解，其中间结果是不可行的。为解决上述两个问题，可在每一步应力比设计后，加一步射线步，使迭代点沿坐标原点与应力比设计点连线的方向回到主约束曲面上。下面说明如何实现射线步。

对某个设计 $A_i^{(k)}$ $(i=1,2,\cdots,n)$，若桁架各杆件的最大应力比为 $\overline{\mu}_i^{(k)}$ $(i=1,2,\cdots,n)$，设其中的最大值为 $\overline{\mu}_{\max}^{(k)}$，则将桁架各杆件的截面积同时乘以 $\overline{\mu}_{\max}^{(k)}$ 即实现了射线步。即取桁架中最大应力比

$$\overline{\mu}_{\max}^{(k)}=\max(\overline{\mu}_1^{(k)},\overline{\mu}_2^{(k)},\cdots,\overline{\mu}_n^{(k)}) \tag{9.1.8}$$

确定新的设计点

$$A_i^{(k+1)} = \overline{\mu}_{\max}^{(k)} A_i^{(k)}, \quad i = 1, 2, \cdots, n \tag{9.1.9}$$

根据结构力学的原理，桁架各杆件的截面积同时改变 $\overline{\mu}_{\max}^{(k)}$ 倍，它们的内力不变，故而应力比均改变为原来的 $1/\overline{\mu}_{\max}^{(k)}$，即

$$\overline{\mu}_i^{(k+1)} = \frac{\overline{\mu}_i^{(k)}}{\overline{\mu}_{\max}^{(k)}}, \quad i = 1, 2, \cdots, n \tag{9.1.10}$$

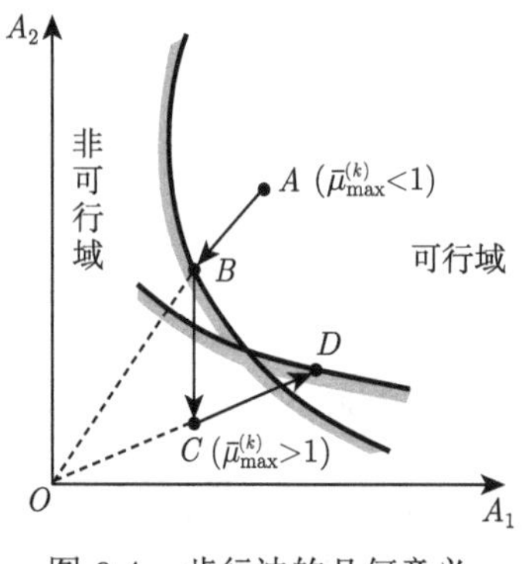

图 9.4　齿行法的几何意义

因此，原来应力比为 $\overline{\mu}_{\max}^{(k)}$ 的杆件，在射线步将截面改变 $\overline{\mu}_{\max}^{(k)}$ 倍后，它的应力比必然为 1，即总是落在约束曲线上。以两个设计变量为例，射线步的几何意义可用图 9.4 表示。在设计空间中，如果 $\overline{\mu}_{\max}^{(k)} < 1$，射线步就将过分保守的设计点 A 从可行域内向原点拉到最严的应力约束边界上的 B 点；如果 $\overline{\mu}_{\max}^{(k)} > 1$，射线步就将设计点 C 沿着通过原点 O 的射线从非可行域射到最严的应力约束边界上的 D 点。

值得注意的是，由于执行射线步后得到的可行设计落在最严约束边界上，设该最严约束边界是截面积为 A_1 所对应杆件的应力约束曲线 $\sigma(A_1, A_2) = \sigma^{\mathrm{a}}$，即该杆件处于满应力，因此，再从该可行设计出发执行满应力步时，截面积 A_1 就不必再修改。反映在设计空间中，设计点的满应力步移动是垂直于坐标轴 A_1 的。设图 9.4 中 C 点是从 B 点出发执行满应力步得到的，则移动路径 BC 垂直于坐标轴 A_1。齿行法在迭代过程中射线步与满应力步交替进行，在设计空间里走着一条类似于锯齿形的路线，这也是该方法名称的由来。

齿行法使满应力步与射线步交替迭代，每一次射线步后，使迭代点回到主约束曲面上，得到一个可行设计，计算一次重量，当发现某一射线步后结构的重量大于上一次射线步后的重量时，就终止迭代，取上一次的可行设计点为最优点。下面给出齿行法的具体迭代步骤。

算法 9.2 (齿行法)

(1) 给定初始设计各杆件截面积 $A_i^{(1)}$ $(i = 1, 2, \cdots, n)$，容许误差 $\varepsilon > 0$，置 $k = 1$，$W^{(0)} = C$(充分大的正数)。

(2) 根据 $A_i^{(k)}$ $(i = 1, 2, \cdots, n)$ 进行结构分析，计算各杆件的最大应力比 $\overline{\mu}_i^{(k)} = \max\limits_{1\leqslant j\leqslant L} \left(\dfrac{\sigma_{ij}^{(k)}}{\sigma_i^{\mathrm{a}}}\right)$ $(i = 1, 2, \cdots, n)$。

(3) 计算桁架中的最大应力比 $\overline{\mu}_{\max}^{(k)} = \max\limits_{1\leqslant i\leqslant n} \overline{\mu}_i^{(k)}$，执行射线步，按式 (9.1.9) 修改设计，计算 $A_i^{(k+1)}$ $(i = 1, 2, \cdots, n)$。

(4) 计算桁架重量 $W^{(k+1)} = \sum\limits_{i=1}^{n} \rho_i A_i^{(k+1)} l_i$。若 $W^{(k+1)} > W^{(k-1)}$，则停止计算，得最优设计的各杆件截面积为 $A_i^{(k-1)}$ $(i = 1, 2, \cdots, n)$；否则，转步骤 (5)。

(5) 按式 (9.1.10) 计算各杆件的最大应力比 $\overline{\mu}_i^{(k+1)}$ $(i = 1, 2, \cdots, n)$。

(6) 执行应力比步修改设计，令

$$A_i^{(k+2)} = \overline{\mu}_i^{(k+1)} A_i^{(k+1)}, \quad i = 1, 2, \cdots, n \tag{9.1.11}$$

置 $k = k + 2$，转步骤 (2)。

下面通过一算例进行具体演算。

例 9.3 用齿行法计算例 9.2。

解：假设初始截面 $A_1^{(1)} = A_2^{(1)} = 1\text{cm}^2$，进行结构分析，计算各杆件的最大应力比，由例 9.2 可知 $\overline{\mu}_1^{(1)} = 0.7071$, $\overline{\mu}_2^{(1)} = 0.4142$，故桁架各杆件中的最大应力比为 $\overline{\mu}_{\max}^{(1)} = \max(0.7071, 0.4142) = 0.7071$，利用式 (9.1.9) 计算各杆件新的截面积，有

$$A_1^{(2)} = \overline{\mu}_{\max}^{(1)} A_1^{(1)} = 0.7071 \times 1 = 0.7071(\text{cm}^2)$$

$$A_2^{(2)} = \overline{\mu}_{\max}^{(1)} A_2^{(1)} = 0.7071 \times 1 = 0.7071(\text{cm}^2)$$

此时结构的总重量为

$$W^{(2)} = \left(2\sqrt{2}A_1 + A_2\right) \rho l = 2.7071 \times 100 = 270.10(\text{N})$$

按式 (9.1.10) 计算各杆件的最大应力比，有

$$\overline{\mu}_1^{(2)} = \frac{\overline{\mu}_1^{(1)}}{\overline{\mu}_{\max}^{(1)}} = \frac{0.7071}{0.7071} = 1, \overline{\mu}_2^{(2)} = \frac{\overline{\mu}_2^{(1)}}{\overline{\mu}_{\max}^{(1)}} = \frac{0.4142}{0.7071} = 0.5858$$

然后，用应力比法求出各杆新的截面，有

$$A_1^{(3)} = \overline{\mu}_1^{(2)} A_1^{(2)} = 1 \times 0.7071 = 0.7071(\text{cm}^2)$$

$$A_2^{(3)} = \overline{\mu}_2^{(2)} A_2^{(2)} = 0.5858 \times 0.7071 = 0.4142(\text{cm}^2)$$

接着再进行结构分析重复上述过程。

本例全部计算过程示于表 9.5。由于 $W^{(6)} = 264.37\text{N} > W^{(4)} = 264.08\text{N}$，所以可以停止迭代，取最优解为 $A_1 = 0.7735\text{cm}^2$，$A_2 = 0.4531\text{cm}^2$。这时桁架总重量 $W = 264.08\text{N}$，它与精确解已比较接近，相差仅为 0.72% 。

表 9.5 例 9.3 计算过程

k	A_1/cm^2	A_2/cm^2	$\overline{\mu}_1$	$\overline{\mu}_2$	$\overline{\mu}_{\max}$	W/N
1	1.0000	1.0000	0.7071	0.4142	0.7071	
2	0.7071	0.7071	1.0000	0.5858		270.71
3	0.7071	0.4142	1.0938	0.7735	1.0938	
4	0.7735	0.4531	1.0000	0.7071		264.08
5	0.7735	0.3204	1.0541	0.8153	1.0541	
6	0.8153	0.3377	1.0000	0.7735		264.37

虽然齿行法可以避免收敛到非最优点，但其求得的最优解仍是近似解，有时因应力比步的步距过大，也会造成所得到的解离精确解仍然较远。为了解决这个问题，可以在执行

应力比步时，缩短其步长，使相邻两射线步的点与点之间更为靠近，从而提高最优解的精度。这个方法称为修改齿行法，其具体做法是将齿行法 (算法 9.2) 中步骤 (5) 按式 (9.1.10) 计算的应力比 $\overline{\mu}_i^{(k+1)}$ 修正为如下的 $\tilde{\mu}_i^{(k+1)}$：

$$\tilde{\mu}_i^{(k+1)} = 1 - \lambda(1 - \overline{\mu}_i^{(k+1)}) \tag{9.1.12}$$

式中，$0 < \lambda < 1$。显然，当 $\lambda = 1$ 时，$\tilde{\mu}_i^{(k+1)} = \overline{\mu}_i^{(k+1)}$，即为原来的齿行法；而当 $\lambda = 0$ 时，$\tilde{\mu}_i^{(k+1)} = 1$，即在应力比步的步长为零。$\lambda$ 的取值取决于对最优解的精度要求，λ 越小，精度越高，但所需迭代次数越多。

例 9.4　用修改齿行法计算例 9.2。

解： 初始截面不变仍为 $A_1^{(1)} = A_2^{(1)} = 1\text{cm}^2$，取 $\lambda = 0.5$。具体计算过程全部计算见表 9.6。最优解为 $A_1 = 0.7817\text{cm}^2$，$A_2 = 0.4284\text{cm}^2$，$W = 263.93\text{N}$。

表 9.6　例 9.4 修改齿行法计算过程

k	A_1/cm^2	A_2/cm^2	$\overline{\mu}_1$	$\overline{\mu}_2$	$\tilde{\mu}_1$	$\tilde{\mu}_2$	$\overline{\mu}_{\max}$	W/N
1	1.0000	1.0000	0.7071	0.4142			0.7071	
2	0.7071	0.7071	1.0000	0.5858	1.0000	0.7929		270.71
3	0.7071	0.5607	1.0404	0.6667			1.0404	
4	0.7357	0.5833	1.0000	0.6408	1.0000	0.8204		266.42
5	0.7357	0.4786	1.0336	0.7080			1.0336	
6	0.7604	0.4946	1.0000	0.6850	1.0000	0.8425		264.55
7	0.7604	0.4167	1.0280	0.7409			1.0280	
8	0.7817	0.4284	1.0000	0.7207	1.0000	0.8604		263.93
9	0.7817	0.3686	1.0234	0.7675			1.0234	
10	0.8000	0.3772	1.0000	0.7500	1.0000	0.8750		263.99

在优化设计过程中，并不要求设计者自始至终采用同一种优化方法，相反，为了提高精度或加速运算，在设计过程中可随时改变优化设计方法。如在本例中，可以从表 9.5 的第 4 行开始即齿行法已运行三步后，改用修改齿行法继续运算，同样取 $\lambda = 0.5$，可得最优解为 $A_1 = 0.7929\text{cm}^2$，$A_2 = 0.3964\text{cm}^2$，$W = 263.91\text{N}$。计算过程示于表 9.7。可见，它能得到更好的结果，而且计算效率更高。

表 9.7　例 9.4 修改齿行法与齿行法相结合计算过程

k	A_1/cm^2	A_2/cm^2	$\overline{\mu}_1$	$\overline{\mu}_2$	$\tilde{\mu}_1$	$\tilde{\mu}_2$	$\overline{\mu}_{\max}$	W/N
4	0.7735	0.4531	1.0000	0.7071	1.0000	0.8536		264.08
5	0.7735	0.3867	1.0251	0.7574			1.0251	
6	0.7929	0.3964	1.0000	0.7388	1.0000	0.8694		263.91
7	0.7929	0.3447	1.0211	0.7810			1.0211	
8	0.8096	0.3520	1.0000	0.7649	1.0000	0.8824		264.20

9.2　桁架满位移设计

满应力设计只考虑应力约束和几何约束 (最小截面限制)。但一个结构只满足强度要求还不够，还必须满足其他要求。例如，通常要求桁架在外力作用下，其节点的线位移 $\varDelta$ 不

大于容许位移 $\varDelta_{\mathrm{a}}$，即

$$\varDelta - \varDelta_{\mathrm{a}} \leqslant 0 \tag{9.2.1}$$

为了与满应力设计匹配，这里讨论具有单位移约束的桁架的满位移设计。满位移设计也是一种力学准则法，其优化准则是：在满足应力约束优化的基础上，使结构某点的位移达到容许值的设计是最轻设计。根据这个准则，可分为两种情况：①如果根据满应力设计或其他方法优化的结果，位移条件已经满足，则无须重新设计；②如果上述位移条件未满足，则必须调整某些杆件的截面积，使位移值降低。究竟调整哪些杆件的截面积，才能既使位移降低，又使重量最小呢？这就是本节研究的主要内容。

凡在当前满位移设计过程中，截面不作调整的杆件称为被动杆件；截面要作调整的杆件称为主动杆件。

设桁架在荷载作用下各杆轴力为 $\boldsymbol{N} = (N_1, N_2, \cdots, N_n)^{\mathrm{T}}$，沿所要控制的位移 $\varDelta$ 方向施加单位荷载引起的各杆轴力为 $\overline{\boldsymbol{N}} = (\overline{N}_1, \overline{N}_2, \cdots, \overline{N}_n)^{\mathrm{T}}$，根据虚功原理有

$$\varDelta = \sum_{i=1}^{n} \frac{N_i \overline{N}_i}{E_i A_i} l_{\mathrm{i}} \tag{9.2.2}$$

对于静定结构，由于轴力与杆件的截面积无关，位移 $\varDelta$ 对设计变量 A_j 的变化率为

$$\frac{\mathrm{d}\varDelta}{\mathrm{d}A_j} = -\frac{N_j \overline{N}_j l_j}{E_j A_j^2} \tag{9.2.3}$$

对于超静定结构，由于 N_i 和 $\overline{N}_i$ $(i = 1, 2, \cdots, n)$ 均与 A_j 有关，所以式 (9.2.2) 对 A_j 求导，有

$$\frac{\mathrm{d}\varDelta}{\mathrm{d}A_j} = -\frac{N_j \overline{N}_j l_j}{E_j A_j^2} + \sum_{i=1}^{n} \left(\frac{\partial N_i}{\partial A_j} \frac{\overline{N}_i l_i}{E_i A_i} + \frac{\partial \overline{N}_i}{\partial A_j} \frac{N_i l_i}{E_i A_i}\right) \tag{9.2.4}$$

式中，偏导数 $\dfrac{\partial N_i}{\partial A_j}$ 和 $\dfrac{\partial \overline{N}_i}{\partial A_j}$ 表示某一主动杆件的设计变量 A_j 改变单位面积时，轴力 N_i 和 $\overline{N}_i$ 的改变量，它们在结构中分别自成平衡力系。现以一简单例子证明如下。

图 9.5 所示三杆桁架，各杆的截面积为 A_1、A_2、A_3，在荷载 P 作用下产生的轴力为 N_1、N_2、N_3。由节点 A 的平衡条件知，P 与 N_1、N_2 和 N_3 组成一个平衡力系。设 A_3 增加单位面积，则在 P 的作用下各杆的轴力为 $N_1 + \dfrac{\partial N_1}{\partial A_3}$，$N_2 + \dfrac{\partial N_2}{\partial A_3}$，$N_3 + \dfrac{\partial N_3}{\partial A_3}$，再根据节点 A 的汇交力系平衡条件，显然有 $\dfrac{\partial N_1}{\partial A_3}$、$\dfrac{\partial N_2}{\partial A_3}$、$\dfrac{\partial N_3}{\partial A_3}$ 组成一个平衡力系。同理可以说明对 n 杆桁架有 $\dfrac{\partial N_i}{\partial A_j}$ $(i = 1, 2, \cdots n)$ 和 $\dfrac{\partial \overline{N}_i}{\partial A_j}$ $(i = 1, 2, \cdots, n)$ 分别自成平衡力系。

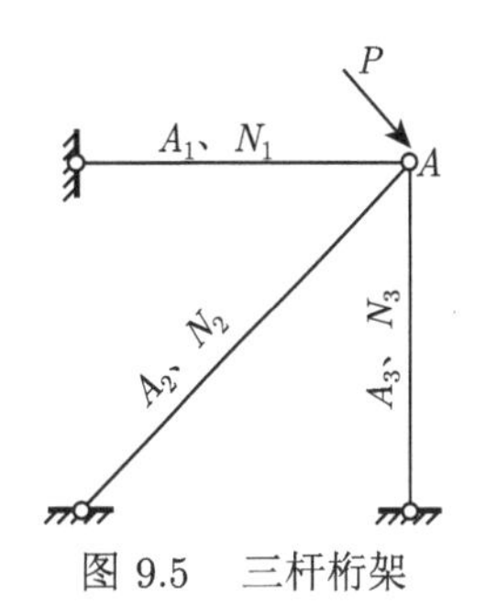

图 9.5 三杆桁架

式 (9.2.4) 中 $\dfrac{\overline{N}_i l_i}{E_i A_i}$ 和 $\dfrac{N_i l_i}{E_i A_i}$ 分别为单位荷载和外荷载作用下各杆件的变形值。根据虚功原理可知，自平衡力系在任意虚位移上所做的虚功为零，故

$$\sum_{i=1}^{n}\left(\frac{\partial N_i}{\partial A_j}\frac{\overline{N}_i l_i}{E_i A_i}\right)=0,\quad \sum_{i=1}^{n}\left(\frac{\partial \overline{N}_i}{\partial A_j}\frac{N_i l_i}{E_i A_i}\right)=0 \tag{9.2.5}$$

这样式 (9.2.4) 右边第二项为零，即

$$\sum_{i=1}^{n}\left(\frac{\partial N_i}{\partial A_j}\frac{\overline{N}_i l_i}{E_i A_i}+\frac{\partial \overline{N}_i}{\partial A_j}\frac{N_i l_i}{E_i A_i}\right)=0 \tag{9.2.6}$$

因此，对超静定结构式 (9.2.3) 仍然成立。

由式 (9.2.3) 可知，如果 $N_j\overline{N}_j<0$，则 $\dfrac{\mathrm{d}\varDelta}{\mathrm{d}A_j}>0$，也就是说，当 N_j 与 $\overline{N}_j$ 异号时，A_j 增加，$\varDelta$ 也增加。这类杆件在满位移设计中是被动杆件，截面积不作调整，仍取在其他约束条件下的优化设计所确定的面积。如果 $N_j\overline{N}_j>0$，那么这类杆件一般是主动杆件，但是，如果作为主动杆件经满位移设计，得到的截面积小于按其他约束 (如应力约束、几何约束等) 所确定的值，则应不作调整，而将该杆件归于被动杆件。

综上所述，符合下列两个原则之一的杆件均应划为被动杆件。

(1) $N_j\overline{N}_j<0$。

(2) 主动杆件经满位移设计的一次迭代后，其截面积小于其他约束要求。

划分了主、被动杆件以后，如何确定主动杆件的截面积，使得满足满位移条件，同时又使结构重量最轻呢？这也是一个优化问题。设经受力分析，前 k 个杆件为被动杆件，则单工况单位移约束下确定主动杆件截面积的优化模型为

$$\left.\begin{aligned}&\min\quad W(A_{k+1},A_{k+2},\cdots,A_n)=W_{\mathrm{p}}+\sum_{i=k+1}^{n}\rho_i A_i l_i\\&\text{s.t.}\quad \varDelta_{\mathrm{p}}+\sum_{i=k+1}^{n}\frac{N_i\overline{N}_i}{E_i A_i}l_i-\varDelta_{\mathrm{a}}=0\end{aligned}\right\} \tag{9.2.7}$$

式中，$W_{\mathrm{p}}=\sum\limits_{i=1}^{k}\rho_i A_i l_i$ 为被动杆件总重量；$\varDelta_{\mathrm{p}}=\sum\limits_{i=1}^{k}\dfrac{N_i\overline{N}_i}{E_i A_i}l_i$ 为被动杆件对控制点位移 $\varDelta$ 的贡献。

利用拉格朗日乘子法求解式 (9.2.7)，拉格朗日函数为

$$\begin{aligned}L&=W_{\mathrm{p}}+\sum_{i=k+1}^{n}\rho_i A_i l_i+\lambda\left(\varDelta_{\mathrm{p}}+\sum_{i=k+1}^{n}\frac{N_i\overline{N}_i}{E_i A_i}l_i-\varDelta_{\mathrm{a}}\right)\\&=W_{\mathrm{p}}+\sum_{i=k+1}^{n}\rho_i A_i l_i+\lambda\left(\sum_{i=1}^{n}\frac{N_i\overline{N}_i}{E_i A_i}l_i-\varDelta_{\mathrm{a}}\right)\end{aligned}$$

由 KKT 条件知

$$\frac{\partial L}{\partial A_j}=\rho_j l_j-\lambda\frac{N_j\overline{N}_j}{E_jA_j^2}l_j+\lambda\sum_{i=1}^{n}(\frac{\partial N_i}{\partial A_j}\frac{\overline{N}_il_i}{E_iA_i}+\frac{\partial\overline{N}_i}{\partial A_j}\frac{N_il_i}{E_iA_i})=0,\quad j=k+1,k+2,\cdots,n \tag{9.2.8}$$

$$\frac{\partial L}{\partial\lambda}=\varDelta_{\mathrm{p}}+\sum_{i=k+1}^{n}\frac{N_i\overline{N}_i}{E_iA_i}l_i-\varDelta_{\mathrm{a}}=0 \tag{9.2.9}$$

利用式 (9.2.6)，式 (9.2.8) 成为

$$\frac{\partial L}{\partial A_j}=\rho_j l_j-\lambda\frac{N_j\overline{N}_j}{E_jA_j^2}l_j=0,\quad j=k+1,k+2,\cdots,n \tag{9.2.10}$$

解得

$$A_j=\left(\frac{\lambda N_j\overline{N}_j}{E_j\rho_j}\right)^{1/2},\quad j=k+1,k+2,\cdots,n \tag{9.2.11}$$

将式 (9.2.11) 代入式 (9.2.9)，可得

$$\varDelta_{\mathrm{a}}-\varDelta_{\mathrm{p}}=\sum_{i=k+1}^{n}\frac{N_i\overline{N}_il_i(E_i\rho_i)^{1/2}}{E_i(\lambda N_i\overline{N}_i)^{1/2}}=\lambda^{-1/2}\sum_{i=k+1}^{n}l_i\left(\frac{N_i\overline{N}_i\rho_i}{E_i}\right)^{1/2} \tag{9.2.12}$$

于是得

$$\lambda^{1/2}=\frac{1}{\varDelta_{\mathrm{a}}-\varDelta_{\mathrm{p}}}\sum_{i=k+1}^{n}l_i\left(\frac{N_i\overline{N}_i\rho_i}{E_i}\right)^{1/2} \tag{9.2.13}$$

将式 (9.2.13) 代入式 (9.2.11)，得

$$A_j=\frac{1}{\varDelta_{\mathrm{a}}-\varDelta_{\mathrm{p}}}\left(\frac{N_j\overline{N}_j}{E_j\rho_j}\right)^{1/2}\sum_{i=k+1}^{n}l_i\left(\frac{N_i\overline{N}_i\rho_i}{E_i}\right)^{1/2},\quad j=k+1,k+2,\cdots,n \tag{9.2.14}$$

如果桁架各杆件的 E 和 ρ 相同，式 (9.2.14) 可简化为

$$A_j=\frac{(N_j\overline{N}_j)^{1/2}}{E(\varDelta_{\mathrm{a}}-\varDelta_{\mathrm{p}})}\sum_{i=k+1}^{n}l_i(N_i\overline{N}_i)^{1/2},\quad j=k+1,k+2,\cdots,n \tag{9.2.15}$$

式 (9.2.14) 和式 (9.2.15) 就是单工况单位移约束的满位移法中求主动杆件截面积的公式。但需要注意，如果由此求出的截面积小于其他约束的要求，则应将此杆件划分为被动杆件重新进行满位移设计。因此，满位移设计仍然需要一个迭代的过程来实现。下面给出具体计算步骤。

算法 9.3 (单节点单位移约束的满位移法)

---

(1) 取各截面积的下限或满应力设计为初始设计 $\boldsymbol{A}^{(0)}=(A_1^{(0)},A_2^{(0)},\cdots,A_n^{(0)})^{\mathrm{T}}$，给定容许误差 $\varepsilon>0$，置 $k=0$。

(2) 根据 $\boldsymbol{A}^{(k)}$ 进行结构分析，分别计算实荷载和虚荷载作用下的内力 $N_i^{(k)}$ 和 $\overline{N}_i^{(k)}$。将满足 $N_i\overline{N}_i > 0$ 杆件划归被动杆件，记指标集为 $I_{\rm p}$；其余杆件为主动杆件，记指标集为 $I_{\rm a}$。

(3) 按式 (9.2.14) 或式 (9.2.15) 计算主动杆件的截面积 A_j $(j \in I_{\rm a})$。

(4) 若存在 $A_j < A_j^{(0)}$ $(j \in I_{\rm a})$，则把第 j 杆划为被动杆件，修改指标集 $I_{\rm a} = I_{\rm a} \backslash \{j\}$，$I_{\rm p} = I_{\rm p} \cup \{j\}$，转步骤 (3)；否则，令 $A_j^{(k+1)} = A_j$ $(j \in I_{\rm a})$，$A_j^{(k+1)} = A_j^{(k)}$ $(j \in I_{\rm p})$，转步骤 (5)。

(5) 若 $\max\limits_{1 \leqslant i \leqslant n} \left| A_i^{(k+1)} - A_i^{(k)} \right| < \varepsilon$，则终止迭代，得最优解 $\boldsymbol{A}^{(k+1)}$；否则，令 $k = k+1$，转步骤 (2)。

例 9.5 在满足应力约束下，对图 9.6 所示静定桁架作满位移设计。节点 C 的容许竖向位移 $\varDelta_{\rm C}^{\rm a} = 0.01{\rm m}$。杆件为双等肢角钢，材料为 A3 钢，弹性模量 $E = 2.1 \times 10^8{\rm kPa}$，容许拉应力 $\sigma^{\rm t} = 1.7 \times 10^5{\rm kPa}$。最小截面积限制为 $A_{\min} = 3.0{\rm cm}^2 = 3.0 \times 10^{-4}{\rm m}^2$。

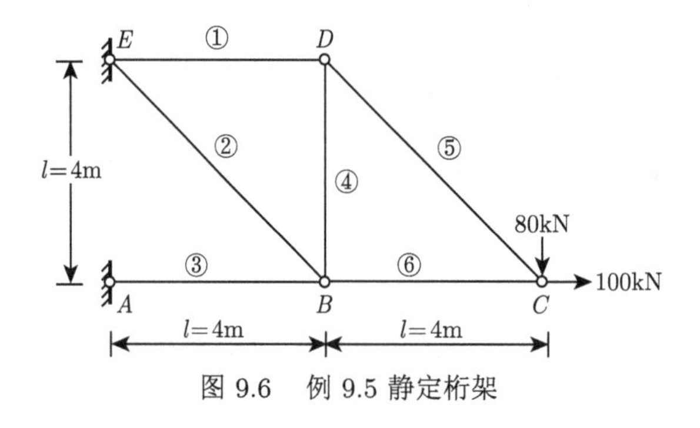

图 9.6 例 9.5 静定桁架

解： (1) 按满应力设计计算各杆的截面积并作初始设计。经受力分析，实际荷载作用下各杆轴力为

$$\begin{aligned}\boldsymbol{N} &= (N_1, N_2, N_3, N_4, N_5, N_6)^{\rm T} \\ &= (80,\ 113.12,\ -60,\ -80,\ 113.12,\ 20)^{\rm T}{\rm kN}\end{aligned}$$

由于静定结构的内力与截面积无关，故满应力设计中拉杆的面积 $A_i = \dfrac{N_i}{\sigma^{\rm t}}$，对压杆，考虑稳定要求，应力应满足

$$\frac{N_i}{A_i} \leqslant \frac{\pi^2 E}{l_i^2} \frac{I_i}{A_i} \alpha_0$$

式中，N_i 取绝对值；α_0 为折减系数；对双等肢角钢有 $I_i \approx \alpha_1 A_i^2$，故

$$\frac{N_i}{A_i} \leqslant \frac{\pi^2 E}{l_i^2} A_i \alpha_0 \alpha_1$$

记 $\alpha = \alpha_0 \alpha_1$，有如下拟合公式

$$\alpha = 0.1375 - 0.000125 \frac{N_i}{l_i}$$

式中，l_i 为 i 杆长度，以 m 计；N_i 取绝对值以 kN 计。故在满应力时，压杆截面积由下式计算：

$$A_i = \frac{l_i^{1.5}}{\pi}\left(\frac{N_i}{E(0.1735l_i - 0.000125N_i)}\right)^{0.5} = \frac{l_i^{1.5}}{3140}\left(\frac{N_i}{28.9l_i - 0.03N_i}\right)^{0.5}$$

经计算，有

$$A_1 = \frac{80}{1.7\times 10^5} = 4.71\times 10^{-4}(\mathrm{m}^2)$$

$$A_2 = \frac{113.12}{1.7\times 10^5} = 6.65\times 10^{-4}(\mathrm{m}^2)$$

$$A_5 = \frac{113.12}{1.7\times 10^5} = 6.65\times 10^{-4}(\mathrm{m}^2)$$

$$A_6 = \frac{20}{1.7\times 10^5} = 1.18\times 10^{-4}(\mathrm{m}^2)$$

$$A_3 = \frac{4^{1.5}}{3140}\times\left(\frac{60}{28.9\times 4 - 0.03\times 60}\right)^{0.5} = 18.5\times 10^{-4}(\mathrm{m}^2)$$

$$A_4 = \frac{4^{1.5}}{3140}\times\left(\frac{80}{28.9\times 4 - 0.03\times 80}\right)^{0.5} = 21.4\times 10^{-4}(\mathrm{m}^2)$$

考虑到几何约束，最后满应力设计取

$$\boldsymbol{A}^{(0)} = (4.71, 6.65, 18.5, 21.4, 6.65, 3.00)^{\mathrm{T}}\mathrm{cm}^2$$

刚度验算，首先计算单位虚荷载作用下各杆的轴力

$$\overline{\boldsymbol{N}} = (1, 1.414, -2, -1, 1.414, -1)^{\mathrm{T}}$$

C 点的竖向位移为

$$\begin{aligned}\varDelta_{\mathrm{c}} &= \frac{1}{E}\sum_{i=1}^{6}\frac{N_i\overline{N}_i l_i}{A_i} = \frac{1}{2.1\times 10^8}\times\left(\frac{80\times 1\times 4}{4.71\times 10^{-4}} + \frac{113.12\times 1.414\times 5.66}{6.65\times 10^{-4}}\right.\\ &\quad\left. + \frac{60\times 2\times 4}{18.5\times 10^{-4}} + \frac{80\times 1\times 4}{21.4\times 10^{-4}} + \frac{113.12\times 1.414\times 5.66}{6.65\times 10^{-4}} - \frac{20\times 1\times 4}{3.00\times 10^{-4}}\right)\\ &= 0.0169(\mathrm{m})\end{aligned}$$

可见刚度不够，需按满位移设计。

(2) 确定主被动杆件。根据式 (9.2.3)，从 $\boldsymbol{N}$ 和 $\overline{\boldsymbol{N}}$ 看出，杆 6 为被动杆件，杆 1，2，3，4，5 暂定为主动杆件。

(3) 求满位移设计下主动杆件截面积

$$\varDelta_0 = \frac{N_6\overline{N}_6}{EA_6}l_6 = -\frac{20\times 1\times 4}{2.1\times 10^8\times 3\times 10^{-4}} = -0.13\times 10^{-2}(\mathrm{m})$$

在式 (9.2.15) 中，记

$$
\begin{aligned}
S &= \frac{1}{E(\varDelta_{\mathrm{C}}^{\mathrm{a}} - \varDelta_0)} \sum_{i=1}^{5} l_i (N_i \overline{N}_i)^{0.5} \\
&= \frac{1}{2.1 \times 10^8 \times (1 \times 10^{-2} + 0.13 \times 10^{-2})} (4 \times (80 \times 1)^{0.5} + 5.66 \times (113.12 \times 1.414)^{0.5} \\
&\quad + 4 \times (60 \times 2)^{0.5} + 4 \times (80 \times 1)^{0.5} + 5.66 \times (113.12 \times 1.414)^{0.5}) \\
&= 1.09 \times 10^{-4} \left(\frac{\mathrm{m}^2}{\mathrm{kN}^{0.5}} \right)
\end{aligned}
$$

则

$$
A_i = (\overline{N}_i N_i)^{0.5} S, \quad i = 1, 2, \cdots, 5
$$

可得

$$
A_1 = A_4 = (80 \times 1)^{0.5} \times 1.09 \times 10^{-4} \mathrm{m}^2 = 9.75 \times 10^{-4} \mathrm{m}^2 = 9.75 \mathrm{cm}^2
$$

$$
A_2 = A_5 = (113.12 \times 1.414)^{0.5} \times 1.09 \times 10^{-4} \mathrm{m}^2 = 13.79 \times 10^{-4} \mathrm{m}^2 = 13.79 \mathrm{cm}^2
$$

$$
A_3 = (60 \times 2)^{0.5} \times 1.09 \times 10^{-4} \mathrm{m}^2 = 11.94 \times 10^{-4} \mathrm{m}^2 = 11.94 \mathrm{cm}^2
$$

由于 $A_3 < A_3^{(0)}$，$A_4 < A_4^{(0)}$，故应将杆 3、4 划为被动杆件，即此时杆 3、4、6 为被动杆件，杆 1、2、5 为主动杆件。

(4) 再计算满位移设计主动杆件截面积，有

$$
\begin{aligned}
\varDelta_0 &= \sum_{i=3,4,6} \frac{N_i \overline{N}_i l_i}{E A_i} \\
&= \frac{60 \times 2 \times 4}{2.1 \times 10^8 \times 18.5 \times 10^{-4}} + \frac{80 \times 1 \times 4}{2.1 \times 10^8 \times 21.4 \times 10^{-4}} - \frac{20 \times 1 \times 4}{2.1 \times 10^8 \times 3 \times 10^{-4}} \\
&= 6.5 \times 10^{-4} (\mathrm{m})
\end{aligned}
$$

$$
\begin{aligned}
S &= \frac{1}{E(\varDelta_{\mathrm{C}}^{\mathrm{a}} - \varDelta_0)} \sum_{i=1,2,5} l_i (N_i \overline{N}_i)^{0.5} \\
&= \frac{1}{2.1 \times 10^8 \times (1 \times 10^{-2} - 6.5 \times 10^{-4})} (4 \times (80 \times 1)^{0.5} \\
&\quad + 5.66 \times (113.12 \times 1.414)^{0.5} + 5.66 \times (113.12 \times 1.414)^{0.5}) \\
&= 0.91 \times 10^{-4} \left(\frac{\mathrm{m}^2}{\mathrm{kN}^{0.5}} \right)
\end{aligned}
$$

$$
A_1 = (80 \times 1)^{0.5} \times 0.91 \times 10^{-4} \mathrm{m}^2 = 8.15 \times 10^{-4} \mathrm{m}^2 = 8.15 \mathrm{cm}^2
$$

$$
A_2 = A_5 = (113.12 \times 1.414)^{0.5} \times 0.91 \times 10^{-4} \mathrm{m}^2 = 11.51 \times 10^{-4} \mathrm{m}^2 = 11.51 \mathrm{cm}^2
$$

得最优解

$$\boldsymbol{A}^* = (8.15,\ 11.51,\ 18.5,\ 21.4,\ 11.51,\ 3.00)^{\mathrm{T}}\mathrm{cm}^2$$

设 $\rho = 7.85\mathrm{t/m^3}$，则

$$\boldsymbol{W}^* = 7.85 \times (4 \times 8.15 + 2 \times 5.66 \times 11.51 + 4 \times 21.4 + 4 \times 3) \times 10^{-4} = 0.263(\mathrm{t})$$

在 $\boldsymbol{A}^*$ 下，$\Delta_{\mathrm{c}} = 1.0\times10^{-2}\mathrm{m}$。如果不是按满位移设计，而是把 $\boldsymbol{A}^{(0)}$ 放大 1.69 倍，也可得 $\Delta_{\mathrm{c}} = 1.0\times10^{-2}\mathrm{m}$，但此时 $W = 7.85\times4\times(4.71+2\times6.65\sqrt{2}+18.5+21.4+3)\times10^{-4}\times1.69 = 0.354(\mathrm{t})$，它比 W^* 大 34% 。

从上述讨论看出，对于静定桁架，虽然传统设计一般接近满应力设计，但当截面由位移条件控制时，满位移设计既简单又有效。

9.3 能量准则法

众所周知，若弹性体在受到外力作用过程中没有能量损失，则外力所做的功将全部转化为能量储存在弹性体内。这种能量称为应变能，它可以由外力做的功来计算。

设有长度为 $\mathrm{d}s$，横截面积为 $\mathrm{d}A$ 的单向受力微段 (图 9.7(a))，其材料的应力应变关系如图 9.7(b) 所示，力 $\sigma\mathrm{d}A$ 经过变形位移 $\mathrm{d}\varepsilon\mathrm{d}s$ 所做的功为

$$\sigma\mathrm{d}A\cdot\mathrm{d}\varepsilon\mathrm{d}s = \sigma\mathrm{d}\varepsilon\mathrm{d}V \tag{9.3.1}$$

在应力从零增加到 σ_0 和相应的应变从零增加到 ε_0 的过程中，微段的应变能为

$$\mathrm{d}U = \left(\int_0^{\varepsilon_0}\sigma\mathrm{d}\varepsilon\right)\mathrm{d}V \tag{9.3.2}$$

式中，$\mathrm{d}V$ 是微段的体积，$\int_0^{\varepsilon_0}\sigma\mathrm{d}\varepsilon$ 表示单位体积的应变能，称为应变能密度。

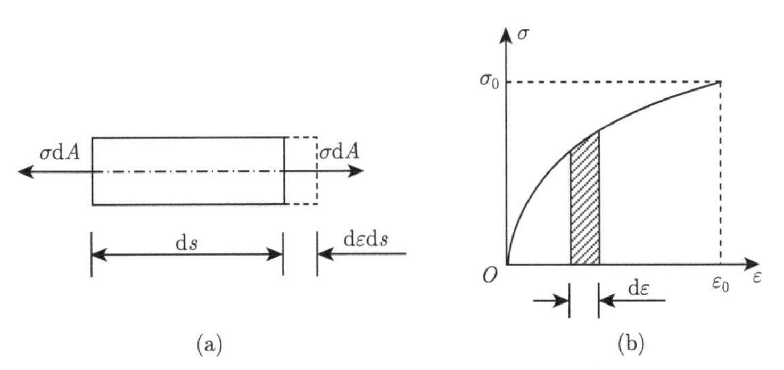

图 9.7 单向受力微段及应力应变关系

出此可以求得整个体积内的应变能为

$$U = \int_V\int_0^{\varepsilon_0}\sigma\mathrm{d}\varepsilon\mathrm{d}V \tag{9.3.3}$$

结构在荷载作用下发生变形而储存一定的应变能。结构某一部分储存应变能的量是衡量它参加抵抗多少荷载作用的标志。因此，为了最大限度地发挥材料的潜力，应尽可能使材料在结构中的分布和各处的应变能成正比。就提出了能量准则：使结构中单位体积的应变能达到材料的许用值时，结构的重量最轻。

如果称构件所能储存的最大应变能为构件的“容许应变能”，那么结构优化的能量准则又可以说成是：结构各构件的应变能都等于相应的容许应变能时，此结构总重量就被认为是最轻的。可见，这种设计思想和满应力设计很相似，故而这种设计方法又称为满应变能设计。

由于构件容许应变能与构件的尺寸有关，以桁架为例，它与设计变量 A_i 有关，除了单一荷载情况下的静定结构，一般很难使各构件的应变能与它的容许应变能完全相等。故可把能量准则改写为：要求各杆件应变能与其容许应变能的比值趋近于结构总应变能与总容许应变能之比值，且等于某一常数。即

$$\frac{U_i}{U_i^{\mathrm{a}}} \to \frac{U}{U^{\mathrm{a}}} \to \frac{1}{C^2} \tag{9.3.4}$$

式中，$U = \sum\limits_i U_i$，$U^{\mathrm{a}} = \sum\limits_i U_i^{\mathrm{a}}$ 分别为结构的总应变能与总容许应变能；C 为大于等于 1 的常数。

将式 (9.3.4) 两边同乘以 $C^2 A_i^2$，得

$$C^2 A_i^2 \frac{U_i}{U_i^{\mathrm{a}}} \to A_i^2 \tag{9.3.5}$$

由此可以构造出能量准则法的迭代公式

$$A_i^{(k+1)} = A_i^{(k)} C \sqrt{\left(\frac{U_i}{U_i^{\mathrm{a}}}\right)^{(k)}} \tag{9.3.6}$$

从一个初始方案 $A_i^{(0)}$ 开始进行一次结构分析，用式 (9.3.6) 可得到第二个方案 $A_i^{(1)}$。重复这一过程直到相继的两个方案 $A_i^{(k+1)}$ 和 $A_i^{(k)}$ 足够接近。

在多工况作用下，则采用在各种荷载工况下杆件 U_i 的最大值代入，其相应的迭代公式为

$$A_i^{(k+1)} = A_i^{(k)} C \sqrt{\left(\frac{U_{i\ \max}}{U_i^{\mathrm{a}}}\right)^{(k)}} \tag{9.3.7}$$

一般情况下，常数 C 可用来控制收敛的速度，即 C 的大小可以根据求解时收敛的快慢来确定。开始时可以取大些，在迭代过程中逐渐逼近于 1 。在用能量准则法时，以采用位移法进行结构分析较适宜，因为这样便于由位移求出各杆件的应变，从而求出应变能。

特别的，当桁架采用线弹性材料时，第 i 杆在荷载作用下的应变能可利用式 (9.3.3) 计算得

$$U_i = \frac{1}{2} E \varepsilon_i^2 A_i l_i \tag{9.3.8}$$

式中，ε_i 为荷载作用下第 i 根杆件的应变。

第 i 杆的容许应变能 U_i^{a} 为

$$U_i^{\mathrm{a}}=\frac{1}{2}E(\varepsilon_i^{\mathrm{a}})^2A_il_i \tag{9.3.9}$$

式中，$\varepsilon_i^{\mathrm{a}}$ 为第 i 杆件的最大容许应变。

由以上两式可得

$$\frac{U_i}{U_i^{\mathrm{a}}}=\left(\frac{\varepsilon_i}{\varepsilon_i^{\mathrm{a}}}\right)^2 \tag{9.3.10}$$

将式 (9.3.10) 代入式 (9.3.6)，得

$$A_i^{(k+1)}=A_i^{(k)}C\sqrt{\left(\frac{\varepsilon_i^{(k)}}{\varepsilon_i^{\mathrm{a}}}\right)^2}=A_i^{(k)}C\frac{\varepsilon_i^{(k)}}{\varepsilon_i^{\mathrm{a}}} \tag{9.3.11}$$

利用胡克定律 $\varepsilon=\dfrac{\sigma}{E}$，可得

$$A_i^{(k+1)}=A_i^{(k)}C\frac{\sigma_i^{(k)}}{\sigma_i^{\mathrm{a}}} \tag{9.3.12}$$

当 $C=1$ 时，式 (9.3.12) 成为

$$A_i^{(k+1)}=A_i^{(k)}\frac{\sigma_i^{(k)}}{\sigma_i^{\mathrm{a}}}=\mu_i^{(k)}A_i^{(k)} \tag{9.3.13}$$

可见此时能量准则法的结果与满应力设计的解完全一致。

9.4 渐进结构优化法

渐进结构优化法 (evolutionary structural optimization，ESO 法) 是 Xie 和 Steven (1993) 提出的用于连续体拓扑优化的一种力学准则法，其基本思想是通过不断删除无效或低效单元使结构逐步达到最优，本质上是使材料的效能得到充分利用，或者响应均匀化。这里主要针对应力优化介绍 ESO 法中的进化策略。材料效能的利用程度常采用 von Mises 等效应力来衡量。对于各向同性材料，在平面应力问题中的 von Mises 等效应力定义为

$$\sigma^{\mathrm{vm}}=\sqrt{\sigma_x^2+\sigma_y^2-\sigma_x\sigma_y+3\tau_{xy}^2} \tag{9.4.1}$$

式中，σ_x 为 x 方向正应力；σ_y 为 y 方向正应力；τ_{xy} 为切应力。

对结构进行有限元分析后，求出每个单元 e 的 von Mises 等效应力 σ_e^{vm} 与整个结构中单元 von Mises 等效应力的最大值 $\sigma_{\max}^{\mathrm{vm}}$，根据他们的相对比来确定每个单元的应力水平从而进行删除判别。在渐进结构优化过程中引入一个删除率 RR_i(rejection ratio)，如果单元 e 的等效应力满足：

$$\frac{\sigma_e^{\mathrm{vm}}}{\sigma_{\max}^{\mathrm{vm}}}\leqslant \mathrm{RR}_i \tag{9.4.2}$$

则认为该单元处于低效状态，可以从结构中删除。

在当前删除率 RR_i 下，重复进行单元删除和有限元分析的步骤，直到结构中每一个单元均不满足式 (9.4.2)，即在此删除率下对应的稳态优化构型已经达到。为了使渐进结构优化进一步进行，引入删除进化率 ER(evolutionary ratio)，按下式更新删除率：

$$\mathrm{RR}_{i+1} = \mathrm{RR}_i + \mathrm{ER}; \mathrm{RR}_0 = 0, \quad i = 0, 1, 2, \cdots \tag{9.4.3}$$

伴随着删除率的增加，优化的稳态被打破，渐进结构优化将进行新一轮的单元删除与有限元分析操作，直至达到新的稳定状态。为了保证结构优化的稳定性，迭代过程中初始删除率与进化率的值往往较低，常见的多在 0.5%~1.0% 。

重复上述过程直至达到预定的目标删除率或目标体积分数 (剩余体积与初始体积之比)。下面给出渐进结构优化法的具体实施步骤。

算法 9.4 (ESO 法)

(1) 确定初始设计区域，进行网格划分，考虑材料参数、荷载和边界条件，建立有限元模型；定义初始删除率 RR_0，删除进化率 ER 以及目标删除率或目标体积分数。

(2) 对当前模型进行有限元分析，计算各单元的等效应力。

(3) 将满足式 (9.4.2) 的单元记为低效单元，设低效单元总数为 NEV。

(4) 如果 $\mathrm{NEV} > 0$，删除所有低效单元，转步骤 (2)；否则，说明已在当前删除率下达到稳定状态，转步骤 (5)。

(5) 判断是否满足终止条件，满足则停止迭代，提取相应的最优结构；否则，根据公式 (9.4.3) 更新删除率后转步骤 (3)。

从上述算法可见，渐进结构优化法原理简单直观，很容易借助有限元计算分析软件实现迭代优化求解过程，具有较强的通用性与实用性。但 ESO 算法在优化过程常常出现一些数值不稳定现象，最典型的是棋盘格现象和网格依赖性。棋盘格现象指在优化结果中部分单元仅靠节点与其他单元相连接 (如图 9.8 中椭圆内所示)，导致实体材料与空洞交替出现，呈现类似棋盘格的形式。网格依赖现象指拓扑优化的结构与有限元网格划分的密度 (单元数量) 有密切的关系，网格密度 (单元数量) 不同会产生不同的优化结果。

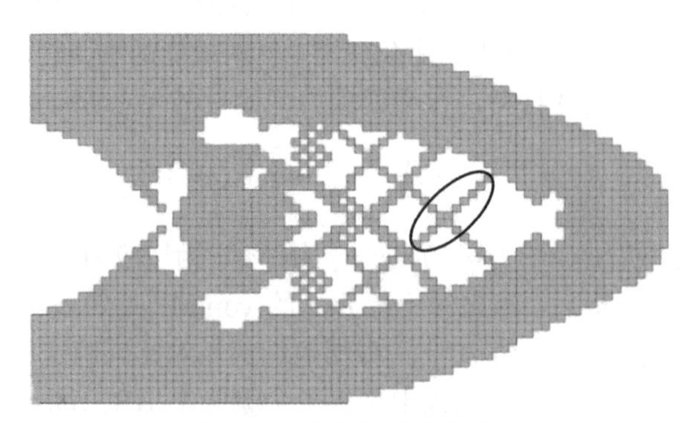

图 9.8　棋盘格效应现象

为了抑制棋盘格现象的出现，常采用灵敏度过滤法，基本思想就是对拓扑优化过程中单元的灵敏度进行再分配，改善单元间灵敏度高低分布的现象，从而抑制材料删除后拓扑构型中孔洞和独立单元的出现。

基于单元等效应力的灵敏度分配法本质上是重新分配每个单元的应力值，主要包含两个步骤：首先采用绕单元平均法计算各个节点的应力

$$\sigma_k = \frac{\sum\limits_{i=1}^{\mathrm{NE}} V_i \sigma_i^0}{\sum\limits_{i=1}^{\mathrm{NE}} V_i} \tag{9.4.4}$$

式中，σ_k 为节点 k 的应力值，σ_i^0 为过滤前第 i 个单元的应力值；V_i 为第 i 个单元的体积，NE 为与节点 k 相连的单元数目。

然后再将单元所有节点应力的平均值作为过滤后的单元应力，即

$$\sigma_e = \frac{1}{n}\sum_{k=1}^{n} \sigma_k \tag{9.4.5}$$

式中，σ_e 为过滤后单元 e 的应力值；n 为单元 e 的节点数，对平面矩形单元 $n=4$，对 3 维长方体单元 $n=8$。

上述两步又称为单元应力的一阶光滑技术，过滤后的应力是由所考察单元及与该单元有公共节点的所有单元 (即包围考察单元的一层单元) 的应力计算的。如果计算涉及所考察单元及包围该单元的二层单元，则过滤后的应力称为二阶光滑应力。一般地，单元应力过滤式可表示为

$$\sigma_e = \frac{\sum\limits_{i=1}^{m} w_i V_i \sigma_i^0}{\sum\limits_{i=1}^{m} w_i V_i} \tag{9.4.6}$$

式中，m 为涉及单元的个数；w_i 为第 i 个单元的权重系数，权重系数应满足

$$\sum_{i=1}^{m} w_i = 1 \tag{9.4.7}$$

对于均匀的矩形单元网格，不同位置单元的一阶权重系数如图 9.9 所示。

在结构进化过程中，按上述过滤后的应力判断单元是否删除，可以较好地抑制棋盘格现象的出现。但上述光滑化方法还是基于单元进行的，不可避免仍然可能出现网格依赖性。为了解决网格依赖性，引入过滤半径 $r_{\min}$ 来判断某节点是否参与考察单元应力的光滑处理。具体来说，如果某节点到考察单元形心的距离小于 $r_{\min}$，则参与该单元的应力光滑计算；否则不参与。从几何角度来说，就是以考察单元 i 的形心为中心，以 $r_{\min}$ 为半径形成一个圆 (球) 形区域 Ω_i，在区域 Ω_i 内的节点参与单元应力的光滑计算。这样，第 i 单元过滤后的应力为

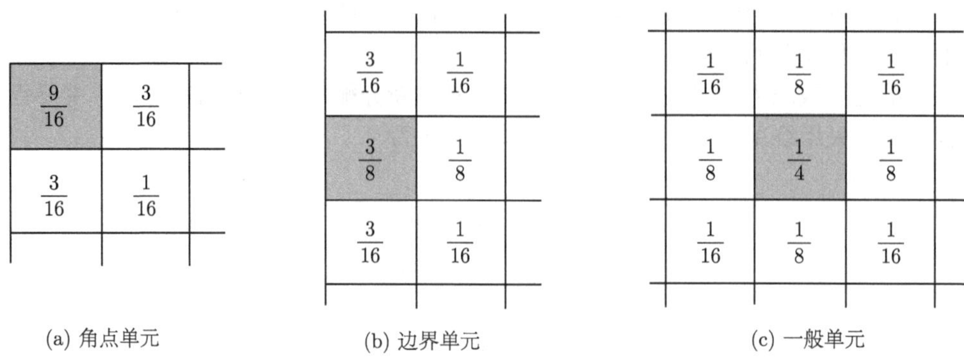

(a) 角点单元　(b) 边界单元　(c) 一般单元

图 9.9　平面单元一阶权重分配示意图

$$\hat{\sigma}_i = \frac{\sum\limits_{j=1}^{\mathrm{NN}} w(r_{ij})\sigma_j}{\sum\limits_{j=1}^{\mathrm{NN}} w(r_{ij})} \tag{9.4.8}$$

式中，NN 是区域 Ω_i 内的所有节点数；r_{ij} 是单元 i 的形心到节点 j 的距离；权系数 $w(r_{ij})$ 按下式计算

$$w(r_{ij}) = \begin{cases} r_{\min} - r_{ij}, & r_{ij} < r_{\min} \\ 0, & r_{ij} \geqslant r_{\min} \end{cases} \tag{9.4.9}$$

在实际应用 ESO 法进行结构渐进优化时，通常在执行算法 9.4 的步骤 (3) 之前先利用式 (9.4.8) 对单元应力进行光滑化处理。

例 9.6　两端铰支的 Michell 型结构是一个经典的拓扑结构优化算例。设计区域、约束和荷载如图 9.10 所示，待优化结构的设计区域为一个 $10\text{m} \times 5\text{m}$ 的矩形，弹性模量为 100GPa，泊松比为 0.3，矩形设计域厚度为 0.1m，荷载为一个 1kN 的集中力施加于矩形设计域底边中点。将设计区域划分为 50×25 即 1250 个边长为 0.2m 的正方形四节点平面应力单元。将初始单元删除率 RR_0 设置为 0，而单元删除进化率 ER 设置为 0.005。终止准则为体积分数 $\text{VR} \leqslant 0.2$。

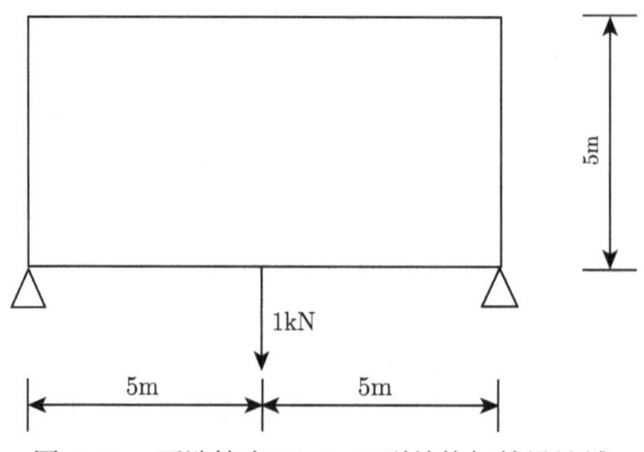

图 9.10　两端铰支 Michell 型结构初始设计域

图 9.11 给出了 ESO 法优化 Michell 型结构的几个中间构型，不难发现：随着优化的迭代进行低效单元被不断删除，优化后的结构构型清晰，且符合工程实际。虽然在荷载施加处附近产生了两个小的孔洞，但并未出现大面积的棋盘格现象，且对结构的整体性并不构成较大影响，在实际材料加工过程中也可以忽略。

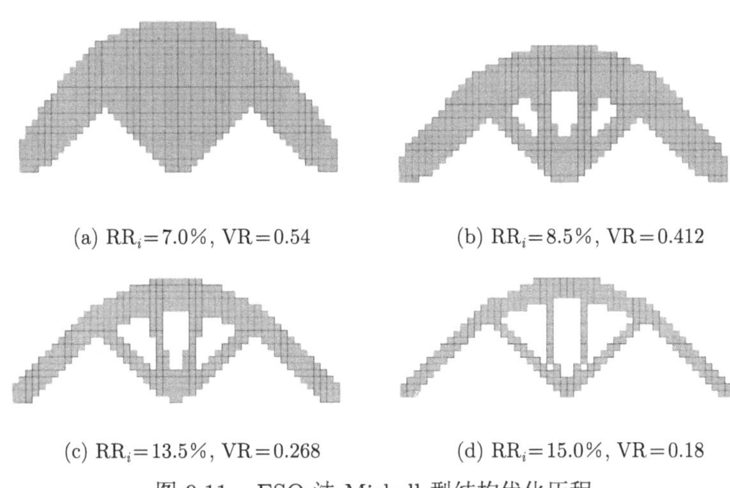

(a) $RR_i=7.0\%$, $VR=0.54$　(b) $RR_i=8.5\%$, $VR=0.412$

(c) $RR_i=13.5\%$, $VR=0.268$　(d) $RR_i=15.0\%$, $VR=0.18$

图 9.11　ESO 法 Michell 型结构优化历程

第 10 章　结构设计灵敏度分析与结构重分析

结构优化设计中的优化方法一般分为两大类。第一类是利用导数的优化方法，这类方法除了需计算目标函数和约束函数，还需要计算目标函数和约束函数对设计变量的导数。第二类则不需要计算目标函数及约束函数的梯度，而仅仅需要计算这些函数的值。第一类方法利用了更多的有关设计点的分析信息，因而它比第二类方法更加有效，所需结构重分析的次数更少。事实上，基于第一类方法的结构优化设计，其求解的效率在很大程度上依赖设计灵敏度分析的效率和精度，可以为选择搜索方向以获得改进的、新的可行设计点提供重要信息。

通常将计算目标函数、约束函数对设计变量的导数称为设计灵敏度分析。对结构优化设计来说，一般目标函数对设计变量的导数比较容易计算。约束函数中包含结构性态响应(如位移、应力等)，而性态响应与设计变量之间的关系需要通过结构分析才能确定，且一般没有显式关系。因此，求解约束函数对设计变量的导数比较困难。设计灵敏度分析，特别是求解约束函数对设计变量的导数，与设计变量的性质以及结构分析方法有着密切的关系。由于有限单元法在结构分析中的广泛应用，许多设计灵敏度分析方法都是基于有限单元法的。

结构优化的求解过程一般是一个迭代过程。在每次迭代之后，结构中各构件的尺寸、位置、形状等优化变量就发生了变化，为了获得新结构的应力、位移等性态参数，就必须重新进行结构分析。因此，结构优化设计需要反复执行“修改设计—结构分析—修改设计”的过程，有时需要几十次，甚至上百次才能得到满意的结果。现代结构分析大都是借助有限元技术来完成的，而每次修改都做一次完全的有限元分析，计算量颇大，耗时颇多。为了减少计算成本自然地提出了结构变化后的快速分析问题，即重分析问题。结构重分析方法的目的是利用初始结构分析的相关信息，设计高效算法来求解修改后结构的响应以使得计算成本显著降低，从而加速设计与优化过程。

结构设计灵敏度分析与结构重分析是结构优化设计中的两个重要内容。本章主要介绍一些常用方法。

10.1　差分法计算设计灵敏度

采用有限差分法计算设计灵敏度的基本做法是使某个设计变量有一微小摄动，通过结构分析求出结构性态，计算约束函数值，再由差分格式来近似计算约束函数对该设计变量的导数。一种简单的策略是采用向前差分格式，在 $\boldsymbol{x}^{(k)}$ 点，约束函数 $g_i(\boldsymbol{x})$ 对设计变量 x_j 的偏导数 $\dfrac{\partial g_i(\boldsymbol{x}^{(k)})}{\partial x_j}$ 近似为

$$\frac{\partial g_i(\boldsymbol{x}^{(k)})}{\partial x_j} \approx \frac{g_i(\boldsymbol{x}^{(k)}+h\boldsymbol{e}_j)-g_i(\boldsymbol{x}^{(k)})}{h} \tag{10.1.1}$$

式中，h 为微小摄动量；$\boldsymbol{e}_j=(0,\cdots,0,\underset{j}{1},0,\cdots,0)^{\mathrm{T}}$。

不难分析，向前差分格式 (10.1.1) 的截断误差与摄动量 h 同阶，当 $h\to 0$ 时，截断误差为 $O(h)$。有时也采用更为精确的中心差分公式

$$\frac{\partial g_i(\boldsymbol{x}^{(k)})}{\partial x_j} \approx \frac{g_i(\boldsymbol{x}^{(k)}+h\boldsymbol{e}_j)-g_i(\boldsymbol{x}^{(k)}-h\boldsymbol{e}_j)}{2h} \tag{10.1.2}$$

式 (10.1.2) 的截断误差与 h^2 同阶，当 $h\to 0$ 时，截断误差为 $O(h^2)$。虽然中心差分公式比向前差分公式精度要高，但在求解每一个导数时，需要多求一次函数值，即多做一次结构分析，增加了计算工作量。

差分法计算设计灵敏度原理简单，易于应用，尤其在使用商用软件作为结构分析求解器时，很方便实施。但差分法也有很大不足。一方面计算工作量很大，当设计变量个数为 n 时，向前差分法至少需要进行 $n+1$ 次结构分析，中心差分法至少需要 $2n+1$ 次结构分析。另一方面，计算精度较差，微小摄动量 h 不易确定。从截断误差的角度看，h 越小越精确，但当 $h\to 0$ 时，数值误差会因为分母为微量而急剧增大，因此 h 也不能过小。但当 h 过大时，差分格式对 $\dfrac{\partial g_i(\boldsymbol{x}^{(k)})}{\partial x_j}$ 的近似效果会变差。

10.2 解析法计算设计灵敏度

结构优化设计中，约束条件通常与结构性态变量有关，约束函数一般可写为 $g_i(\boldsymbol{x})=\hat{g}_i(\boldsymbol{x},\boldsymbol{u}(\boldsymbol{x}))$，$\boldsymbol{u}(\boldsymbol{x})$ 为结构位移。根据链式法则，有

$$\frac{\partial g_i(\boldsymbol{x}^{(k)})}{\partial x_j}=\frac{\partial \hat{g}_i(\boldsymbol{x}^{(k)},\boldsymbol{u}(\boldsymbol{x}^{(k)}))}{\partial x_j}+\left(\frac{\partial \hat{g}_i(\boldsymbol{x}^{(k)},\boldsymbol{u}(\boldsymbol{x}^{(k)}))}{\partial \boldsymbol{u}}\right)^{\mathrm{T}}\frac{\partial \boldsymbol{u}(\boldsymbol{x}^{(k)})}{\partial x_j} \tag{10.2.1}$$

特别的，当考虑节点 i 的位移约束，即 $g_i(\boldsymbol{x})=\hat{g}_i(\boldsymbol{x},\boldsymbol{u}(\boldsymbol{x}))=u_i$ 时，有

$$\frac{\partial g_i(\boldsymbol{x}^{(k)})}{\partial x_j}=\frac{\partial u_i}{\partial x_j}=\left(\frac{\partial u_i}{\partial \boldsymbol{u}}\right)^{\mathrm{T}}\frac{\partial \boldsymbol{u}(\boldsymbol{x}^{(k)})}{\partial x_j}=\boldsymbol{e}_i^{\mathrm{T}}\frac{\partial \boldsymbol{u}(\boldsymbol{x}^{(k)})}{\partial x_j}$$

为了计算 $\dfrac{\partial \boldsymbol{u}(\boldsymbol{x}^{(k)})}{\partial x_j}$，考虑平衡方程

$$\boldsymbol{K}(\boldsymbol{x}^{(k)})\boldsymbol{u}(\boldsymbol{x}^{(k)})=\boldsymbol{F}(\boldsymbol{x}^{(k)}) \tag{10.2.2}$$

式中，$\boldsymbol{u}(\boldsymbol{x}^{(k)})$ 为结构的节点位移列阵；$\boldsymbol{K}(\boldsymbol{x}^{(k)})$ 和 $\boldsymbol{F}(\boldsymbol{x}^{(k)})$ 分别为结构的整体劲度矩阵和荷载列阵，它们由单元劲度矩阵 $\boldsymbol{k}_e(\boldsymbol{x}^{(k)})$ 和荷载列阵 $\boldsymbol{f}_e(\boldsymbol{x}^{(k)})$ 累加得到，即

$$\boldsymbol{K}(\boldsymbol{x}^{(k)})=\sum_{e=1}^{\mathrm{NE}}\boldsymbol{C}_e^{\mathrm{T}}\boldsymbol{k}_e(\boldsymbol{x}^{(k)})\boldsymbol{C}_e,\quad \boldsymbol{F}(\boldsymbol{x}^{(k)})=\sum_{e=1}^{\mathrm{NE}}\boldsymbol{C}_e^{\mathrm{T}}\boldsymbol{f}_e(\boldsymbol{x}^{(k)}) \tag{10.2.3}$$

式中，$\boldsymbol{C}_e$ 为单元节点位移选择向量，单元节点位移列阵 $\boldsymbol{u}_e(\boldsymbol{x}^{(k)})$ 与 $\boldsymbol{u}(\boldsymbol{x}^{(k)})$ 之间满足

$$\boldsymbol{u}_e(\boldsymbol{x}^{(k)}) = \boldsymbol{C}_e\boldsymbol{u}(\boldsymbol{x}^{(k)}) \tag{10.2.4}$$

将式 (10.2.2) 两边关于 x_j 求导，得

$$\frac{\partial \boldsymbol{K}(\boldsymbol{x}^{(k)})}{\partial x_j}\boldsymbol{u}(\boldsymbol{x}^{(k)}) + \boldsymbol{K}(\boldsymbol{x}^{(k)})\frac{\partial \boldsymbol{u}(\boldsymbol{x}^{(k)})}{\partial x_j} = \frac{\partial \boldsymbol{F}(\boldsymbol{x}^{(k)})}{\partial x_j} \tag{10.2.5}$$

将其改写为

$$\boldsymbol{K}(\boldsymbol{x}^{(k)})\frac{\partial \boldsymbol{u}(\boldsymbol{x}^{(k)})}{\partial x_j} = \frac{\partial \boldsymbol{F}(\boldsymbol{x}^{(k)})}{\partial x_j} - \frac{\partial \boldsymbol{K}(\boldsymbol{x}^{(k)})}{\partial x_j}\boldsymbol{u}(\boldsymbol{x}^{(k)}) \tag{10.2.6}$$

由式 (10.2.6) 解出 $\dfrac{\partial \boldsymbol{u}(\boldsymbol{x}^{(k)})}{\partial x_j}$ 并代入式 (10.2.1)，便可得到设计灵敏度。这个方法是通过直接对平衡方程求导计算 $\dfrac{\partial \boldsymbol{u}(\boldsymbol{x}^{(k)})}{\partial x_j}$ 进行的，称为直接解析法。对比式 (10.2.6) 和式 (10.2.2) 可见两者具有相同的形式，因此常将式 (10.2.6) 的右端项称为拟荷载，直接解析法又称为拟荷载法。

如果平衡方程是通过直接法 (如楚列斯基分解法) 求解的，则 $\boldsymbol{K}(\boldsymbol{x}^{(k)})$ 已经进行了分解，那么只要求出拟荷载，再进行简单的回代便可求解式 (10.2.6) 得到 $\dfrac{\partial \boldsymbol{u}(\boldsymbol{x}^{(k)})}{\partial x_j}$。这样，对某个设计变量 x_j 求解式 (10.2.6) 的计算量要比求解平衡方程小得多。但对 n 个设计变量的问题，式 (10.2.6) 需要求解 n 次，因此，当设计变量较多时，计算对所有设计变量的灵敏度所需的总时间仍然是比较长的。

事实上，由式 (10.2.6) 可知

$$\frac{\partial \boldsymbol{u}(\boldsymbol{x}^{(k)})}{\partial x_j} = \boldsymbol{K}^{-1}(\boldsymbol{x}^{(k)})\left(\frac{\partial \boldsymbol{F}(\boldsymbol{x}^{(k)})}{\partial x_j} - \frac{\partial \boldsymbol{K}(\boldsymbol{x}^{(k)})}{\partial x_j}\boldsymbol{u}(\boldsymbol{x}^{(k)})\right) \tag{10.2.7}$$

将式 (10.2.7) 代入式 (10.2.1)，得

$$\frac{\partial g_i(\boldsymbol{x}^{(k)})}{\partial x_j} = \frac{\partial \hat{g}_i}{\partial x_j} + \left(\frac{\partial \hat{g}_i}{\partial \boldsymbol{u}}\right)^{\mathrm{T}}\boldsymbol{K}^{-1}(\boldsymbol{x}^{(k)})\left(\frac{\partial \boldsymbol{F}(\boldsymbol{x}^{(k)})}{\partial x_j} - \frac{\partial \boldsymbol{K}(\boldsymbol{x}^{(k)})}{\partial x_j}\boldsymbol{u}(\boldsymbol{x}^{(k)})\right) \tag{10.2.8}$$

式中，$\hat{g}_i = \hat{g}_i(\boldsymbol{x}^{(k)}, \boldsymbol{u}(\boldsymbol{x}^{(k)}))$。

定义 $\boldsymbol{\delta}_i = \boldsymbol{K}^{-1}(\boldsymbol{x}^{(k)})\dfrac{\partial \hat{g}_i}{\partial \boldsymbol{u}}$，式 (10.2.8) 可写为

$$\frac{\partial g_i(\boldsymbol{x}^{(k)})}{\partial x_j} = \frac{\partial \hat{g}_i}{\partial x_j} + \boldsymbol{\delta}_i^{\mathrm{T}}\left(\frac{\partial \boldsymbol{F}(\boldsymbol{x}^{(k)})}{\partial x_j} - \frac{\partial \boldsymbol{K}(\boldsymbol{x}^{(k)})}{\partial x_j}\boldsymbol{u}(\boldsymbol{x}^{(k)})\right) \tag{10.2.9}$$

这样，可以通过求解方程

$$\boldsymbol{K}(\boldsymbol{x}^{(k)})\boldsymbol{\delta}_i = \frac{\partial \hat{g}_i}{\partial \boldsymbol{u}} \tag{10.2.10}$$

得到 $\boldsymbol{\delta}_i$，将其代入式 (10.2.9) 计算设计灵敏度。这个方法称为伴随解析法，当约束函数少于设计变量时，其效率比直接解析法高。特别的，当 $g_i(\boldsymbol{x}) = \hat{g}_i(\boldsymbol{x}, \boldsymbol{u}(\boldsymbol{x})) = u_i$ 时，$\dfrac{\partial \hat{g}_i}{\partial \boldsymbol{u}} = \boldsymbol{e}_i$ 对应着计算位移 u_i 的单位虚荷载，这时伴随解析法又称为虚荷载法。

在上述方法中，如果采用差分法计算拟荷载中的 $\dfrac{\partial \boldsymbol{F}(\boldsymbol{x}^{(k)})}{\partial x_j}$ 和 $\dfrac{\partial \boldsymbol{K}(\boldsymbol{x}^{(k)})}{\partial x_j}$，则称为半解析法。实际上，解析求解拟荷载并无特别的困难，而且计算量也小，10.3 节对此进行讨论。

10.3　拟荷载的解析计算

利用式 (10.2.3) 和式 (10.2.4)，式 (10.2.6) 和式 (10.2.9) 中的拟荷载可以由各单元的拟荷载叠加得到，有

$$
\begin{aligned}
\frac{\partial \boldsymbol{F}(\boldsymbol{x}^{(k)})}{\partial x_j} - \frac{\partial \boldsymbol{K}(\boldsymbol{x}^{(k)})}{\partial x_j}\boldsymbol{u}(\boldsymbol{x}^{(k)}) &= \sum_{e=1}^{\mathrm{NE}} \boldsymbol{C}_e^{\mathrm{T}} \frac{\partial \boldsymbol{f}_e(\boldsymbol{x}^{(k)})}{\partial x_j} - \sum_{e=1}^{\mathrm{NE}} \left(\boldsymbol{C}_e^{\mathrm{T}} \frac{\partial \boldsymbol{k}_e(\boldsymbol{x}^{(k)})}{\partial x_j} \boldsymbol{C}_e^{\mathrm{T}} \boldsymbol{u}(\boldsymbol{x}^{(k)}) \right) \\
&= \sum_{e=1}^{\mathrm{NE}} \left(\boldsymbol{C}_e^{\mathrm{T}} \frac{\partial \boldsymbol{f}_e(\boldsymbol{x}^{(k)})}{\partial x_j} - \boldsymbol{C}_e^{\mathrm{T}} \frac{\partial \boldsymbol{k}_e(\boldsymbol{x}^{(k)})}{\partial x_j} \boldsymbol{u}_e(\boldsymbol{x}^{(k)}) \right) \\
&= \sum_{e=1}^{\mathrm{NE}} \boldsymbol{C}_e^{\mathrm{T}} \left(\frac{\partial \boldsymbol{f}_e(\boldsymbol{x}^{(k)})}{\partial x_j} - \frac{\partial \boldsymbol{k}_e(\boldsymbol{x}^{(k)})}{\partial x_j} \boldsymbol{u}_e(\boldsymbol{x}^{(k)}) \right)
\end{aligned}
\tag{10.3.1}
$$

由式 (10.3.1) 可见，拟荷载的计算关键在于计算单元荷载列阵 $\boldsymbol{f}_e(\boldsymbol{x}^{(k)})$ 和单元劲度矩阵 $\boldsymbol{k}_e(\boldsymbol{x}^{(k)})$ 的灵敏度。下面以平面桁架单元和平面等参单元为例介绍它们的解析表达式。

10.3.1　平面桁架单元

桁架结构中荷载一般与设计变量无关，故这里只讨论单元劲度矩阵灵敏度 $\dfrac{\partial \boldsymbol{k}_e}{\partial x_j}$ 的表达式。平面桁架中任意杆件 e 的单元劲度矩阵 $\boldsymbol{k}_e$ 为

$$
\boldsymbol{k}_e = \boldsymbol{B}_e^{\mathrm{T}} D_e \boldsymbol{B}_e \tag{10.3.2}
$$

式中，$D_e = \dfrac{E_e A_e}{l_e}$，$E_e$、$A_e$、$l_e$ 分别为杆件 e 的弹性模量、横截面面积和长度；$\boldsymbol{B}_e$ 是杆件伸长量与杆端节点位移的关系矩阵，有

$$
\boldsymbol{B}_e = (-\cos\theta_e,\ -\sin\theta_e,\ \cos\theta_e,\ \sin\theta_e) \tag{10.3.3}
$$

式中，θ_e 为杆件 e 的方向角 (图 10.1)。杆件伸长量 δ_e 和杆端节点位移向量 $\boldsymbol{u}_e$ 之间满足 $\delta_e = \boldsymbol{B}_e \boldsymbol{u}_e$。

当设计变量是杆件横截面积时，E_e、l_e、θ_e 都与设计变量无关，$D_e = \dfrac{E_e x_e}{l_e}$。将式 (10.3.2) 求导可得

$$\frac{\partial \boldsymbol{k}_e}{\partial x_j}=\begin{cases}\dfrac{E_e}{l_e}\boldsymbol{B}_e^{\mathrm{T}}\boldsymbol{B}_e, & j=e\\ \boldsymbol{0}, & \text{其他}\end{cases} \tag{10.3.4}$$

当桁架节点坐标 $\boldsymbol{x}$ 为设计变量时，l_e、θ_e 与杆件 e 两个端点的坐标 $\boldsymbol{x}_1^e$、$\boldsymbol{x}_2^e$ 有关，而 E_e 和 A_e 都与设计变量无关。将式 (10.3.2) 求导，得

$$\frac{\partial \boldsymbol{k}_e}{\partial x_j}=\frac{\partial \boldsymbol{B}_e^{\mathrm{T}}}{\partial x_j}D_e\boldsymbol{B}_e+\boldsymbol{B}_e^{\mathrm{T}}\frac{\partial D_e}{\partial x_j}\boldsymbol{B}_e+\boldsymbol{B}_e^{\mathrm{T}}D_e\frac{\partial \boldsymbol{B}_e}{\partial x_j} \tag{10.3.5}$$

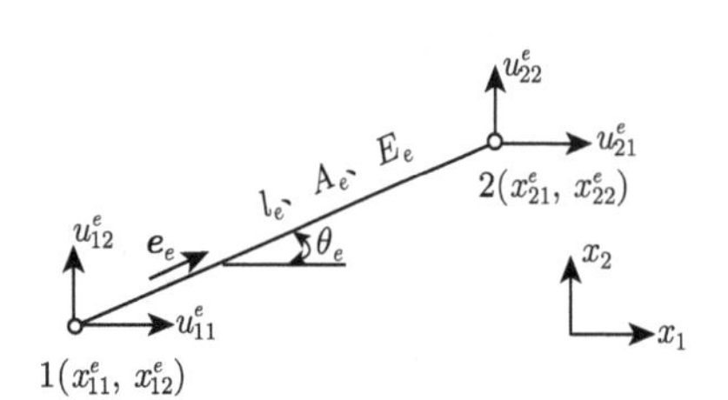

图 10.1　桁架中任意杆件 e

显然，当设计变量 x_j 与杆件 e 的端点无关时，$\dfrac{\partial \boldsymbol{k}_e}{\partial x_j}=\boldsymbol{0}$。下面考虑 x_j 为杆件 e 端点 p 的第 q 个坐标分量 x_{pq}^e 来讨论式 (10.3.5) 中各项的计算。引入下列矩阵

$$\boldsymbol{h}=\begin{cases}(-1,\ 0)^{\mathrm{T}}, & p=1,\ q=1\\ (0,\ -1)^{\mathrm{T}}, & p=1,\ q=2\\ (1,\ 0)^{\mathrm{T}}, & p=2,\ q=1\\ (0,\ 1)^{\mathrm{T}}, & p=2,\ q=2\end{cases} \tag{10.3.6}$$

记单位向量 $\boldsymbol{e}_e$ 为

$$\boldsymbol{e}_e=\begin{pmatrix}\cos\theta_e\\ \sin\theta_e\end{pmatrix}=\frac{1}{l_e}\begin{pmatrix}x_{21}^e-x_{11}^e\\ x_{22}^e-x_{12}^e\end{pmatrix} \tag{10.3.7}$$

式中，杆件 e 的长度 $l_e=\sqrt{(x_{21}^e-x_{11}^e)^2+(x_{22}^e-x_{12}^e)^2}$。将 l_e 对 x_{pq}^e 求导可得

$$\frac{\partial l_e}{\partial x_{pq}^e}=\boldsymbol{h}^{\mathrm{T}}\boldsymbol{e}_e \tag{10.3.8}$$

则 D_e 对 x_{pq}^e 的导数为

$$\frac{\partial D_e}{\partial x_{pq}^e}=-\frac{E_eA_e}{l_e^2}\frac{\partial l_e}{\partial x_{pq}^e}=-\frac{E_eA_e}{l_e^2}\boldsymbol{h}^{\mathrm{T}}\boldsymbol{e}_e \tag{10.3.9}$$

将式 (10.3.7) 对 x_{pq}^e 求导，有

$$\frac{\partial \boldsymbol{e}_e}{\partial x_{pq}^e}=-\frac{1}{l_e^2}\frac{\partial l_e}{\partial x_{pq}^e}\begin{pmatrix}x_{21}^e-x_{11}^e\\ x_{22}^e-x_{12}^e\end{pmatrix}+\frac{1}{l_e}\boldsymbol{h}=\frac{1}{l_e}(\boldsymbol{I}-\boldsymbol{e}_e\boldsymbol{e}_e^{\mathrm{T}})\boldsymbol{h} \tag{10.3.10}$$

式中，$\boldsymbol{I}$ 为 2×2 的单位矩阵。

由式 (10.3.3) 可知 $\boldsymbol{B}_e = \left(-\boldsymbol{e}_e^{\mathrm{T}},\ \boldsymbol{e}_e^{\mathrm{T}}\right)$，故

$$\frac{\partial \boldsymbol{B}_e}{\partial x_{pq}^e} = \left(-\frac{\partial \boldsymbol{e}_e^{\mathrm{T}}}{\partial x_{pq}},\ \frac{\partial \boldsymbol{e}_e^{\mathrm{T}}}{\partial x_{pq}}\right) = \frac{1}{l_e}\boldsymbol{h}^{\mathrm{T}}(\boldsymbol{e}_e\boldsymbol{e}_e^{\mathrm{T}} - \boldsymbol{I},\ \boldsymbol{I} - \boldsymbol{e}_e\boldsymbol{e}_e^{\mathrm{T}}) \tag{10.3.11}$$

利用式 (10.3.9) 和式 (10.3.11) 即可将式 (10.3.5) 中各项全部求出。

10.3.2 平面等参单元

平面等参单元中，位置坐标与位移采用相同的插值模式，有

$$x_i = \sum_{j=1}^{\mathrm{NN}} N_j x_{ji}^e,\ d_i = \sum_{j=1}^{\mathrm{NN}} N_j u_{ji}^e,\quad i = 1, 2 \tag{10.3.12}$$

式中，NN 为单元节点数；x_i、d_i 分别为单元中某一点的第 i 坐标分量和位移分量；x_{ji}^e、u_{ji}^e 分别为单元 e 中 j 节点的第 i 坐标分量和位移分量；N_j 为单元的形函数，与单元形式有关，对四节点等参单元 (图 10.2)，有

$$\left.\begin{aligned}
N_1(\boldsymbol{\xi}) &= \frac{1}{4}(1-\xi_1)(1-\xi_2)\\
N_2(\boldsymbol{\xi}) &= \frac{1}{4}(1+\xi_1)(1-\xi_2)\\
N_3(\boldsymbol{\xi}) &= \frac{1}{4}(1+\xi_1)(1+\xi_2)\\
N_4(\boldsymbol{\xi}) &= \frac{1}{4}(1-\xi_1)(1+\xi_2)
\end{aligned}\right\}$$

式中，$\boldsymbol{\xi} = (\xi_1,\ \xi_2)^{\mathrm{T}}$ 为自然坐标，$-1 \leqslant \xi_1 \leqslant 1$，$-1 \leqslant \xi_2 \leqslant 1$。

单元劲度矩阵可表示为

$$\boldsymbol{k}_e = \int_{-1}^{1}\int_{-1}^{1} \boldsymbol{B}^{\mathrm{T}}\boldsymbol{D}\boldsymbol{B}\,|\boldsymbol{J}|\,t\mathrm{d}\xi_1\mathrm{d}\xi_2 \tag{10.3.13}$$

式中，t 为单元的厚度，在每个单元中是常数；$\boldsymbol{D}$ 为应力应变关系矩阵；$\boldsymbol{B}$ 为单元的应变位移转换矩阵；$|\boldsymbol{J}|$ 为雅可比矩阵 $\boldsymbol{J}$ 的行列式。这里省略了各个量的下标 e。

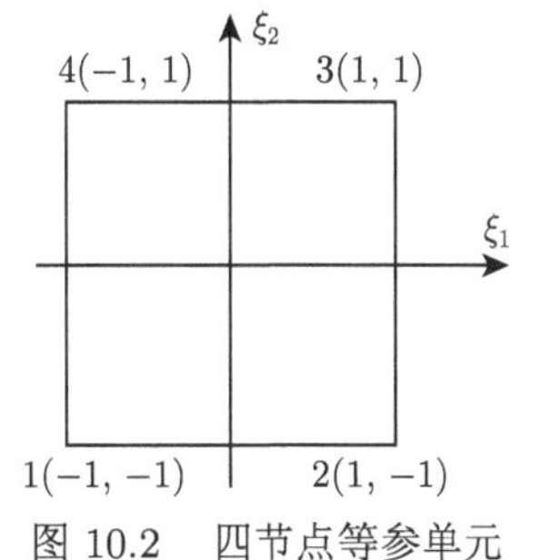

图 10.2 四节点等参单元

在平面问题中，有

$$\boldsymbol{B} = \begin{pmatrix}
\dfrac{\partial N_1}{\partial x_1} & 0 & \dfrac{\partial N_2}{\partial x_1} & 0 & \cdots\cdots & \dfrac{\partial N_{\mathrm{NN}}}{\partial x_1} & 0\\
0 & \dfrac{\partial N_1}{\partial x_2} & 0 & \dfrac{\partial N_2}{\partial x_2} & \cdots\cdots & 0 & \dfrac{\partial N_{\mathrm{NN}}}{\partial x_2}\\
\dfrac{\partial N_1}{\partial x_2} & \dfrac{\partial N_1}{\partial x_1} & \dfrac{\partial N_2}{\partial x_2} & \dfrac{\partial N_2}{\partial x_1} & \cdots\cdots & \dfrac{\partial N_{\mathrm{NN}}}{\partial x_2} & \dfrac{\partial N_{\mathrm{NN}}}{\partial x_1}
\end{pmatrix} \tag{10.3.14}$$

$$
\boldsymbol{J}=\begin{pmatrix} \dfrac{\partial x_1}{\partial \xi_1} & \dfrac{\partial x_2}{\partial \xi_1} \\ \dfrac{\partial x_1}{\partial \xi_2} & \dfrac{\partial x_2}{\partial \xi_2} \end{pmatrix} \tag{10.3.15}
$$

下面讨论单元劲度矩阵的灵敏度。为避免混淆，设计变量用 α_i 表示，x_i 为坐标分量。

当设计变量是单元厚度，即 $\alpha_i=t_i$，$i=1,2,\cdots,\mathrm{NE}$ 时，$\boldsymbol{D}$、$\boldsymbol{B}$ 和 $\boldsymbol{J}$ 均与设计变量无关。对式 (10.3.13) 求导，得

$$
\frac{\partial \boldsymbol{k}_e}{\partial \alpha_i}=\begin{cases} \boldsymbol{k}_e^0, & i=e \\ \boldsymbol{0}, & \text{其他} \end{cases} \tag{10.3.16}
$$

式中，$\boldsymbol{k}_e^0=\displaystyle\int_{-1}^{1}\int_{-1}^{1}\boldsymbol{B}^{\mathrm{T}}\boldsymbol{D}\boldsymbol{B}\left|\boldsymbol{J}\right|\mathrm{d}\xi_1\mathrm{d}\xi_2$。

当设计变量是描述物体形状的参数时，设计变量的变化将引起单元形状的变化，因此，$\boldsymbol{B}$ 和 $\boldsymbol{J}$ 都与设计变量有关，而 t 和 $\boldsymbol{D}$ 与设计变量无关。这时，对式 (10.3.13) 求导有

$$
\frac{\partial \boldsymbol{k}_e}{\partial \alpha_i}=\int_{-1}^{1}\int_{-1}^{1}\left(\frac{\partial \boldsymbol{B}^{\mathrm{T}}}{\partial \alpha_i}\boldsymbol{D}\boldsymbol{B}\left|\boldsymbol{J}\right|+\boldsymbol{B}^{\mathrm{T}}\boldsymbol{D}\frac{\partial \boldsymbol{B}}{\partial \alpha_i}\left|\boldsymbol{J}\right|+\boldsymbol{B}^{\mathrm{T}}\boldsymbol{D}\boldsymbol{B}\frac{\partial\left|\boldsymbol{J}\right|}{\partial \alpha_i}\right)t\mathrm{d}\xi_1\mathrm{d}\xi_2 \tag{10.3.17}
$$

可见，计算 $\dfrac{\partial \boldsymbol{k}_e}{\partial \alpha_i}$ 的关键在于写出 $\dfrac{\partial \boldsymbol{B}}{\partial \alpha_i}$ 和 $\dfrac{\partial\left|\boldsymbol{J}\right|}{\partial \alpha_i}$ 的解析式。利用式 (10.3.15)，有

$$
\begin{aligned}
\frac{\partial\left|\boldsymbol{J}\right|}{\partial \alpha_i}&=\frac{\partial}{\partial \alpha_i}\left(\frac{\partial x_1}{\partial \xi_1}\frac{\partial x_2}{\partial \xi_2}-\frac{\partial x_1}{\partial \xi_2}\frac{\partial x_2}{\partial \xi_1}\right) \\
&=\frac{\partial x_{1,\,1}}{\partial \alpha_i}x_{2,\,2}+x_{1,\,1}\frac{\partial x_{2,\,2}}{\partial \alpha_i}-\frac{\partial x_{1,\,2}}{\partial \alpha_i}x_{2,\,1}-x_{1,\,2}\frac{\partial x_{2,\,1}}{\partial \alpha_i}
\end{aligned} \tag{10.3.18}
$$

式中，$x_{p,\,q}=\dfrac{\partial x_p}{\partial \xi_q}$。利用式 (10.3.12)，可得

$$
x_{p,\,q}=\sum_{k=1}^{\mathrm{NN}}\frac{\partial N_k}{\partial \xi_q}x_{kp}^e \tag{10.3.19}
$$

注意到 $\dfrac{\partial N_k}{\partial \xi_q}$ 只是自然坐标 $\boldsymbol{\xi}$ 的函数，与设计变量 α_i 无关。故

$$
\frac{\partial x_{p,\,q}}{\partial \alpha_i}=\sum_{k=1}^{\mathrm{NN}}\left(\frac{\partial N_k}{\partial \xi_q}\frac{\partial x_{kp}^e}{\partial \alpha_i}\right) \tag{10.3.20}
$$

式中，$\dfrac{\partial x_{kp}^e}{\partial \alpha_i}$ 与有限元网格生成方式有关，这里不作具体讨论。

为了计算 $\dfrac{\partial \boldsymbol{B}}{\partial \alpha_i}$,需要导出式 (10.3.14) 中的元素 $\dfrac{\partial N_k}{\partial x_j}$ 对设计变量的 α_i 的偏导数。考虑到

$$\begin{pmatrix} \dfrac{\partial N_k}{\partial x_1} \\ \dfrac{\partial N_k}{\partial x_2} \end{pmatrix} = \boldsymbol{J}^{-1} \begin{pmatrix} \dfrac{\partial N_k}{\partial \xi_1} \\ \dfrac{\partial N_k}{\partial \xi_2} \end{pmatrix} \tag{10.3.21}$$

则

$$\frac{\partial}{\partial \alpha_i} \begin{pmatrix} \dfrac{\partial N_k}{\partial x_1} \\ \dfrac{\partial N_k}{\partial x_2} \end{pmatrix} = -\boldsymbol{J}^{-1} \frac{\partial \boldsymbol{J}}{\partial \alpha_i} \boldsymbol{J}^{-1} \begin{pmatrix} \dfrac{\partial N_k}{\partial \xi_1} \\ \dfrac{\partial N_k}{\partial \xi_2} \end{pmatrix} \tag{10.3.22}$$

式中,

$$\frac{\partial \boldsymbol{J}}{\partial \alpha_i} = \frac{\partial}{\partial \alpha_i} \begin{pmatrix} \dfrac{\partial x_1}{\partial \xi_1} & \dfrac{\partial x_2}{\partial \xi_1} \\ \dfrac{\partial x_1}{\partial \xi_2} & \dfrac{\partial x_2}{\partial \xi_2} \end{pmatrix} = \begin{pmatrix} \dfrac{\partial x_{1,\,1}}{\partial \alpha_i} & \dfrac{\partial x_{2,\,1}}{\partial \alpha_i} \\ \dfrac{\partial x_{1,\,2}}{\partial \alpha_i} & \dfrac{\partial x_{2,\,2}}{\partial \alpha_i} \end{pmatrix} \tag{10.3.23}$$

其中,各元素 $\dfrac{\partial x_{p,\,q}}{\partial \alpha_i}$ 由式 (10.3.20) 计算。

最后讨论单元荷载列阵的灵敏度。表面力和体积力是两类典型的与设计相关的荷载,首先引入如下的形函数矩阵:

$$\boldsymbol{N} = \left(\begin{array}{cc:c:cc} N_1 & 0 & \cdots\cdots & N_{\rm NN} & 0 \\ 0 & N_1 & \cdots\cdots & 0 & N_{\rm NN} \end{array}\right)$$

对于体积力 $\boldsymbol{b} = (b_1,\ b_2)^{\rm T}$,单元等效节点荷载列阵为

$$\boldsymbol{f}_e = \int_{-1}^{1}\int_{-1}^{1} \boldsymbol{N}^{\rm T} \boldsymbol{b}\, |\boldsymbol{J}|\, t\mathrm{d}\xi_1 \mathrm{d}\xi_2 \tag{10.3.24}$$

考虑形状优化,式 (10.3.24) 中 $|\boldsymbol{J}|$ 与形状参数设计变量 α_i 有关,对其两边关于 α_i 求导可得

$$\frac{\partial \boldsymbol{f}_e}{\partial \alpha_i} = \int_{-1}^{1}\int_{-1}^{1} \boldsymbol{N}^{\rm T} \left(\frac{\partial \boldsymbol{b}}{\partial \alpha_i} |\boldsymbol{J}| + \boldsymbol{b} \frac{\partial |\boldsymbol{J}|}{\partial \alpha_i} \right) t\mathrm{d}\xi_1 \mathrm{d}\xi_2 \tag{10.3.25}$$

其中,$\dfrac{\partial |\boldsymbol{J}|}{\partial \alpha_i}$ 由式 (10.3.18) 计算,$\dfrac{\partial \boldsymbol{b}}{\partial \alpha_i}$ 与体积力的类型有关,当 $\boldsymbol{b}$ 与整体坐标 x_i 无关 (如自重) 时,有 $\dfrac{\partial \boldsymbol{b}}{\partial \alpha_i} = 0$,否则它的计算还涉及单元节点坐标对 α_i 的偏导数,与有限元网格生成方式有关。

单元 e 在表面力 $\boldsymbol{q} = (q_1,\ q_2)^{\rm T}$ 作用下的等效节点荷载列阵为

$$\boldsymbol{f}_e = \int_{S_e} \boldsymbol{N}^{\rm T} \boldsymbol{q} t\mathrm{d}S \tag{10.3.26}$$

式中，微分线段 dS 根据所在边界按下式计算：

$$\mathrm{d}S=\begin{cases}\sqrt{\left(\dfrac{\partial x_1}{\partial \xi_2}\right)^2+\left(\dfrac{\partial x_2}{\partial \xi_2}\right)^2}\mathrm{d}\xi_2, & \text{在}\xi_1=\pm 1\text{ 边界上}\\ \sqrt{\left(\dfrac{\partial x_1}{\partial \xi_1}\right)^2+\left(\dfrac{\partial x_2}{\partial \xi_1}\right)^2}\mathrm{d}\xi_1, & \text{在}\xi_2=\pm 1\text{ 边界上}\end{cases}$$

因此可将式 (10.3.26) 写为

$$\boldsymbol{f}_e=\int_{-1}^{1}\boldsymbol{N}^{\mathrm{T}}\boldsymbol{q}tl_p\mathrm{d}\xi_p \tag{10.3.27}$$

式中，$l_p=\sqrt{\left(\dfrac{\partial x_1}{\partial \xi_p}\right)^2+\left(\dfrac{\partial x_2}{\partial \xi_p}\right)^2}$。

将式 (10.3.27) 对设计变量 α_i 求导，得

$$\frac{\partial \boldsymbol{f}_e}{\partial \alpha_i}=\int_{-1}^{1}\boldsymbol{N}^{\mathrm{T}}\left(\frac{\partial \boldsymbol{q}}{\partial \alpha_i}l_p+\boldsymbol{q}\frac{\partial l_p}{\partial \alpha_i}\right)t\mathrm{d}\xi_p \tag{10.3.28}$$

式中，$\dfrac{\partial l_p}{\partial \alpha_i}$ 的表达式利用式 (10.3.20) 不难导出；$\dfrac{\partial \boldsymbol{q}}{\partial \alpha_i}$ 与表面力的分布形式有关，当 $\boldsymbol{q}$ 与整体坐标 x_i 无关时，有 $\dfrac{\partial \boldsymbol{q}}{\partial \alpha_i}=0$，否则它的计算同样涉及单元节点坐标对 α_i 的偏导数，也与有限元网格生成方式有关。

10.4 结构重分析的一般方法

对于静力情况，设初始设计变量为 $\boldsymbol{x}^{(0)}$，相应的劲度矩阵为 $\boldsymbol{K}^{(0)}$，荷载向量为 $\boldsymbol{F}^{(0)}$，位移向量 $\boldsymbol{u}^{(0)}$ 可以通过解如下平衡方程：

$$\boldsymbol{K}^{(0)}\boldsymbol{u}^{(0)}=\boldsymbol{F}^{(0)} \tag{10.4.1}$$

来获得。

假设设计变量变化为 $\Delta\boldsymbol{x}$，则修改后的设计是 $\boldsymbol{x}=\boldsymbol{x}^{(0)}+\Delta\boldsymbol{x}$，相应的劲度矩阵为 $\boldsymbol{K}=\boldsymbol{K}^{(0)}+\Delta\boldsymbol{K}$，荷载向量为 $\boldsymbol{F}=\boldsymbol{F}^{(0)}+\Delta\boldsymbol{F}$，修改后结构的位移 $\boldsymbol{u}$ 满足如下平衡方程：

$$\boldsymbol{K}\boldsymbol{u}=\boldsymbol{F} \tag{10.4.2}$$

结构重分析的目的是不直接求解修改后平衡方程 (10.4.2)，而利用初始结构分析的相关信息设计高效算法来寻找结构位移的精确解或高质量近似解。

10.4.1 扰动法

扰动法是利用泰勒级数展开式，且通常只取到线性项，计算位移的近似解。即

$$\boldsymbol{u}=\boldsymbol{u}^{(0)}+\sum_{j=1}^{n}\frac{\partial \boldsymbol{u}}{\partial x_j}\Delta x_j \tag{10.4.3}$$

式中，n 为设计变量数目；位移设计灵敏度 $\dfrac{\partial \boldsymbol{u}}{\partial x_j}$ 可采用前面介绍的方法计算。

得到位移的近似解后，可以通过应力位移关系计算单元 e 的应力 $\boldsymbol{\sigma}_e$，有

$$\boldsymbol{\sigma}_e = \boldsymbol{S}_e \boldsymbol{u}_e \tag{10.4.4}$$

式中，$\boldsymbol{S}_e = \boldsymbol{D}_e \boldsymbol{B}_e$ 为单元应力位移关系矩阵；$\boldsymbol{u}^e = \boldsymbol{C}_e \boldsymbol{u}$ 为单元节点位移向量；$\boldsymbol{C}_e$ 是单元自由度选择向量。

也可以直接采用扰动法计算单元应力的近似解

$$\boldsymbol{\sigma}_e = \boldsymbol{\sigma}_e^{(0)} + \sum_{j=1}^{n} \frac{\partial \boldsymbol{\sigma}_e}{\partial x_j} \Delta x_j \tag{10.4.5}$$

式中，$\boldsymbol{\sigma}_e^{(0)}$ 是初始设计的单元应力；利用式 (10.4.4)，$\dfrac{\partial \boldsymbol{\sigma}_e}{\partial x_j}$ 可按下式计算

$$\frac{\partial \boldsymbol{\sigma}_e}{\partial x_j} = \frac{\partial \boldsymbol{S}_e}{\partial x_j} \boldsymbol{u}_e + \boldsymbol{S}_e \frac{\partial \boldsymbol{u}_e}{\partial x_j} = \boldsymbol{D}_e \frac{\partial \boldsymbol{B}_e}{\partial x_j} \boldsymbol{u}_e + \boldsymbol{S}_e \frac{\partial \boldsymbol{u}_e}{\partial x_j} \tag{10.4.6}$$

其中，假设 $\boldsymbol{D}_e$ 与设计变量 x_j 无关，$\dfrac{\partial \boldsymbol{B}_e}{\partial x_j}$ 和 $\dfrac{\partial \boldsymbol{u}_e}{\partial x_j}$ 可采用 10.3 节的方法计算。

10.4.2　组合逼近法

将修改后的平衡方程式 (10.4.2) 改写为

$$(\boldsymbol{K}^{(0)} + \Delta \boldsymbol{K}) \boldsymbol{u} = \boldsymbol{F} \tag{10.4.7}$$

在上式两边同时左乘 $(\boldsymbol{K}^{(0)})^{-1}$，有

$$[\boldsymbol{I} + (\boldsymbol{K}^{(0)})^{-1} \Delta \boldsymbol{K}] \boldsymbol{u} = (\boldsymbol{K}^{(0)})^{-1} \boldsymbol{F} \tag{10.4.8}$$

令

$$\boldsymbol{u}_1 = (\boldsymbol{K}^{(0)})^{-1} \boldsymbol{F}, \boldsymbol{A} = (\boldsymbol{K}^{(0)})^{-1} \Delta \boldsymbol{K} \tag{10.4.9}$$

则

$$(\boldsymbol{I} + \boldsymbol{A}) \boldsymbol{u} = \boldsymbol{u}_1 \tag{10.4.10}$$

故

$$\boldsymbol{u} = (\boldsymbol{I} + \boldsymbol{A})^{-1} \boldsymbol{u}_1 \tag{10.4.11}$$

利用诺伊曼级数展开，$\boldsymbol{u}$ 可写成

$$\boldsymbol{u} = \boldsymbol{u}_1 - \boldsymbol{A} \boldsymbol{u}_1 + \boldsymbol{A}^2 \boldsymbol{u}_1 - \boldsymbol{A}^3 \boldsymbol{u}_1 + \cdots \tag{10.4.12}$$

令

$$\boldsymbol{u}_2 = -\boldsymbol{A} \boldsymbol{u}_1, \boldsymbol{u}_3 = (-1)^2 \boldsymbol{A}^2 \boldsymbol{u}_1 = -\boldsymbol{A} \boldsymbol{u}_2, \quad \cdots, \quad \boldsymbol{u}_{s+1} = (-1)^s \boldsymbol{A}^s \boldsymbol{u}_1 = -\boldsymbol{A} \boldsymbol{u}_s \tag{10.4.13}$$

组合逼近法假设修改后结构的位移是 $\boldsymbol{u}_1, \boldsymbol{u}_2, \cdots, \boldsymbol{u}_{s+1}$ 的线性组合，即

$$\boldsymbol{u} = y_1\boldsymbol{u}_1 + y_2\boldsymbol{u}_2 + y_3\boldsymbol{u}_3 + \cdots + y_{s+1}\boldsymbol{u}_{s+1} = \boldsymbol{U}_\mathrm{B}\boldsymbol{y} \tag{10.4.14}$$

式中，$\boldsymbol{y} = [y_1, y_2, \cdots, y_{s+1}]^\mathrm{T}$ 为待定系数向量；$\boldsymbol{U}_\mathrm{B} = [\boldsymbol{u}_1, \boldsymbol{u}_2, \cdots, \boldsymbol{u}_{s+1}]$ 为由基向量 $\boldsymbol{u}_1, \boldsymbol{u}_2, \cdots, \boldsymbol{u}_{s+1}$ 组成的 $m \times (s+1)$ 的矩阵，m 为结构的自由度数目。

将式 (10.4.14) 代入式 (10.4.2) 并左乘 $\boldsymbol{U}_\mathrm{B}^\mathrm{T}$，得

$$\boldsymbol{U}_\mathrm{B}^\mathrm{T}\boldsymbol{K}U_\mathrm{B}\boldsymbol{y} = \boldsymbol{U}_\mathrm{B}^\mathrm{T}\boldsymbol{F} \tag{10.4.15}$$

令

$$\boldsymbol{K}_\mathrm{R} = \boldsymbol{U}_\mathrm{B}^\mathrm{T}\boldsymbol{K}\boldsymbol{U}_\mathrm{B}, \boldsymbol{F}_\mathrm{R} = \boldsymbol{U}_\mathrm{B}^\mathrm{T}\boldsymbol{F} \tag{10.4.16}$$

则

$$\boldsymbol{K}_\mathrm{R}\boldsymbol{y} = \boldsymbol{F}_\mathrm{R} \tag{10.4.17}$$

其中，$\boldsymbol{K}_\mathrm{R}$ 为 $(s+1) \times (s+1)$ 的矩阵。一般来说 s 远小于结构的自由度 m，因此，很容易由式 (10.4.17) 解出 $\boldsymbol{y}$，再将其代入式 (10.4.14) 即得修改后结构的位移近似解。通常把使用 $s+1$ 个基向量的组合逼近法称为 s 阶组合逼近法，其计算步骤是很显然的，这里不再列出。需要说明的是，在计算基向量 $\boldsymbol{u}_1, \boldsymbol{u}_2, \cdots, \boldsymbol{u}_{s+1}$ 时可先采用按单元计算再组装的方法形成 $\overline{\boldsymbol{F}}_{s+1} = -\Delta\boldsymbol{K}\boldsymbol{u}_s$，然后计算 $\boldsymbol{u}_{s+1} = \boldsymbol{K}_0^{-1}\overline{\boldsymbol{F}}_{s+1}$，其中，由于 $\boldsymbol{K}_0$ 的楚列斯基分解在初始结构分析时已经形成，故只需通过简单的前代、回代运算即可。

10.4.3　预条件共轭梯度法

在无约束优化问题的解法中曾介绍过共轭梯度法 (CG)。实际上，共轭梯度法最初是由 Hesteness 和 Stiefel 于 1952 年为求解线性方程组而提出的，后来，被人们推广到求解无约束优化问题。对线性方程组式 (10.4.2)，共轭梯度法的求解步骤如下。

算法 10.1 (CG 算法)

(1) 给定初值 $\boldsymbol{u}_0$，计算 $\boldsymbol{r}_0 = \boldsymbol{F} - \boldsymbol{K}u_0$，置 k=1，令 $\boldsymbol{p}_1 = \boldsymbol{r}_0$。

(2) 计算 $\alpha_k = \dfrac{\boldsymbol{r}_{k-1}^\mathrm{T}\boldsymbol{r}_{k-1}}{\boldsymbol{p}_k^\mathrm{T}\boldsymbol{K}p_k}$，$\boldsymbol{u}_k = \boldsymbol{u}_{k-1} + \alpha_k\boldsymbol{p}_k$，$\boldsymbol{r}_k = \boldsymbol{r}_{k-1} - \alpha_k\boldsymbol{K}p_k$。

(3) 若 $\|\boldsymbol{r}_k\| < \varepsilon$，则输出 $\boldsymbol{u}_k$，结束；否则转步骤 (4)。

(4) 计算 $\beta_k = \dfrac{\boldsymbol{r}_k^\mathrm{T}\boldsymbol{r}_k}{\boldsymbol{r}_{k-1}^\mathrm{T}\boldsymbol{r}_{k-1}}$，$\boldsymbol{p}_{k+1} = \boldsymbol{r}_k + \beta_k\boldsymbol{p}_k$，转步骤 (2)。

共轭梯度法收敛得快慢与系数矩阵的条件数有关，系数矩阵的条件数越大，共轭梯度法的收敛速度越慢。通常采用预条件技术来加快收敛速度。在结构重分析中，可取初始设计的劲度矩阵 $\boldsymbol{K}_0$ 为预条件矩阵，设 $\boldsymbol{K}_0$ 的楚列斯基分解为

$$\boldsymbol{K}_0 = \boldsymbol{L}_0\boldsymbol{L}_0^\mathrm{T} \tag{10.4.18}$$

式中，$\boldsymbol{L}_0$ 为下三角矩阵。

将式 (10.4.2) 写成如下等价形式

$$\boldsymbol{L}_0^{-1}\boldsymbol{K}\boldsymbol{L}_0^{-\mathrm{T}}\boldsymbol{L}_0^\mathrm{T}\boldsymbol{u} = \boldsymbol{L}_0^{-1}\boldsymbol{F}$$

即

$$\tilde{\boldsymbol{K}}\tilde{\boldsymbol{u}} = \tilde{\boldsymbol{F}} \tag{10.4.19}$$

其中，$\tilde{\boldsymbol{K}} = \boldsymbol{L}_0^{-1}\boldsymbol{K}\boldsymbol{L}_0^{-\mathrm{T}}$；$\tilde{\boldsymbol{u}} = \boldsymbol{L}_0^{\mathrm{T}}\boldsymbol{u}$；$\tilde{\boldsymbol{F}} = \boldsymbol{L}_0^{-1}\boldsymbol{F}$。

考虑到修改设计的劲度矩阵 $\boldsymbol{K} = \boldsymbol{K}^{(0)} + \Delta\boldsymbol{K}$，则

$$\tilde{\boldsymbol{K}} = \boldsymbol{L}_0^{-1}(\boldsymbol{K}_0 + \Delta\boldsymbol{K})\boldsymbol{L}_0^{-\mathrm{T}} = \boldsymbol{L}_0^{-1}(\boldsymbol{L}_0\boldsymbol{L}_0^{\mathrm{T}} + \Delta\boldsymbol{K})\boldsymbol{L}_0^{-\mathrm{T}} = \boldsymbol{I}_m + \boldsymbol{L}_0^{-1}\Delta\boldsymbol{K}\boldsymbol{L}_0^{-\mathrm{T}} \tag{10.4.20}$$

式中，$\boldsymbol{I}_m$ 为 m 阶单位矩阵。

由于 $\Delta\boldsymbol{K}$ 在模的意义下是小量或者 $\Delta\boldsymbol{K}$ 本身是低秩修改，所以 $\tilde{\boldsymbol{K}}$ 在模的意义下或者在低秩修改意义下近似于一个单位矩阵，对方程 (10.4.19) 应用共轭梯度法求解时，其收敛速度是很快的。但若直接应用，需计算 $\tilde{\boldsymbol{K}} = \boldsymbol{L}_0^{-1}\boldsymbol{K}\boldsymbol{L}_0^{-\mathrm{T}}$ 和 $\tilde{\boldsymbol{F}} = \boldsymbol{L}_0^{-1}\boldsymbol{F}$，而且还需将迭代得到的近似解 $\tilde{\boldsymbol{u}}_k$ 通过变换 $\boldsymbol{u}_k = \boldsymbol{L}_0^{-\mathrm{T}}\tilde{\boldsymbol{u}}_k$ 变成方程组 (10.4.2) 的近似解。实际上这些都是不必要的，作变换 $\boldsymbol{u}_k = \boldsymbol{L}_0^{-\mathrm{T}}\tilde{\boldsymbol{u}}_k$，$\boldsymbol{r}_k = \boldsymbol{L}_0\tilde{\boldsymbol{r}}_k$，$\boldsymbol{p}_k = \boldsymbol{L}_0^{-\mathrm{T}}\tilde{\boldsymbol{p}}_k$ 代入算法 10.1，即可得如下预条件共轭梯度法 (PCG)。

算法 10.2 (PCG 算法)

---

(1) 计算 $\boldsymbol{r}_0 = \boldsymbol{F} - \boldsymbol{K}u_0$，$\boldsymbol{z}_0 = \boldsymbol{K}_0^{-1}\boldsymbol{r}_0$，$\rho_0 = \boldsymbol{r}_0^{\mathrm{T}}\boldsymbol{z}_0$，置 k=1，令 $\boldsymbol{p}_1 = \boldsymbol{z}_0$。

(2) 计算 $\boldsymbol{w} = \boldsymbol{K}p_k$，$\alpha_k = {\rho_{k-1}}/{\boldsymbol{p}_k^{\mathrm{T}}\boldsymbol{w}}$，$\boldsymbol{u}_k = \boldsymbol{u}_{k-1} + \alpha_k\boldsymbol{p}_k$，$\boldsymbol{r}_k = \boldsymbol{r}_{k-1} - \alpha_k\boldsymbol{w}$。

(3) 若 $\|\boldsymbol{r}_k\| < \varepsilon$，则输出 $\boldsymbol{u}_k$，结束；否则转步骤 (4)。

(4) 计算 $\boldsymbol{z}_k = \boldsymbol{K}_0^{-1}\boldsymbol{r}_k$，$\rho_k = \boldsymbol{r}_k^{\mathrm{T}}\boldsymbol{z}_k$，$\beta_k = {\rho_k}/{\rho_{k-1}}$，$\boldsymbol{p}_{k+1} = \boldsymbol{z}_k + \beta_k\boldsymbol{p}_k$，令 $k = k$+1，转步骤 (2)。

上述算法中，$\boldsymbol{w}$ 的计算可按单元进行然后再组装，即在本算法中无须形成结构修改后的整体劲度矩阵；$\boldsymbol{z}_k$ 可利用初始设计分析已完成的 $\boldsymbol{K}_0$ 矩阵的楚列斯基分解，通过前代、回代计算而得。

应该指出，上述预条件共轭梯度法中选取初始结构劲度矩阵为预条件矩阵，当初值为零时，其迭代 $s+1$ 步结果与 s 阶组合逼近结果在理论上是一致的。但由于计算过程不同，二者舍入误差的积累不同，在组合逼近方法中，由于计算过程中舍入误差的影响，可导致计算精度无法控制，而预条件共轭梯度法由于修改了计算过程，随着迭代步数增加，能够以高精度逼近精确解。实际上，在结构优化设计中，以初始设计的位移 $\boldsymbol{u}_0$ 为初值，PCG 法常常能很快收敛。下面给出一个算例。

例 10.1 某抛物线型混凝土双曲拱坝，坝顶高程 827.00m，坝底高程 550m，最大坝高 277.0m，正常蓄水位 820.0m。初始设计和修改设计的拱坝体形参数如表 10.1 和表 10.2 所示，可以看出两个体形有较大的差别。

有限元模型中节点总数 3625 个，单元总数 2738 个，自由度数目 9594 个，整体劲度矩阵的半带宽 b=1948。以初始设计的位移 $\boldsymbol{u}_0$ 为初值，采用上述 PCG 法对修改设计进行结构重分析，计算工况荷载组合为“正常蓄水位 + 自重 + 温降”，坝体主要应力及位移结果见表 10.3。PCG-3 和 PCG-7 分别表示 PCG 迭代三次和七次的结果，并以采用楚列斯基分解法直接求解的结果为精确解。

从表中可以看出，经过三次迭代得到的坝体主要应力已经是精确解的很好近似值，七次迭代就已经基本收敛到了精确解。图 10.4 给出了最大主应力和最大顺河向位移的迭代

过程。

表 10.1　初始设计体形参数

高程/m	拱冠梁参数/m		拱端厚度/m		半中心角/(°)		拱轴线拱冠曲率半径/m	
	上游面坐标	厚度	左岸	右岸	左岸	右岸	左岸	右岸
827.00	0.000	14.000	19.035	19.000	46.891	45.073	341.617	261.046
780.00	−19.582	30.820	30.650	39.679	47.325	45.620	301.730	241.896
740.00	−32.563	41.510	42.822	55.000	47.876	46.746	268.473	223.934
690.00	−43.508	51.368	58.165	68.945	48.174	47.959	229.704	201.973
640.00	−48.00	58.677	70.442	78.787	46.396	47.060	200.492	185.014
600.00	−46.524	63.655	75.744	80.437	43.000	43.600	176.757	171.928
570.00	−42.250	67.365	75.929	77.997	37.000	37.000	163.024	163.842
550.00	−37.816	70.000	73.834	74.435	18.500	18.500	154.557	154.836

表 10.2　修改设计体形参数

高程/m	拱冠梁参数/m		拱端厚度/m		半中心角/(°)		拱轴线拱冠曲率半径/m	
	上游面坐标	厚度	左岸	右岸	左岸	右岸	左岸	右岸
827.00	0.000	12.545	17.176	16.193	49.574	46.597	310.852	247.509
780.00	−22.551	32.229	33.583	36.833	47.568	42.419	299.140	270.484
740.00	−38.150	44.441	47.198	52.577	49.248	44.088	255.795	245.693
690.00	−52.194	55.033	59.688	59.681	47.967	44.982	232.377	224.580
640.00	−59.259	61.796	69.739	70.630	45.120	44.561	209.503	202.018
600.00	−59.224	65.430	72.842	79.279	40.497	41.558	192.881	184.097
570.00	−55.550	67.610	75.906	76.233	33.323	33.624	186.586	185.443
550.00	−51.245	68.979	74.936	72.304	15.301	17.295	188.708	166.126

表 10.3　坝体主要应力极值

	最大顺河向位移/cm	上游面应力/MPa				下游面应力/MPa				拱冠梁剖面应力/MPa			
		$\sigma_{y\,\max}$	$\sigma_{y\,\min}$	$\sigma_{1\,\max}$	$\sigma_{3\,\min}$	$\sigma_{y\,\max}$	$\sigma_{y\,\min}$	$\sigma_{1\,\max}$	$\sigma_{3\,\min}$	$\sigma_{y\,\max}$	$\sigma_{y\,\min}$	$\sigma_{1\,\max}$	$\sigma_{3\,\min}$
PCG-3	11.854	2.884	−3.031	5.303	−6.407	−0.592	−10.902	0.324	−15.129	2.532	−10.902	5.304	−15.129
PCG-7	11.916	2.889	−3.011	5.309	−6.435	−0.597	−10.879	0.314	−15.105	2.542	−10.879	5.309	−15.105
精确解	11.915	2.890	−3.011	5.310	−6.434	−0.597	−10.880	0.316	−15.107	2.543	−10.880	5.310	−15.107

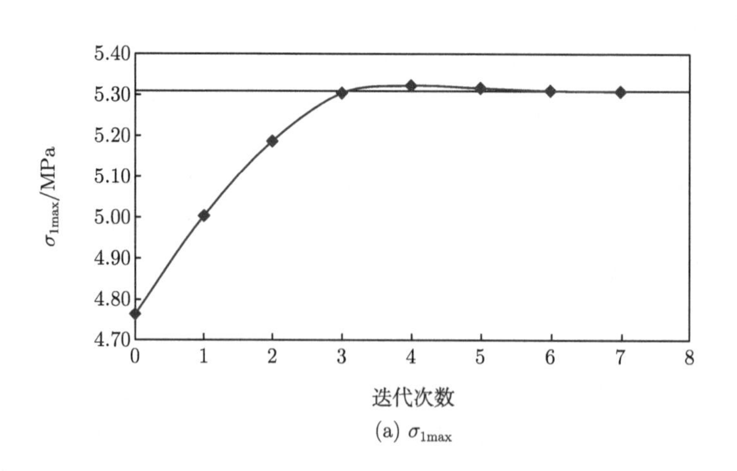

(a) $\sigma_{1\max}$

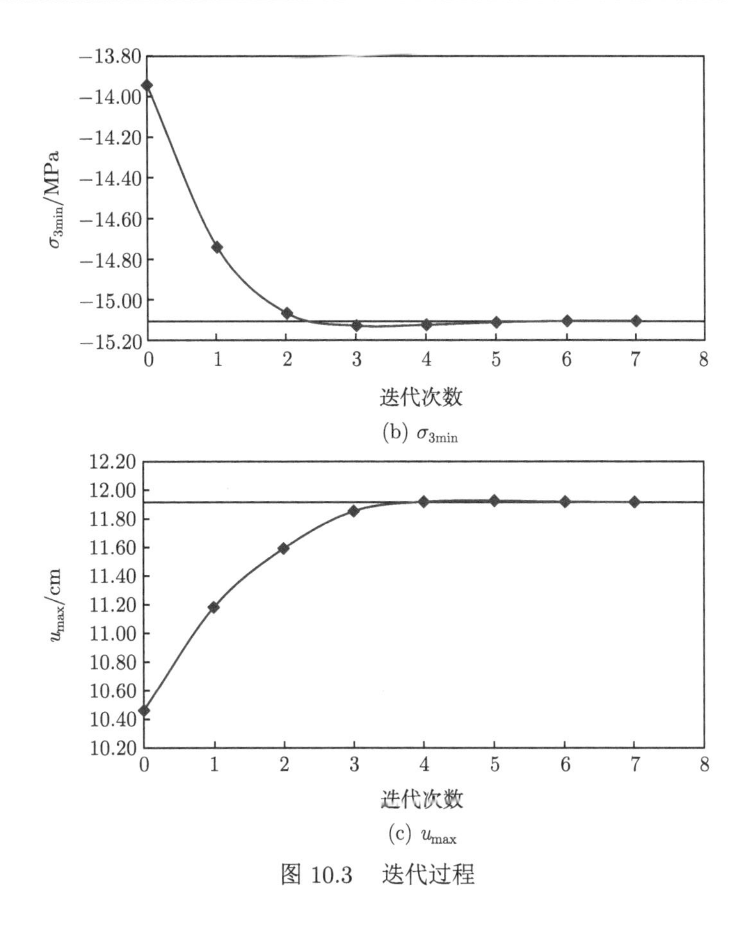

(b) $\sigma_{3\min}$

(c) $u_{\max}$

图 10.3 迭代过程

10.5 结构重分析的代理模型

对于大型复杂的工程结构优化问题，分析结构性能所需的时间是实际应用中的瓶颈。如果问题涉及动力学性能、非线性及多场耦合等，数值分析的工作量更大。为提高优化的效率，一个越来越受到重视的方法是首先通过对一批设计样本点进行高精度的结构分析，再在此基础上构造高精度结构分析模型的代理模型。代理模型是指计算量小，但其计算结果和原高精度结构分析模型结果相近的分析模型。常用的代理模型主要有多项式响应面模型、径向基函数模型、克里金模型、支持向量回归模型和神经网络模型等。这里仅介绍前三种模型，后两种可参看相关专著。

10.5.1 多项式响应面模型

多项式响应面模型用设计变量的多项式函数作为结构响应的近似，即

$$y(\boldsymbol{x}) = \hat{y}(\boldsymbol{x}) + \varepsilon \tag{10.5.1}$$

其中，$y(\boldsymbol{x})$ 为结构响应的精确值；$\hat{y}(\boldsymbol{x})$ 为多项式近似函数；ε 为模型误差。

综合考虑模型精度与计算量，常采用二次多项式响应面模型，预测值具有以下形式：

$$\hat{y}(\boldsymbol{x}) = \beta_0 + \sum_{i=1}^{n} \beta_i x_i + \sum_{i=1}^{n} \sum_{j=i}^{n} \beta_{ij} x_i x_j \tag{10.5.2}$$

其中，n 为设计变量数；β_0、β_i 和 β_{ij} 为待定系数，总数为 $p=\dfrac{(n+1)(n+2)}{2}$。

为确定二阶多项式响应面式 (10.5.2)，至少需要 p 个样本点。设样本点数目为 $n_{\rm s}$，记样本点经高精度结构分析得到的响应值向量为 $\boldsymbol{y}_s\in\mathbb{R}^{n_{\rm s}}$，采用最小二乘法可求得系数向量为

$$\boldsymbol{\beta}=\left(\boldsymbol{U}^{\rm T}\boldsymbol{U}\right)^{-1}\boldsymbol{U}^{\rm T}\boldsymbol{y}_s \tag{10.5.3}$$

其中，$\boldsymbol{\beta}=(\beta_0,\beta_1,\cdots,\beta_n,\beta_{11},\beta_{12},\cdots,\beta_{1n},\beta_{22},\beta_{23},\cdots,\beta_{2n},\cdots,\beta_{n-1,n-1},\beta_{n-1,n},\beta_{nn})^{\rm T}\in\mathbb{R}^p$，

$$\boldsymbol{U}=\left[\begin{matrix}1 & x_1^{(1)} & \cdots & x_n^{(1)} & \left(x_1^{(1)}\right)^2 & x_1^{(1)}x_2^{(1)} & \cdots & x_1^{(1)}x_n^{(1)} & \left(x_2^{(1)}\right)^2 \\ \vdots & \vdots & \ddots & \vdots & \vdots & \vdots & \ddots & \vdots & \vdots \\ 1 & x_1^{(n_{\rm s})} & \cdots & x_n^{(n_{\rm s})} & \left(x_1^{(n_{\rm s})}\right)^2 & x_1^{(n_{\rm s})}x_2^{(n_{\rm s})} & \cdots & x_1^{(n_{\rm s})}x_n^{(n_{\rm s})} & \left(x_2^{(n_{\rm s})}\right)^2\end{matrix}\right.$$

$$\left.\begin{matrix}x_2^{(1)}x_3^{(1)} & \cdots & x_2^{(1)}x_n^{(1)} & \cdots & \left(x_{n-1}^{(1)}\right)^2 & x_{n-1}^{(1)}x_n^{(1)} & \left(x_n^{(1)}\right)^2 \\ \vdots & \ddots & \vdots & & \vdots & \vdots & \vdots \\ x_2^{(n_{\rm s})}x_3^{(n_{\rm s})} & \cdots & x_2^{(n_{\rm s})}x_n^{(n_{\rm s})} & \cdots & \left(x_{n-1}^{(n_{\rm s})}\right)^2 & x_{n-1}^{(n_{\rm s})}x_n^{(n_{\rm s})} & \left(x_n^{(n_{\rm s})}\right)^2\end{matrix}\right]\in\mathbb{R}^{n_{\rm s}\times p}$$

其中，$x_i^{(j)}$ 为第 j 个样本点的第 i 个设计变量。

待定参数 $\boldsymbol{\beta}$ 确定后，任意一个修改设计的响应值便可由式 (10.5.2) 近似计算。

10.5.2 径向基函数模型

径向基函数是以径向距离作为自变量的函数，一般形式为

$$\Phi=\phi(r) \tag{10.5.4}$$

式中，径向距离 r 通常采用欧几里得距离，设 $\boldsymbol{x}=(x_1,x_2,\cdots,x_n)^{\rm T}$ 和 $\boldsymbol{x}'=(x_1',x_2',\cdots,x_n')^{\rm T}$ 为设计空间中的两点，则欧几里得距离 $r(\boldsymbol{x},\boldsymbol{x}')$ 为

$$r(\boldsymbol{x},\boldsymbol{x}')=\|\boldsymbol{x}-\boldsymbol{x}'\|_2=\sqrt{(x_1-x_1')^2+(x_2-x_2')^2+\cdots+(x_n-x_n')^2} \tag{10.5.5}$$

径向基函数模型的基本思想是首先给定一组样本点 $(\boldsymbol{x}^{(i)},y^{(i)})$，$i=1,2,\cdots,n_{\rm s}$，对应于任意一个设计 $\boldsymbol{x}$ 的结构响应 $y(\boldsymbol{x})$ 即可表示为如下径向基函数的线性组合：

$$y(\boldsymbol{x})=\sum_{j=1}^{n_{\rm s}}w_j\phi\left(\left\|\boldsymbol{x}-\boldsymbol{x}^{(j)}\right\|_2\right) \tag{10.5.6}$$

其中，w_j 为待定系数；ϕ 为径向基函数，常用的有高斯函数 $\phi(r)={\rm e}^{-\frac{r^2}{c^2}}$，Multi-quadric 函数 $\phi(r)=(r^2+c^2)^{\alpha}$，逆 Multi-quadric 函数 $\phi(r)=(r^2+c^2)^{-\alpha}$ 等，c 是给定参数，$\alpha>0$。

将样本点数据 $(\boldsymbol{x}^{(i)},y^{(i)})$ 代入上式可得如下 $n_{\rm s}$ 阶线性方程组：

$$y^{(i)}=\sum_{j=1}^{n_{\rm s}}w_j\phi\left(\left\|\boldsymbol{x}^{(i)}-\boldsymbol{x}^{(j)}\right\|_2\right),\quad i=1,2,\cdots,n_{\rm s} \tag{10.5.7}$$

记系数向量 $\boldsymbol{w}=(w_1,w_2,\cdots,w_{n_s})^{\mathrm{T}}$，样本点响应值向量 $\boldsymbol{y}_s=(y^{(1)},y^{(2)},\cdots,y^{(n_s)})^{\mathrm{T}}$，径向基函数矩阵 $\boldsymbol{B}=[\varPhi_{ij}]$，其中 $\varPhi_{ij}=\phi\left(\left\|\boldsymbol{x}^{(i)}-\boldsymbol{x}^{(j)}\right\|_2\right)$，则可将上式方程组写成如下矩阵形式：

$$\boldsymbol{B}\boldsymbol{w}=\boldsymbol{y}_s \tag{10.5.8}$$

求解上式得系数向量后，任意一个设计的结构响应即可用式 (10.5.6) 计算。但有些情况下矩阵 $\boldsymbol{B}$ 可能会出现病态或奇异现象，这时可采用最小二乘法，则系数向量为

$$\boldsymbol{w}=\left(\boldsymbol{B}^{\mathrm{T}}\boldsymbol{B}\right)^{-1}\boldsymbol{B}^{\mathrm{T}}\boldsymbol{y}_s \tag{10.5.9}$$

10.5.3 克里金模型

克里金模型是一种插值模型，它用已知样本点响应值的线性组合来近似设计空间中任意一点的响应值，即

$$\hat{y}(\boldsymbol{x})=\sum_{j=1}^{n_s}w_j y^{(j)}=\boldsymbol{w}^{\mathrm{T}}\boldsymbol{y}_s \tag{10.5.10}$$

为了计算系数向量 $\boldsymbol{w}=(w_1,w_2,\cdots,w_{n_s})^{\mathrm{T}}$，克里金模型引入统计学假设，将未知响应函数 $y(\boldsymbol{x})$ 看成是某个静态随机过程 $Y(\boldsymbol{x})$ 的具体实现，即 $y(\boldsymbol{x})$ 只是 $Y(\boldsymbol{x})$ 的一个可能结果。静态随机过程 $Y(\boldsymbol{x})$ 定义为

$$Y(\boldsymbol{x})=\beta_0+Z(\boldsymbol{x}) \tag{10.5.11}$$

其中，β_0 为未知常数，也称全局模型趋势，代表 $Y(\boldsymbol{x})$ 的数学期望；$Z(\bullet)$ 为均值为零、方差为 σ^2 的静态随机过程，在设计空间不同位置 $\boldsymbol{x}$、$\boldsymbol{x}'$ 处，对应的随机变量存在一定的相关性，协方差可表述为

$$\mathrm{Cov}[Z(\boldsymbol{x}),Z(\boldsymbol{x}')]=\sigma^2R(\boldsymbol{x},\boldsymbol{x}') \tag{10.5.12}$$

其中，$R(\boldsymbol{x},\boldsymbol{x}')$ 为只与空间距离有关的“相关函数”，代表不同位置处随机变量之间的相关性，它随着距离的增大而减小，并满足距离为零时等于 1，距离无穷大时等于 0。

定义列向量 $\boldsymbol{z}=[Z(\boldsymbol{x}^{(1)}),Z(\boldsymbol{x}^{(2)}),\cdots,Z(\boldsymbol{x}^{(n_s)})]^{\mathrm{T}}$，由式 (10.5.11) 可知样本点响应向量 $\boldsymbol{y}_s=(y^{(1)},y^{(2)},\cdots,y^{(n_s)})^{\mathrm{T}}$ 为

$$\boldsymbol{y}_s=\beta_0\boldsymbol{F}+\boldsymbol{z} \tag{10.5.13}$$

其中，$\boldsymbol{F}$ 为所有元素都为 1 的 n_s 维列向量。

将式 (10.5.13) 代入式 (10.5.10) 得克里金模型对设计空间中任意一点响应的预测值为

$$\hat{y}(\boldsymbol{x})=\beta_0\boldsymbol{w}^{\mathrm{T}}\boldsymbol{F}+\boldsymbol{w}^{\mathrm{T}}\boldsymbol{z} \tag{10.5.14}$$

由于 $E(Z(\boldsymbol{x}))=0$，所以 $E(Y(\boldsymbol{x}))=\beta_0$，$E(\hat{y}(\boldsymbol{x}))=\beta_0\boldsymbol{w}^{\mathrm{T}}\boldsymbol{F}$。因此，根据无偏估计的要求，有 $\boldsymbol{w}^{\mathrm{T}}\boldsymbol{F}=1$。

克里金模型预测值的误差为

$$\hat{y}(\boldsymbol{x})-Y(\boldsymbol{x})=\beta_0\boldsymbol{w}^{\mathrm{T}}\boldsymbol{F}+\boldsymbol{w}^{\mathrm{T}}\boldsymbol{z}-\beta_0-Z(\boldsymbol{x})=\boldsymbol{w}^{\mathrm{T}}\boldsymbol{z}-Z(\boldsymbol{x}) \tag{10.5.15}$$

均方差为

$$
\begin{aligned}
\operatorname{MSE}(\hat{y}(\boldsymbol{x})) &= E\left[(\hat{y}(\boldsymbol{x})-Y(\boldsymbol{x}))^2\right] \\
&= E\left[\left(\boldsymbol{w}^{\mathrm{T}}\boldsymbol{z}-Z(\boldsymbol{x})\right)^2\right] \\
&= E\left[(Z(\boldsymbol{x}))^2+\boldsymbol{w}^{\mathrm{T}}\boldsymbol{z}\boldsymbol{z}^{\mathrm{T}}\boldsymbol{w}-2\boldsymbol{w}^{\mathrm{T}}\boldsymbol{z}Z(\boldsymbol{x})\right] \\
&= \sigma_Z^2\left(1+\boldsymbol{w}^{\mathrm{T}}\boldsymbol{R}\boldsymbol{w}-2\boldsymbol{w}^{\mathrm{T}}\boldsymbol{r}\right)
\end{aligned}
\tag{10.5.16}
$$

其中，$\boldsymbol{R}=\begin{bmatrix} R(\boldsymbol{x}^{(1)},\boldsymbol{x}^{(1)}) & R(\boldsymbol{x}^{(1)},\boldsymbol{x}^{(2)}) & \cdots & R(\boldsymbol{x}^{(1)},\boldsymbol{x}^{(n_{\mathrm{s}})}) \\ R(\boldsymbol{x}^{(2)},\boldsymbol{x}^{(1)}) & R(\boldsymbol{x}^{(2)},\boldsymbol{x}^{(2)}) & \cdots & R(\boldsymbol{x}^{(2)},\boldsymbol{x}^{(n_{\mathrm{s}})}) \\ \vdots & \vdots & & \vdots \\ R(\boldsymbol{x}^{(n_{\mathrm{s}})},\boldsymbol{x}^{(1)}) & R(\boldsymbol{x}^{(n_{\mathrm{s}})},\boldsymbol{x}^{(2)}) & \cdots & R(\boldsymbol{x}^{(n_{\mathrm{s}})},\boldsymbol{x}^{(n_{\mathrm{s}})}) \end{bmatrix}$ 称为相关矩阵，$\boldsymbol{r}=\begin{pmatrix} R(\boldsymbol{x}^{(1)},\boldsymbol{x}) \\ R(\boldsymbol{x}^{(2)},\boldsymbol{x}) \\ \vdots \\ R(\boldsymbol{x}^{(n_{\mathrm{s}})},\boldsymbol{x}) \end{pmatrix}$ 称为相关向量。

克里金模型的最优加权系数 $\boldsymbol{w}$ 应使均方差最小并满足无偏估计的要求，即为如下最优化问题的解。

$$
\left.\begin{array}{ll}
\min\limits_{\boldsymbol{w}} & \operatorname{MSE}(\hat{y}(\boldsymbol{x}))=\sigma_Z^2\left(1+\boldsymbol{w}^{\mathrm{T}}\boldsymbol{R}w-2\boldsymbol{w}^{\mathrm{T}}\boldsymbol{r}\right) \\
\text{s.t.} & \boldsymbol{w}^{\mathrm{T}}\boldsymbol{F}-1=0
\end{array}\right\}
\tag{10.5.17}
$$

用拉格朗日乘子法求解上式，拉格朗日函数为

$$
L(\boldsymbol{w},\lambda)=\sigma_Z^2\left(1+\boldsymbol{w}^{\mathrm{T}}\boldsymbol{R}\boldsymbol{w}-2\boldsymbol{w}^{\mathrm{T}}\boldsymbol{r}\right)+\lambda(\boldsymbol{w}^{\mathrm{T}}\boldsymbol{F}-1)
$$

由极值条件可得

$$
\left.\begin{array}{l}
2\sigma_Z^2(\boldsymbol{R}\boldsymbol{w}-\boldsymbol{r})+\lambda\boldsymbol{F}=0 \\
\boldsymbol{F}^{\mathrm{T}}\boldsymbol{w}-1=0
\end{array}\right\}
$$

写成矩阵形式有

$$
\begin{bmatrix} \boldsymbol{R} & \boldsymbol{F} \\ \boldsymbol{F}^{\mathrm{T}} & 0 \end{bmatrix}\begin{pmatrix} \boldsymbol{w} \\ \tilde{\lambda} \end{pmatrix}=\begin{pmatrix} \boldsymbol{r} \\ 1 \end{pmatrix}
\tag{10.5.18}
$$

其中，$\tilde{\lambda}=\dfrac{\lambda}{2\sigma^2}$。

求解式 (10.5.18) 可得

$$
\boldsymbol{w}=\boldsymbol{R}^{-1}\boldsymbol{r}-\boldsymbol{R}^{-1}\boldsymbol{F}\left(\boldsymbol{F}^{\mathrm{T}}\boldsymbol{R}^{-1}\boldsymbol{F}\right)^{-1}\left(\boldsymbol{F}^{\mathrm{T}}\boldsymbol{R}^{-1}\boldsymbol{r}-1\right)
\tag{10.5.19}
$$

将式 (10.5.19) 代入式 (10.5.10) 得

$$\begin{aligned}\hat{y}(\boldsymbol{x}) &= \boldsymbol{r}^{\mathrm{T}}(\boldsymbol{x})\boldsymbol{R}^{-1}\boldsymbol{y}_s - \boldsymbol{r}^{\mathrm{T}}(\boldsymbol{x})\boldsymbol{R}^{-1}\boldsymbol{F}\left(\boldsymbol{F}^{\mathrm{T}}\boldsymbol{R}^{-1}\boldsymbol{F}\right)^{-1}\boldsymbol{F}^{\mathrm{T}}\boldsymbol{R}^{-1}\boldsymbol{y}_s + \left(\boldsymbol{F}^{\mathrm{T}}\boldsymbol{R}^{-1}\boldsymbol{F}\right)^{-1}\boldsymbol{F}^{\mathrm{T}}\boldsymbol{R}^{-1}\boldsymbol{y}_s \\ &= \beta_0 + \boldsymbol{r}^{\mathrm{T}}(\boldsymbol{x})\boldsymbol{R}^{-1}(\boldsymbol{y}_s - \beta_0\boldsymbol{F})\end{aligned} \tag{10.5.20}$$

其中，$\beta_0 = \left(\boldsymbol{F}^{\mathrm{T}}\boldsymbol{R}^{-1}\boldsymbol{F}\right)^{-1}\boldsymbol{F}^{\mathrm{T}}\boldsymbol{R}^{-1}\boldsymbol{y}_s$。

式 (10.5.20) 就是克里金代理模型，给定样本点及相关函数 $R(\boldsymbol{x},\boldsymbol{x}')$，就可以由其计算设计空间中任意点 $\boldsymbol{x}$ 处的估计值。将式 (10.5.19) 代入式 (10.5.16) 还能给出估计值的均方差估计

$$\mathrm{MSE}\left(\hat{y}(\boldsymbol{x})\right) = \sigma_Z^2\left(1 - \boldsymbol{r}^{\mathrm{T}}\boldsymbol{R}^{-1}\boldsymbol{r} + (1 - \boldsymbol{F}^{\mathrm{T}}\boldsymbol{R}^{-1}\boldsymbol{r})^2(\boldsymbol{F}^{\mathrm{T}}\boldsymbol{R}^{-1}\boldsymbol{F})^{-1}\right) \tag{10.5.21}$$

目前相关函数一般采用如下形式：

$$R(\boldsymbol{x},\boldsymbol{x}') = \prod_{k=1}^{n} R_k(\theta_k, x_k - x_k') \tag{10.5.22}$$

其中，$\boldsymbol{x}$、$\boldsymbol{x}'$ 为设计空间中任意两个不同点；$R_k(\theta_k, x_k - x_k')$ 常采用高斯指数模型，即

$$R_k(\theta_k, x_k - x_k') = \exp(-\theta_k\left|x_k - x_k'\right|^{p_k}),\quad k = 1,2,\cdots,n \tag{10.5.23}$$

其中，$\theta_k > 0$ 和 $1 \leqslant p_k \leqslant 2$，$k = 1,2,\cdots,n$ 是两组待定模型参数。为了简化，也可以令 $p_1 = p_2 = \cdots = p_n = p$，甚至直接取 $p_k = 2$，$k = 1,2,\cdots,n$。

为了确定模型的最优参数 $\boldsymbol{\theta} = (\theta_1,\theta_2,\cdots,\theta_n)^{\mathrm{T}}$ 和 $\boldsymbol{p} = (p_1,p_2,\cdots,p_n)^{\mathrm{T}}$，一般采用最大似然估计。样本集的响应值为 $\boldsymbol{y}_s$ 的似然函数是

$$\tilde{L}(\beta_0,\sigma_Z^2,\boldsymbol{\theta},\boldsymbol{p}) = \frac{1}{\sqrt{(2\pi\sigma_Z^2)^{n_s}\left|\boldsymbol{R}\right|}}\exp\left(-\frac{(\boldsymbol{y}_s - \beta_0\boldsymbol{F})^{\mathrm{T}}\boldsymbol{R}^{-1}(\boldsymbol{y}_s - \beta_0\boldsymbol{F})}{2\sigma_Z^2}\right) \tag{10.5.24}$$

上式两边取对数，得

$$\ln\tilde{L}(\beta_0,\sigma_Z^2,\boldsymbol{\theta},\boldsymbol{p}) = -\frac{n_{\mathrm{s}}}{2}\ln(\sigma_Z^2) - \frac{1}{2}\ln(\left|\boldsymbol{R}\right|) - \frac{(\boldsymbol{y}_s - \beta_0\boldsymbol{F})^{\mathrm{T}}\boldsymbol{R}^{-1}(\boldsymbol{y}_s - \beta_0\boldsymbol{F})}{2\sigma_Z^2} - \frac{n_{\mathrm{s}}}{2}\ln(2\pi) \tag{10.5.25}$$

最大似然估计法的原理是对于已经发生的事情，出现当前结果的概率是最大的，即应该使上述似然函数值取最大。利用极值条件 $\dfrac{\partial\ln\tilde{L}(\beta_0,\sigma_Z^2,\boldsymbol{\theta},\boldsymbol{p})}{\partial\beta_0} = 0$ 和 $\dfrac{\partial\ln\tilde{L}(\beta_0,\sigma_Z^2,\boldsymbol{\theta},\boldsymbol{p})}{\partial\sigma_Z^2} = 0$ 可得

$$\beta_0 = \left(\boldsymbol{F}^{\mathrm{T}}\boldsymbol{R}^{-1}\boldsymbol{F}\right)^{-1}\boldsymbol{F}^{\mathrm{T}}\boldsymbol{R}^{-1}\boldsymbol{y}_s \tag{10.5.26}$$

$$\sigma_Z^2 = \frac{(\boldsymbol{y}_s - \beta_0\boldsymbol{F})^{\mathrm{T}}\boldsymbol{R}^{-1}(\boldsymbol{y}_s - \beta_0\boldsymbol{F})}{n_{\mathrm{s}}} \tag{10.5.27}$$

将式 (10.5.26) 和式 (10.5.27) 代入式 (10.5.25) 得

$$\ln \tilde{L}(\boldsymbol{\theta}, \boldsymbol{p}) = -\frac{n_{\mathrm{s}}}{2} \ln(\sigma_Z^2) - \frac{1}{2} \ln(|\boldsymbol{R}|) - \frac{n_{\mathrm{s}}}{2} (1 + \ln(2\pi)) \tag{10.5.28}$$

模型参数 $\boldsymbol{\theta}$、$\boldsymbol{p}$ 的最优值即如下最优化问题的解：

$$\max_{\boldsymbol{\theta}, \boldsymbol{p}} \ln \tilde{L}(\boldsymbol{\theta}, \boldsymbol{p}) = -\frac{n_{\mathrm{s}}}{2} \ln(\sigma_Z^2) - \frac{1}{2} \ln(|\boldsymbol{R}|) - \frac{n_{\mathrm{s}}}{2} (1 + \ln(2\pi)) \tag{10.5.29}$$

上式无法解析求解，可采用前面介绍的数值解法。

第 11 章　结构优化设计的工程应用

11.1　钢筋混凝土基本构件的优化设计

11.1.1　矩形截面简支梁的优化设计

矩形截面钢筋混凝土梁是工程结构中常见的受力构件。下面以矩形截面钢筋混凝土简支梁为例，讨论这类构件的优化设计。

如图 11.1 所示，梁的跨度为 l，荷载作用下截面最大弯矩为 M，最大剪力为 V，梁横截面宽度为 b、高度为 h 。试在满足强度条件以及钢筋混凝土设计规范所规定的构造要求下，求使钢筋混凝土梁的材料费用最少的设计。

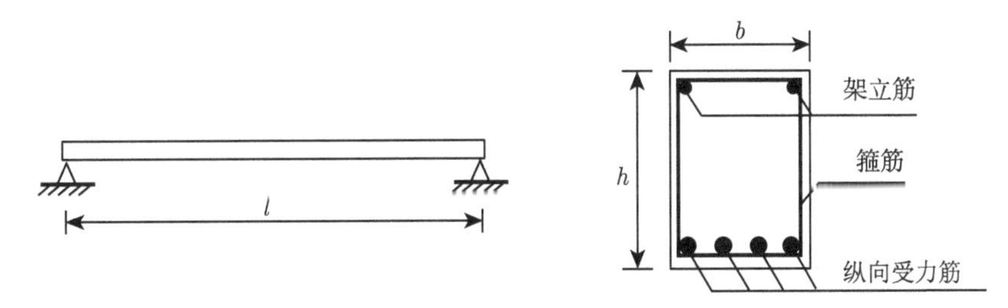

图 11.1　矩形截面简支梁

1. 优化模型

钢筋混凝土梁的造价是混凝土与钢筋两部分造价之和。对于矩形等截面梁，混凝土造价取决于截面面积与单价，钢筋价格取决于主筋、箍筋和架立筋的用量与单价。对仅在受拉区配纵向受拉钢筋的单筋钢筋混凝土矩形截面梁，架立筋一般按构造要求配置，可视为常数；箍筋同样按构造要求配置时，虽然随梁高 h 变化，但不太灵敏，也可看作常数。因此可选梁的截面尺寸 b、h 和梁的主筋面积 A_{g} 为设计变量。目标函数可取单位长度梁的造价

$$C = bhc_{\mathrm{h}} + A_{\mathrm{g}}c_{\mathrm{g}} \tag{11.1.1}$$

其中，c_{h} 为混凝土单价；c_{g} 为钢筋单价。

根据抗弯承载力极限状态的强度要求，应满足以下两个基本公式：

$$KM \leqslant M_{\mathrm{u}} = f_{\mathrm{c}}bx\left(h_0 - \frac{x}{2}\right) \tag{11.1.2}$$

$$f_{\mathrm{c}}bx = f_{\mathrm{y}}A_{\mathrm{g}} \tag{11.1.3}$$

其中，M 为弯矩设计值；M_{u} 为截面极限弯矩值；K 为承载力安全系数；f_{y} 为钢筋抗拉强度设计值；f_{c} 为混凝土轴心抗压强度设计值；x 为混凝土受压区计算高度；$h_0 = h - a$ 为

截面有效高度；a 为纵向受拉钢筋合力点至截面受拉边缘的距离，与混凝土保护层厚度以及配筋方式有关，按规定取值。

设相对受压区高度 $\xi=\dfrac{x}{h_0}$，即 $x=\xi h_0$，代入式 (11.1.2)、式 (11.1.3)，并令

$$\alpha_{\mathrm{s}}=\xi\left(1-0.5\xi\right) \tag{11.1.4}$$

则有

$$KM\leqslant M_{\mathrm{u}}=f_{\mathrm{c}}\alpha_{\mathrm{s}}bh_0^2 \tag{11.1.5}$$

$$f_{\mathrm{c}}\xi bh_0=f_{\mathrm{y}}A_{\mathrm{g}} \tag{11.1.6}$$

这样具体计算时，可先由式 (11.1.6) 计算 ξ

$$\xi=\frac{f_{\mathrm{y}}A_{\mathrm{g}}}{f_{\mathrm{c}}bh_0} \tag{11.1.7}$$

再由式 (11.1.4) 计算 α_{s}

$$\alpha_{\mathrm{s}}=\frac{f_{\mathrm{y}}A_{\mathrm{g}}}{f_{\mathrm{c}}bh_0}\left(1-0.5\frac{f_{\mathrm{y}}A_{\mathrm{g}}}{f_{\mathrm{c}}bh_0}\right) \tag{11.1.8}$$

将 α_{s} 代入式 (11.1.5) 得

$$KM\leqslant M_{\mathrm{u}}=\left(1-0.5\frac{f_{\mathrm{y}}A_{\mathrm{g}}}{f_{\mathrm{c}}bh_0}\right)f_{\mathrm{y}}A_{\mathrm{g}}h_0 \tag{11.1.9}$$

为了保证梁是适筋破坏，还应满足如下两个条件：

$$\rho=\frac{A_{\mathrm{g}}}{bh_0}\geqslant\rho_{\min} \tag{11.1.10}$$

$$\xi\leqslant 0.85\xi_{\mathrm{b}} \tag{11.1.11}$$

其中，ρ 为纵向受拉钢筋实际配筋率；$\rho_{\min}$ 为纵向受拉钢筋最小配筋率，按规定取值；ξ_{b} 为相对界限受压区高度，按规范取值或按钢筋材料特性计算。

考虑按构造要求配箍筋，梁的抗剪强度条件为

$$V\leqslant 0.07f_{\mathrm{c}}bh_0 \tag{11.1.12}$$

综合以上分析，钢筋混凝土矩形截面梁优化的数学模型为

$$\left.\begin{aligned}
&\text{find}\quad \boldsymbol{x}=[b,\ h,\ A_{\mathrm{g}}]^{\mathrm{T}}\\
&\min\quad f(\boldsymbol{x})=C=bhc_{\mathrm{h}}+A_{\mathrm{g}}c_{\mathrm{g}}\\
&\text{s.t.}\quad KM\leqslant M_{\mathrm{u}}=\left(1-0.5\frac{f_{\mathrm{y}}A_{\mathrm{g}}}{f_{\mathrm{c}}bh_0}\right)f_{\mathrm{y}}A_{\mathrm{g}}h_0\\
&\qquad\ \rho=\frac{A_{\mathrm{g}}}{bh_0}\geqslant\rho_{\min}\\
&\qquad\ \xi\leqslant 0.85\xi_{\mathrm{b}}\\
&\qquad\ V\leqslant 0.07f_{\mathrm{c}}bh_0\\
&\qquad\ h>0\\
&\qquad\ b\geqslant b_0
\end{aligned}\right\} \tag{11.1.13}$$

其中，b_0 为最小截面宽度，应按实际使用要求确定。

2. 算例

某矩形截面钢筋混凝土简支梁，已知设计数据如下：荷载作用下截面设计最大弯矩为 $M=47.58\text{kN}\cdot\text{m}$，设计最大剪力为 $V=30\text{kN}$，混凝土轴心抗压强度设计值 $f_c=12.5\text{MPa}$，钢筋抗拉强度设计值 $f_y=310\text{MPa}$，承载力安全系数 $K=1.2$，纵向受拉钢筋最小配筋率 $\rho_{\min}=0.20\%$，相对界限受压区高度 $\xi_b=0.544$，纵向受拉钢筋合力点至截面受拉边缘的距离 $a=45\text{mm}$，梁宽度的下限值 $b_0=200\text{mm}$，混凝土单价 $c_h=400元/\text{m}^3$，钢筋单价 $c_g=35000元/\text{m}^3$。试设计此钢筋混凝土梁，使在满足强度条件以及构造要求条件下材料费用最少。

将上述基本数据代入优化模型式 (11.1.13)，利用罚函数法求解。迭代过程如表 11.1 所示。

表 11.1 钢筋混凝土梁简支梁罚函数法优化迭代过程

迭代次数 k	罚因子 $\gamma^{(k)}$	设计变量			目标函数/元
		b/mm	h/mm	A_g/mm^2	
1	2.0	220	700	650.0	84.35
2	0.4	204	405	773.4	60.09
3	0.08	203	404	763.5	59.59
4	0.016	202	405	566.3	52.54
5	0.0032	201	405	565.5	52.41
6	0.00064	200	406	565.0	52.33
7	0.000128	200	406	564.7	52.29
8	0.0000256	200	406	564.6	52.27
9	0.00000512	200	406	564.6	52.27

对于受弯构件，一般 h 越大，b 越小越有利，本例中，随着迭代的进行，梁的宽度达到下限值。最终配筋率为 0.78%，介于矩形截面梁常用配筋范围 0.60%~1.5% 。

11.1.2 轴心受压矩形截面柱的优化设计

钢筋混凝土结构中另一类主要构件就是受压构件。下面介绍轴心受压钢筋混凝土矩形截面柱的优化设计。

图 11.2 所示轴心受压钢筋混凝土矩形截面柱，受轴向压力 N 作用，已知柱长 l，采用对称配筋。试求该柱的最优设计，使材料费用最少。

1. 优化模型

对于矩形等截面柱，它的材料费用是混凝土的造价与钢筋的造价之和。混凝土造价取决于截面面积与单价，当考虑对称配筋时，钢筋价格取决于受压钢筋和箍筋的用量与单价，而箍筋一般按构造要求配置。因此可选柱的截面尺寸 b、h 和受压钢筋面积 A_g 为设计变量。目标函数可取单位长度柱的造价

$$C=bhc_h+A_gc_g \tag{11.1.14}$$

式中，c_h 为混凝土单价；c_g 为钢筋单价。

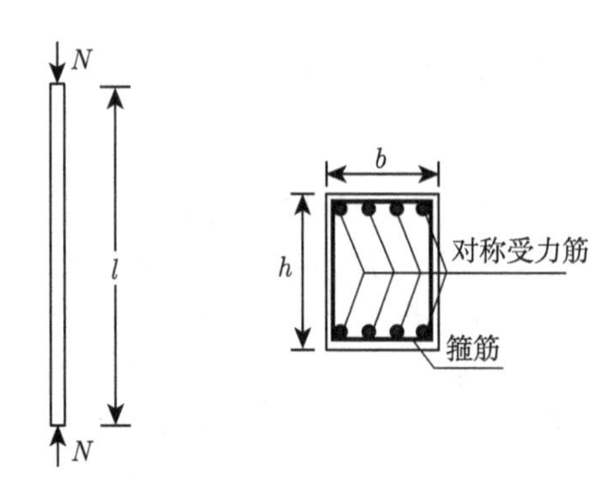

图 11.2　轴心受压钢筋混凝土柱

根据强度要求，正截面受压承载力应满足如下条件：

$$KN \leqslant N_{\mathrm{u}} = \varphi(f_{\mathrm{c}}A_{\mathrm{c}} + f_{\mathrm{y}}'A_{\mathrm{g}}') \tag{11.1.15}$$

式中，N 为轴向压力设计值；$A_{\mathrm{c}} = bh$ 为截面面积；f_{y}' 为纵向钢筋的抗压强度设计值；A_{g}' 为全部纵向钢筋的面积；φ 为钢筋混凝土轴心受压构件的稳定系数，与构件的计算长度 l_0 与截面短边尺寸 b 的比值有关。见表 11.2。

表 11.2　钢筋混凝土轴心受压构件的稳定系数 φ

l_0/b	<8	10	12	14	16	18	20	22	24	26	28
φ	1.0	0.98	0.95	0.92	0.87	0.81	0.75	0.70	0.65	0.60	0.56
l_0/b	30	32	34	36	38	40	42	44	46	48	50
φ	0.52	0.48	0.44	0.40	0.36	0.32	0.29	0.26	0.23	0.21	0.19

为了便于在优化过程中应用，可以对表 11.2 进行数值拟合，有

$$\varphi\left(\frac{l_0}{b}\right) = 1.2687 - 0.0291 \times \left(\frac{l_0}{b}\right) + 0.0001 \times \left(\frac{l_0}{b}\right)^2 \tag{11.1.16}$$

根据构造要求，配筋率 $\rho' = \dfrac{A_{\mathrm{g}}'}{bh}$ 应满足

$$0.6\% \leqslant \rho' \leqslant 3\% \tag{11.1.17}$$

而且纵向受压钢筋至少要配 $4\phi12$，故

$$A_{\mathrm{g}}' \geqslant 4.52\mathrm{cm}^2 \tag{11.1.18}$$

另外，采用过分细长的柱是不合理的，对于一般建筑物中的柱，长细比应满足

$$\frac{l_0}{b} \leqslant 30 \tag{11.1.19}$$

$$\frac{l_0}{h} \leqslant 25 \tag{11.1.20}$$

式中，h 为截面的长边尺寸；b 为截面的短边尺寸。

综合以上分析，对称配筋钢筋混凝土矩形截面柱优化的数学模型为

$$\left.\begin{array}{ll}\text{find} & \boldsymbol{x}=[b,\ h,\ A_{\mathrm{g}}']^{\mathrm{T}} \\ \min & f(\boldsymbol{x})=C=bhc_{\mathrm{h}}+A_{\mathrm{g}}'c_{\mathrm{g}} \\ \text{s.t.} & KN\leqslant N_{\mathrm{u}}=\varphi(f_{\mathrm{c}}A_{\mathrm{c}}+f_{\mathrm{y}}'A_{\mathrm{g}}') \\ & 0.6\%\leqslant\rho'\leqslant 3\% \\ & A_{\mathrm{g}}'\geqslant 4.52 \\ & \dfrac{l_0}{b}\leqslant 30 \\ & \dfrac{l_0}{h}\leqslant 25 \\ & h\geqslant b\end{array}\right\} \tag{11.1.21}$$

2. 算例

一现浇矩形截面钢筋混凝土轴心受压柱，柱底固定，顶部为不移动铰接，柱高 6500mm，该柱承受的轴向力设计值为 651.0kN，承载力安全系数 $K=1.2$，混凝土轴心抗压强度设计值 $f_{\mathrm{c}}=10\mathrm{MPa}$ ，钢筋抗压强度设计值 $f_{\mathrm{y}}'=310\mathrm{MPa}$，混凝土单价 $c_{\mathrm{h}}=400$元/m^3，钢筋单价 $c_{\mathrm{g}}=35000$元/m^3。试求此钢筋混凝土柱在满足强度条件以及构造条件要求下，材料费用最少的设计。

将上述基本数据代入优化模型式 (11.1.21)，利用罚函数法求解。迭代过程如表 11.3 所示。最终最优设计的配筋率为 1.60% ，介于矩形截面柱常用配筋范围 0.80%~2.0% 。

表 11.3　轴心受压钢筋混凝土柱罚函数法优化迭代过程

迭代次数 k	罚因子 $\gamma^{(k)}$	设计变量			目标函数/元
		b/mm	h/mm	$A_{\mathrm{g}}'/\mathrm{mm}^2$	
1	2.0	400	600	1500	148.50
2	0.4	282	333	1515	90.56
3	0.08	279	337	1506	90.34
4	0.016	279	337	1505	90.32

11.2　实体重力坝断面优化设计

重力坝是被广泛采用的一种坝型，它结构简单，施工方便，工作可靠。在水压力作用下，重力坝依靠坝体自重产生的抗滑力来维持稳定。坝体断面尺寸大，混凝土用量较多，坝体应力较低，材料强度常不能充分发挥。为求得安全可靠、经济合理的设计断面，提高设计质量和效率，对重力坝进行优化设计具有重要的现实意义。

11.2.1　实体重力坝断面优化设计数学模型

1. 设计变量

重力坝断面设计的优化问题，可以说属于实体结构断面形状的最优布局问题。重力坝非溢流坝段的断面形状由坝高、坝顶宽度、坝底宽度和上、下游坝坡决定 (图 11.3)。在实

际工程中，一般来说坝高 H、坝顶宽度 B_0 是已知的，上游坝坡由上游起坡点高度 H_1 和坡比 m_1 决定，下游坝坡由下游起坡点高度 H_2 和坡比 m_2 决定。因此可取设计变量为

$$\boldsymbol{x} = [x_1, x_2, x_3, x_4]^{\mathrm{T}} = [H_1, m_1, H_2, m_2]^{\mathrm{T}} \tag{11.2.1}$$

2. 目标函数

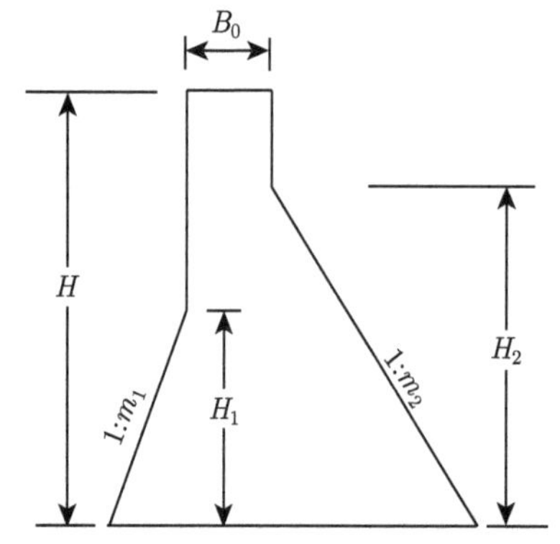

图 11.3　重力坝非溢流坝段断面示意图

考虑以工程造价最低为优化目标，重力坝的造价主要取决于坝体的混凝土用量，故可取单位长度坝体混凝土用量，即大坝的断面面积 $W(\boldsymbol{x})$ 为目标函数，表达式为

$$W(\boldsymbol{x}) = \frac{x_1^2 x_2}{2} + \frac{x_3^2 x_4}{2} + B_0 H \tag{11.2.2}$$

3. 约束条件

约束条件主要包括几何约束和性态约束两类。几何约束条件主要是设计变量的界限约束，规范要求上游坡比应不超过 0.2，故

$$0 \leqslant x_2 \leqslant 0.2 \tag{11.2.3}$$

下游坡比一般应满足

$$0.5 \leqslant x_4 \leqslant 0.9 \tag{11.2.4}$$

上、下游起坡点高度的界限约束为

$$0 \leqslant x_1 \leqslant x_{1\max} \tag{11.2.5}$$

$$x_{3\min} \leqslant x_3 \leqslant x_{3\max} \tag{11.2.6}$$

式中，$x_{1\max}$ 为上游起坡点高度的上限，一般在坝高的 1/3~2/3，也可以适当加高以满足抗滑稳定的要求。$x_{3\max}$、$x_{3\min}$ 为下游起坡点高度的上、下限。一般来说，下游起坡点常需考虑工程规划等实际要求确定，可变化范围不大，有时也可取为定值。

性态约束主要包括强度与稳定两个方面的约束。对实体重力坝，强度约束主要考虑设计工况下坝基面的应力，设计规范要求在运行期坝踵垂直正应力不出现拉应力，坝趾垂直正应力不超过坝体混凝土容许压应力和基岩容许承载力；即

$$\sigma_y^{\mathrm{u}} = \frac{\sum W}{T} + \frac{6\sum M}{T^2} \geqslant 0 \tag{11.2.7}$$

$$\sigma_y^{\mathrm{d}} = \frac{\sum W}{T} - \frac{6\sum M}{T^2} \leqslant [\sigma] \tag{11.2.8}$$

式中，σ_y^{u} 为坝踵的垂直正应力，以压为正；σ_y^{d} 为坝趾的垂直正应力，以压为正；$[\sigma]$ 为坝趾容许压应力；$\sum W$ 为坝基截面上全部垂直力之和 (包括扬压力)，以向下为正；$\sum M$

为坝基截面上全部垂直力 (包括扬压力) 以及坝体上的水平力对坝基截面形心的力矩之和，以使上游面产生压应力为正；T 为坝基截面沿上、下游方向的宽度。

另外，设计规范还要求在施工期坝趾垂直拉应力不超过 0.1MPa，此条件一般由完建期控制。故

$$\overline{\sigma}_y^{\mathrm{d}} = \frac{\overline{W}}{T} - \frac{6\overline{M}}{T^2} \geqslant -0.1\mathrm{MPa} \tag{11.2.9}$$

式中，$\overline{\sigma}_y^{\mathrm{d}}$ 为坝趾的垂直正应力，以压为正；$\overline{W}$ 为坝体自重，以向下为正；$\overline{M}$ 为坝体自重对坝基截面形心的力矩，以使上游面产生压应力为正。

稳定约束主要校核沿坝基面的抗滑稳定性。抗滑稳定安全系数采用刚体极限平衡法按抗剪强度公式或抗剪断强度公式计算，沿坝基面的抗滑稳定约束条件为

$$K = \frac{f\sum W}{\sum P} \geqslant [K] \tag{11.2.10}$$

或

$$K' = \frac{f'\sum W + c'A}{\sum P} \geqslant [K'] \tag{11.2.11}$$

式中，K 和 $[K]$ 分别为按抗剪强度计算的抗滑稳定安全系数及其容许值；K' 和 $[K']$ 分别为按抗剪断强度计算的抗滑稳定安全系数及其容许值；f 为坝体混凝土与坝基接触面的抗剪摩擦系数；f' 和 c' 分别为坝体混凝土与坝基接触面的抗剪断摩擦系数和凝聚力；$\sum W$ 为作用于坝体上的全部荷载 (包括扬压力) 对滑动平面的法向分值；$\sum P$ 为作用于坝体上全部荷载对滑动平面的切向分值；A 为坝基面截面积。

当坝基岩体内存在软弱结构面或缓倾角裂隙时，还应校核深层抗滑稳定，在优化模型中增加相应的约束条件

$$K_{\mathrm{ds}} \geqslant [K_{\mathrm{ds}}] \tag{11.2.12}$$

式中，K_{ds} 和 $[K_{\mathrm{ds}}]$ 分别为深层抗滑稳定安全系数及其容许值。

11.2.2 重力坝深层抗滑稳定安全系数计算

当坝基深层存在缓倾角结构面时，根据地质资料可分为单滑动面、双滑动面和多滑动面，进行抗滑稳定分析。双滑动面为最常见情况，如图 11.4 所示，其中两个滑动面分别为 AB 和 BC。

规范推荐采用等安全系数法计算重力坝双滑动面深层抗滑稳定安全系数，其基本思想是用一铅直的中间分界面 BD(图 11.4) 将坝基滑体分为前后两个滑块，并假设 BD 面上抗力方向已知，然后分别考虑两个块体在极限平衡状态的力平衡条件计算各自的安全系数，再根据两个滑块安全系数均等于深层抗滑稳定安全系数的条件计算 BD 面上的抗力和深层抗滑稳定安全系数。事实上，若要使整个滑体发生上述滑动失稳，只有当前后两个滑块沿 BD 面被剪断才有可能。因此，可以认为 BD 面与 AB 面及 BC 面具有相同的安全系数，即在极限平衡状态，AB 面、BC 面和 BD 面同时发生滑移。另外，研究表明，深层抗滑稳

定安全系数最小时对应的中间滑裂面通过 B 点与坝趾，不一定是铅直面。下面给出考虑中间滑裂面倾斜情况下的双滑动面深层抗滑稳定安全系数的计算方法。

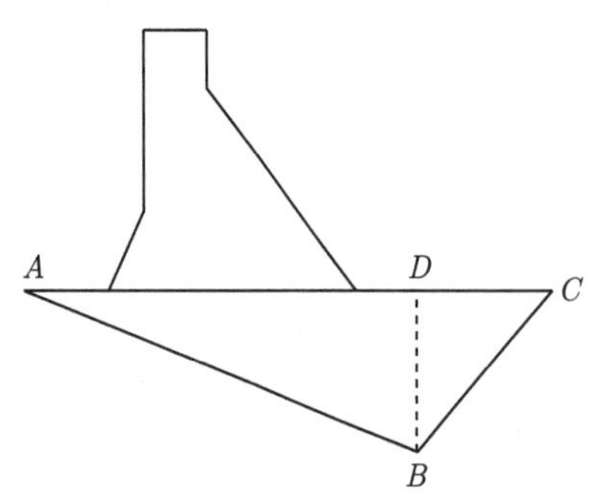

图 11.4 重力坝双滑动面深层滑动模型

在极限平衡状态，坝基滑体沿 BD 面剪断，设滑动面 AB、BC 和中间破裂面 BD 上的法向力分别为 F_{N1}、F_{N2} 和 F_{N3}，切向力分别为 F_{Q1}、F_{Q2} 和 F_{Q3}。两个滑块所受的力如图 11.5 所示。

设重力坝深层抗滑稳定安全系数为 K_{ds}，在滑动临界状态，各滑面上法向力与切向力之间应该满足摩尔库仑条件，有

$$F_{\mathrm{Q1}}=\frac{f_1F_{\mathrm{N1}}+c_1A_1}{K_{\mathrm{ds}}} \tag{11.2.13}$$

$$F_{\mathrm{Q2}}=\frac{f_2F_{\mathrm{N2}}+c_2A_2}{K_{\mathrm{ds}}} \tag{11.2.14}$$

$$F_{\mathrm{Q3}}=\frac{f_3F_{\mathrm{N3}}+c_3A_3}{K_{\mathrm{ds}}} \tag{11.2.15}$$

式中，f_1、c_1 分别为滑动面 AB 上的抗剪断摩擦系数和凝聚力；f_2、c_2 分别为滑动面 BC 上的抗剪断摩擦系数和凝聚力；f_3 、c_3 分别为中间破裂面 BD 上的抗剪断摩擦系数和凝聚力；A_1、A_2、A_3 分别为滑动面 AB 、BC 和中间破裂面 BD 的面积。

考虑两个块体在水平和竖直方向的力平衡条件并利用式 (11.2.13)、式 (11.2.14) 和式 (11.2.15)，得

$$P+F_{\mathrm{N1}}\sin\alpha-\frac{f_1F_{\mathrm{N1}}+c_1A_1}{K_{\mathrm{ds}}}\cos\alpha-F_{\mathrm{N3}}\cos\gamma-\frac{f_3F_{\mathrm{N3}}+c_3A_3}{K_{\mathrm{ds}}}\sin\gamma+U_1\sin\alpha-U_3\cos\gamma=0 \tag{11.2.16}$$

$$G+W_1-F_{\mathrm{N1}}\cos\alpha-\frac{f_1F_{\mathrm{N1}}+c_1A_1}{K_{\mathrm{ds}}}\sin\alpha+F_{\mathrm{N2}}\sin\gamma-\frac{f_3F_{\mathrm{N3}}+c_3A_3}{K_{\mathrm{ds}}}\cos\gamma-U_1\cos\alpha+U_3\sin\gamma=0 \tag{11.2.17}$$

$$F_{\mathrm{N3}}\cos\gamma+\frac{f_3F_{\mathrm{N3}}+c_3A_3}{K_{\mathrm{ds}}}\sin\gamma-F_{\mathrm{N2}}\sin\beta-\frac{f_2F_{\mathrm{N2}}+c_2A_2}{K_{\mathrm{ds}}}\cos\beta-U_2\sin\beta+U_3\cos\gamma=0 \tag{11.2.18}$$

$$W_2-F_{\mathrm{N3}}\sin\gamma+\frac{f_3F_{\mathrm{N3}}+c_3A_3}{K_{\mathrm{ds}}}\cos\gamma-F_{\mathrm{N2}}\cos\beta+\frac{f_2F_{\mathrm{N2}}+c_2A_2}{K_{\mathrm{ds}}}\sin\beta-U_2\cos\beta-U_3\sin\gamma=0 \tag{11.2.19}$$

式中，α、β 分别为滑动面 AB、BC 与水平面的夹角；γ 为中间破裂面 BD 与铅直面的夹角；G 和 W_1 分别为坝体和滑块 ABD 的全部竖向荷载 (不包括扬压力)；W_2 为滑块 BCD 的全部竖向荷载 (不包括扬压力)；P 为坝体上的全部水平荷载；U_1、U_2、U_3 分别为滑动面 AB 、BC 和中间破裂面 BD 上的扬压力。各力的方向如图 11.5 所示。

联立求解式 (11.2.16)～式 (11.2.19) 可得深层抗滑稳定安全系数 K_{ds} 以及 AB 、BC 和 BD 面上的法向力 F_{N1}、F_{N2} 和 F_{N3}。

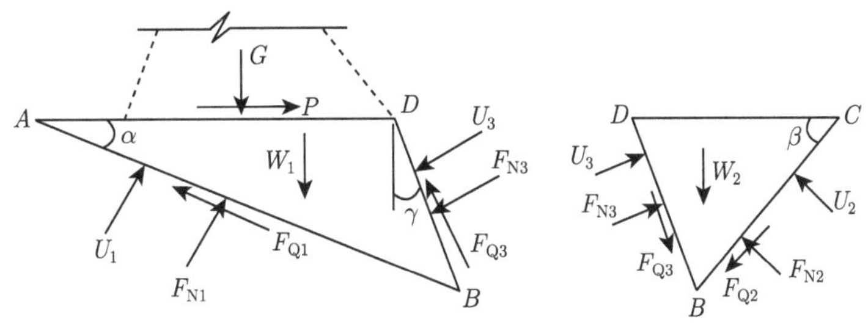

图 11.5 滑块受力图

11.2.3 工程算例

1. 算例一

某混凝土重力坝非溢流断面，已知坝高 65m，坝顶宽度为 10m，上游水位 60m，下游尾水位 5m，扬压力折减系数 0.25，折减点到坝踵的水平距离为 10m。坝体混凝土密度为 2450kg/m^3，坝基接触面抗剪断摩擦系数 1.0，抗剪断凝聚力 1.0 MPa。坝基岩体密度为 2400 kg/m^3。坝趾容许压应力 6.0MPa，沿建基面抗滑稳定安全系数采用抗剪断公式计算，容许值 3.0。取上游起坡点最大高度 45.0m，下游起坡点高度为定值 55.0m。试进行断面优化设计。

采用 7.3 节基于线性递减惯性权重的粒子群算法进行优化，取粒子群规模为 $M = 30$，学习因子 $c_1 = c_2 = 2$，惯性权重起止值 ω_{start} 和 ω_{end} 分别为 0.9 和 0.4，最大迭代次数 $k_{\max} = 200$。迭代过程如图 11.6 所示，最优设计的目标函数 (断面面积) 为 $W^* = 1432.84\text{m}^2$，比原初始设计方案减少了 20.7% 。表 11.4 为优化设计与初始设计结果的对比。从表中可以看出优化设计断面上游坡比达到上限值 0.2，坝踵应力约束达到临界值；坝趾应力和稳定约束仍有富余。

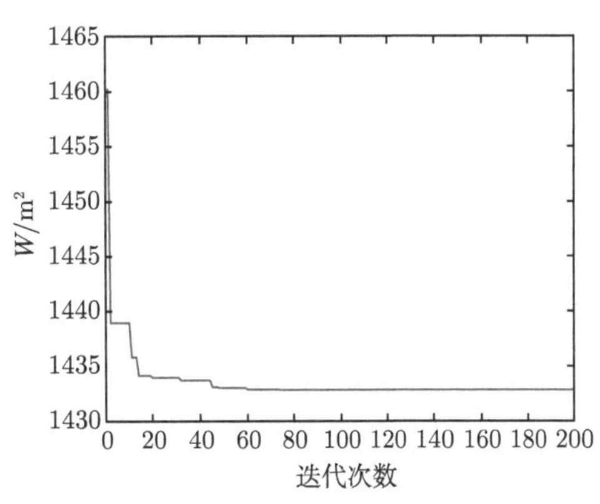

图 11.6 重力坝优化算例一迭代过程

表 11.4 重力坝优化算例一设计方案参数和性能指标对比

设计方案	上游起坡点高度/m	上游坡比	下游坡比	断面面积/m^2	坝踵应力/MPa	坝趾应力/MPa	施工期坝趾应力/MPa	稳定安全系数
初始设计	45.00	0.17	0.78	1806.88	0.454	0.830	0.240	5.388
优化设计	19.89	0.20	0.62	1432.84	0.000	1.265	0.208	4.198

2. 算例二

设算例一中混凝土重力坝坝基内存在软弱结构面 AB、BC，构成潜在的双滑动面深层滑体。已知软弱结构面 AB 与水平面的夹角 $\alpha = 14°$，抗剪断参数 $f'_1 = 0.65$，$c'_1 = 0.30\text{MPa}$，上游出露点 A 至坝轴线距离 10m；软弱结构面 BC 与水平面的夹角 $\beta = 18°$，抗剪断参

数 $f_2'=0.70$，$c_2'=0.40\text{MPa}$ 下游出露点 C 至坝轴线距离 110m；坝基岩体 (即中间破裂面 BD) 的抗剪断参数 $f_3'=0.90$，$c_3'=0.90\text{MPa}$，试考虑深层滑动稳定条件进行断面优化设计。

仍采用基于线性递减惯性权重的粒子群算法进行优化，算法参数同算例一。迭代过程如图 11.7(a) 所示，最优设计的主要参数和性能指标见表 11.5 中优化设计 1，可以看出优化设计断面上游坡比达到上限值 0.2，深层滑动稳定安全系数达到临界值；与原初始设计方案相比，重力坝断面面积减少了 12.71% 。

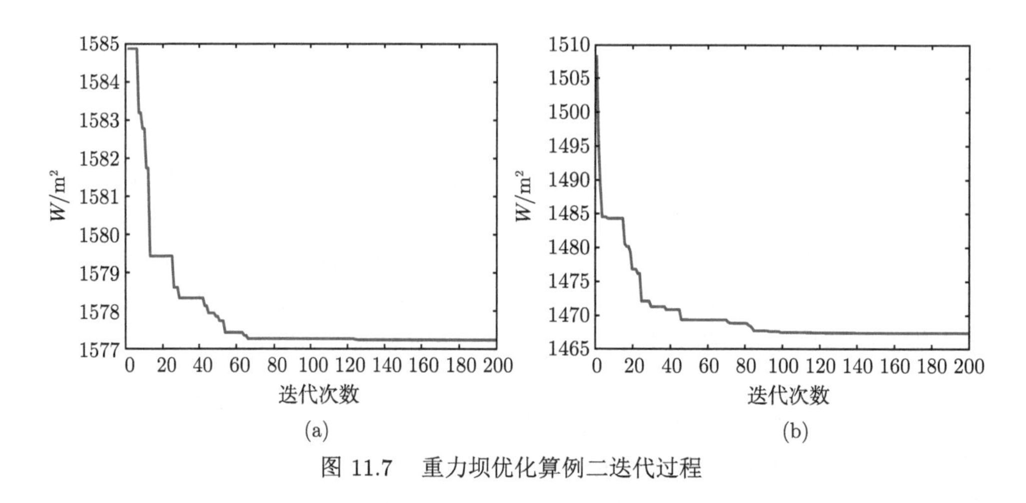

图 11.7 重力坝优化算例二迭代过程

如将坝轴线位置也作为设计变量，设其至 A 点距离在 10~20m 变化。迭代过程如图 11.7(b) 所示，最优设计的主要参数和性能指标见表 11.5 中优化设计 2，可以看出优化设计断面上游坡比达到上限值 0.2，坝踵应力和深层滑动稳定安全系数都达到临界值；重力坝断面面积进一步减小，比原初始设计方案减少了 18.79%。

表 11.5 重力坝优化算例二设计方案参数和性能指标对比

设计方案	上游起坡点高度/m	上游坡比	下游坡比	坝轴线至 A 点距离/m	断面面积/m^2	坝踵应力/MPa	坝趾应力/MPa	施工期坝趾应力/MPa	建基面滑动稳定安全系数	深层滑动稳定安全系数
初始设计	45.00	0.170	0.780	10.00	1806.88	0.454	0.830	0.240	5.388	3.060
优化设计 1	6.81	0.200	0.739	10.00	1577.22	0.228	1.010	0.056	4.525	3.000
优化设计 2	14.19	0.200	0.656	15.50	1467.41	0.000	1.253	0.148	4.260	3.000

11.3 拱坝体形优化设计

拱坝是一个高次超静定的空间壳体结构。坝体承受的荷载一部分通过拱的作用传递给两岸基岩，另一部分通过垂直梁的作用传到坝底基岩。坝体的稳定主要靠两岸拱端的反力作用，并不靠坝体自重来维持。在外荷载作用下，坝体应力状态以受压为主，这有利于充分发挥混凝土或岩石等筑坝材料抗压强度高的特点，从而节省工程量。由于拱坝的高次超静定特性，它具有很强的超载能力，当外荷载增大或坝体发生局部开裂时，坝体应力可自行调整，只要坝肩稳定可靠，坝体的安全裕度一般较大。另外，拱坝是整体性的空间结构，坝体轻韧、弹性较好，具有较高的抗震能力。

经验表明，体形设计和基础处理设计是拱坝设计中的两个关键问题，其中体形设计更是具有战略意义的一个方面。随着拱坝技术的发展，拱坝体形也趋于多样化，为了能获得比较合理的体形，拱坝体形优化设计应运而生。拱坝体形优化设计，就是利用最优化方法求出给定条件下拱坝的最优体形。这方面的研究国外开始于 20 世纪 60 年代末期，我国从 70 年代末期开始，中国水利水电科学研究院、河海大学、浙江大学等先后展开了拱坝优化的研究，经过 40 多年的努力，我国在拱坝优化领域已经处于国际领先地位，所建立的优化模型全面反映了规范的要求，并已在许多工程实践中得到应用。本节对拱坝体形优化设计的模型与方法进行介绍。

11.3.1 拱坝体形的几何描述

进行拱坝体形设计就是要确定拱坝的几何形状与尺寸，因此首先要建立拱坝的几何模型。在工程设计中，常通过对拱冠梁 (铅直剖面) 和各层水平拱圈的描述来建立拱坝的几何模型 (图 11.8)。

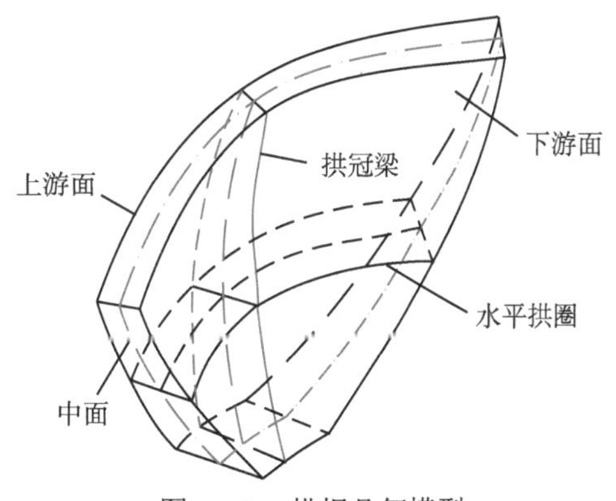

图 11.8 拱坝几何模型

1. 拱冠梁的几何描述

拱冠梁是全坝中最高的梁。如图 11.9 所示，只要确定了拱冠梁上游面曲线 $y_{\mathrm{cu}}(z)$ 和拱冠梁厚度 $T_{\mathrm{c}}(z)$，就可以得到拱冠梁下游面曲线 $y_{\mathrm{cd}}(z)$，从而确定拱冠梁断面形状。

通常将上游面曲线方程 $y_{\mathrm{cu}}(z)$ 假设为 z 坐标的多项式，即

$$y_{\mathrm{cu}}(z)=a_0+a_1z+a_2z^2+\cdots+a_nz^n \tag{11.3.1}$$

在式 (11.3.1) 中若 n=1，即拱冠梁上游面为一直线，则拱坝称为单曲拱坝；当 n>1 时拱坝称为双曲拱坝。

拱冠梁厚度一般也设为 z 坐标的多项式形式

$$T_{\mathrm{c}}(z)=b_0+b_1z+b_2z^2+\cdots+b_nz^n \tag{11.3.2}$$

这样，拱冠梁下游面方程为

$$y_{\mathrm{cd}}(z)=y_{\mathrm{cu}}(z)+T_{\mathrm{c}}(z) \tag{11.3.3}$$

上、下游倒悬度 K_{u}、K_{d} 可分别表示为

$$K_{\mathrm{u}}=y'_{\mathrm{cu}}(H)=a_1+2a_2H+\cdots+na_nz^{n-1} \tag{11.3.4}$$

$$K_{\mathrm{d}}=y'_{\mathrm{cd}}(0)=y'_{\mathrm{cu}}(0)+T'_{\mathrm{c}}(0)=a_1+b_1 \tag{11.3.5}$$

2. 水平拱圈的几何描述

确定水平拱圈的几何模型也就是确定其上、下游面的曲线方程。如图 11.10 所示，可利用拱轴线方程和拱圈厚度来描述拱圈上、下游面曲线方程。以目前用得较多的抛物线型拱圈为例，其左半拱的拱轴线方程为

$$\begin{cases} x = R_c \tan\varphi \\ y = y_c + x^2/2R_c \end{cases} \tag{11.3.6}$$

式中，R_c 为拱冠曲率半径，是确定抛物线拱轴线的基本参数。

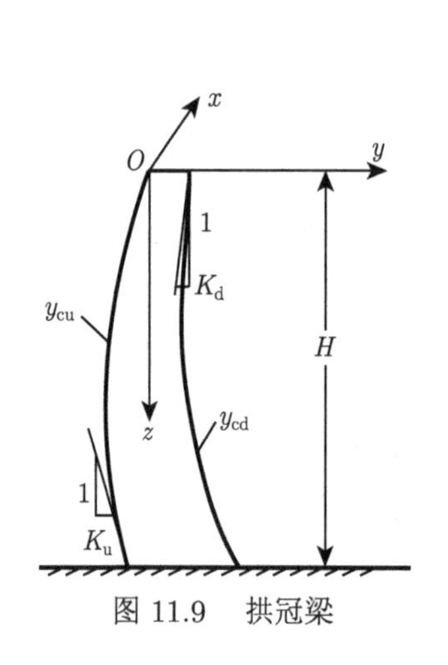

图 11.9　拱冠梁

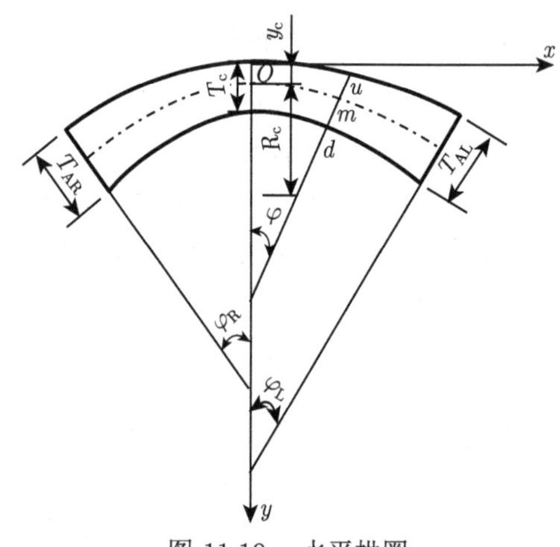

图 11.10　水平拱圈

设拱轴线上任一点 $m(x,y)$ 处的法线与上、下游面的交点为 $u(x_u,y_u)$ 和 $d(x_d,y_d)$，则

$$\left.\begin{aligned} x_u &= x + 0.5T\sin\varphi \\ y_u &= y - 0.5T\cos\varphi \end{aligned}\right\} \tag{11.3.7}$$

$$\left.\begin{aligned} x_d &= x - 0.5T\sin\varphi \\ y_d &= y + 0.5T\cos\varphi \end{aligned}\right\} \tag{11.3.8}$$

式中，φ 为 m 点处拱轴线法线与 y 轴的夹角；T 为 m 点处的拱圈厚度，一般可假设拱圈厚度按下式计算：

$$T = T_c + (T_L - T_c)(S/S_L)^\alpha \tag{11.3.9}$$

其中，α 为给定正实数，一般可取 $\alpha = 1.7 \sim 2.2$；S 和 S_L 分别为拱轴线从拱冠处至 m 点与拱端的弧长；T_c 和 T_L 分别为拱冠和拱端的厚度，这两者是确定拱圈厚度的基本参数。

选择不同的拱轴线方程便形成了各种不同形式的水平拱圈。随着拱坝设计水平的提高和研究的深入，拱圈线型也趋于多样化，其他线型拱圈几何描述可参见相关文献。

11.3.2 拱坝体形优化设计数学模型

1. 设计变量

拱坝体形优化中的设计变量首先要能确定拱坝的几何形状，同时还应便于设计人员作直观的判断。如前所述，拱坝体形通常从拱冠梁和拱圈两个方面描述。对拱冠梁剖面可用上游面曲线 y_{cu} 与拱冠梁厚度 T_{c} 两个设计参数描述。就拱圈而言，不同的拱圈线型所需要的拱圈形状参数也不同。对抛物线拱圈可采用左、右拱轴线在拱冠处的曲率半径 R_{cL}、R_{cR} 和左右拱端厚度 T_{AL}、T_{AR} 为设计参数。这些设计参数均沿铅直坐标 z 变化，一般可假设其为 z 坐标的三次多项式，即

$$f(z) = a_0 + a_1 z + a_2 z^2 + a_3 z^3 \tag{11.3.10}$$

式中，f 为上述设计参数，a、a_1、a_2、a_3 为待定系数，设四个控制高程 $(z = z_1, z_2, z_3, z_4)$ 处的设计参数为 $f_1 = f(z_1)$、$f_2 = f(z_2)$、$f_3 = f(z_3)$、$f_4 = f(z_4)$，代入式 (11.3.10) 后可得

$$\begin{bmatrix} 1 & z_1 & z_1^2 & z_1^3 \\ 1 & z_2 & z_2^2 & z_2^3 \\ 1 & z_3 & z_3^2 & z_3^3 \\ 1 & z_4 & z_4^2 & z_4^3 \end{bmatrix} \begin{pmatrix} a_0 \\ a_1 \\ a_2 \\ a_3 \end{pmatrix} = \begin{pmatrix} f_1 \\ f_2 \\ f_3 \\ f_4 \end{pmatrix} \tag{11.3.11}$$

由上式解出 a、a_1、a_2、a_3，则设计参数 f 即可由式 (11.3.10) 确定。所以，可以取四个控制高程处的体形设计参数为设计变量。对抛物线双曲拱坝，设计变量数目为 24。

2. 目标函数

目标函数是衡量不同设计方案优劣的指标。在拱坝体形优化中根据研究的出发点不同，可以以降低造价为目的选择经济性目标函数，也可以选择拱坝的安全性能指标为目标函数进行最安全优化设计，当然还可以综合考虑安全性与经济性进行拱坝多目标优化设计。

经济性目标最直接的是工程造价。影响拱坝工程造价的主要因素是大坝的混凝土方量和基岩开挖量，经济性目标函数可表示为

$$f(\boldsymbol{x}) = c_1 V_1(\boldsymbol{x}) + c_2 V_2(\boldsymbol{x}) \tag{11.3.12}$$

式中，$V_1(\boldsymbol{x})$、$V_2(\boldsymbol{x})$ 分别为坝体混凝土体积和基岩开挖体积，两者都是设计变量 $\boldsymbol{x}$ 的函数；c_1、c_2 分别为混凝土和基岩开挖的单价。

基岩开挖量与坝址的地形、地质情况有关，当坝址确定后，进行拱坝体形优化设计时一般都是用拱端厚度来控制基岩开挖量，因此常取大坝的体积为经济性目标函数。

反映拱坝安全性的主要是大坝对荷载作用的响应，如应力、位移等。衡量拱坝安全性的指标可采用坝体的最大应力、高拉应力区范围等，它们都可以作为拱坝体形优化的安全性目标函数。

3. 约束条件

一般情况下，拱坝体形优化设计的约束条件可分为几何约束、应力约束和稳定约束等，它们应能全面满足设计规范的规定以及其他施工要求。对于具体工程有时还要考虑一些特殊要求引入其他约束条件。

1) 几何约束

几何约束比较简单，通常是显式约束，主要包括以下几种。

(1) 坝体厚度约束：一方面考虑到坝顶交通、布置等方面的要求，应规定坝顶最小厚度，另一方面为了便于施工、控制开挖量，对最大坝厚也要加以限制。写成约束条件为

$$g_1(\boldsymbol{x}) = T_{\min} - T \leqslant 0 \tag{11.3.13}$$

$$g_2(\boldsymbol{x}) = T - T_{\max} \leqslant 0 \tag{11.3.14}$$

(2) 倒悬度约束：为了便于立模施工，坝体表面倒悬度应加以限制，即

$$g_3(\boldsymbol{x}) = K_{\mathrm{u}} - [K_{\mathrm{u}}] \leqslant 0 \tag{11.3.15}$$

$$g_4(\boldsymbol{x}) = K_{\mathrm{d}} - [K_{\mathrm{d}}] \leqslant 0 \tag{11.3.16}$$

式中，$[K_{\mathrm{u}}]$、$[K_{\mathrm{d}}]$ 分别为上、下游倒悬度允许值，一般取 $[K_{\mathrm{u}}] = 0.3$，$[K_{\mathrm{d}}] = 0.25$。

(3) 保凸约束：对每一悬臂梁的上、下游面还应满足保凸条件：

$$g_5(\boldsymbol{x}) = -\frac{\partial^2 y}{\partial z^2} \leqslant 0 \tag{11.3.17}$$

在实际计算时上式可用差分表示。

2) 应力约束

在规范规定的各种荷载作用下，坝体主应力应满足下列要求：

$$g_6(\boldsymbol{x}) = \sigma_1 - [\sigma_1] \leqslant 0 \tag{11.3.18}$$

$$g_7(\boldsymbol{x}) = \sigma_3 - [\sigma_3] \leqslant 0 \tag{11.3.19}$$

式中，σ_1、$[\sigma_1]$ 分别为主拉应力及其容许值，σ_3、$[\sigma_3]$ 分别为主压应力及其容许值 (绝对值)。

为保证施工期安全，独立坝块在自重作用下产生的拉应力 σ_{t} 应满足

$$g_8(\boldsymbol{x}) = \sigma_{\mathrm{t}} - [\sigma_{\mathrm{t}}] \leqslant 0 \tag{11.3.20}$$

式中，$[\sigma_{\mathrm{t}}]$ 为施工期浇筑层面上的允许拉应力，一般取 0.3~0.5MPa。

3) 稳定约束

拱坝坝肩抗滑稳定性约束有以下三种表示方式，可根据工程的具体情况选用其中一种。

(1) 抗滑稳定系数约束：

$$g_9(\boldsymbol{x}) = [K] - K \leqslant 0 \tag{11.3.21}$$

式中，K 为抗滑稳定系数，用三维刚体极限平衡法计算；$[K]$ 为容许最小值。

(2) 拱座推力角约束：

$$g_{10}(\boldsymbol{x}) = \psi - [\psi] \leqslant 0 \qquad (11.3.22)$$

式中，ψ 为拱座推力角，如图 11.11 所示；$[\psi]$ 为容许最大值。

(3) 拱圈中心角约束：

$$g_{11}(\boldsymbol{x}) = \phi - [\phi] \leqslant 0 \qquad (11.3.23)$$

式中，$\phi = \varphi_L + \varphi_R$ 为拱圈中心角；$[\phi]$ 为容许最大值。

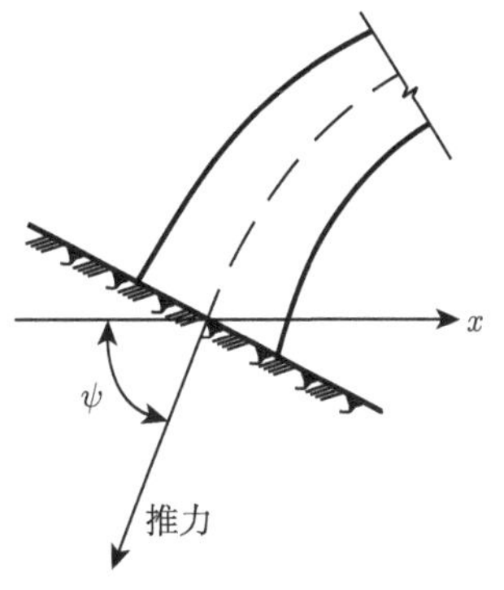

图 11.11 拱座推力角

11.3.3 工程算例

1. 基本资料

雅砻江中游河段某水电站装机容量为 1500MW，水库总库容为 5.125 亿 m^3，调节库容为 0.538 亿 m^3。挡水建筑物采用抛物线型混凝土双曲拱坝，坝顶高程 2102m，最大坝高 155m。初始设计体形参数见表 11.6。

表 11.6 某拱坝初始设计主要体形参数

高程/m	拱冠梁/m		拱端厚度/m		拱圈曲率半径/m		半中心角/(°)	
	上游坐标	厚度	左岸	右岸	左岸	右岸	左岸	右岸
2102	0.000	9.000	11.000	11.000	205.000	211.000	37.687	37.540
2080	−8.505	13.864	14.352	14.692	168.089	174.266	40.521	40.679
2060	−14.412	17.383	17.837	18.684	143.921	149.451	42.541	43.014
2040	−18.800	20.394	21.583	22.996	125.927	130.187	43.481	44.309
2020	−21.540	23.044	25.336	27.242	112.961	116.216	43.371	44.343
2000	−22.504	25.480	28.839	31.035	103.878	107.278	42.057	42.865
1980	−21.562	27.848	31.837	33.989	97.532	103.116	38.244	38.334
1960	−18.586	30.297	34.074	35.717	92.779	103.470	28.396	29.634
1947	−15.500	32.000	35.000	36.000	90.000	106.000	15.316	15.784

坝址所在峡谷河段，两岸多为陡坡地形，左岸坡度为 45° ~60°；右岸坡度为 50° ~70°。坝基岩体为燕山期花岗闪长岩，深灰 ~ 浅灰色，花岗结构为主，块状构造。基岩变形参数取值见表 11.7。

表 11.7 基岩变形参数表

高程/m	左岸综合变模/GPa	右岸综合变模/GPa	泊松比
2102~2060	9.0	11.0	0.27
2060~2020	11.0	11.0	0.26
2020~2000	11.0	11.0	0.25
2000~1980	12.0	12.5	0.24
1980~1960	13.0	13.0	0.23
1960 以下	14.0	14.0	0.22

拱坝上游正常蓄水位 2094.00m，相应下游水位 1987.68m；上游淤沙高程 2016.36m，淤沙浮容重 5.0kN/m^3，内摩擦角 0°。温度荷载基本参数为：多年平均气温 15.6℃，气温温降年变幅 8.4℃，气温温升年变幅 5.7℃；多年平均水温 11.2℃，水温温降年变幅 7.5℃，水温温升年变幅 6.1℃；上游库底水温 10℃，下游水垫塘底部水温 14℃；拱坝封拱温度见表 11.8。

表 11.8　坝体封拱温度　　(单位：℃)

高程/m	2102	2080	2060	2040	2020	2000	1980	1960	1947
T_{m0}	15.0	15.0	14.0	14.0	13.0	13.0	13.0	12.0	12.0
T_{d0}	0.0	0.0	0.0	0.0	0.0	0.0	0.0	0.0	0.0

2. 优化模型

取四个控制高程处的拱冠梁和拱圈体形参数为设计变量，具体分布及各设计变量的取值范围如表 11.9 所示。

表 11.9　设计变量分布及取值范围

高程/m	拱冠梁参数		左侧拱圈参数		右侧拱圈参数	
	上游坐标/m	厚度/m	拱端厚度/m	轴线拱冠曲率半径/m	拱端厚度/m	轴线拱冠曲率半径/m
2102.0	0.0	x_4 [8.0, 2.0]	x_8 [8.0, 15.0]	x_{12} [150.0, 250.0]	x_{16} [8.0, 15.0]	x_{20} [150.0, 250.0]
2040.0	x_1 [−25.0,−11.0]	x_5 [15.0, 25.0]	x_9 [15.0, 25.0]	x_{13} [100.0, 160.0]	x_{17} [15.0, 25.0]	x_{21} [100.0, 160.0]
2000.0	x_2 [−30.0, −15.0]	x_6 [20.0,30.0]	x_{10} [25.0, 35.0]	x_{14} [80.0, 130.0]	x_{18} [25.0, 35.0]	x_{22} [80.0, 130.0]
1947.0	x_3 [−25.0 −11.0]	x_7 [25.0, 35.0]	x_{11} [30.0, 40.0]	x_{15} [70.0, 111.0]	x_{19} [30.0, 40.0]	x_{23} [70.0, 111.0]

结构分析方法采用有限单元法，坝体沿高度方向分 12 层单元，沿厚度方向分 4 层单元。计算工况荷载组合为“正常蓄水位 + 相应下游水位 + 淤沙压力 + 自重 + 温降”。在优化过程中应力约束采用有限元等效应力控制，根据混凝土拱坝设计规范要求，等效主拉应力不超过 1.5MPa，等效主压应力的安全系数为 4.0，该拱坝采用 C25 混凝土，则等效主压应力不超过 6.25MPa。其他主要约束条件包括最大中心角 $\phi \leqslant 100°$，上游倒悬度 $K_u \leqslant 0.30$，下游倒悬度 $K_d \leqslant 0.25$ 以及坝体体积 $V \leqslant 80\times10^4\text{m}^3$。优化目标函数为坝体体积 V、最大主拉应力 σ_{tmax}、最大主压应力 σ_{cmax} 以及主拉应力大于 1.0MPa 的拉应力区相对深度 $d_{1.0}$。

综上所述，拱坝多目标优化模型可表示为

$$
\left\{\begin{aligned}
&\text{Find} \quad \boldsymbol{X}=[x_1,\ x_2,\ \cdots,\ x_{23}]^{\mathrm{T}} \\
&\min \quad \boldsymbol{F}(\boldsymbol{X})=[f_1(\boldsymbol{X}),\ f_2(\boldsymbol{X}),\ f_3(\boldsymbol{X}),\ f_4(\boldsymbol{X})]^{\mathrm{T}} \\
&\qquad\qquad =[V,\ \sigma_{\mathrm{t\,max}},\ \sigma_{\mathrm{c\,max}},\ d_{1.0}]^{\mathrm{T}} \\
&\text{s.t.} \quad x_{i\,\min}\leqslant x_i\leqslant x_{i\,\max},\quad i=1,2,\cdots,23 \\
&\qquad \sigma_{\mathrm{t\,max}}^{\mathrm{eq}}\leqslant 1.5\mathrm{MPa} \\
&\qquad \sigma_{\mathrm{c\,max}}^{\mathrm{eq}}\leqslant 6.25\mathrm{MPa} \\
&\qquad \phi\leqslant 100^\circ \\
&\qquad K_{\mathrm{u}}\leqslant 0.3 \\
&\qquad K_{\mathrm{d}}\leqslant 0.25 \\
&\qquad V\leqslant 80\times 10^4\mathrm{m}^3
\end{aligned}\right. \tag{11.3.24}
$$

3. 基于模糊贴近度的优化结果

首先考虑式 (11.3.24) 中各目标函数进行单目标优化，表 11.10 给出了初始设计方案和各单目标优化方案的目标函数值。

表 11.10 不同设计方案目标函数值

设计方案	$V/\times10^4\mathrm{m}^3$	σ_{tmax}/MPa	σ_{cmax}/MPa	$d_{1.0}$
初始设计	77.31	3.44	7.87	0.43
min V	**75.19**	3.53	7.87	0.45
min σ_{tmax}	80.00	**2.78**	7.24	0.40
min σ_{cmax}	79.77	3.26	**6.71**	0.45
min $d_{1.0}$	80.00	3.23	7.98	**0.38**

由表 11.10 可知，理想点为 $\boldsymbol{F}^*=[75.19\times10^4\mathrm{m}^3, 2.78\mathrm{MPa}, 6.71\mathrm{MPa}, 0.38]^{\mathrm{T}}$，各目标函数的最大容许值可分别取 $80.0\times10^4\mathrm{m}^3$，3.53MPa，7.98MPa 和 0.45。采用线性隶属函数，各分目标的隶属度分别为

$$
\mu_{\tilde{V}}=\begin{cases}
1, & V\leqslant 75.19\times10^4 \\
\dfrac{80.0\times10^4-V}{4.81\times10^4}, & 75.19\times10^4<V<80.0\times10^4 \\
0, & V\geqslant 80.0\times10^4
\end{cases} \tag{11.3.25}
$$

$$
\mu_{\tilde{\sigma}_{\mathrm{t\,max}}}=\begin{cases}
1, & \sigma_{\mathrm{t\,max}}\leqslant 2.78 \\
\dfrac{3.53-\sigma_{\mathrm{t\,max}}}{0.75}, & 2.78<\sigma_{\mathrm{t\,max}}<3.53 \\
0, & \sigma_{\mathrm{t\,max}}\geqslant 3.53
\end{cases} \tag{11.3.26}
$$

$$\mu_{\tilde{\sigma}_{\text{c max}}}=\begin{cases}1, & \sigma_{\text{c max}}\leqslant 6.71\\ \dfrac{7.98-\sigma_{\text{c max}}}{1.27}, & 6.71<\sigma_{\text{c max}}<7.98\\ 0, & \sigma_{\text{c max}}\geqslant 7.98\end{cases}\tag{11.3.27}$$

$$\mu_{\tilde{d}_{1.0}}=\begin{cases}1, & d_{1.0}\leqslant 0.38\\ \dfrac{0.45-d_{1.0}}{0.07}, & 0.38<d_{1.0}<0.45\\ 0, & d_{1.0}\geqslant 0.45\end{cases}\tag{11.3.28}$$

采用基于汉明距离的模糊贴近度，有

$$\sigma_1(\tilde{\boldsymbol{F}}^*,\tilde{\boldsymbol{F}})=1-\frac{1}{4}\left(|1-\mu_{\tilde{V}}|+|1-\mu_{\tilde{\sigma}_{\text{t max}}}|+|1-\mu_{\tilde{\sigma}_{\text{c max}}}|+\left|1-\mu_{\tilde{d}_{1.0}}\right|\right)\tag{11.3.29}$$

则多目标优化模型 (11.3.24) 转化为如下单目标优化问题：

$$\begin{cases}\text{Find} & \boldsymbol{X}=[x_1,\ x_2,\ \cdots,\ x_{23}]^{\text{T}}\\ \max & \sigma_1(\tilde{\boldsymbol{F}}^*,\tilde{\boldsymbol{F}})\\ \text{s.t.} & X_{i\ \min}\leqslant X_i\leqslant X_{i\ \max},\quad i=1,2,\cdots,23\\ & \sigma_{\text{t max}}^{\text{eq}}\leqslant 1.5\text{MPa}\\ & \sigma_{\text{c max}}^{\text{eq}}\leqslant 6.25\text{MPa}\\ & \phi\leqslant 100^\circ\\ & K_{\text{u}}\leqslant 0.3\\ & K_{\text{d}}\leqslant 0.25\\ & V\leqslant 80\times 10^4\text{m}^3\end{cases}\tag{11.3.30}$$

采用前面加速微种群遗传算法求解，优化体形参数见表 11.11。

表 11.11 基于模糊贴近度的多目标优化方案拱坝体形参数

高程/m	拱冠梁/m		拱端厚度/m		拱冠曲率半径/m		半中心角/(°)	
	上游坐标	厚度	左岸	右岸	左岸	右岸	左岸	右岸
2102	0.000	9.364	11.714	11.960	171.479	194.169	42.772	39.753
2080	−8.486	14.347	14.451	14.804	148.427	165.979	44.139	42.098
2060	−14.666	17.847	18.128	19.025	132.803	144.794	44.921	43.967
2040	−19.236	20.699	21.954	23.543	121.273	127.929	44.629	44.871
2020	−22.054	23.226	25.815	27.973	112.882	115.471	43.438	44.603
2000	−22.977	25.748	29.599	31.933	106.679	107.507	41.335	42.893
1980	−21.864	28.587	33.191	35.039	101.708	104.123	37.142	38.162
1960	−18.571	32.066	36.478	36.908	97.016	105.405	27.486	29.258
1947	−15.195	34.822	38.398	37.277	93.665	108.783	14.910	15.392

4. 基于灰色关联度的优化结果

采用基于灰色关联度的方法求解拱坝多目标优化模型式 (11.3.24) 时，首先利用初始设计方案的各目标函数值将其中相应目标函数无量纲化，则拱坝多目标优化模型可表示为

$$\begin{cases} \text{Find} \quad \boldsymbol{X} = [x_1,\ x_2,\ \cdots,\ x_{23}]^{\mathrm{T}} \\ \min \quad \boldsymbol{F}(\boldsymbol{X}) = [f_1(\boldsymbol{X}),\ f_2(\boldsymbol{X}),\ f_3(\boldsymbol{X}),\ f_4(\boldsymbol{X})]^{\mathrm{T}} \\ \qquad\qquad = \left[\dfrac{V}{80\times 10^4},\ \dfrac{\sigma_{\mathrm{t\ max}}}{3.44},\ \dfrac{\sigma_{\mathrm{c\ max}}}{7.87},\ \dfrac{d_{1.0}}{0.43}\right]^{\mathrm{T}} \\ \text{s.t.} \quad X_{i\ \min} \leqslant X_i \leqslant X_{i\ \max}, \quad i = 1, 2, \cdots, 23 \\ \qquad \sigma_{\mathrm{t\,max}}^{\mathrm{eq}} \leqslant 1.5\mathrm{MPa} \\ \qquad \sigma_{\mathrm{c\,max}}^{\mathrm{eq}} \leqslant 6.25\mathrm{MPa} \\ \qquad \phi \leqslant 100^\circ \\ \qquad K_{\mathrm{u}} \leqslant 0.3 \\ \qquad K_{\mathrm{d}} \leqslant 0.25 \\ \qquad V \leqslant 80\times 10^4 \mathrm{m}^3 \end{cases} \tag{11.3.31}$$

这时，理想点目标函数序列为 $\boldsymbol{F}^* = [0.9399, 0.8081, 0.8526, 0.8837]^{\mathrm{T}}$，其与任意一个设计方案的目标函数序列 $\boldsymbol{F}(\boldsymbol{X}) = [f_1(\boldsymbol{X}), f_2(\boldsymbol{X}), f_3(\boldsymbol{X}), f_4(\boldsymbol{X})]^{\mathrm{T}}$ 的接近关联度为

$$\rho(\boldsymbol{F}^*, \boldsymbol{F}) = \frac{1}{1 + \left|\dfrac{1}{2}[f_1 - 0.9399] + [f_2 - 0.8081] + [f_3 - 0.8526] + \dfrac{1}{2}[f_4 - 0.8837]\right|} \tag{11.3.32}$$

则多目标优化模型 (11.3.31) 可转化为如下单目标优化问题

$$\begin{cases} \text{Find} \quad \boldsymbol{X} = [x_1,\ x_2,\ \cdots,\ x_{23}]^{\mathrm{T}} \\ \max \quad \rho(\boldsymbol{F}^*, \boldsymbol{F}) \\ \text{s.t.} \quad X_{i\ \min} \leqslant X_i \leqslant X_{i\ \max}, \quad i = 1, 2, \cdots, 23 \\ \qquad \sigma_{\mathrm{t\,max}}^{\mathrm{eq}} \leqslant 1.5\mathrm{MPa} \\ \qquad \sigma_{\mathrm{c\,max}}^{\mathrm{eq}} \leqslant 6.25\mathrm{MPa} \\ \qquad \phi \leqslant 100^\circ \\ \qquad K_{\mathrm{u}} \leqslant 0.3 \\ \qquad K_{\mathrm{d}} \leqslant 0.25 \\ \qquad V \leqslant 80\times 10^4 \mathrm{m}^3 \end{cases} \tag{11.3.33}$$

采用前面加速微种群遗传算法求解，优化体形参数见表 11.12。

表 11.12　基于灰色关联度的多目标优化方案拱坝体形参数

高程/m	拱冠梁/m		拱端厚度/m		拱冠曲率半径/m		半中心角/(°)	
	上游坐标	厚度	左岸	右岸	左岸	右岸	左岸	右岸
2102	0.000	9.480	11.569	11.604	177.125	193.157	41.828	39.882
2080	−8.504	14.072	14.159	15.420	153.978	166.595	43.049	42.030
2060	−14.645	17.530	18.062	20.056	135.806	145.937	44.260	43.811
2040	−19.139	20.494	22.247	24.630	120.527	128.883	44.837	44.740
2020	−21.860	23.143	26.394	28.845	108.293	115.706	44.737	44.623
2000	−22.679	25.659	30.185	32.402	99.256	106.676	43.583	43.177
1980	−21.469	28.221	33.302	35.003	93.570	102.067	39.688	38.764
1960	−18.102	31.011	35.427	36.352	91.387	102.149	28.992	30.068
1947	−14.697	33.033	36.125	36.414	91.918	104.847	15.032	15.973

5. 基于合作博弈模型的优化结果与分析

采用合作博弈方法求解拱坝多目标优化模型 (11.3.24) 时，相应的单目标优化问题为

$$\begin{cases} \text{Find} \quad \boldsymbol{X} = [x_1,\ x_2,\ \cdots,\ x_{23}]^{\mathrm{T}} \\ \max \quad C(\boldsymbol{X}) = \left(1 - \dfrac{V}{80 \times 10^4}\right)\left(1 - \dfrac{\sigma_{\mathrm{t\,max}}}{3.44}\right)\left(1 - \dfrac{\sigma_{\mathrm{c\,max}}}{7.87}\right)\left(1 - \dfrac{d_{1.0}}{0.43}\right) \\ \text{s.t.} \quad X_{i\,\min} \leqslant X_i \leqslant X_{i\,\max}, \quad i = 1, 2, \cdots, 23 \\ \qquad \sigma_{\mathrm{t\,max}}^{\mathrm{eq}} \leqslant 1.5\mathrm{MPa} \\ \qquad \sigma_{\mathrm{c\,max}}^{\mathrm{eq}} \leqslant 6.25\mathrm{MPa} \\ \qquad \phi \leqslant 100^\circ \\ \qquad K_{\mathrm{u}} \leqslant 0.3 \\ \qquad K_{\mathrm{d}} \leqslant 0.25 \\ \qquad V \leqslant 80 \times 10^4 \mathrm{m}^3 \end{cases} \tag{11.3.34}$$

采用前面加速微种群遗传算法求解，优化方案见表 11.13。表 11.14 和表 11.15 分别列出模糊贴近度法、灰色关联度法以及合作博弈法所得优化结果的拱坝体形特征参数及各分目标函数值。

从表 11.15 可以看出，对模糊贴近度法和灰色关联度法，优化结果的坝体体积目标都达到了最大容许值，并没有显示出优化效果；合作博弈法的计算结果中各目标函数均得到了优化，更好地达到了预期的多目标优化效果。考虑 Spallino 等 (2002) 定义的质量指标

$$Q = \frac{V}{V^*} + \frac{\sigma_{\mathrm{t\,max}}}{\sigma_{\mathrm{t\,max}}^*} + \frac{\sigma_{\mathrm{c\,max}}}{\sigma_{\mathrm{c\,max}}^*} + \frac{d_{\max}}{d_{\max}^*} \tag{11.3.35}$$

其数值越小，设计方案越好。模糊贴近度法、灰色关联度法和合作博弈法优化结果的设计质量指标分别为 4.39、4.35 和 4.32，表明合作博弈法的优化结果要优于另外两种方法的结

果。另外，模糊贴近度法和灰色关联度法还必须先求解各单目标优化问题以得到理想点目标函数向量，其工作量也远大于合作博弈方法。

表 11.13 基于博弈理论的多目标优化方案拱坝体形参数

高程/m	拱冠梁/m		拱端厚度/m		拱冠曲率半径/m		半中心角/(°)	
	上游坐标	厚度	左岸	右岸	左岸	右岸	左岸	右岸
2102	0.000	8.204	11.074	11.504	184.052	200.295	40.754	38.899
2080	−8.403	13.010	13.630	14.017	161.572	170.488	41.615	41.271
2060	−14.678	16.611	16.897	17.571	141.566	147.845	42.953	43.250
2040	−19.458	19.732	20.760	21.860	123.163	129.649	44.068	44.338
2020	−22.551	22.615	24.926	26.425	107.517	116.101	44.808	44.297
2000	−23.768	25.504	29.105	30.804	95.782	107.398	44.544	42.807
1980	−22.917	28.640	33.004	34.540	89.113	103.741	41.151	38.216
1960	−19.809	32.266	36.332	37.172	88.663	105.329	29.971	29.308
1947	−16.487	35.000	38.051	38.073	92.252	109.269	15.146	15.376

表 11.14 多目标优化拱坝体形特征参数

方法	体积 /$\times 10^4$m^3	拱冠梁顶厚/m	拱冠梁底厚/m	最大拱端厚度/m	最大中心角/(°)	上游倒悬度	下游倒悬度
模糊贴近度法	80.00	8.828	34.027	35.952	88.818	0.290	0.116
灰色关联度法	79.77	9.428	34.010	37.461	90.389	0.296	0.109
合作博弈法	76.77	8.204	35.000	38.073	89.105	0.297	0.171

表 11.15 多目标优化目标函数值

方法	$V/\times 10^4\text{m}^3$	σ_{tmax}/MPa	σ_{cmax}/MPa	$d_{1.0}$
模糊贴近度法	80.00	3.16	7.79	0.39
灰色关联度法	79.77	3.12	7.48	0.40
合作博弈法	76.77	3.23	7.25	0.40

11.4 土石坝断面优化设计

土石坝是水利工程中的重要坝型之一。它具有就地取材、施工方便、工期短、造价低、对地质条件要求低、安全性能好等优点，在国内外被广泛采用。

目前，土石坝的设计大多采用传统的设计方法，其设计仍处在经验阶段，设计理论也在进一步成熟过程中。探讨土石坝的优化设计对提高土石坝的设计效率、优化结构布局及料区分布，充分发挥坝料的作用，降低工程造价具有重要的实际意义，是提高土石坝工程设计水平的一个重要发展方向。

混凝土面板堆石坝与土质心墙堆石坝是最常见的两类土石坝，下面主要介绍它们的断面优化设计。

11.4.1　岩基上混凝土面板堆石坝断面优化设计

混凝土面板堆石坝是采用堆石坝体为支撑结构，并在其上游表面设置混凝土面板为防渗结构的一种堆石坝。经过多年理论研究与工程实践，混凝土面板堆石坝断面结构的分区已基本趋于标准化，自上游到下游依次为混凝土面板、垫层料区、过渡料区、主堆石料区、任意料区及下游堆石料区。依据不同需求，大坝的下游可在不同高程设置一定宽度的马道，用于观测、检修及交通等。岩基上面板堆石坝典型断面如图 11.12 所示。

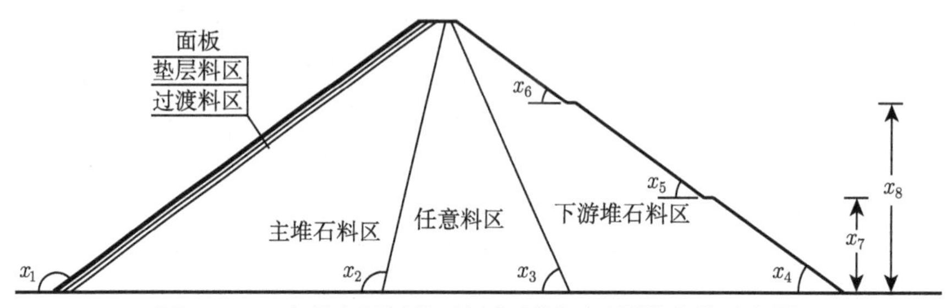

图 11.12　岩基上面板堆石坝典型断面及设计变量示意图

1. 优化设计数学模型

1) 设计变量

岩基上面板堆石坝的坝高、坝顶总宽度都是根据工程规划要求确定的不变参数。面板厚度已有相当成熟的经验，可将其作为预先确定的参数；依据坝顶总宽度，断面中各料区在坝顶的宽度也是预先确定的参数，而且，大多数面板堆石坝的垫层料区、过渡料区都采用等宽度布置。因此，基岩上面板堆石坝断面优化的设计变量一般选取描述断面坝料分区及上、下游坝坡的关键几何特征量 (图 11.12)。其中，取上、下游坝坡角 x_1、x_4 为设计变量，以反映整个断面的大小；取堆石料分界线坡角 x_2、x_3 为设计变量，使各种石料得到合理利用；取下游坝坡变坡角 x_5、x_6 以及相应高度 x_7、x_8 为设计变量，以反映下游坝坡变坡要求与设置马道的需要。因此，一般情况下，岩基上面板堆石坝典型断面的优化设计变量可表示为 $\boldsymbol{x}=[x_1,x_2,\cdots,x_8]^{\mathrm{T}}$。当然，针对不同的具体工程，设计变量的选取亦可有所不同。

2) 目标函数

岩基上面板堆石坝断面由不同材料分区组成，对于特定的工程而言，综合考虑开采、运输及施工等因素可以确定所用不同材料的单价。对单位长度坝体，其造价就是断面内各种坝料单价与该料区面积的乘积之和。在进行优化设计时，可将目标函数表示为

$$f(\boldsymbol{x})=\sum_i c_i S_i \tag{11.4.1}$$

式中，c_i 为第 i 种坝料综合比价，即第 i 种坝料的单价与某特定坝料 (如主堆石料) 的单价之比；S_i 为第 i 种坝料的料区面积。

3) 约束条件

岩基上面板堆石坝断面优化设计的约束有几何约束和性态约束。几何约束条件是对设

计变量几何尺寸的限制。土石坝优化设计中，一般可根据国内外已建工程的经验拟定。通常，面板坝上、下游边坡应满足

$$1:1.8 \leqslant \tan(\pi - x_1) \leqslant 1:1.3 \tag{11.4.2}$$

$$1:1.8 \leqslant \tan x_i \leqslant 1:1.3, \quad i=4,\ 5,\ 6 \tag{11.4.3}$$

另外，为了保证坝料分区不会重叠，料区分界线坡角 x_2，x_3 应满足

$$x_4 \leqslant x_3 \leqslant x_2 \leqslant x_1 \tag{11.4.4}$$

性态约束是保证岩基上面板堆石坝在各种工况下正常工作与安全运行所要满足的对稳定、应力、变形等的限制条件。

根据岩基上面板堆石坝的结构特点和工作条件，面板坝的水压力作用于上游坝坡，由坝体自重、面板上水重所产生的抗滑力远大于水的水平推力，一般不存在整体滑动问题，故一般不做整体滑动验算。面板坝由于其防渗体——混凝土面板在上游表面，坝体堆石为自由排水体，故坝内不存在水的渗透压力及孔隙水压力问题，当然也不存在地震时产生附加孔隙压力问题。因此，对岩基上面板堆石坝而言，性态约束一般包括：

(1) 上、下游边坡稳定约束，要求各工况下边坡稳定安全系数 $F_{\mathrm{S}}(\boldsymbol{x})$ 不小于规范规定的容许值 $[F_{\mathrm{S}}]$，即

$$F_{\mathrm{S}}(\boldsymbol{x}) \geqslant [F_{\mathrm{S}}] \tag{11.4.5}$$

(2) 最大应力约束，要求堆石体、混凝土面板的应力 $\sigma_1(\boldsymbol{x})$ 分别不超过各自的容许值 $[\sigma_1]$，即

$$\sigma_1(\boldsymbol{x}) \leqslant [\sigma_1] \tag{11.4.6}$$

(3) 最大变位约束，要求坝体最大沉降、面板最大挠度、周边接缝张开及错动变位等特征变位 $\delta(\boldsymbol{x})$ 分别不超过各自的容许值 $[\delta]$，即

$$\delta(\boldsymbol{x}) \leqslant [\delta] \tag{11.4.7}$$

(4) 防止塑性剪切破坏的约束条件，要求堆石体应力水平 S_{L} 不超过 1.0，即

$$S_{\mathrm{L}} \leqslant 1.0 \tag{11.4.8}$$

2. 工程算例

1) 基本资料

某水电站枢纽主要任务是发电，兼顾灌溉供水。混凝土面板堆石坝方案最大坝高 129.0m，工程规模属一等大 (I) 型工程，简化后典型断面如图 11.13 所示。其中，面板顶部厚度 0.3m，底部厚度 0.7m，垫层料区等水平宽度 3.0m，主堆石料区顶部宽度 3.0m，砂砾石料顶部宽度 2.0m，下游强风化料区顶部宽度 2.0m。设计工况上游水位高 124.0m，下游枯水。

结构计算时通过分级加荷模拟施工与蓄水过程，坝坡稳定分析用瑞典圆弧法。面板采用线弹性模型，弹性模量取 25.0GPa，泊松比取 0.17，容重取 24.0kN/m^3；土石料采用邓

肯 E-μ 模型，计算参数见表 11.16；面板与垫层之间均设置 Goodman 接触单元，以反映相互间的变形，接触面参数 K_1、n、R_f、δ 依次取 4800、0.56、0.74、0.64rad。

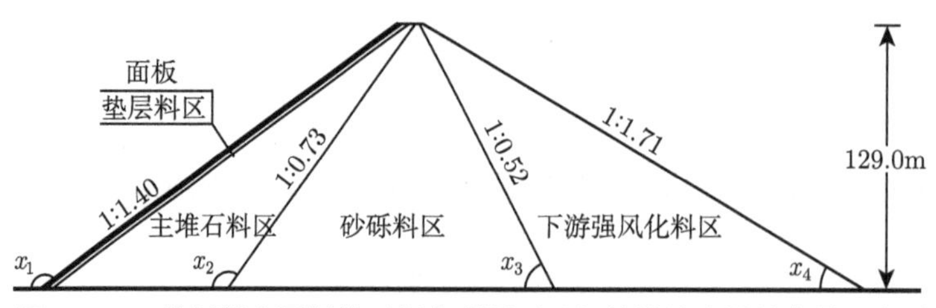

图 11.13　某混凝土面板堆石坝典型断面及初始设计和设计变量示意图

表 11.16　坝体堆石料参数

坝料	ρ/(g/cm^3)	C/kPa	φ/(°)	k	n	R_t	G	F	D	K_{ur}	n_{ur}
垫层料	2.20	0	55	1000	0.32	0.60	0.45	0.15	0.50	2100	0.32
堆石料	2.15	0	54	1000	0.32	0.66	0.46	0.16	5.20	2100	0.32
砂砾料	2.20	0	53	900	0.50	0.77	0.50	0.26	13.0	1890	0.50
强风化料	2.10	0	50	450	0.30	0.65	0.22	0.06	6.18	950	0.30

2) 优化模型

(1) 设计变量。设计变量取上游坝坡角为 x_1，主堆石料与砂砾料区分界线坡角为 x_2，砂砾料区与下游强风化料区分界线坡角为 x_3，下游坝坡角为 x_4。这样，设计变量可表示为 $\boldsymbol{x}=[x_1,x_2,x_3,x_4]^{\mathrm{T}}$。

(2) 目标函数。由于垫层料等宽度布置，该区域造价为常数，优化目标函数中考虑主堆石料、砂砾石料以及下游强风化料，各坝料综合比价 c_i 对应值分别为：主堆石料 1.00，砂砾料 0.90，强风化料 0.70。由断面的几何参数确定相应的面积 S_i，即可得到目标函数表示式：

$$
\begin{aligned}
f(\boldsymbol{x})=\sum_{i=1}^{4}c_iS_i &= 799.80+8320.5\cot(\pi-x_1)-832.05\cot(\pi-x_2)\\
&\quad +1664.1\cot x_3+5824.35\cot x_4
\end{aligned}
$$

(3) 约束条件。几何约束条件为坡脚及料区分界线角度变化范围，依据工程设计单位建议，取值如下：

$$2.485\leqslant x_1\leqslant 2.544\ (\mathrm{rad})$$

$$1.500\leqslant x_2\leqslant 2.300\ (\mathrm{rad})$$

$$0.785\leqslant x_3\leqslant 1.200\ (\mathrm{rad})$$

$$0.500\leqslant x_4\leqslant 0.656\ (\mathrm{rad})$$

该工程考虑的性态约束主要有：

(a) 上、下游坝坡稳定约束：$F_s\geqslant 1.30$。

(b) 坝体最大应力约束：$\sigma_1(\boldsymbol{x}) \leqslant 20H = 2580\text{kPa}$($H$ 为坝高)。

(c) 坝体最大沉降约束：$\delta(\boldsymbol{x}) \leqslant [\delta] = H\ /\ 150 = 0.86\text{m}$。

(d) 面板最大挠度约束：$\delta(\boldsymbol{x}) \leqslant [\delta] = H\ /\ 200 = 0.645\text{m}$。

(e) 堆石体应力水平约束：$S_{\text{L}} < 1.0$。

3) 优化结果

初始设计方案 $\boldsymbol{x}^{(0)} = [2.520,\ 2.200,\ 1.090,\ 0.530]^{\text{T}}$，相应的目标函数值为 $f(\boldsymbol{x}^{(0)}) = 22618$，采用罚函数优化，经过 15 次迭代得到优化解 $\boldsymbol{x}^* = [2.491,\ 2.293,\ 1.191,\ 0.573]^{\text{T}}$，相应的目标函数值为 $f(\boldsymbol{x}^*) = 20690$，比初始设计降低 8.53%。优化设计方案在蓄水期下游坝坡的稳定安全系数 1.336，坝体最大沉降 0.777m，为坝高的 0.6%，坝体最大主应力 2027.0kPa，坝体最大应力水平 0.656。蓄水后面板最大挠度 30.5cm，优化设计方案与初始设计方案的断面比较见图 11.14。

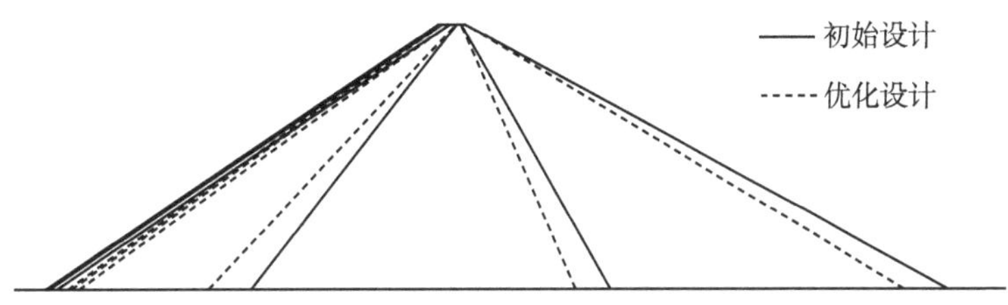

图 11.14 某混凝土面板堆石坝优化设计与初始设计断面比较示意图

由图 11.14 可见，优化后上、下游坝坡稍增大，价格比较低的强风化料区在断面中的比重增大。从优化设计坝体的应力、位移及稳定安全系数看，所得方案的坝型是合理的。

11.4.2 覆盖层上混凝土面板堆石坝断面优化设计

近年来，我国在建和拟建的在一定深度覆盖层地基上的面板堆石坝逐渐增多，在覆盖层地基上建混凝土面板堆石坝，一般采用混凝土防渗墙处理坝基渗流，将趾板建在防渗墙顶部，坝体直接建在覆盖层地基上。覆盖层地基上面板堆石坝与岩基上面板堆石坝的优化设计有相同的地方，亦有其特殊之处。

1. 优化设计数学模型

1) 设计变量

覆盖层地基上混凝土面板堆石坝的典型断面如图 11.15 所示。除了与岩基上面板堆石坝一样取上、下游坝坡角 x_1、x_4 和堆石料分界线坡角 x_2、x_3 为设计变量，考虑到防渗墙受力复杂，其应力状态与其到坝趾的距离 (即趾板长度) 密切相关，因而取趾板长度 x_5 以及防渗墙厚度 x_6 作设计变量；对于一般深度不太大的覆盖层地基，防渗墙嵌入岩基，以截断坝基渗流，对深厚覆盖层地基，可以将防渗墙长度 x_7 作为设计变量，以在满足渗透稳定的条件下，从水量损失与成墙造价综合比较中确定较为合适的成墙长度。至于趾板的厚度，一般采用等厚度，目前已有较成熟的经验，可不必取为变量。

这样，覆盖层地基上混凝土面板堆石坝典型断面的优化设计变量可表示为 $\boldsymbol{x} = [x_1, x_2, \cdots, x_7]^{\text{T}}$。当然，对上述设计变量，还可根据具体工程适当取舍。

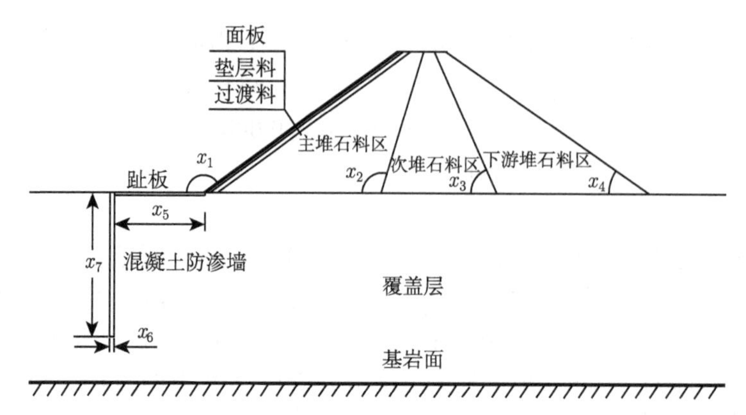

图 11.15　覆盖层地基上混凝土面板堆石坝典型断面及设计变量示意图

2) 目标函数

覆盖层地基上面板堆石坝的优化设计，以工程造价为目标函数较适宜。与岩基上面板堆石坝优化相同，目标函数亦可用式 (11.4.1) 表示。

3) 约束条件

几何约束除了要满足式 (11.4.2)~ 式 (11.4.4)，还应包括：

$$3.0\text{m} \leqslant x_5 \leqslant \left(\frac{1}{3} \sim \frac{1}{5}\right) H \tag{11.4.9}$$

$$0.5\text{m} \leqslant x_6 \leqslant 1.3\text{m} \tag{11.4.10}$$

$$S - \varDelta \leqslant x_7 \leqslant S + \varDelta \tag{11.4.11}$$

式中，H 为坝高；S 是根据资料统计结果得到的经验长度；$\varDelta$ 是根据具体工程拟定的变化范围。

性态约束除了满足式 (11.4.5)~ 式 (11.4.8)，还应包括：

(1) 面板、趾板、防渗墙在荷载作用下的拉、压应力不超过混凝土的容许应力，即

$$\sigma_{\text{L}} \leqslant [\sigma_{\text{L}}], \quad \sigma_{\text{C}} \leqslant [\sigma_{\text{C}}] \tag{11.4.12}$$

式中，σ_{L}、$[\sigma_{\text{L}}]$ 分别为结构的最大拉应力及其容许值；σ_{C}、$[\sigma_{\text{C}}]$ 分别为结构的最大压应力 (绝对值) 及其容许值。

(2) 防渗墙与趾板之间及面板与趾板之间接缝错动、张开量小于容许值，即

$$S \leqslant [S], \quad T \leqslant [T] \tag{11.4.13}$$

式中，S、$[S]$ 分别为各类接缝的最大错动及其容许值；T、$[T]$ 分别为各类接缝的最大张开量及其容许值。

(3) 透水地基内满足渗透稳定要求，即

$$J \leqslant [J] \tag{11.4.14}$$

式中，J、$[J]$ 分别为渗透坡降及其容许值。

(4) 当采用悬挂式防渗墙时，还应考虑水量损失在可接受的范围内，即

$$Q \leqslant [Q] \tag{11.4.15}$$

式中，Q、$[Q]$ 分别为渗流量及其容许值。

(5) 在地震区，对于覆盖层内可能存在的饱和细砂料，要求地震过程中不发生液化，即应满足

$$u_{\mathrm{d}} \;/\; \sigma_0 < 1.0 \tag{11.4.16}$$

式中，u_{d} 为地震过程中累计孔隙水压力；σ_0 为静平均应力。

2. 工程算例

1) 基本资料

某水库面板堆石坝坝高 35m，大坝典型断面覆盖层深达 26m，分上、下两层，下层厚 20m 左右，较为密实，上层厚 6m 左右，密实度较下部稍松。坝体和趾板拟直接建在覆盖层上，坝基采用垂直混凝土防渗墙方案，深达岩基，简化后典型断面如图 11.16 所示。典型断面内面板等厚度 0.35m，垫层料区等水平宽度 1.5m，过渡料等水平宽度 3.5m，主堆石区坝顶宽度 6.0m，下游堆石料区坝顶宽度 5.0m，趾板厚度 0.58 m，防渗墙厚度 0.8m。设计工况上游水位高 32.8m，下游枯水。

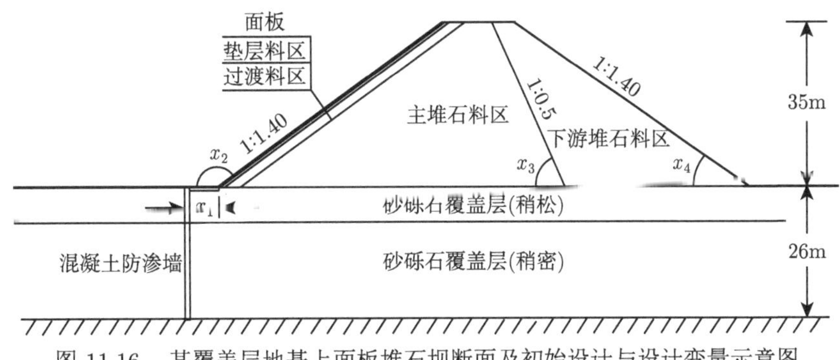

图 11.16 某覆盖层地基上面板堆石坝断面及初始设计与设计变量示意图

结构计算时通过分级加荷模拟施工与蓄水过程，坝坡稳定分析用瑞典圆弧法。面板、趾板、防渗墙采用线弹性模型，防渗墙弹性模量取 18.5GPa，面板、趾板弹性模量取 26.0GPa，泊松比均为 0.167，容重均为 24.0kN/m^3；土石料采用邓肯 E-μ 模型，计算参数见表 11.17；防渗墙与覆盖层砂卵石之间、面板与垫层之间均设置 Goodman 接触单元，以反映相互间的变形，接触面参数见表 11.18。

表 11.17 覆盖层砂卵石料及坝体堆石料参数

坝料	ρ/(g/cm^3)	C/kPa	φ/(°)	k	n	R_{f}	G	F	D	K_{ur}	n_{ur}
深层砂卵石料	2.00	0.0	39	1200	0.35	0.874	0.47	0.18	3.6	1800	0.35
浅层砂卵石料	2.00	0.0	38	900	0.35	0.874	0.43	0.18	3.6	1350	0.35
下游堆石料	2.00	0.0	41	1000	0.10	0.900	0.46	0.16	4.8	1500	0.10
主堆石料	2.00	0.0	43	1100	0.10	0.900	0.35	0.16	4.8	1650	0.10
过渡料	2.05	0.0	41	1350	0.24	0.865	0.40	0.20	5.1	1750	0.24
垫层料	2.05	0.0	40	1500	0.24	0.865	0.40	0.20	5.1	1800	0.24

表 11.18　接触面参数

接触面	$\delta/(°)$	C/kPa	R_f	K_1	n	$K_n/(\mathrm{kN/m^3})$	
						压	拉
防渗墙与砂卵石料	18	0.0	0.86	14000	0.66	10^8	100
面板与垫层料	28	0.0	0.86	45000	0.65	10^8	100
面板与趾板及防渗墙与趾板	28	0.0	0.86	45000	0.65	10^8	100

2) 优化模型

(1) 设计变量。设计变量取趾板长为 x_1，上游坝坡角为 x_2，主堆石与下游堆石分界线的坡角为 x_3，下游坝坡角为 x_4，如图 11.16 所示。这样，设计变量可表示为 $\boldsymbol{x}=[x_1,x_2,x_3,x_4]^{\mathrm{T}}$。

(2) 目标函数。各坝料的综合比价 c_i 取为：下游堆石料 1.00，主堆石料 1.51，过渡料 1.92，垫层料 2.27，面板、趾板 19.93。相应的面积 S_i 由断面的几何参数确定，目标函数表示为

$$f(\boldsymbol{x})=\sum_{i=1}^{4}c_iS_i=1072.85+612.5(\cot x_4-\cot x_3)+924.8(\cot x_3+\cot(\pi-x_2))+11.5x_1$$

(3) 约束条件。根据工程具体情况和设计单位建议，几何约束条件如下：

$$3.0\leqslant x_1\leqslant 11.0$$

$$2.488\leqslant x_2\leqslant 2.544$$

$$0.588\leqslant x_4\leqslant 0.656$$

$$x_4\leqslant x_3\leqslant x_2$$

本工程覆盖层为砂卵石，无细砂料，在防渗体系完好的情况下不可能产生渗透破坏或地震液化破坏。大坝基础无不利地质构造，坝体整体稳定性具有很高的安全储备。因此，该工程主要考虑的性态约束为：

(a) 防渗墙、面板及趾板主拉应力 $\sigma_{\mathrm{L}}\leqslant 1000\mathrm{kPa}$；

(b) 防渗墙、面板及趾板主压应力 $\sigma_{\mathrm{C}}\leqslant 10000\mathrm{kPa}$；

(c) 防渗墙与趾板及面板与趾板接缝张开量 $T\leqslant 20.0\mathrm{mm}$；

(d) 防渗墙与趾板及面板与趾板接缝错动量 $S\leqslant 15.0\mathrm{mm}$；

(e) 上、下游坝坡静力稳定安全系数 $F_{\mathrm{S}}\geqslant 1.15$；

(f) 坝体应力水平 $S_{\mathrm{L}}<1.0$。

3) 优化方法与结果

覆盖层地基上面板堆石坝优化问题是非线性规划问题。初始设计 $\boldsymbol{x}^{(0)}=[6.000,2.520,1.107,0.620]^{\mathrm{T}}$，相应的目标函数为 $f^{(0)}=3446.92$。用罚函数法、复形法及可行方向法分别求解，得到了一致的结果 (表 11.19)。罚函数法迭代过程见表 11.20。

表 11.19 优化成果

方法	最优点设计变量				最优点目标函数值 f^*	优化效果	结构重分析次数
	x_1	x_2	x_3	x_4			
罚函数法	3.345	2.511	1.569	0.649	3184.34	7.6%	350
复形法	3.334	2.510	1.570	0.650	3181.38	7.7%	527
可行方向法	3.334	2.510	1.570	0.650	3181.38	7.7%	453

表 11.20 罚函数法迭代过程

罚函数构造次数	罚因子	设计变量				目标函数	性能指标					
		x_1	x_2	x_3	x_4		S_L	σ_L/kPa	T/mm	S/mm	$F_{S上}$	$F_{S下}$
1	2.00	6.0000	2.5200	1.1070	0.6200	3446.92	0.90	850.43	11.69	5.4	1.175	1.224
2	0.40	4.4823	2.5234	1.5030	0.6200	3303.92	0.91	860.81	13.62	5.3	1.183	1.224
3	0.08	4.2845	2.5213	1.5050	0.6200	3295.25	0.91	867.40	13.60	5.1	1.178	1.224
4	0.016	3.5984	2.5133	1.5159	0.6450	3218.46	0.92	876.40	13.70	4.7	1.158	1.161
5	0.0032	3.3979	2.5121	1.5623	0.6472	3194.72	0.93	892.10	14.00	4.6	1.155	1.155
6	0.00064	3.3456	2.5105	1.5689	0.6493	3184.34	0.93	905.20	14.23	4.6	1.151	1.151

注：由于 $\sigma_C \ll [\sigma_C]$，表中未列。

最优方案目标函数值下降 7.6%，上、下游坝坡稳定安全系数基本达到临界约束。优化方案与初始设计方案对比如图 11.17 所示。可以看出，优化方案下游堆石料区加大，上、下游坝坡变陡。由于下游堆石料价格便宜，优化后其在断面中所占的比重增大，上、下游坝坡变陡，减小了整个断面的面积，从而降低了造价，故上述成果是合理的。

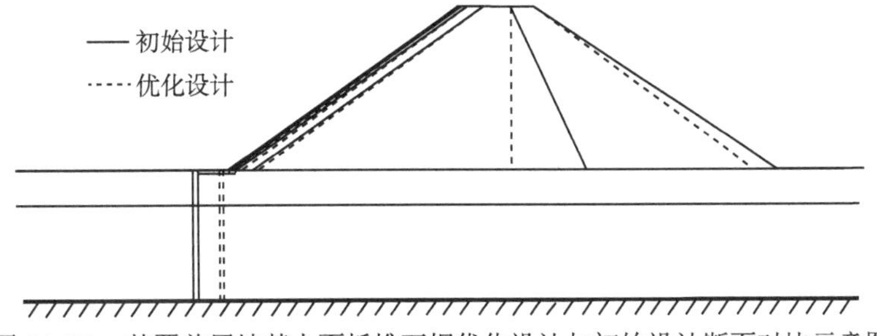

图 11.17 某覆盖层地基上面板堆石坝优化设计与初始设计断面对比示意图

11.4.3 土质心墙堆石坝断面优化设计

土质心墙堆石坝是常见的坝型之一。早期建成的黏土心墙堆石坝多采用大体积心墙，心墙的上下游边坡均缓于 1:0.5。这种缓边坡心墙不易满足不出现渗透变形的要求，而且土料的抗剪强度远低于堆石，为了满足坝体的抗滑稳定，常需放缓堆石边坡，增加工程量，很不经济。20 世纪 60 年代以来，国外高坝建设中，在提高心墙和堆石的填筑密度以后，逐渐出现了一些窄心墙的堆石坝。窄心墙堆石坝虽然坝体断面较小，但要求土料的防渗性能、抗管涌性能要好，且黏土心墙与堆石坝壳比较，具有较高的压缩性，沿着心墙边界接触面出现的切应力会使心墙有效垂直正应力下降，使心墙产生水力劈裂的可能性增大。目前土质心墙坝多采用窄心墙，断面坝料分区构成亦基本趋同，主要包括：土质心墙、心墙两侧过渡料区、任意料区以及上、下游的堆石区。进行土质心墙堆石坝的优化设计，主要是优化结构布局及料区分布，充分发挥坝料的作用，从而降低工程造价。

1. 优化设计数学模型

1) 设计变量

土质心墙堆石坝的典型断面如图 11.18 所示。各料区在坝顶的宽度一般是根据坝顶总宽度预先确定的参数，因此设计变量只需取上、下游坝坡角和料区分界线坡角。考虑到心墙两侧过渡料区通常按等厚度布置，土质心墙堆石坝断面优化的设计变量一般如图 11.18 所示，可表示为 $\boldsymbol{x}=[x_1,x_2,\cdots,x_6]^{\mathrm{T}}$。对上述设计变量，还可根据具体工程适当取舍。

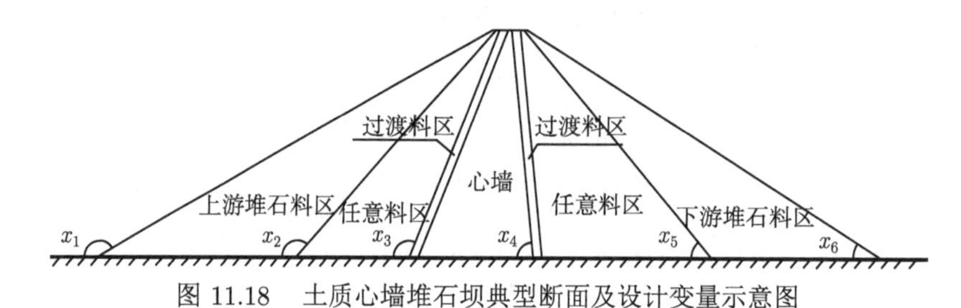

图 11.18　土质心墙堆石坝典型断面及设计变量示意图

2) 目标函数

以工程造价为目标函数，目标函数可仍表示为式 (11.4.1)。

3) 约束条件

心墙堆石坝上、下游坝坡角 x_1、x_6 应满足

$$1{:}2.5 \leqslant \tan(\pi - x_1) \leqslant 1{:}1.3 \tag{11.4.17}$$

$$1{:}2.5 \leqslant \tan x_6 \leqslant 1{:}1.3 \tag{11.4.18}$$

为了保证坝料分区不会重叠，各坡角之间应满足

$$x_6 \leqslant x_5 \leqslant x_4 \leqslant x_3 \leqslant x_2 \leqslant x_1 \tag{11.4.19}$$

心墙堆石坝在荷载作用下的结构性态约束主要有

$$F_{\mathrm{S}}(\boldsymbol{x}) \geqslant [F_{\mathrm{S}}] \tag{11.4.20}$$

$$\delta(\boldsymbol{x}) \leqslant [\delta] \tag{11.4.21}$$

$$S_{\mathrm{L}} < 1.0 \tag{11.4.22}$$

式中，F_{S} 和 $[F_{\mathrm{S}}]$ 分别为坝体稳定安全系数及其容许值；$\delta(\boldsymbol{x})$ 和 $[\delta]$ 分别为坝体的沉陷及其容许值；S_{L} 为坝体应力水平。

与坝体渗流相关的性态约束有

$$J \leqslant [J] \tag{11.4.23}$$

$$Q \leqslant [Q] \tag{11.4.24}$$

式中，J、$[J]$ 分别为坝体渗透坡降及其容许值；Q、$[Q]$ 分别为渗流量及其容许值。

另外，为保证心墙不出现水力劈裂现象，应满足：

$$\frac{\sigma_1}{p_{\mathrm{w}}} > 1.0 \tag{11.4.25}$$

式中，σ_1、p_{w} 分别为心墙上游大主应力及对应点的水压力。

2. 工程算例

1) 基本资料

某水电枢纽工程心墙堆石坝方案坝高 128.0m，工程规模属一等大 (I) 型工程。初步设计方案坝体断面形式如图 11.19 所示。心墙顶宽 2.0m，心墙上、下游过渡层等水平宽度 5m，坝体上游坡坡度为 1:1.8，下游坡坡度为 1:1.6；任意料区上游坡坡度为 1:0.90，下游坡坡度为 1:0.85，土质心墙上游坡坡度为 1:0.4，下游坡坡度为 1:0.1。

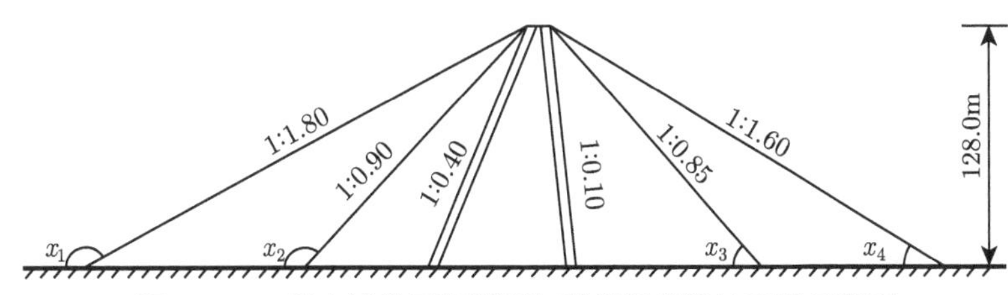

图 11.19 某心墙堆石坝断面初始设计及设计变量示意图

设计工况上游水位高 120.0m，下游水位高 16.0m，上游水位允许 6 天时间内可骤降到 90.0m。结构计算时通过分级加荷模拟施工过程，坝坡稳定分析用瑞典圆弧法。土石料采用邓肯 E-μ 模型，计算参数见表 11.21；心墙与过渡料之间设置 Goodman 接触单元，以反映相互间的变形，接触面参数 K_1、n、R_f、δ 依次取 4800、0.53、0.95、34°。心墙黏土渗透系数取 1.2×10^{-8} m/s，其余坝料渗透系数取 3.2×10^{-3} m/s。

表 11.21 坝体材料非线性参数

材料	ρ/(g/cm^3)	φ/(°)	C/kPa	R_f	K	n	G	F	D	K_ur	n_ur
堆石	2.22	42	0	0.75	994	0.34	0.35	0.15	7	1192.8	0.34
	1.27	40	0	0.75	795	0.34	0.35	0.15	7	954.2	0.34
任意料	2.13	38	0	0.75	680	0.58	0.40	0.13	5	876	0.58
	1.26	36	0	0.75	544	0.58	0.40	0.13	5	652.8	0.58
过渡区	2.23	42	0	0.85	999	0.35	0.31	0.10	5	1198.8	0.35
	1.29	40	0	0.85	799	0.35	0.31	0.10	5	959.0	0.35
心墙	1.91	25	10	0.80	420	0.50	0.45	0.20	2	504	0.50

2) 优化模型

(1) 设计变量。通过对设计单位初步设计的心墙进行平面稳定渗流计算，发现符合工程要求。因此，本次断面优化设计不考虑心墙断面的变化，设计变量取上、下游坝坡角 x_1、x_4 以及上、下游堆石料与任意料分界线坡角 x_2、x_3，见图 11.19。这样，设计变量可表示为 $\boldsymbol{x}=[x_1,x_2,x_3,x_4]^\mathrm{T}$。

(2) 目标函数。各坝料综合比价 c_i 取为：堆石料 1.20，任意料 1.0，根据断面几何参数得到相应料区面积后即得目标函数表达式：

$$f(\boldsymbol{x})=\sum_{i=1}^{4}c_iS_i=9830.4(\cot(\pi-x_1)+\cot x_4)-1638.4(\cot(\pi-x_2)+\cot x_3)-4096$$

(3) 约束条件。根据工程具体情况和设计单位建议，几何约束条件如下：

$$2.484 \leqslant x_1 \leqslant 2.760$$

$$2.000 \leqslant x_2 \leqslant 2.600$$

$$0.700 \leqslant x_3 \leqslant 1.300$$

$$0.380 \leqslant x_4 \leqslant 0.656$$

由于不对心墙进行优化，而堆石体对渗流的影响很小，因此，本工程考虑的性态约束主要包括：

(a) 满蓄水位时，下游坝坡稳定安全系数 $F_{\mathrm{S}}(\boldsymbol{x}) \geqslant 1.40$；

(b) 水位骤降时，上游坝坡稳定安全系数 $F_{\mathrm{S}}(\boldsymbol{x}) \geqslant 1.20$；

(c) 坝体应力水平 $S_{\mathrm{L}} < 1.0$；

(d) 心墙上游大主应力 σ_1 满足 $\dfrac{\sigma_1}{p_{\mathrm{w}}} > 1.0$。

3) 优化结果

初始设计 $\boldsymbol{x}^{(0)} = [2.6345, 2.3036, 0.8663, 0.5586]^{\mathrm{T}}$，相应的目标函数为 $f^{(0)} = 26460$。采用复形法优化，经 48 次迭代后收敛，得到最优设计为 $\boldsymbol{x}^* = [2.5897, 2.1242, 0.8217, 0.5730]^{\mathrm{T}}$，最优目标函数为 $f^* = 24570$，比初始设计方案降低了 7.14% 。优化后，上游坝坡的最小稳定安全系数为 1.206，下游坝坡的最小稳定安全系数为 1.403，以上两个安全系数非常接近规范规定的安全系数；竖向位移最大值为 0.83m，为坝高的 0.65% 。心墙也不会发生水力劈裂。某心墙堆石坝优化设计与初始设计断面对比示意图如图 11.20 所示。

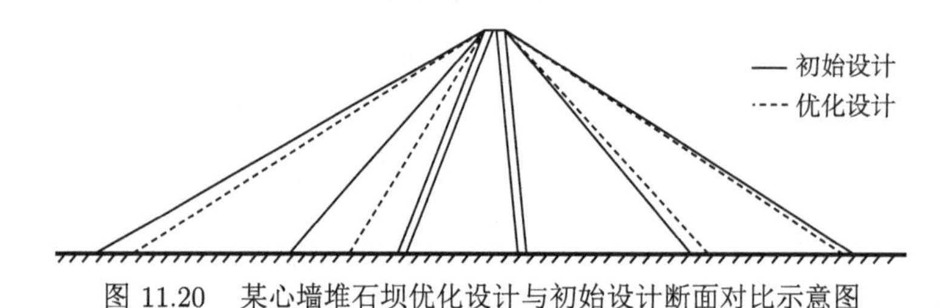

图 11.20　某心墙堆石坝优化设计与初始设计断面对比示意图

主要参考文献

彼得 • W. 克里斯滕森 (Peter W. Christensen), 安德斯 • 克拉布林 (Anders Klarbring), 2017. 结构优化导论: 翻译版 [M]. 苏文政, 刘书田, 译. 北京: 机械工业出版社.

蔡新, 王德信, 1997. 混凝土面板堆石坝模糊优化设计 [J]. 河海大学学报 (自然科学版), 25(4): 10-15.

蔡新, 郭兴文, 张旭明, 2003. 工程结构优化设计 [M]. 北京: 中国水利水电出版社.

陈宝林, 2005. 最优化理论与算法 [M]. 2 版. 北京: 清华大学出版社.

程耿东, 2012. 工程结构优化设计基础 [M]. 大连: 大连理工大学出版社.

程润伟, 玄光男, 2000. 遗传算法与工程设计 [M]. 北京: 科学出版社.

顾浩, 王德信, 1994. 混凝土面板堆石坝断面优化设计 [J]. 岩土工程学报, 16(4): 96-103.

郭兴文, 王德信, 蔡新, 1998. 覆盖层地基上混凝土面板堆石坝优化设计研究 [J]. 河海大学学报 (自然科学版), 26(4): 54-59.

韩忠华, 2016. Kriging 模型及代理优化算法研究进展 [J]. 航空学报, 37(11): 3197-3225.

刘思峰, 杨英杰, 吴利丰, 等, 2014. 灰色系统理论及其应用 [M]. 7 版. 北京: 科学出版社.

钱令希, 1983. 工程结构优化设计 [M]. 北京: 水利电力出版社.

隋允康, 1996. 建模 • 变换 • 优化——结构综合方法新进展 [M]. 大连: 大连理工大学出版社.

孙林松, 2017. 拱坝体形优化设计——模型、方法与程序 [M]. 北京: 科学出版社.

孙林松, 张伟华, 2008. 加速微种群遗传算法及其在结构优化设计中的应用 [J]. 应用基础与工程科学学报, 16(5): 741-748.

孙林松, 郭兴文, 李春和, 2009. 预条件共轭梯度法在拱坝有限元重分析中的应用 [J]. 河海大学学报 (自然科学版), 37(2): 236-239.

孙林松, 张伟华, 郭兴文, 2008. 基于加速微种群遗传算法的拱坝体形优化设计. 河海大学学报 (自然科学版), 36(6): 758-762.

孙林松, 张伟华, 谢能刚, 2006. 基于博弈理论的拱坝体形多目标优化设计 [J]. 河海大学学报 (自然科学版), 34(4): 392-396.

王景恒, 2018. 最优化理论与方法 [M]. 北京: 北京理工大学出版社.

王凌, 2001. 智能优化算法及其应用 [M]. 北京: 清华大学出版社.

王则柯, 李杰, 2004. 博弈论教程 [M]. 北京: 中国人民大学出版社.

魏权龄, 王日爽, 徐兵, 1991. 数学规划引论 [M]. 北京: 北京航空航天大学出版社.

谢季坚, 刘承平, 2015. 模糊数学方法及其应用 [M]. 4 版. 武汉: 华中科技大学出版社.

谢祚水, 1997. 结构优化设计概论 [M]. 北京: 国防工业出版社.

徐国根, 赵后随, 黄智勇, 2018. 最优化方法及其 MATLAB 实现 [M]. 北京: 北京航空航天大学出版社.

俞玉森, 1993. 数学规划的原理和方法 (修订版)[M]. 武汉: 华中理工大学出版社.

袁亚湘, 孙文瑜, 1997. 最优化理论与方法 [M]. 北京: 科学出版社.

张炳华, 侯昶, 1998. 土建结构优化设计 [M]. 2 版. 上海: 同济大学出版社.

张岩, 吴水根, 2017. MATLAB 优化算法 [M]. 北京: 清华大学出版社.

NOCEDAL J, WRIGHT S J, 2006. Numerical Optimization(影印版)[M]. 北京: 科学出版社.

FORRESTER A I J, KEANE A J, 2009. Recent advances in surrogate-based optimization[J]. Progress in aerospace sciences, 45(1): 50-79.

KRISHNAKUMAR K, 1989. Micro-genetic algorithms for stationary and on-stationary function optimization[J]. SPIE intelligent control and adaptive systems, 1196: 289-296.

LIANG Q Q, STEVEN G P, 2002. A performance-based optimization method for topology design of continuum structures with mean compliance constraints[J]. Computer methods in applied mechanics and engineering, (13): 1471-1489.

NASH J, 1950. The bargaining problem [J]. Econometrica, 18: 155-162.

SPALLINO R, RIZZO S, 2002. Multi-objective discrete optimization of laminated structures [J]. Mechanics research communications, 29: 17-25.

XIE Y M, STEVEN G P, 1993. A simple evolutionary procedure for structural optimization [J]. Computers & structures, (5): 885-896.

XU Y G, LIU G R, WU Z P, 2001. A Novel hybrid genetic algorithm using local optimizer based on heuristic pattern move [J]. Applied artificial intelligence, 15(7): 601-631.